An Instruction to Cleaning Science

청소학개론

김일효 · 김소연 · 김화기 공저

도서출판 상 학 당

欲爲大者 當爲人役

크고자 하거든 남을 섬기라

머리말

"사람이 건물을 청소하나 청소된 건물은 사람과 건물을 다시 만든다."는 말이 있다. 또한 "청소가 세상을 바꾼다."라는 한국건물위생관리협회의 선언도 있다. 이와 같은 말과 선언은 청소가 사람의 삶과 생활, 일의 영위와 생명 · 건강 유지 및 인간의 생활공간에 얼마나 큰 영향을 미치는지를 웅변으로 증명하는 말이자 선언이라 생각된다.

인간이 문화공동체 생활을 바람직하게 영위하기 위해서는 생활환경을 항상 깨끗하게 유지해야 하고 청결하게 해야 함은 현대인의 상식이다. 또한 질병으로부터 사람의 건강과 생명을 유지하기 위해서는 생활수변환경을 위생적으로 관리해야 함은 현대문명사회의 보편적 상식이라 할 수 있다. 조류의 세계에서도 어미새가 아기새를 건강하게 양육하는 모습을 살펴보면 먹이를 잡아 아기새에게 먹인 후에 아기새 둥지에 남아 있는 배설물을 반드시 물어다가 다른 곳에 버리는 이른바 어미새의 둥지 배설물 청소는 조류세계에서만 볼 수 있는 어미새의 본능이자 어미새의 상식으로 인식되고 있다.

이와 같이 인간은 물론 조류마저도 건강한 삶과 생활을 영위하기 위하여 생활주변환경의 오물을 제거하고, 쓰레기 배출을 통하여 깨끗하고 청결한 환경을 유지해야 함은 인간생존의 본능이자 자연계의 생존법칙이라 인식 된다. 그러므로 인간의 삶과 생활 및 일(업무)의 기반이 되고 있는 건물에도 건물의 사용자가 가장 좋은 위생환경 조건에서 건물을 사용 · 수익하기 위하여 일상적 청소활동과 특별 청소활동을 정기적으로 수행해 오고 있다.

그러나 건물에서 수행하고 있는 대부분의 청소활동을 살펴보면 청소의 이론적 연구와 기술개발의 미흡으로 건물청소의 사물과 현상 및 문제를 일정한 원리와 법칙에 따라 통일적으로 설명하기 어려우며 건물사용자에게 요구되는 양질의 청소서비스를 가장 경제적 방법으로 안전하게, 효율적으로, 적합하게, 효과적으로 생산하는 데 한계를 가지고 있다. 이와 같은 청소현장의 부정적 현상은 청소서비스의 양적 · 질적 생산에 문제점으로 작용하여 건물 사용자의 불만으로 이어지고 있다. 또한 청소이론 및 기술연구와 교육훈련의 미흡으로 양질의 청소서비스 생산을 위하여 요구되는 청소의 개념지식과 방법지식 및 활동지식의 부족으로 과학적 기술에 의하여 청소서비스 생산이 이루어지지 아니하고, 청소종사자의 경험과 상식에 전적으로 의존하는 주먹구구식 청소관행이 청소현장 대부분 지배하고 있다. 이와 같은 문제점으로 인하여 고비용 및 저효율의 청소서비스 생산구조가 고착되어 가고 있다.

뿐만 아니라 청소서비스 업체의 자본의 영세성과 기술 노하우의 후진성으로 인하여 급변하는 청소서비스 수요와 건물사용자의 다양한 욕구 및 고객의 환경변화에 능동적으로 대처하지 못하고 있다. 또한 국내 청소인력의 전문성 저하로 청소인력의 인당 청소서비스의 양적 생산성이 선진국 청소서비스 생산성에 비하여 현저하게 떨어지는 등 건물청소현장에는 크고 작은 청소의 문제와 부정적인 현상이 대두하고 있어 이에 대한 개선이 시급하게 요구되고 있다.

결론적으로 건물청소현장에는 청소실무는 있으나 청소이론이 부재하여 청소의 사물과 현상 및 문제의 통일적 설명이 매우 어려우며, 청소의 경험은 존재하고 있으나 체계적인 연구 노력이 부족하여 청소기술 노하우가 축적되지 못하고 있으며, 노동력 중심의 청소활동은 존재하고 있으나 과학기술에 의한 청소활동이 체계적으로 이루어지지 않고 있어 청소서비스의 품질문제로 인하여 건물청소서비스에 대한 건물사용자의 만족도가 비교적 낮은 것으로 연구결과 밝혀지고 있어 이에 대한 개선이 시급하게 요구되고 있다.

이는 전적으로 건물청소가 학문적 지원을 받지 못하고 있는 결과로 판단된다. 따라서 청소이론의 학문적 연구 필요성이 대두되고 있다. 따라서 연구를 통하여 청소이론을 개발하고 이를 통하여 청소의 사물과 현상 및 문제를 통일적으로 설명할 수 있어야 하며, 문제의 해법을 제시해야 한다. 또한 청소서비스의 양적 · 질적 생산성 향상과 건물사용자의 청소서비스에 대한 건물 사용자의 만족도 개선은 위하여 청소학 태동의 필요성이 크게 요구되고 있다.

저자는 1987년도부터 약 9년간 서울특별시 강남구 역삼동 소재 P빌딩 관리사무소 소장으로서 경험한 크고 작은 청소의 문제와 부정적 현상 및 청소기술 부족에 의한 저품질의 청소문제를 학문적 교육으로 해결하기 위하여 2002년에 전북과학대학교에 대학당국의 협조를 받아 〈건물관리과〉를 개설하고, 건물자산환경관리론을 중심으로 청소이론 강의를 시작하였다. 또한 2003년부터 현재에 이르기까지 극동대학교 대학원에 학교당국의 협조로 〈건물자산관리학 전공 박사과정〉과 〈건물자산관리학과 석사과정〉을 개설하여 건물위생환경 연구와 강의를 시작하여 오늘에 이르고 있다. 또한 2005년부터 산업통상자원부 국가기술표준원이 주도한 건축물 클리닝 서비스(청소서비스) KS 인증제도 개발에 참여하여 왔으며, 청소서비스(건축물 클리닝 서비스) KS 심사위원의 자격으로 청소서비스 KS 인증심사에 동참하고 있다. 또한 고용노동부의 예산지원에 따라 청소국정교과서 성격의 《환경미화》를 대표 집필하였고, 《청소교육강사의 자격》과 《공중화장실관리인 위생교육개론》 등을 대표집필 하였으며, 이를 토대로 청소현장과 대학에서 청소교육을 지속적으로 담당하여 왔다.

그럼에도 불구하고 청소문제와 부정적인 현상을 통일적으로 설명하고 과학적 해법을 제시하지 못하고 있는 현실을 항상 안타깝게 생각하여 오던 중에 전문대학을 중심으로 청소전문인력 양성을 목적으로 하는 청소관리학과 개설환경이 조성되고 있음을 확인하고 이에 대비하여 청소학 교과서 개발의 필요성을 느낀 나머지 청소학 전공필수 교과체계를 전공필수 과목으로 1총론 6각론 교과체계를 확립하고, 졸업학점 이수를 위하여 별도로 11개 교양과목으로 체계화 하여 전공선택 과목으로 6개 응용분야 과목으로 편성하고 있다. 이와 같은 청소학 교과편제에 따라 1차적으로 청소학 전공필수 과목의 하나인 청소학총론 성격의 《청소학개론》을 집필하기에 이르렀다.

《청소학개론(An Instruction to Cleaning Science)》은 국내 최초로 제도권 대학에서 향후 개설이 예상되는 청소관리학과 대학교재 용도로 출판되었다. 또한 《청소학개론》은 전체 내용을 6개편으로 구성하고 제 I 편에 청소의 학문적 이론체계화 연구와 청소학의 태동편을 두고 2개의 장을 통하여 제1장에서 청소의 학문적 이론체계화 연구내용을 소개하고, 제2장에서는 청소학 태동에서 청소학 태동의 사회문화적 배경 및 목적을 설명하고 있으며, 청소학의 총론과 각론 및 응용분야 교과목의 이론체계화 방향을 설정하고 있다.

제Ⅱ편에서는 청소활동 기본개념의 이해와 청소활동 단계별 실무편을 두고 4개의 장을 통하여 청소활동 이해관계자 모두의 이해가 요구되는 청소활동의 기본개념을 설명하고 있으며, 청소활동 준비단계별 실무와 청소활동 수행단계별 실무 및 청소활동 사후관리단계 실무를 소개하고 있다. 그리고 제Ⅲ편에서는 청소활동 안전관리와 청소서비스 품질검증편을 두고 2개의 장을 통하여 청소활동 안전관리와 청소서비스 품질검증에 대하여 구체적으로 설명하고 있다.

제Ⅳ편에서는 청소장비와 청소약품의 운용편을 두고 청소장비 운용방법과 청소약품 운용방법에 대하여 기술하고 있다. 이어서 제Ⅴ편에서는 3개의 장을 두고 건물청소업의 현황조사와 운영실태 및 문제점 개선방안과 건물청소업 발전방안을 제시하고 있다. 그리고 이 책의 마지막 편인 제Ⅵ편 청소현장 청소교육의 문제점과 필요성 및 공중화장실 위생교육편에서는 2개의 장을 통하여 청소현장의 문제점과 청소교육의 필요성 및 공중화장실 위생교육 내용을 서술하고 있다. 제Ⅵ편을 통하여 청소현장의 문제점을 설명하고 청소교육의 필요성을 강조하고 있으며, 청소대상 중 가장 중요한 화장실을 선택하고 공중화장실 위생교육 내용을 구체적으로 설명하고 있다.

이 책《청소학개론》은 청소의 기본이론서이자 청소실무 교과서로서 청소현장에서 청소활동을 수행하는 청소서비스 종사자에게 청소의 가치와 목적, 청소의 기능과 역할에 대한 이해와 신념 및 철학을 공유하게 한다. 또한 청소서비스의 생산주체로서 그리고 청소관리 전문가로서 자부심으로 무장하도록 하며, 청소서비스의 양적 · 질적 생산성을 창조적으로 높여 건물사용자의 요구에 부합하는 양질의 청소서비스를 가장 경제적 방법으로, 가장 안전하게, 가장 효율적으로, 가장 효과적으로 생산할 수 있도록 이론 및 실무차원에서 배려하였다.

뿐만 아니라 이 책《청소학개론》은 건물소유자와 건물청소정책 관계자 그리고 청소서비스업 업체대표 및 청소종사자 모두에게 통일된 청소이론의 이해와 청소의 가치와 철학 및 정보를 공유하며, 이를 통하여 건물청소는 아무나 자기 경험과 상식 및 노동력만으로 수행할 수 있는 단순노동 업종이 아니라 청소는 과학이고 기술이며 전문성에 의하여 수행되어야 하는 전문업종임을 강조하고 있다.

아무쪼록 부족한 책이나마 대학에서 청소학을 연구하는 학생과 교수, 청소현장에서 청소서비스 생산에 종사하는 청소종사자 그리고 건물위생환경관리 입법 및 정책관계자 그리고 청소용역업체 대표자와 청소교육에 종사하는 사내 청소교육 강사 모두에게 다소나마 도움 되기를 진심으로 희망하며, 부족한 부분은 꾸준한 연구정진으로 향후 보완해 나갈 것을 약속드린다.

이 책의 출판을 기꺼이 허락해 주신 도서출판 상학당의 남승우 사장님께 감사드리고, 건물자산관리학 연구에 언제나 정진할 수 있도록 최선을 다하여 지원하고 있는 가족 모두에게 고마움을 표한다.

끝으로 이 책에 작은 영광이 있다면, 언제나 힘이 되어 주신 하나님께 이 책의 모든 영광을 올려 드린다.

2022년 1월

(사)한국건물관리학회에서 대표저자 씀

차 례

• 제Ⅰ편 청소의 학문적 이론체계화 연구와 청소학의 태동 •

• 제Ⅱ편 청소활동 기본개념의 이해와 청소활동 단계별 실무 •

제 I 편 청소의 학문적 이론체계화 연구와 청소학의 태동

국내 청소서비스 시장의 거래 규모를 살펴보면 무려 5조 3천억원에 이르고, 청소전문 업체의 수가 12,380개사에 달하며, 이에 종사하는 청소종사자의 수가 약 50만 명을 상회하고 있다. 따라서 전국적으로 크고 작은 건물청소현장에는 매일같이 청소작업을 수행하고 있는 가운데 크고 작은 청소의 문제와 부정적인 현상이 나타나고 있으나, 유감스럽게도 아직까지 청소의 사물과 현상 및 문제를 일정한 원리와 법칙에 따라 통일적으로 설명해 줄 청소이론의 체계가 확립되지 못하여 청소서비스 이해관계자 각자가 자기 경험과 상식에 따라 주먹구구식으로 청소의 사물과 현상 및 문제를 설명하거나 해법을 제시하고 있다. 또한 청소이론의 체계화 연구와 기술개발의 미흡으로 청소기술 교육과 청소 품질관리 및 청소서비스의 양적 · 질적 생산을 위한 창조적인 청소활동이 능률적으로 이루어지지 못하고 있다.

뿐만 아니라 청소 이론의 부재로 청소서비스의 생산성 향상과 청소서비스 산업발전에 대한 학문적 지원이 적절하게 이루어지지 않고 있다. 이와 같은 이유로 1980년대부터 대거 등장한 신축 건축물로 인하여 청소의 물리적 환경변화와 청소대상 마감재의 첨단화 및 다양화로 청소기술이 크게 요구되고 있어 1960년대와 같은 인력 중심의 노동력만으로 일반 청소서비스의 생산 제공은 한계에 직면하고 있어 청소서비스에 대한 건물사용자의 만족도를 완전하게 충족 하지 못하고 있다.

따라서 청소서비스의 사물과 현상 및 문제를 통일적으로 설명하고 청소서비스의 양적 · 질적 생산성의 향상과 청소서비스 산업의 발전에 대하여 학문적 기여를 목적으로 하는 청소기술의 개발과 청소이론의 체계화 연구가 시대적으로 요구 되고 있다. 또한 청소서비스 산업의 발전과 고객이 만족하는 청소서비스 생산지원을 위하여 청소학(the principle of cleaning science)의 태동을 요구하고 있다.

제 I 편에는 2개의 장을 두고 제1장을 통하여 청소의 학문적 이론체계화 연구의 내용을 소개하고, 제2장 청소학의 태동을 통하여 청소학과 청소학 각론 및 응용분야의 학문적 이론 체계화 방향을 설정하고 있어 향후 청소학 교과서 개발의 방향을 제시해 주고 있다. 또한 전문대학교 중심의 청소관리학과 이수 학점을 고려하여 청소관리학과 11개 교양 과목도 함께 소개하고 있다.

제1장	청소의 학문적 이론체계화 연구
제 2 장	청소학의 태동

제1절 청소의 학문적 이론체계화 연구의 의의

1. 청소의 학문적 이론체계화의 개념

국내 청소서비스 시장의 규모가 5조 3천억 원에 이르고, 청소 전문업체의 수가 12,380개 개사에 달하며, 이에 종사하는 청소종사자의 수가 약 50만명을 상회하고 있다.[1] 따라서 전국적으로 크고 작은 청소현장에는 매일같이 크고 작은 청소의 문제와 부정적인 현상이 나타나고 있으나, 유감스럽게도 아직까지 청소의 사물과 현상 및 문제를 일정한 원리와 법칙에 따라 통일적으로 설명해 줄 청소 이론이 체계화 되지 못하여 이해관계자가 자기 경험과 상식에 따라 문제를 해결하거나 현상을 설명하고 있으며, 해법을 제시하고 있다.

또한 청소이론의 부재로 청소교육이 체계적으로 이루어지고 있지 못하고 있는 가운데 청소 품질관리 및 청소서비스의 양적 질적 생산을 위한 창조적인 연구가 이루어지지 못하고 있다. 뿐만 아니라 청소이론의 부재로 청소서비스의 생산성 향상과 청소서비스 산업발전에 대하여 학문적 지원이 적절하게 이루어지지 않고 있다. 이와 같은 이유로 1980년대부터 대거 등장한 건축물로 인하여 청소의 물리적 환경변화와 청소대상 마감재의 첨단화 및 다양화로 청소기술환경 역시 변모하고 있으나, 1960년대와 같은 인력 중심의 노동력만으로 청소서비스를 생산 · 제공하고 있어 건물 사용자의 청소서비스에 대한 만족도를 완전하게 충족 하지 못하고 있다.

따라서 청소서비스의 사물과 현상 및 문제를 통일적으로 설명하고 청소서비스의 양적 질적 생산성의 향상과 청소서비스 산업의 발전에 학문적으로 기여할 청소기술의 개발과 청소이론의 체계화 연구가 시대적으로 요구받게 되었다. 이를 위하여 새롭게 개척되는 청소학(the principle of cleaning science)의 태동의 필요성이 대두하고 있다.

1) 조달청(2012) 행정 통계자료

2020년 12월 31일 현재 29개용도의 전국의 건축물 동수는 무려 7,275,266동에 이르고 있으며, 사회 경제적 발전에 따라 건축물과 시설물이 지속적으로 신축되고 있다. 이와 같이 건축되는 건축물과 시설물의 위생환경관리를 위하여 시대적으로 청소이론의 체계화와 청소기술 개발의 필요성이 제기되고 있다. 또한 청소서비스 시장과 현장에서 청소의 품질문제와 기술문제 및 안전문제 등이 자주 발생하고 있어 이에 대한 설명과 해법의 제시가 요구되고 있으며, 청소서비스의 품질 문제로 청소 소비자의 불만이 사회적으로 문제가 되고 있다.

그러나 유감스럽게도 아직도 청소현장과 청소서비스 시장에서는 청소의 개념조차 통일적으로 확립되지 못하고 있는 가운데, 체계적인 청소이론의 부재로 청소의 사물과 현상 및 문제 등을 일정한 원리와 법칙에 따라 통일적으로 설명하지 못하고 있는 실정에 있다. 특히 청소의 기능과 역할 및 가치의 패러다임이 시대적으로 변화하고 있으며, 청소대상 건축물이 고층화 · 대형화 · 복합화 · 첨단화의 현대적 건축물의 특성을 가지고 건축되고 있어 청소의 물리적 환경이 급변하고 있으며, 건물 청소서비스 소비자(건물사용자/이용자/이해관계자) 등의 청소서비스에 대한 욕구가 다양하게 제기되고 있는 관계로 양질의 청소서비스를 생산하고 제공해야 하는 시대적 환경에도 불구하고 청소서비스 품질 문제로 청소서비스에 대한 민원이 증가 일로에 있다.

또한 청소이론의 부재와 청소기술의 후진성으로 인하여 청소종사자에 대한 기술교육이 체계적으로 이루어지지 않아 청소서비스 품질개선에도 후진성을 면치 못하고 있다

종전의 전통적인 청소는 1960년대의 단순한 건물구조와 건축마감재로 인하여 인력중심의 掃除(소제)개념의 청소로도 문제가 없었으나, 청소대상 건축물과 시설물의 규모가 대형화되고 고층화 되었으며, 각종 첨단 건축마감재로 건축된 오늘날의 건물청소는 청소인력 노동력 중심의 청소로는 감당하기 어려운 환경으로 변모하였으므로 자연스럽게 청소 장비와 약품 중심의 기술적 과학적 청소가 요구되고 있어 청소기술의 개발과 활용이 강조되고 있다.

다시 말하면 현대적 개념의 청소는 단순히 인력의 노동력만으로 이루어지는 청소가 아니라, 고도의 과학적 기술에 의하여 이루어지는 청소작업이어야 하기 때문에 청소의 학문적 이론체계화 연구의 필요성이 제기되고 있다.

왜냐하면 현대 건축물과 시설물에 대한 청소는 앞에서 논의한 바와 같이 건물위생환경의 조성과 함께 건축마감재의 색상과 기능 및 수명의 장기화를 목적으로 하는 건축물 유지 보수관리(building maintenance)개념의 청소 이어야 함으로 청소의 학문적 이론체계화 연구를 통하여 청소의 현상과 사물 및 문제에 대하여 일정한 원리와 법칙에 따라 통일적 설명이 요구되고 있다. 따라서 청소의 사물과 현상 및 문제를 통일적으로 설명하기 위해서는 청소의 이론체계화연구가 필요하게 되었다.

또한 건물사용자(청소서비스 소비자/고객)의 만족을 위하여 요구되는 청소서비스 품질의 개선을 위하여 요구되는 청소교육을 위하여 청소의 이론체계화 연구는 매우 중요한 의미와 의의를 가지게 되었다.

2. 청소의 학문적 이론체계화 연구의 범위와 목적

1) 연구의 범위

청소의 학문적 이론체계화 연구의 내용적 연구 범위는 청소의 사물과 현상의 통일적 설명에 필요한 청소이론의 체계화 연구와 청소학 각론 및 응용분야의 체계화 방향 및 청소문제의 해법(청소기술)의 개발 그리고 청소기술교육 연구에 한정하고 있다.

청소현장마다 일상적으로 청소작업은 수행되고 있으나, 청소활동에 대한 일정한 원리와 법칙에 따라 통일적으로 설명할 수 있는 이론의 부재로 청소교육이 체계적으로 이루어지지 아니하여 청소종사자의 청소기술 수준이 낮아 청소서비스의 질적 품질유지와 양적 생산성 극대화에 일정한 제약을 받고 있다.

또한 청소현장에는 나름대로의 청소 매뉴얼 개발과 청소기술에 대한 검토사례는 있으나, 표준화된 정소 매뉴얼이 대부분의 청소현상에는 준비가 되어 있지 아니하고, 표준 청소기술 개발이 이루어지지 않아 청소종사자 각자의 경험과 상식에 따라 청소작업이 이루어지고 있어 양질의 청소서비스 생산과 제공에 의한 청소서비스 소비자 만족에는 턱없이 미흡한 실정으로 인식되고 있다.

특히 청소서비스 생산활동 기본개념에 대한 이해 부족으로 청소 현장종사자 간에는 청소이론과 청소서비스 생산활동을 위하여 요구되는 상호 소통과 상호 작용에도 적지 않은 애로가 존재하고 있어 청소의 학문적 이론체계화 연구와 청소문제 해법을 위한 청소 기술개발 연구는 더 이상 지체할 수 없는 시대적 연구과제로 등장하고 있다. 따라서 본 연구는 청소학개론의 서명으로 학문으로서 청소학 개척의 서막을 알리고 학계와 업계의 관심을 유도하여 종합응용과학 성격의 청소학 연구의 계기로 삼고자 한다.

2) 연구의 목적

청소의 학문적 이론체계화 연구의 목적은 연구를 통하여 창출한 청소이론을 통하여 청소의 사물과 현상 및 문제를 일정한 원리와 법칙에 따라 통일적으로 설명하고 청소문제의 해법을 도출하고 이를 제시하는데 1차적 목적이 있다. 또한 청소이론의 체계화 연구는 청소서비스의 양적 질적 생산성 향상 기여와 청소서비스 산업의 발전을 지원하는데 있다.

뿐만 아니라 청소의 학문적 이론체계화 연구의 2차적 목적은 양질의 청소서비스 생산에 전제가 되는 청소교육과 훈련에 이바지 하는데 있다. 또한 청소이론의 체계화 연구는 청소학 태동에 요구되는 청소학 기초이론의 확립과 청소서비스 생산활동의 기본개념을 도출하는데 있다. 따라서 청소의 학문적 이론체계화 연구는 청소학 태동의 원천이 되고, 청소서비스 생산활동에 지식기반을 제공할 것으로 판단된다.

청소학이 하나의 학문으로 성립하기 위해서는 낱낱이 다른 청소의 사물과 현상 및 문제에 대한 다양한 관념 중에서 공통적 요소를 뽑아 하나의 보편적 관념인 청소개념을 도출해야 하며, 도출한 개념을 토대로 보편적인 이론을 체계화하고 지식화하여 일정한 원리와 법칙을 세우고 이를 토대로 청소의 사물과 현상 및 문제를 통일적으로 설명하고 청소문제와 현상의 해법을 제시할 수 있어야 한다. 이를 위해서는 연구를 통하여 청소의 학문적 이론의 체계화가 이루어져야 한다.

청소의 학문적 이론체계화 연구는 청소학을 일정한 원리와 법칙을 토대로 통일적으로 설명하기 위하여 청소학 이론체계화 방향을 설정하고, 청소학을 학문적으로 정의하며, 청소학의 학문적 성격과 청소학의 연구 대상, 연구 방법론, 청소학의 학문적 이념과 지도원리, 청소학의 인접과학과 교육방향 등 청소학 기초이론을 세우고 개념화하여 청소학의 학문적 이론 체계를 세우며 나아가 청소활동의 기본개념을 종합적으로 체계화함으로써 청소학의 전체 청소의 이론 체계를 구성하고 있다. 또한 청소의 학문적 이론체계화 연구는 전술한 바와 같이 청소의 사물과 현상의 통일적 설명뿐만 아니라 청소서비스의 양적·질적 생산성 향상과 청소서비스 산업의 발전을 견인하는 데에도 연구의 목적이 있다.

제2절 청소의 학문적 이론체계화 연구의 필요성

청소의 학문적 이론체계화 연구의 필요성을 청소현장의 경험사례를 토대로 살펴보면 다음과 같은 연구 필요성을 발견할 수 있다.

1. 청소의 사물, 현상 설명기재의 개발과 문제해법 도출의 필요성

청소의 학문적 이론의 체계화 연구는 청소의 사물과 현상을 일정한 원리와 법칙에 따라 통일적으로 설명할 수 있는 설명기재의 개발과 청소현상 및 문제 해법의 도출을 위하여 청소학의 학문적 이론체계화 연구는 필요하다.

2. 청소종사자 청소기술 전문화 교육 및 훈련의 필요성

청소의 학문적 이론의 체계화 연구는 청소 종사자의 청소기술 전문화 교육과 훈련을 위하여 필요하다. 왜냐하면 청소이론 없이는 청소의 개념지식과 방법지식 및 활동지식을 교육하거나 훈련할 수 없기 때문이다.

3. 청소서비스의 질적 · 양적 생산성 향상목적의 청소기술개발의 필요성

청소의 학문적 이론의 체계화 연구는 청소서비스의 양적 · 질적 생산성 향상을 위한 청소기술 개발을 위하여 필요하다. 왜냐하면 청소의 이론 없이는 청소기술의 원리를 이해할 수 없으며, 청소의 원리의 이해 없이는 청소문제의 해법을 위한 기술개발은 불가능하기 때문이다.

4. 청소서비스산업 발전 지원의 필요성

청소의 학문적 이론의 체계화 연구는 국내 청소서비스 산업의 발전 지원을 위하여 필요하다. 왜냐하면 청소이론은 청소서비스 환경의 변화를 예측하고 각종 리스크를 예방하며, 그 피해를 최소화할 수 있도록 사전에 각종 지표와 데이터 및 정보를 제공해 주기 때문이다.

5. 창조적 청소서비스 생산활동 지원의 필요성

청소의 학문적 이론의 체계화 연구는 창조적 청소서비스 생산활동 수행을 위하여 필요하다. 이론 없는 창조적 활동은 기대할 수 없으며, 이론 없이는 연구의 수행은 물론 성과물을 도출할 수 없기 때문에 창조적 청소서비스 생산활동을 위해서는 청소의 학문적 이론체계화 연구는 매우 중요하고 필요하다.

제3절 청소의 학문적 이론체계화 연구 접근방법 및 인접학문

1. 이론체계화 연구 접근방법

청소의 학문적 이론체계화 연구는 다학제 접근방법에 의하여 수행되었다. 다학제 접근방법이란 다른 학문 중에서 청소의 속성을 공유하고 있거나 청소의 사물과 현상 및 청소서비스 생산과 청소문제 해법에 직접 또는 간접적으로 영향을 미치고 있는 인접학문으로부터 이론을 차용하거나 개념을 도입하여 이를 응용하여 청소이론의 체계화를 도모하는 연구방법을 의미한다. 다학제 접근방법에 따라 체계화되는 청소이론은 청소의 사물과 현상을 일정한 원리와 원칙에 따라 통일적으로 설명할 수 있는 지식이 되며, 문제해결을 위한 해법의 기술이 되고 이를 바탕으로 청소학의 이론체계화 방향이 결정된다.

청소학의 학문적 이론체계화는 청소학의 학문적 정의와 학문적 성격, 연구대상, 청소학의 인접과학, 청소학의 지도원리, 청소의 교육 및 훈련방향 등에 영향을 미치게 되며 청소서비스 생산활동에 있어서 청소서비스 이해관계자 간에 반드시 이해가 되어야 하고, 소통상 요구되는 청소활동 기본개념의 체계화에도 동일한 영향을 미칠 것으로 판단된다.

다시 말하면 청소의 학문적 이론체계화 연구결과를 바탕으로 태동하는 청소학은 청소학의 인접학문으로부터 이론을 차용하고 개념과 지식 및 자료 등의 협력을 받아 청소학의 이론체계화 연구가 수행되었으므로 청소학의 태동에 이론과 기술을 제공하여 준 인접과학의 선행 연구자들로부터 많은 은혜를 입었다. 따라서 저자는 지면을 통하여 선행연구자의 연구결과에 대하여 먼저 감사를 드리고, 청소학 개척의 연구 정진으로 학은에 보답하고자 한다.

2. 이론체계화 연구 인접학문

청소의 학문적 이론체계화 연구에 이론을 제공하였거나 협력하고 있는 인접학문에는 서비스학, 화공학, 기계공학, 환경공학, 보건학, 건축재료공학, 경제학, 경영학, 행정학, 법학, 교육학, 전기공학 등이 있다.

청소의 학문적 이론체계화 연구는 국내학계에서 한 번도 공식적으로 검토된 바는 없으나 청소업체와 청소현장을 중심으로 실무적 차원에서 청소의 방법과 기술 및 청소장비와 약품에 대하여 청소매뉴얼을 개발하는 등 개별적으로 검토되어 온 사례는 적지 않게 발견할 수 있다. 그러므로 청소에 대한 사물과 현상을 일정한 원리와 법칙에 따라 통일적으로 설명하거나 청소문제 해결을 위하여 요구되는 표준화된 해법 제시를 과제로 안고 있는 청소의 학문적 이론체계화 연구는 국내 학계에서 연구의 필요성이 강조되고 있다.

그러나 유감스럽게도 청소의 학문적 이론의 체계화 연구 노력의 부재 등으로 청소에 대한 현상과 사물을 일정한 원리와 법칙에 따라 통일적으로 설명하지 못하고 있으며, 청소종사자에 대한 청소기술이나 청소문제 해법을 통일적으로 교육하는데 요구되는 청소교과서나 매뉴얼 등의 준비가 매우 미흡한 실정에 있다.

따라서 청소서비스의 질적·양적 생산과 청소서비스 산업의 발전을 위하여 청소의 학문적 이론체계화 연구가 필요하다. 또한 청소를 하나의 종합응용과학 학문으로 태동하게 하고 이를 통하여 청소교육 교과서 개발과 표준 청소 기술매뉴얼의 개발이 하루빨리 이루어지도록 연구자와 실무자의 협력이 요구되고 있다.

청소학은 여러 인접 학문의 연구성과를 차용하고 학제간의 협력으로 청소개념지식과 방법지식 및 활동지식 등을 정보화하여 청소활동이 바람직하게 이루어지도록 해야 하며, 청소서비스가 질적으로나 양적으로 만족스런 생산성을 지원해야 하는 연구과제를 안고 있어 청소의 학문적 이론체계화 연구는 매우 중요하고 필요하다.

제2장 청소학의 태동

제1절 청소의 이론체계화 연구와 청소학 태동간의 상관관계 및 사회문화적 배경

1. 청소의 이론체계화 연구와 청소학 태동간의 상관관계

앞에서 논의한바와 같이 청소의 학문적 이론체계화 연구는 청소의 사물과 현상을 일정한 원리와 법칙에 따라 설명할 기재를 개발하고, 청소문제 해결을 위한 해법을 제시하며, 체계회된 청소이론을 토대로 새로운 청소지식을 창출함으로서 하나의 학문으로 평가될 수 있다. 결론적으로 청소의 학문적 이론의 체계화 연구는 일정한 이론에 의하여 청소지식의 창조를 의미함으로 체계화된 청소이론은 청소학의 이론적 기반이 된다. 따라서 청소의 학문적 이론체계화 연구와 청소학 태동 간에는 밀접한 인과관계가 성립되며 상관관계가 존재하고 있다고 볼 수 있다.

2. 청소학 태동의 사회문화적 배경

청소학이 종합응용과학으로 태동하는 배경에는 사회 문화적 배경이 자리 잡고 있다. 오늘날의 현대 청소개념은 기술이고 과학으로 이해되고 있으며, 청소 가치에 대한 사회 인식도가 높아지고 다양한 청소서비스 품질을 요구하는 등 사회 문화적으로 영향을 받고 있다. 이와 같은 청소에 대한 사회 문화적 영향은 청소의 사물과 현상을 일정한 원리와 법칙에 따라 통일적으로 설명하고, 문제의 해법을 제시를 목적으로 하는 청소학 태동에 매우 긍정적으로 작용하고 있다.

또한 청소에 대한 사회 문화적 인식변화와 환경변화가 자연스럽게 청소학의 태동을 견인하였다. 청소학 태동의 배경으로 작용하고 있는 사회 문화적 배경을 살펴보면 다음과 같다.

1) 청소의 사물과 현상의 통일적 설명 기재개발과 청소문제 해법 도출

청소는 단순 노동력으로 이루어지는 경우도 있으나, 규모 있는 청소의 목적물(건축물 또는 시설물)을 대상으로 청소작업을 통하여 이루어지는 양질의 청소서비스 생산을 위해서는 과학적인 청소기술이 요구되고 있다. 또한 청소는 현대건축물의 특성상 매우 다양한 건축마감재로 인하여 적용해야 하는 청소방법 또한 다양하고, 청소방법별로 사용하는 청소약품이나 청소장비가 각각 다르다. 청소 작업과정에서 청소서비스 품질에 대한 이해관계자의 요구가 다르고, 고객의 만족도에 영향을 미치는 영향 요소가 다양할 뿐만 아니라 청소 작업과정에서 발생하는 안전문제 등 실로 청소의 사물과 현상에 대한 통일적 설명과 문제해결을 위한 해법이 필요하다. 이를 위해서는 청소의 학문적 이론체계화 연구가 중요하며, 이를 바탕으로 청소학의 태동이 사회 문화적으로 요구되고 있다.

2) 청소서비스 소비자(고객)의 다양한 고품질 청소서비스 요구

1960년대 건물 사용자와 이용자 등은 건물청소 분야에 대하여 단순한 건물의 청결서비스만을 요구하였으나, 현대의 건물 사용자와 이용자 등은 건물의 청결성 서비스 외에 보건위생성 서비스와 미관성 서비스, 그리고 마감재 색상과 기능의 장기화 등의 건축마감재 유지보수관리 서비스 등 고품질의 다양한 청소서비스를 요구하고 있어 청소인력의 단순 노동력과 기능만으로 청소서비스 소비자의 욕구를 충족할 수 없게 되었다. 이를 위해서는 청소서비스의 양적·질적 서비스 생산성을 극대화해야 하고, 이를 위해서는 청소기술교육 훈련이 체계적으로 이루어 져야 한다. 따라서 청소의 학문적 이론의 체계화 연구에 의한 청소학 태동이 사회 문화적으로 요구되고 있다.

3) 청소대상 건축물 및 시설물의 물리적 환경변화와 청소과학 기술개발 요구

1960년대에는 우리나라 건축물의 동수와 연면적이 미미하고 건축마감재의 종류와 질이 단순하여 청소기술의 개발이나 청소이론의 체계화 연구 및 청소교육훈련의 필요성이 상대적으로 크게 요구되지 아니하여 청소인력의 노동력과 기능만으로 청소작업이 이루어 졌으나, 2020년대에 진입하면서 청소대상 건축물의 수가 무려 720만동을 상회하고 청소서비스 시장 규모가 5조 3천억 원에 달하고 있어 청소인력의 단순 노동력이나 기능만으로는 목적하는 청소서비스를 생산하거나 공급할 수 없게 되었다.

다시 말하면 청소대상의 시대적·물리적 환경변화는 청소의 과학화와 기술화를 크게 요구하게 되었다. 따라서 이를 지원을 위하여 청소학의 태동이 사회 문화적으로 요청받게 되었다.

4) 청소대상 마감재의 다양한 종류와 고급화에 의한 청소인력 청소기술 전문화 요구

앞에서 논의한바와 같이 현대의 건축물과 시설물에 시공되고 있는 대리석, 화강석 등의 석재와 카펫 등 건축마감재의 종류가 매우 다양하고 그 특성 또한 각각 다르다. 또한 고급 자재의 사용으로 건축마감재별 청소 방법과 사용 청소약품 등이 다르게 적용되어야 함으로서 청소인력의 청소기술의 전문화가 크게 요구되고 있다.

따라서 청소기술의 전문화를 위해서는 청소이론의 체계화 연구와 기술개발이 요구되고 있으며, 이를 지원하기 위한 청소학의 태동이 사회 문화적으로 요구되고 있다.

5) 청소기술교육 및 훈련의 중요성과 필요성의 재인식

전술한 바와 같이 현대 청소의 개념은 전통적인 청소개념에 건축마감재의 유지 · 보수관리 개념이 접목된 포괄적 청소개념이므로 청소종사자에 대한 청소 기술교육과 훈련이 매우 중요하고 필요하게 되었다. 이를 위해서는 청소이론의 체계화 연구와 청소기술 개발이 이루어져야 한다. 이를 지원하기 위해서 청소학의 태동이 사회 문화적으로 요구받게 되었다.

6) 청소의 질적 품질유지와 양적 생산성 향상 요구

청소는 청소서비스 소비자의 만족을 위하여 생산이 제공된다. 또한 청소서비스는 건물주의 건물의 유지관리 차원과 경제관리 측면에서 요구된다. 따라서 청소서비스는 양적으로 생산성이 극대화되어야 하고, 질적으로 고품질이 유지되어야 한다. 이와 같은 청소서비스의 양적 생산성의 극대화와 질적 고품질의 청소서비스를 생산제공하기 위해서는 연구에 의하여 청소의 개념지식과 방법 지식 및 활동 지식이 필요하다. 이와 같은 청소서비스 생산에 필요한 청소 완전 지식을 개발하기 위해서는 청소이론의 체계화 연구와 청소 기술개발이 뒷받침되어야 하고, 이를 위해서는 청소학의 태동이 불가피하다.

7) 청소작업 안전사고의 예방과 피해 방지

청소는 약품과 장비를 사용하여 이루어지며 전기를 이용하여 청소장비를 운용하고 청소서비스를 생산함으로 청소작업은 언제나 위험을 동반하고 있다.

특히 높은 곳에서 청소하거나 움직이는 물체 안에서 청소작업을 수행하는 경우가 종종 있어 청소작업은 위험한 작업일 수 있다. 따라서 청소작업의 위험을 제거하거나 청소 안전사고를 예방하여 피해를 최소화할 필요가 있다. 이를 지원하기 위해서는 청소안전관리 이론과 방법지식이 필요하다. 따라서 이를 지원하기 위해서는 청소학의 태동이 사회 문화적으로 필요하다.

8) 청소서비스의 저비용 생산시스템 개발과 고객만족도 개선

청소서비스는 가장 경제적 방법으로 생산하고 제공되어야 한다. 따라서 인당 청소면적의 양적 생산성 극대화가 필요하다. 국내 청소인력의 인당 양적 생산성은 미국이나 일본의 청소인력 인당 양적 생산성에 비해 약 절반의 생산성만을 보이고 있어 청소서비스 생산에 있어 경제성이 문제가 되고 있다. 또한 국내 청소서비스에 대한 고객의 만족도는 78.74%에 머물고 있고,[2)] 청소서비스의 질적 품질개선이 크게 요구되고 있다. 이를 지원하기 위해서는 청소이론의 체계화 연구와 기술개발 및 청소 교육훈련이 요구되고 있다. 이를 지원하기 위해서는 청소학의 태동이 사회 문화적으로 불가피하다.

9) 청소서비스 생산기술 개발의 필요성 제기와 청소서비스 산업 지원 요구

청소서비스는 상품이므로 가장 경제적 방법으로 안전하게, 효율적으로, 적합하게, 효과적으로 생산 공급되어야 한다. 뿐만 아니라 고객(청소서비스 소비자)이 만족하는 서비스 이어야 한다. 이를 위해서는 청소기술개발이 불가피하고, 청소서비스 생산 활동의 최유효화 기술개발이 요구되고 있다. 또한 청소산업의 발전 지원이 학문적으로 요구되므로 청소학의 태동이 사회 문화적으로 불가피하다.

제2절 청소학의 학문적 이론체계화 방향

청소학은 청소의 학문직 이론체계화 연구에 힘입어 청소의 사물과 현싱을 일징한 원리와 법칙에 따라 통일적으로 설명하고, 청소문제 해결을 위한 해법제시(청소기술)를 과제로 안고 있는 종합응용과학으로서 이의 과제를 능률적으로 수행하기 위하여 청소학의 학문적 이론체계화 방향은 다음과 같이 설정되어야 한다.

---

2) 국가기술표준원(2005), 시설관리서비스 표준화 연구, p.50.

1. 청소학의 학문적 개념과 정의

청소가 하나의 학문으로 태어나기 위해서는 청소학의 학문적 이론체계화 방향이 설정되어야 하고, 청소학이 학문적으로 먼저 정의되어야 한다. 또한 청소학이 학문으로 성립하기 위해서는 청소학의 연구대상에 대하여 개념적으로 논의해야 하고, 청소서비스 생산활동에 대한 개념지식과 방법지식 및 활동지식에 대한 이론의 체계화 방향이 설정되어야 한다.

또한 청소서비스 개념에 대하여 이론적으로 개념화가 먼저 이루어져야 한다. 따라서 청소서비스의 생산과 유통 및 소비 등에 대하여 개념적으로 논의할 필요가 있다. 왜냐하면 청소학은 청소의 사물과 현상을 일정한 원리와 법칙에 따라 통일적으로 설명하고 청소문제에 대한 해법을 제시해야 한다. 이를 토대로 청소서비스 소비자의 만족에 부합하는 고품질의 청소서비스를 가장 경제적 방법으로 안전하게, 효율적으로, 적합하게, 효과적으로 생산 · 제공할 수 있도록 학문적으로 가이드하고, 청소산업발전방안을 제시할 수 있어야 하기 때문이다.

왜냐 하면 청소학은 청소서비스의 효과적 생산과 유통 및 소비를 추구하며 가장 적은 비용으로 가장 양질의 청소서비스를 생산하여 이를 소비하는 고객을 만족하게 하는 원리와 법칙을 연구하는 책무를 지고 있는 학문이기 때문이다.

따라서 청소학을 학문적으로 성립시키기 위해서는 청소에 대한 여러 가지 관념 중에서 공통적인 요소를 뽑아 하나의 보편적 청소관념을 도출하여 이를 개념화할 필요가 있다. 그러므로 문헌적으로 참고 되는 여러 인접학문으로부터 연구자료를 조사 · 분석하고 종합하여 청소학의 이론체계화 방향을 논의함으로써 청소학의 학문적 정의를 도출할 필요가 있다. 왜냐하면 청소학은 청소를 학문적으로 연구하는 종합응용과학이기 때문이다.

청소학의 학문적 정의를 도출하기 위하여 청소학의 키워드인 청소개념을 문헌을 통하여 고찰하면 먼저 청소의 사전적 정의는 '깨끗이 쓸고 닦음, 또는 더러운 것을 없애어 깨끗이 함'으로 정의되고 있다. 또한 김일효(2010), 《건물자산환경관리론》에서 청소개념을 '청소란 건물의 내 외부를 더럽히는 먼지, 오물, 때, 쓰레기 등 오염원의 예방과 제거 및 정리정돈 그리고 건물 내외부의 미관성과 청결성 및 보건위생성의 유지 및 개량과 건물마감재의 색상과 기능의 장기화를 목적으로 하는 건물환경 위생관리 활동과 건축마감재 유지관리(Building Cleaning and Maintenance)'로 정의하고 있다.[3)]

또한 동 저자의 견해에 따르면 청소개념의 시대적 변화에 따라 종전의 청소개념은 전통적 청소개념으로서 단순히 오염원의 예방과 제거 및 정리정돈 중심의 청소개념이었으

3) 김일효(2010), 건물자산환경관리론, 남두도서, p.335

나, 오늘날의 현대적 청소개념은 건축물마감재의 기능과 색상 및 수명을 장기적으로 유지 · 보존하는데 청소의 중심을 두고 있는 건축마감재 유지관리(Building Maintenance) 청소개념으로 설명하고, 청소의 신개념으로 전통적 청소개념에 현대적 청소개념을 통합한 광의의 청소개념으로 이해해야 함을 강조하고 있다.

2016년도 한국산업인력공단에서 NCS 청소의 교육교재로 발간한 《환경미화》(대표집필자 : 김일효)에서는 청소개념을 환경미화와 동일한 개념으로 이해하고, 다음과 같이 청소개념을 정의하고 있다. 환경미화(청소)란 '건축시설물의 청결 유지, 마감재의 내구연한의 증대, 쾌적한 환경조성, 보건위생향상을 위하여 청소계획의 수립, 청소활동, 성과측정평가, 사후관리를 수행 하는 일'로 정의하고 있다.[4)]

뿐만 아니라 국가기술표준에서 주관하고 한국표준협회를 통하여 시행하고 있는 건축물클리닝 서비스 KS 인증제도 한국산업표준 규격(KS S-1012)에서는 청소개념(클리닝개념)을 '더럽거나 어지러운 것을 장비, 약품을 이용하여 흡착, 탈색 등의 방법으로 깨끗하게 하는 행위나 작업'으로 정의하고 있다.[5)]

또한 청소학이 학문적으로 성립하기 위해서는 청소이론과 지식이 필요하다. 왜냐하면 학문은 일정한 이론에 따라 체계화된 지식을 말하며 낱낱의 사물이나 현상을 일정한 원리와 법칙에 따라 통일적으로 설명할 수 있는 보편적 지식을 말하고 있기 때문이다. 그리고 지식은 사물에 대한 명료한 의식과 그것에 대한 판단을 말하며 철학적으로는 인식으로 얻어져 객관적으로 확정된 성과를 말하고 있기 때문이다.

이상에서 논의한 참고문헌상의 청소개념과 이론을 바탕으로 청소학을 학문적으로 개념화하고 이를 정의하면 다음과 같이 정의할 수 있다.

〈표 1〉 청소학의 학문적 개념과 정의

청소학의 학문적 개념이라 함은 '청소서비스의 효과적 생산과 유통 및 소비를 연구목적으로 하는 응용과학으로서 청소이론의 체계화와 청소서비스 생산 활동의 최유효화 기술을 개발하여 청소서비스의 양적 · 질적 생산성 향상과 청소서비스 산업의 경영합리화를 지원하는 건물위생환경관리 분야 종합응용과학'을 말한다. 청소학 개념을 학문적으로 정의하면 '청소학이란 청소서비스의 효과적인 생산과 유통 및 소비연구를 목적으로 하는 건물위생환경관리 분야 종합응용과학'을 말한다.

4) 한국산업관리공단(2017), NCS 환경미화 학습모듈 인용
5) 국가기술표준원(2008), KS S-1012

청소학의 학문적 개념과 정의를 보다 폭넓고 깊게 이해하기 위하여 이를 분설하면 그 내용은 다음과 같다.

첫째, 청소학은 청소서비스의 효과적 생산과 유통 및 소비 연구를 목적으로 하는 응용과학 성격의 학문이다.

청소는 청소서비스를 생산하고 제공하여 청소서비스 소비자인 고객(주로 건물 사용자와 이용자)의 욕구를 만족하게 하는 청소서비스의 생산활동이자 유통활동인 동시에 소비를 지원하는 활동이다. 따라서 고객이 만족할 수 있는 청소서비스를 청소서비스 생산활동을 통하여 효과적으로 생산하고 생산 즉시 유통(제공)하도록 해야 하며, 청소서비스 소비자가 효과적으로 소비하게 하여 청소서비스에 대하여 만족하게 해야 한다. 이를 위하여 청소학은 청소이론을 체계화하고 청소서비스에 관한 사물과 현상을 일정한 원리와 법칙에 따라 통일적으로 설명해야 하며, 이를 바탕으로 청소서비스의 효과적인 생산방법과 유통방법 및 소비방법을 연구해야 한다. 따라서 청소학은 청소서비스의 효과적 생산과 유통 및 소비를 연구하는 학문이라 할 수 있다.

둘째, 청소학은 청소이론의 체계화와 청소서비스 생산활동 최유효화 기술을 연구하는 학문이다.

청소학은 청소이론의 체계화 연구에 멈추지 아니하고, 청소서비스 생산활동의 최유효화 기술을 연구하는 학문이다. 왜냐 하면 청소학은 순수과학이 아니라 응용과학이기 때문에 기술을 개발하고 이를 적용하여 인간의 생활을 편리하게 하거나 관련 산업의 발전을 지원해야 하기 때문이다.

청소서비스 생산활동의 최유효화 기술이라 함은 청소서비스를 생산하는 활동은 가장 경제적인 비용으로 가장 안전하게, 가장 효율적으로, 가장 적합하게, 가장 효과적인 청소활동으로 청소서비스를 생산하는 기술을 말한다.

청소서비스는 가정청소와 같이 봉사성격의 청소를 제외하고는 화폐로 거래의 객체가 되는 서비스상품이기 때문에 가장 경제적인 비용으로 청소서비스를 생산할 수 있어야 한다. 가장 경제적인 생산비용으로 청소서비스를 생산하기 위해서는 청소인력을 적정화하고, 청소인력의 인당 생산성을 높여야 하며, 양적 생산성을 극대화해야 한다. 따라서 청소서비스의 생산 활동 최유효화 기술을 충족하기 위해서는 첫번째로 가장 경제적 비용의 서비스 생산조건이 충족되어야 한다. 또한 청소서비스의 생산활동의 최유효화 기술의 충족요건에는 가장 안전한 방법에 의한 청소서비스 생산요건이 있다.

가장 안전한 방법이라 함은 청소의 준비과정이나 수행과정 및 사후관리 과정에서 인적·물적 피해 발생 없이 안전하게 청소서비스의 생산을 의미한다. 또한 안전한 방법이라 함은 사람이 사망, 상해, 위해, 부상 또는 질병의 감염으로부터 자유하게 해야 하고,

청소대상 건축물이나 시설물 재산에 물리적 멸실 또는 경제가치의 감손으로부터 자유하게 하는 방법으로 청소서비스를 생산해야 하는 요건을 말한다.

뿐만 아니라 청소서비스 생산을 청소서비스 생산활동 최유효화 기술로 생산하기 위해서는 가장 효율적인 방법으로 청소서비스를 생산해야 하는 요건이 충족되어야 한다. 가장 효율적 방법이라 함은 청소서비스 생산에 투입되는 비용, 시간, 노력의 양보다 산출되는(생산되는) 청소서비스는 양적으로 커야 하고, 질적으로 양호한 품질이어야 한다는 조건이다.

또한 청소서비스 생산활동 최유효화 기술을 충족해야 하는 또 다른 요건에는 가장 적합한 방법으로 청소서비스를 생산해야 한다는 기술 요건이 있다. 가장 적합한 방법이라 청소서비스를 소비하는 청소서비스 소비자(고객)가 만족할 수 있는 시간대와 공간 또는 장소에서 청소서비스를 생산하고 제공(유통)해야 한다는 기술 요건을 말한다.

청소서비스 생산활동의 최유효화 기술요건 중 마지막 충족 기술요건은 가장 효과적인 방법에 의하여 청소서비스를 생산해야 하는 기술요건이 있다.

청소는 청소대상 마감재의 종류와 특성에 따라 청소방법이 결정되고, 결정되는 청소방법에 따라 청소인력이 배치되고 청소장비와 도구가 선정되고 청소약품(세제 포함)이 결정되어 청소작업이 계획에 따라 수행하게 된다. 문제는 청소방법에는 여러 가지 방법이 있을 수 있으므로 청소방법 중 마감재의 종류와 특성에 맞는 청소방법을 선정하여 이에 따라 청소하고 청소서비스를 생산해야 한다는 기술 조건이다.

결론적으로 청소서비스 생산활동은 고객의 만족에 부합하는 양질의 청소서비스를 최유효화 기술에 따라 가장 경제적인 방법으로, 가장 안전하게, 가장 효율적으로, 가장 적합하게, 가장 효과적으로 생산하고 제공하는 기술인 청소서비스 생산활동 최유효화 기술은 청소이론의 체계화를 바탕으로 수행되는 연구에 의하여 개발되는 기술인만큼 청소학의 이론체계화 연구는 매우 중요하고 필요하다.

셋째, 청소학은 청소서비스의 양적 · 질적 생산성 향상을 연구하는 학문이다.

청소학은 청소의 이론체계화 연구를 통하여 청소의 사물과 현상의 통일적으로 설명하는 외에 청소서비스의 양적 · 질적 생산성 향상기술을 연구하는 학문이다. 따라서 청소학은 어떤 방법으로 청소서비스를 생산할 것인가를 연구하여 청소인력의 인당 생산성을 극대화하고 질적 서비스 품질을 고품질 수준으로 유지할 수 있는가를 연구하는 학문이다.

넷째, 청소학은 청소서비스 산업의 경영합리화 지원을 목적으로 하는 학문이다.

청소서비스는 협의로는 청소인력 개개인이 청소활동을 수행함으로서 청소서비스가 생산되나, 현대 건축물이나 시설물의 특성상 면적이 넓고 규모가 대단지이어서 청소팀이 중심이 되어 청소활동을 수행함으로서 현대적 개념의 청소서비스가 생산되고 제공된다. 따라서 청소팀을 포용하고 있는 청소서비스 업체와 산업의 경영합리화는 매우 중요한 과제이다. 경영합리화란 기업의 영업활동을 흑자기조로 유지하고 영업이익을 극대화하는 방향으로 영업활동을 수행해야 하는 경영전략을 말하며, 청소학은 지속적이고 발전가능한 기업이 양질의 청소서비스를 생산하고 제공할 수 있도록 청소 전문업체나 청소관련 산업의 경영합리화 방안을 연구하고 이를 청소업체와 관련 산업의 발전에 적용해야 한다.

다섯째, 청소학은 건물위생환경관리 분야의 종합응용과학이다.

청소학은 순수자연과학이 아니라 기술을 개발하고 연구하여 사람의 생활과 관련 산업의 발전을 지원하는 과학이므로 응용과학이라 할 수 있다. 뿐만 아니라 청소학은 관련 인접학문들로부터 이론과 지식 및 기술을 지원받아 체계화한 학문이므로 종합응용과학의 성질을 가지고 있다. 따라서 청소학은 건물 위생환경 분야의 종합응용과학이라 할 수 있다.

2. 청소학의 학문적 성격

청소학은 종합응용과학적 성격, 이론과학적 성격과 실천과학적 성격, 서비스학적 성격, 환경학적 성격, 보건학적 성격을 가지고 있다. 이를 구체적으로 설명하면 다음과 같다.

1) 종합응용과학적 성격

청소는 청소의 개념과 방법 및 활동의 이론을 체계화하고 기술화하여 바람직한 청소서비스를 생산하도록 가이드하고 인간의 생활과 청소서비스 산업에 적용하는 기술과학이므로 청소학은 순수과학이 아니라 응용과학의 성격을 가지고 있다. 또한 청소학은 환경공학, 보건학, 건축재료공학, 기계공학, 화공학 등의 지원을 받아 이론을 체계화하고 청소작업을 수행하는 관계로 청소학은 종합응용과학적 성격을 가지고 있다.

2) 이론과학적 성격과 실천과학적 성격

청소학은 인간의 삶과 생활과 일의 영위를 위하여 요구되는 청결하고 깨끗하며 위생적인 건축공간 조성을 위하여 필요한 청소서비스 생산의 이론을 제공하며, 청소서비스 생산을 위한 작업을 실천적으로 수행해야 함으로 청소학은 이론과학적 성격인 동시에 실천과학적 성격을 가지고 있다.

3) 서비스학적 성격

청소학은 서비스학적 성격을 가지고 있다. 청소학은 청소서비스의 생산과 유통 및 소비를 연구하는 학문이므로 인간이 생활공간을 바람직하게 사용 수익하기 위해서 요구되는 청소서비스를 생산하여 제공해야 하기 때문에 서비스학의 지원이 매우 필요하다. 따라서 청소학은 서비스학의 이론과 연구 성과를 차용하여 청소학의 이론체계화를 도모하고 있으므로 청소학은 서비스학적 성격을 가지고 있다.

4) 환경학적 성격

청소학은 환경학적 성격을 가지고 있다. 왜냐하면 청소학은 청소활동을 통하여 생산하는 청소서비스를 가지고 사람의 생활둘레인 생활환경과 업무환경을 위생적이고 청결하게 만들고 유지하여 사람의 생명과 건강을 보호하고 친환경적으로 환경을 관리하여 수질오염, 토양오염, 공기질 관리, 대기오염관리를 통하여 자연환경을 관리함으로서 청소학은 환경학적 성격을 가지고 있는 학문이다.

5) 보건학적 성격

청소학은 사람의 건강과 생명 보호를 위하여 청소와 소독을 동시에 연구하고 있다. 따라서 청소학은 인간의 위생환경의 조성과 이를 통한 인간의 건강과 생명보호를 연구과제로 설정하고 있기 때문에 청소학은 보건학적 성격을 가지고 있다.

3. 청소학의 연구대상

1) 청소학 연구대상의 개념

청소분야의 사물과 현상 및 문제를 일정한 원리와 법칙에 따라 통일적으로 설명하기 위하여 요구되는 분석대상을 청소학의 연구대상이라 한다. 청소학의 연구대상을 검토하는 지적 작업은 청소학의 학문적 성립을 위하여 매우 중요하고 필요하다. 청소학의 연구대상은 거시적으로는 청소서비스의 생산과 유통 및 소비 그리고 청소에 대한 사물과 현상을 통일적으로 설명해야 함으로 청소의 이론체계화가 1차적인 연구대상이 된다. 그러나 미시적으로 청소학은 1차적 연구대상 외에 2차적 연구대상으로 청소서비스 생산활동의 최유효화 기술, 청소활동의 3요소(청소인력, 청소장비 및 도구, 청소세제 및 약품), 청소서비스의 질적·양적 생산성, 청소서비스 산업의 발전방안, 청소의 사물과 현상 및 문제, 청소의 원리와 법칙, 청소의 가치와 철학, 청소작업의 주체와 객체 및 수단, 청소서비스 산업의 발전방안 그리고 청소인력의 청소기술 전문화 교육 등의 연구대상을 가지고 있다. 청소학의 연구대상을 요약정리하면 다음과 같다.

〈표 2〉 청소학의 연구대상

① 청소서비스의 효과적 생산과 유통 및 소비
② 청소이론의 체계화
③ 청소서비스 기업의 경영합리화
④ 청소서비스 생산활동의 최 유효화 기술
⑤ 청소서비스 생산활동의 3요소(청소인력, 청소장비 및 도구, 청소세제 및 약품)
⑥ 청소서비스의 질적 생산성(서비스 품질)과 양적 생산성(인당 생산성)
⑦ 청소의 사물과 현상 및 문제
⑧ 청소의 원리와 법칙
⑨ 청소의 가치와 철학
⑩ 청소작업의 주체와 객체 및 수단
⑪ 청소서비스 산업의 발전방안
⑫ 청소인력의 청소기술 전문화 교육

2) 청소학의 연구대상별 내용

청소학의 연구대상은 청소이론의 체계화와 청소 기술의 개발 등 청소학의 발전을 위하여 청소학 연구대상에 대하여 그 개념을 고찰하고 이해할 필요가 있다. 따라서 청소학 연구대상에 대하여 살펴보면 다음과 같다.

(1) 청소서비스의 효과적 생산과 유통 및 소비

청소서비스는 생산 즉시 소비되는 것으로 보이나 사실은 소비 전에 매우 짧은 유통과정을 거치게 된다. 청소서비스의 생산은 청소활동(청소작업)을 통하여 생산되나 서비스의 특성상 눈에 보이지 않으며 외형이 없어 만질 수도 식별할 수도 없다. 다만 소비자가 주관적 느낌과 육안으로 청결상태 확인을 통하여 청소서비스가 이루어졌음을 확인할 수 있다.

청소서비스는 생산 즉시 소비 전에 유통과정을 잠간 거치게 되나 아무도 인식할 수 없을 정도로 순식간에 유통과정이 시작되고 종료하게 된다. 따라서 청소서비스 생산과 유통 및 소비는 시작과 종료가 순식간에 이루어지기 때문에 매우 효과적으로 청소서비스를 생산 · 유통 · 소비하도록 해야 한다. 청소학은 이를 위하여 청소이론을 체계화하고 청소서비스 생산기술을 연구 · 개발하여 고객만족에 부응하는 청소서비스가 생산 · 유통할 수 있도록 해야 하며, 이에 소비자가 만족할 수 있도록 해야 한다.

(2) 청소이론의 체계화

청소학의 학문적 목적은 청소의 사물과 현상 및 문제를 통일적으로 설명하고 청소서비스 생산활동의 최유효화 기술을 개발하여 건축물을 중심으로 이루어지는 인간의 삶과 생활과 일의 영위에 요구되는 청소서비스를 적절하게 생산하고 제공해야 한다. 또한 청소서비스 생산활동 최유효화 기술에 따라 가장 경제적인 방법으로 가장안전하게, 가장 효율적으로, 가장적합하게, 가장 효과적으로 생산하고 생산된 청소서비스를 바람직한 인간의 삶과 생활과 일의 영위를 위하여 지원하며 청소서비스 산업발전을 견인하는데 있다. 따라서 청소서비스의 사물과 현상 및 문제들을 통일적으로 설명할 수 있는 청소이론을 연구를 통하여 개발하고 체계화할 필요가 있다.

왜냐하면 청소이론 없이는 청소의 사물과 현상 및 문제를 통일적으로 설명할 수 없을 뿐만 아니라 이를 통한 통일적 설명 없이는 청소서비스 소비자가 요구하는 질적 고품질의 청소서비스를 생산할 수 없게 되고, 양적 청소서비스 생산성을 극대하할 수 없으며, 청소서비스 산업의 발전을 과학적으로 지원할 수 없기 때문이다. 그러므로 청소이론의 체계화는 청소학의 매우 중요한 연구대상이 된다.

(3) 청소서비스 기업의 경영합리화

청소는 개별적으로 개인의 청소작업에 의하여 청소서비스가 생산될 수 있으나, 현대 건축물의 특성상 팀이나 조직의 청소활동에 의하여 청소서비스가 대량으로 생산되고 유통되며 대량으로 소비된다. 따라서 대량 청소서비스생산은 기업 조직에 의하여 이루어지므로 조직의 지속가능한 발전을 위하여 경영은 합리적으로 흑자 경영이 이루어지도록 해야 한다. 청소학은 청소서비스 기업의 경영합리화 연구 과제를 안고 있다.

(4) 청소서비스 생산활동 최유효화 기술

청소학은 앞에서 논의한바와 같이 응용과학이므로 청소기술 개발을 통하여 건축물을 기반으로 이루어지는 인간의 삶과 생활과 일에 대하여 환경측면에서의 지원과 청소산업 발전을 지원하는데 매우 중요한 의미와 의의를 두고 있다. 또한 청소서비스 일부분은 청소인력의 단순한 노동력과 기능만으로 이루어 질 수 있으나 석재관리, 카펫 청소, 왁스작업, 광택작업 등 대부분의 청소는 과학과 기술에 의하여 이루어지므로 청소는 청소기술과 과학에 의존하여 수행되어야 한다.

뿐만 아니라 청소서비스는 건물주나 입주자 및 이용자 등 다양한 청소서비스 소비자(고객)에게 두루 만족할 수 있는 서비스가 되어야 함으로 청소서비스는 가장 경제적인 방법으로 가장 안전하게, 가장 효율적으로, 가장 적합하고 가장 효과적 방법으로 생산되어야 한다. 이를 위하여 청소서비스의 생산 도구인 청소서비스 생산 활동 최유효화 기술이 개발되어야 하고, 이를 청소서비스 생산 활동에 적용해야 한다. 따라서 청소서비스 생산 활동의 최유효화 기술은 청소학의 매우 중요한 연구대상이 되고 있다.

청소학의 주요 연구대상인 청소서비스 생산활동의 최유효화 기술이란 고객(청소서비스 소비자)만족에 부합하는 청소서비스를 가장 경제적 방법으로 가장 안전하게, 가장 효율적으로, 가장 적합하게, 가장 효과적으로 생산하는 기술을 말한다.

청소서비스 생산활동 기술 중 가장 경제적인 기술이라 함은 기존의 청소서비스 생산원가를 분석하고, 최소 원가모형을 개발하여 이를 통하여 청소서비스 생산원가를 경제화하는 기술을 말한다. 이를 위해서는 청소서비스 생산에 가장 많은 비용이 투입되는 청소인력의 인건비를 경제화해야 하며, 청소인력의 인건비 경제화는 적정 청소인력 산출기술과 청소인력의 다기능 다역화와 청소기술 전문화가 선행적으로 이루어져야 한다. 또한 이를 통하여 청소서비스의 인당 생산성을 미국 일본과 같은 수준으로 극대화하고, 질적으로 고품격 청소서비스 수준을 유지하는 기술이 요구된다. 이를 위해서는 원가 분석능력과 청소활동의 계획수립 및 양적 · 질적 생산성을 높이기 위한 청소인력의 전문화 및 1인 다기능 다역화 교육훈련이 요구된다.

청소서비스를 가장 안전하게 생산 제공하는 청소작업 안전기술은 청소서비스 생산 준비과정과 수행과정 및 청소작업 마무리 과정에서 청소작업으로 인하여 어떠한 인적 · 물적 피해를 유발하는 안전사고나 사건을 미리 예방하거나 적절하게 대응하는 기술을 말한다. 청소작업과정에서 주로 발생하는 안전사고는 부주의로 인한 고가 사다리 추락사고, 청소약품의 잘못사용과 보호 장구 미착용에 의한 약품사고, 전기청소장비의 부적절한 사용과 관리에 의한 전기안전사고, 화재사고, 전도사고 등을 들 수 있다.

또한 청소작업 중에 청소서비스 종사자가 평소건강관리에 부주의하여 청소작업 중에 급성 심근경색과 같은 심장병을 유발하여 사고를 일으키고 있으므로 청소종사자의 정기적인 건강 검진을 실시해야 하고, 개인건강관리에도 청소작업 안전을 위하여 세심한 주의를 기울여야 한다. 안전사고를 방지 또는 예방하기 위해서는 청소서비스 활동 전에 안전교육이 필수적이다.

가장 효율적 청소서비스 생산기술은 청소서비스 생산을 위하여 투입하는 투입자원(비용, 시간, 노력의 양)보다 산출되는 청소서비스의 양과 질이 높게 산출하는 기술을 말한다. 이를 위해서는 사전 청소서비스 활동 수행 계획과 준비 및 청소인력의 전문화와 다기능, 다역화 교육 그리고 안전교육이 필요조건이 된다.

가장 접합한 청소서비스 활동기술은 생산되는 청소서비스는 청소서비스 소비자(고객)의 만족에 적합한 청소서비스 생산기술을 말한다. 이를 위해서 청소서비스 고객 요구 파악과 품질 교육, 품질 유지가 필수적이다.

청소서비스 활동 최유효화 다섯 가지 기술 중 마지막 기술인 가장 효과적인 청소서비스 생산기술은 고품격 양질의 청소서비스를 생산하는데 투입되는 청소인력은 해당 청소작업에 가장 적합한 청소인력의 선발 배치와 적정한 청소약품 및 청소장비 도구의 선정 그리고 청소대상 마감재의 종류와 특성에 맞는 청소방법의 선정과 활용기술을 의미한다.

이를 위해서는 청소현장과 청소대상 마감재의 종류와 특성파악에 따른 가장 효과적인 청소방법의 선정, 청소방법에 따른 가장 유능한 청소인력의 선발과 배치, 가장 적합한 청소장비 및 도구의 선정, 청소약품 및 세제의 선정과 활용 등이 필요조건이 된다.

(5) 청소서비스 생산활동의 3요소(청소인력, 청소장비 및 도구, 청소약품 및 세제)

청소서비스는 청소서비스 생산활동의 3요소의 협력과 상호작용에 의하여 생산되는 성질이 있다. 청소서비스 생산활동(청소활동 또는 청소작업)의 3요소에는 청소인력요소와 청소장비요소(청소도구 포함) 및 청소약품요소(청소세제 포함) 등이 있다.

청소학은 청소서비스 생산활동을 위하여 요구되는 청소인력의 청소기술 전문화와 청소장비의 사용 조건 최적화 및 청소약품의 적정 사용법에 관하여 연구과제를 안고 있다.

(6) 청소서비스의 질적 생산성(서비스 품질)과 양적 생산성(인당 생산성)

청소학은 청소서비스의 품질과 청소서비스 인당 양적생산에 관하여 연구과제로 상정하고 있다. 청소서비스 품질은 고객만족의 척도가 되고, 양적 생산성은 청소서비스의 경제적 생산원칙과 직결되므로 청소학은 고객만족과 경제적 생산을 위하여 청소품질과 양적 생산성을 주요 연구과제로 인식하고 있다.

(7) 청소의 사물과 현상 및 문제

청소에도 사물개념이 있으며 현상개념이 존재하고 있다. 사물의 사전적 의미는 일이나 물건을 의미하며 물건이란 유체물 및 전기 기타 자연력 또는 권리의 객체가 되는 것을 말하므로 청소개념에는 물건의 개념은 없으나 일의 개념은 존재하고 있다.

한편 현상개념은 현상이란 본질개념에 대한 상대적 개념으로서 시간과 공간속에 나타나는 대상을 말하며 지각할 수 있는 사물의 모양이나 상태를 의미한다. 또한 문제는 해답을 필요로 하는 물음(질문)을 말한다.

따라서 청소에는 일 중심의 사물의 개념이 존재하고 있으며, 시간과 공간에서 나타나는 대상이 존재함으로서 청소의 현상 개념 또한 존재하고 있다. 뿐만 아니라 청소에는 수많은 해답이 요구되는 질문들이 존재하고 있다. 그러므로 청소학은 청소의 사물과 현상 및 문제를 연구대상으로 설정하고 있다.

(8) 청소의 원리와 법칙

청소의 원리라 함은 청소의 기본이 되는 이치나 법칙을 말하고, 청소의 바탕이 되는 근거나 또는 보편적 진리를 의미한다. 한편 법칙은 지켜야할 규칙을 의미한다.

청소에는 오염물질을 효과적으로 제거하는 청소의 기본 원리가 지배하고 있으며, 주의해야 하거나 지켜야할 규칙이 다수 존재하고 있다. 따라서 청소학은 청소의 원리와 법칙을 연구대상으로 설정하고 이에 대한 연구수행 과제를 안고 있다.

(9) 청소의 가치와 철학

청소도 의의나 중요성을 가지고 있다. 즉 청소의 가치 개념이 존재하고 있다. 또한 청소개념에는 인생이나 세계, 지식에 관한 근본 원리를 연구하는 철학 개념이 존재하고 있고, 다른 말로 표현하면 학문적 이념이 존재하고 있다. 따라서 청소학은 청소의 의의와 중요성 및 청소의 가치와 청소원리 연구의 철학 개념을 연구대상으로 설정하고 이를 연구하는 과제로 인식하고 있다.

(10) 청소작업의 주체와 객체 및 수단

청소서비스 생산은 청소작업 주체가 청소대상 객체인 건물과 시설물에 대하여 청소수단인 청소장비와 청소약품을 활용하여 청소서비스를 생산하게 된다. 따라서 청소학은 청소주체의 필요적 조건과 청소대상인 청소객체에 대한 이해 및 청소작업 수단의 바람직한 사용법에 대하여 연구대상으로 설정하고 연구를 수행하고 있다.

(11) 청소서비스 산업의 발전방안

청소학은 응용과학이므로 순수과학과는 달리 기술을 개발하여 사람의 생활을 편리하게 하고, 관련 산업의 발전 지원을 사명으로 하는 과학이므로 자연스럽게 청소서비스 산업의 발전방안을 연구대상으로 설정하고 이에 대한 연구 과제를 안고 있다.

(12) 청소인력의 청소기술 전문화 교육

청소서비스 질적 생산성과 양적 생산성은 양질의 청소서비스를 가장 경제적 방법으로 생산하는데 있어 필요적 조건이 되며, 고객만족의 원천이 된다. 따라서 청소학은 청소인력의 청소기술 전문화 교육에 대하여 깊은 관심을 가지고 있으며, 이를 연구대상으로 설정하고 있다.

4. 청소학의 인접과학

앞에서 논의한바와 같이 청소학의 이론체계화 연구는 다학제 접근방법에 따라 이루어졌다. 다시 말하면 청소학의 이론체계화 연구는 인접과학으로부터 이론을 차용하고 지식과 기술을 지원 받아 청소학의 기초이론 체계화 연구가 수행되었다. 청소학 이론체계화 연구에 이론을 제공하였거나 지식과 기술을 지원한 청소학의 인접과학에는 경영학, 행정학, 경제학, 법학, 서비스학, 화공학, 기계공학, 환경공학, 보건학, 건축재료공학, 교육학, 전기공학, 인간관계론, 소독학 등이 있다.

청소학은 여러 인접학문의 이론과 연구성과를 차용하고 학제간의 협력으로 청소개념지식과 방법 지식 및 활동지식 등 청소이론을 체계화하고, 이를 통하여 청소실무가 바람직하게 이루어지도록 해야 하며 청소서비스가 질적으로나 양적으로 생산성이 만족스럽게 생산되도록 해야 한다. 청소학은 다음과 같은 인접과학의 학은과 이론의 은혜를 입고 있다. 청소학의 이론체계화와에 이론과 지식 및 기술을 통하여 협력하고 있는 청소학의 인접과학을 개괄적으로 살펴보면 다음과 같다.

1) 경영학

경영학은 합리적인 경영방법을 연구하는 사회과학 성격의 학문을 말한다. 다시 말하면 경영학이란 경영합리화를 추구하는 학문으로서 경영활동의 상태를 수익성을 높이는 방향으로 개선하는 일을 목적으로 연구하는 사회과학이다. 청소업 경영도 청소서비스기업 중심으로 양질의 청소서비스를 합리적으로 생산하고, 이를 통하여 경영수익을 창출해야 함으로 청소 종사자는 경영학을 소양과목으로 인식하고 공부해야 한다. 경영학에서는 경영철학과 전략, 조직, 인사, 재무, 영업 등 기업 경영합리화를 위하여 요구되는 경영단위 모두를 합리화 방향으로 연구하는 학문이다. 또한 경영학은 과학적 관리 이론을 통하여 경영합리화를 도모함으로 청소서비스 기업에서도 과학적 관리 이론의 도입과 적용으로 경영합리화를 도모해야 한다. 따라서 청소학은 경영학으로부터 이론과 지식의 지원을 받고 있다.

2) 행정학

행정학은 행정을 연구대상으로 하는 사회과학분야의 학문을 말한다. 행정의 사전적 의미는 국가기관에서 법에 따라 행하는 정무 또는 전술전략을 포함하지 않은 모든 군사사항(군수, 인사)을 관리하고 운용하는 일을 의미한다. 청소서비스 기업의 행정은 사행정 성격의 사무행정을 말하는 것으로 청소종사자는 행정의 지원을 받아 청소서비스를 생산 제공함으로 행정사무에 대한 이해가 필요하다. 따라서 청소학은 행정학으로부터 이론의 지원을 받고 있다.

3) 경제학

경제학은 경제현상을 대상으로 생산과 교환, 분배와 소비 등의 법칙을 연구하는 학문을 말한다. 청소학은 청소서비스라는 무형의 서비스를 생산, 유통, 소비를 연구하는 학문 분야임으로 경제학으로부터 이론 지원을 받고 있다.

4) 법 학

법학은 법률에 관하여 연구하는 사회과학을 말한다. 청소서비스 산업이 공중위생관리법, 폐기물관리법, 화장실 등에 관한 법률 등에 따라 운용되고 있으므로 청소학은 법학으로부터 이론 지원을 받아 청소이론을 체계화하였다.

5) 건축재료공학

건축재료 공학은 건축에 사용되는 각종 자재의 종류와 특성 및 용도와 기능 등을 체계적으로 연구하고 있는 공학 분야의 학문이다. 청소는 건축마감재를 대상으로 주로 청소작업이 이루어지므로 건축자재공학에 대한 이해가 필요하다. 특히 청소는 건축마감재의 종류와 특성에 따라 청소방법이 선정되고 사용하는 청소장비와 청소약품이 다르게 적용되므로 청소학은 건축재료공학으로 부터 마감재 재료이론과 기술을 지원을 받고 있다.

6) 화공학

청소는 청소약품을 사용하여 주로 이루어지므로 청소약품의 기초 이론인 화공학에 대한 이해가 요구되고 있다. 따라서 청소학은 화공학으로 부터 이론과 기술지원을 받고 있다.

7) 전기공학

전기공학은 전기의 성질과 그 응용을 연구하는 학문을 말한다. 전기란 전자의 이동으로 생기는 에너지의 한 형태를 말한다. 청소작업은 전기에너지를 이용하는 청소장비를 사용하므로 전기의 기본 지식을 확보할 필요가 있다. 따라서 청소학은 전기공학으로부터 이론과 기술 지원을 받고 있다.

8) 기계공학론

기계공학이란 기계의 설계, 제작, 성능, 사용법 등을 연구하는 학문이다. 청소작업은 기계의 한 종류인 청소장비를 사용하여 작업하게 되므로 기계의 원리와 사용법 및 관리법에 대하여 이해할 필요가 있다. 따라서 청소학은 기계공학으로부터 이론과 기술지원을 받고 있다.

9) 인간관계론

인간관계론은 사회의 집단이나 조직의 구성원이 빚어내는 개인적, 정서적 관계를 설명하고 있다. 청소서비스는 청소현장 조직의 구성원이 팀이 되어 생산하는 서비스이므로 청소조직 구성원간의 인간관계가 원만해야 한다. 따라서 청소학은 인간관계론으로부터 이론의 지원을 받고 있다.

10) 환경학

환경학은 생활체를 둘러싸고 직접 간접으로 영향을 주는 자연 또는 사회적 조건이나 형편을 연구하는 학문분야이다. 청소는 생활체를 둘러싸고 있는 건물 공간이나 그 공간에서 삶과 생활과 일을 영위하는 인간의 소건에 낮는 청소서비스를 생산 공급해야 함으로 환경에 대하여 학습해 둘 필요가 있다. 따라서 청소학은 환경학으로 부터 이론과 기술 지원을 받고 있다.

11) 서비스학

서비스학이란 생산된 재화를 운반 배급하거나 생산소비에 필요한 노무제공이나 서비스산업을 연구하는 학문 분야로서 1차산업과 2차산업을 기초로 하여 서비스라는 무형의 상품을 제공하는 사업을 지칭하는 무형의 상품으로서 제품의 생산이나 유통에 직접 관계없이 노무나 편의 따위를 제공하는 업종을 연구하는 학문분야이다.

청소서비스는 건물 사용자나 이용자의 편의를 위하여 청소서비스 생산을 위하여 노무를 제공함으로 청소학은 서비스학으로 부터 이론의 지원을 받고 있다.

12) 소독학

소독학은 물건에 묻어 있는 병원균을 약품, 열, 빛 따위로 박멸하는 소독을 연구하는 학문 분야이다. 청소는 환경을 깨끗하게 유지하여 각종 병원균이나 바이러스, 박테리어 등을 박멸하거나 소독 작업을 통하여 병원균을 소멸시키고 있음으로 소독학으로 부터 이론과 기술 지원을 받아야 한다. 따라서 청소학은 소독학으로 부터 이론과 기술 지원을 받아 체계화하였다.

5. 청소학의 지도원리

청소이론의 체계화 연구와 청소서비스 생산성의 향상 및 청소서비스 산업을 바람직하게 가이드하고 지원하기 위해서 청소학 연구에 적용해야 하는 지도원리는 다음과 같다. 왜냐하면 청소학의 이론체계화는 청소의 사물과 현상 및 문제를 일정한 원리와 법칙에 따라 통일적으로 설명하는 외에 고객의 만족에 부응하는 양질의 청소서비스를 청소서비스 활동 최유효화 기술에 따라 가장 경제적 방법으로 안전하게 효율적으로 적합하게 효과적으로 생산·제공해야 함으로 청소학의 기초 이론 역시 청소서비스 활동 최유효화 기술 이론에 따라 이론체계화가 구축되어야 한다. 청소학의 이론적 기초 연구나 청소서비스 생산 활동에 적용해야 하는 지도원리는 다음과 같다.

1) 경제성의 원칙

경제성의 법칙은 학문연구 측면에서는 작은 비용으로 보다 큰 청소학의 기초이론 연구와 청소기술 개발에 적용하는 원칙을 말하고, 청소활동 측면에서는 적은 비용으로 양적·질적으로 생산성이 높은 청소서비스 생산 활동에 적용하는 원칙을 말한다.

2) 안전성의 원칙

안전성의 원칙은 청소기초이론 연구와 청소서비스 생산과정에서 사람의 생명의 사망, 상해 부상, 위해, 질병의 감염으로부터 자유롭게 하고 청소대상 시설의 경제가치의 멸실 또는 감손으로부터 자유할 수 있도록 지도하는 원칙을 말한다.

3) 효율성의 원칙

효율성의 원칙은 청소학의 기초이론 연구와 청소서비스 생산과정에서 투입하는 비용, 시간, 노력의 양보다 산출되는 청소 기초이론 및 청소서비스의 양과 질이 커야 하는데 적용하는 지도원칙을 말한다.

4) 적합성의 원칙

적합성의 원칙은 청소학의 기초이론체계화 연구활동과 청소서비스 생산활동에서 청소서비스 소비자가 만족하는 청소서비스 생산이론과 양적 · 질적으로 청소소비자 욕구에 적합한 청소서비스가 생산되도록 지도하는데 적용되어야 하는 원칙을 말한다.

5) 효과성의 원칙

효과성의 원칙이라 함은 청소기초이론의 체계화 연구과정에서 연구성과를 창출하여야 하고, 청소서비스 생산활동 측면에서는 질적 · 양적으로 효과가 있는 청소활동이 이루어지도록 지도하는 원칙을 말한다.

6. 청소학의 교과체계와 청소학습자의 교육훈련 방향

1) 청소학의 교과체계

청소학은 학문적 정의와 연구대상 및 학문적 이념과 학문적 이론체계화의 목적을 효과적으로 달성하기 위하여 총론분야와 각론분야 및 교양분야로 교과체계를 구성하고 있다. 청소학의 교과체계는 다음과 같다.

(1) 청소학 총론분야

청소학의 총론은 청소학 전체를 총괄하는 이론서로서 청소이론과 청소기술 전반을 설명하는 교과목이다. 청소학 총론 부분은 1차적으로 청소학 개론을 통하여 설명하고 있다. 청소학개론은 청소학 총론성격의 전공 필수 교과목으로서 청소이론의 체계와 청소작업 실무 및 국내 청소업의 현황과 실태 및 문제점과 개선방안 그리고 청소업의 발전방안 등 청소관련 전반을 설명하고 있다. 청소 교과체계를 확립하고 총론과 각론의 교과에 대하여 개략적으로 설명하고 각론 교과서의 개발지침과 주요 내용을 다루고 있다.

청소의 원리와 법칙 및 절차와 기준, 청소의 기본개념 등 청소의 근본에 대하여 설명하고, 청소학의 기초이론과 청소활동 기본이론을 통하여 청소의 사물과 현상 및 문제를 통일적으로 설명할 수 있도록 하고 있다. 특히 청소학개론은 청소의 중심이 되는 청소작업요인인 청소인력과 청소활동의 주체에 해당하는 청소종사자의 전문화와 다기능 다역화 교육방향에 대하여 지침을 설정하고 있다. 청소학개론은 청소이론분야의 총론 성격을 가지고 있으며 대학교과 과정에서 전공 필수 교과목의 하나이다.

(2) 청소학 각론분야

청소학 각론은 해당분야 교과목에 대하여 개략적으로 설명하는 전공필수 교과목이다. 청소학 각론은 청소의 각각의 속성부분을 이론적으로 논술한 교과목을 말하며, 청소학 각론 교과목은 다음과 같다.

① **청소경제관리론** : 청소경제관리론은 청소학 각론의 하나로서 청소서비스를 경제적 측면에서 접근하고 설명하고 있다. 청소서비스의 비용과 수익 및 수지차 즉, 청소서비스 생산원가를 고찰하고 경제적 비용으로 청소서비스 생산을 논의하고 있다. 청소서비스 시장과 가격 결정이론, 청소서비스의 합리적 생산과 유통 및 소비를 연구대상으로 설정하고 청소서비스 생산 주체와 객체 및 수단, 그리고 청소업 창업 등에 대하여 설명하고 있다.

② **청소법률관리론** : 청소법률관리론은 청소학의 각론 중 하나로서 청소에 관계되는 법령과 청소 용역계약 등 주로 법률적 측면에 접근하여 청소문제를 설명하고 있다. 청소에 관계되는 환경법과 위생관련법, 공중화장실 관련법 등에 대하여 설명하고 청소용역을 위하여 요구되는 청소용역 계약과 근로자 관련법 및 4대 보험 관련법에 대하여 논의하고 있다.

③ **청소행정관리론** : 청소행정관리론은 청소학 각론 중 하나로서 행정사무 측면에서 청소조직(청소업 본사조직과 현장조직)의 조직관리, 인사관리, 재무관리, 구매관리, 영업관리 등을 설명하고 있다.

④ **청소기술관리론** : 청소기술관리론은 청소학 각론 중 하나로서 청소기술의 개념과 청소기술의 종류, 청소기술의 사용방법과 절차 및 효과 그리고 청소기술 교육 훈련방법 등을 설명하고 있다.

⑤ **청소환경관리론** : 청소환경관리론은 청소학 각론 중 하나로서 수질오염과 토양오염 방지 등 환경보호 측면에서 청소를 고찰하고, 방역 소독을 통하여 위생관리를 강조하고 있다. 실내 공기 질 관리를 등을 통하여 실내 공기관리, 환경보호, 위생관리 등을 통하여 사람의 생명과 건강보호를 강조하고 있다.

⑥ **청소안전관리론** : 청소안전관리론은 청소학 각론 중 하나로서 청소작업 위험, 청소약품 위험, 청소장비 위험, 자연재해 위험 등에 대하여 설명하고 청소작업 중 발생 될 수 있는 비상상황에 대비 대응하도록 안내하고 있다.

(3) 청소학 응용분야

청소학을 적용하여 응용하는 분야는 다음과 같다.

① **청소서비스업의 창업과 경영** : 청소업의 창업과 경영은 청소업 기업의 창업과 경영 전반을 서술한 청소학의 응용분야로서 경영목표와 경영전략, 청소기업의 인사행정, 조직행정, 재무행정, 구매행정, 법무행정, 공무행정, 수주영업행정, 보험행정, 전산행정 등 청소업의 경영관리 분야를 개략적으로 설명하고 있다.

② **청소장비의 운용** : 청소장비 운용은 청소학 응용분야의 하나이다. 청소는 청소작업

주체가 청소작업 객체인 건축마감재와 시설물을 대상으로 청소수단인 청소장비와 도구 및 청소약품과 세제를 활용하여 청소서비스를 생산한다. 따라서 청소장비와 도구는 청소서비스 생산에 있어서 매우 중요한 청소수단이다. 청소장비 운용론에서는 청소방법에 따라 사용할 장비의 선정과 장비사용법, 장비관리법, 장비사용상의 주의점 등을 개략적으로 설명하고 있다.

③ **청소인력 청소기술 전문화 교육** : 청소인력의 청소기술 교육은 청소학 응용분야의 하나이다. 청소서비스는 주로 청소종사자인 사람에 의하여 생산되는 서비스(human-bing service)이므로 청소서비스를 생산하는 자의 청소기술 전문화교육과 다기능 다역화 훈련이 필수적이다. 청소인력 청소기술교육론은 청소 교육계획, 청소교재 개발, 청소강사의 자격, 청소 교육 훈련 방법, 청소교육 훈련평가 등을 개략적으로 설명하고 이를 통하여 청소종사자의 청소기술 전문화와 다기능 다역화 능력개발을 지원하고 있다.

④ **청소용역 발주 및 수주영업** : 청소용역 발주 및 수주영업은 청소학의 응용분야의 하나로서 청소용역을 필요로 하는 건물관리 주체나 건물관리 주체에 의하여 발주를 위임 받은 발주대행기관(㉠ 조달청)이 일정한 발주기준과 절차에 따라 청소용역 입찰을 공고하고 입찰정보를 입수한 청소용역전문회사가 입찰 타당성을 검토하고 입찰자격을 자체 심사하여 적합한 경우에 일정한 기준에 부합하는 입찰서류를 제출하고 응찰하여 낙찰되는 경우 적격심사를 거처 청소용역계약을 체결하여 청소서비스를 제공하는 일련의 청소용역의 청약과 승낙의 절차를 말한다.

⑤ **청소서비스 품질평가** : 청소서비스 품질평가는 청소학의 응용분야의 하나로서 청소서비스가 주로 유로조건으로 생산 · 제공하기 때문에 청소관리주체와 종사자는 반드시 양질의 청소서비스를 생산하고 제공할 의무가 있다. 따라서 청소작업이 종료한 즉시 자체 청소서비스 품질의 양부를 청소품질 자체 검사 체크리스트에 의하여 점검하고 품질에 문제가 없는 경우에는 청소현장을 위탁하거나 위임한 건물주에게 인도함으로서 청소 작업이 종료하게 된다. 그러나 청소작업 결과 청소서비스 품질에 심대한 흠결이나 개선사항이 있는 경우에는 청소품질검증 체크리스트에 의하여 건물주 또는 대리인이 직접 청소품질을 검증하게 된다. 검증결과 청소서비스 품질에 하자나 개선사항이 있는 경우에는 개선작업을 해야 하고, 개선작업 결과 재검증을 실시하여 합격하는 경우 청소작업이 종료하게 된다.

⑥ **청소약품의 운용** : 청소약품은 청소학의 응용분야의 하나로서 청소약품의 개념, 청소약품의 종류별 용도와 사용법, 청소약품의 관리법, 청소약품 주의사항과 안전관리 등에 대하여 설명하고 있다. 청소약품은 청소활동 3대 요건에 해당되는 만큼 청소수행에 있어 없어서는 안 되는 필수 청소자재이므로 청소학의 응용부분에서 매우 중요하게 취급되고 있다.

(4) 청소학 교양분야

청소교과체계 중 교양과목은 청소종사자가 양질의 청소서비스를 생산하고 이를 통하여 고객에게 만족을 제공하기 위해서는 청소종사자가 청소종사자로서 기초 소양을 가져야 하고, 청소 전공과목과 선택과목 이수에 필요한 최소한의 지식함양에 목적을 두고 탐구해야 하는 교과목이다. 따라서 청소교양과목은 청소종사자로 하여금 최소한의 청소인의소양과 지식함양에 목적을 두고 있는 교과목이다. 청소학 교양과목은 다음과 같으며, 교양과목의 내용을 개략적으로 살펴보면 다음과 같다.

① **경영학원론** : 경영학은 합리적인 경영방법을 연구하는 사회과학 성격의 학문을 말한다. 다시 말하면 경영학이란 경영합리화를 추구하는 학문으로서 경영활동의 상태를 수익성을 높이는 방향으로 개선하는 일을 목적으로 연구하는 사회과학이다. 청소업 경영도 청소기업 중심으로 양질의 청소서비스를 합리화하고 이를 통하여 경영수익을 창출해야 함으로 청소종사자는 경영학을 소양과목으로 인식하고 공부해야 한다. 경영학에서는 경영철학과 전략, 조직, 인사, 재무, 영업 등 기업 경영합리화를 위하여 요구되는 경영단위 모두를 합리화 방향으로 연구하는 학문이다. 경영학에서는 특히 과학적 관리 이론을 통하여 경영합리화를 도모함으로 청소기업에서도 과학적 관리이론의 도입과 적용으로 경영합리화를 도모해야 한다. 따라서 청소학을 공부하는 학생은 경영학에 관한 연구나 학습이 필요하다.

② **행정학원론** : 행정학은 행정을 연구대상으로 하는 사회과학분야의 학문을 말한다. 행정의 사전적 의미는 국가기관에서 법에 따라 행하는 정무 또는 전술전략을 포함하지 않은 모든 군사사항(줄고 군수, 인사)을 관리하고 운용하는 일을 의미한다. 청소기업의 행정은 사행정 성격의 사무행정을 말하는 것으로 청소종사자는 행정의 지원을 받아 청소서비스를 생산제공함으로 행정사무에 대한 이해가 필요하다. 따라서 청소학을 연구하는 학생에게는 행정사무 일반에 대한 공부가 필요하다.

③ **경제학개론** : 경제학은 경제현상을 대상으로 하여 생산과 교환 분배와 소비 등의 법칙을 연구하는 학문을 말한다. 청소학을 연구하는 학생은 청소학이 서비스를 생산하고 분배 및 소비를 연구하는 학문이므로 이에 관한 이론을 제공하고 있는 경제학을 학습해 둘 필요가 있다.

④ **법학개론** : 법학개론은 법률에 관하여 개략적으로 설명하고 있는 교과목으로서 청소학을 공부하는 학생은 청소서비스산업이 공중위생관리법, 폐기물관리법, 화장실 등에 관한 법률 등에 따라 운용되고 있으므로, 이를 이론적으로 지원하고 있는 법학개론의 내용응 이해할 필요가 있다.

⑤ **건축재료공학개론** : 건축재료 공학은 건축에 사용되는 각종 자재의 종류와 특성 및

용도와 기능 등을 체계적으로 설명하고 있는 공학분야의 학문이다. 청소는 건축마감재를 대상으로 주로 청소작업이 이루어지므로 건축자재공학에 대한 이해가 필요하다. 특히 청소는 건축마감재의 종류와 특성에 따라 청소방법이 선정되고 사용하는 청소 장비와 청소약품이 다르게 적용되므로 건축재료에 대한 선행학습이 필요하다.

⑥ **화공학개론** : 청소는 청소약품을 사용하여 주로 이루어지므로 청소약품의 기초 이론인 화공학에 대한 이해가 요구되고 있다. 따라서 청소학을 연구하는 학생은 청소약품의 기초지식인 화공학의 이론을 학습해 두어야 한다.

⑦ **전기공학개론** : 전기공학은 전기의 성질과 그 응용을 연구하는 학문을 말한다. 전기란 전자의 이동으로 생기는 에너지의 한 형태를 말한다. 청소작업은 전기에너지를 이용하는 청소장비를 사용하므로 저기의 기본 지식을 확보할 필요가 있다. 따라서 청소학 학습자나 연구자는 소양지식으로서 전기의 일반성질과 전기위험 등에 대하여 탐구할 필요가 있다.

⑧ **기계공학개론** : 기계공학이란 기계의 설계, 제작, 성능, 사용법 등을 연구하는 학문이다. 청소작업은 기계의 한 종류인 청소장비를 사용하여 작업하게 되므로 기계사용법에 대하여 이해할 필요가 있다. 따라서 청소학 학습자는 기계사용법의 원리를 제공하는 기계 공학에 대하여 학습해 둘 필요가 있다.

⑨ **인간관계론** : 인간관계론은 사회의 집단이나 조직의 구성원이 빚어내는 개인적, 정서적 관계를 설명하고 있다. 청소서비스는 청소현장 조직의 구서원이 팀이되어 생산해내는 것이므로 청소조직 구성원간의 인간관계가 원만해야 한다. 따라서 청소학을 학습하는 자는 인간관계론의 원리와 법칙을 이해하여 청소현자에서 인간관계에 문제가 없도록 해야 한다.

⑩ **환경학개론** : 환경학은 생활체를 둘러싸고 직접 · 간접으로 영향을 주는 자연 또는 사회적 조건이나 형편을 연구하는 환경학은 청소학 학습자는 선행적으로 연구할 필요가 있다. 청소는 결과적으로 생활체를 둘러싸고 있는 건물 공간이나, 그 공간에서 삶과 생활과 일을 영위하는 인간의 조건에 맞는 청소서비스를 생산 공급해야 함으로 환경에 대하여 학습해 둘 필요가 있다.

⑪ **서비스학개론** : 서비스학이란 생산된 재화를 운반 배급하거나 생산소비에 필요한 노무제공이나 서비스산업을 연구하는 학문분야로서 1차, 2차산업을 기초로 하여 서비스라는 무형의 상품을 제공하는 사업을 지칭하는 무형의 상품으로 제품의 생산이나 유통에 직접 관계없이 노무나 편의 따위를 제공하는 업종을 연구하는 학문분야이다. 청소서비스는 건물 사용자나 이용자의 편의, 청소서비스 생산을 위하여 노무를 제공함으로 청소학 학습자는 선행적으로 서비스학의 이론을 이해할 필요가 있다.

2) 청소학습자의 교육훈련방향

청소는 기술이고 과학이기 때문에 교육훈련방향을 설정하고 설정한 교육훈련의 방향에 부합하는 교육훈련을 정기적으로 또는 수시로 청소교과체계의 교재를 중심으로 교육하고 훈련을 실시해야 한다. 청소학의 교육훈련방향은 다음과 같이 1차로 청소인력의 일상청소기술 평준화를 도모하고, 1차교육 훈련 종료 후에 2차로 청소인력의 특수 청소기술 전문화 교육을 실시해야 하며, 3차로 청소인력의 다기능, 다역화 교육 훈련방향을 설정하고 교육훈련 계획을 수립하여 체계적으로 실시함으로서 청소인력의 청소능력 향상으로 청소서비스 기업의 경영합리화 목표와 고객 만족목표가 모두 달성하게 된다.

(1) 청소인력 청소일상 청소기술의 평준화

청소의 종류는 청소대상에 따라 다소 차이가 있으나, 건물의 경우 매일 실시하는 일상청소가 기본 청소개념이 되고 있다. 일상청소에 참여하는 청소인력은 나이나 경력 및 기술수준에 비교적 차이가 있어 인당 청소의 양적 생산성이 동일하지 아니하고, 질적 청소수준(품질수준)이 매우 다르게 나타나 청소작업 인력 계획과 배치에 애로가 있다. 따라서 학교나 청소학원 또는 청소현장 교육자에서 실시하는 청소교육 중 일상 청소기술은 학습하는 모두가 작업 능력과 기술면에서 동일한 수준을 유지할 수 있도록 교육해야 한다.

청소 대상 마감재의 종류와 특성 파악, 청소방법의 선정, 청소장비와 청소약품 선정 및 사용법 등에 대하여 동일한 높은 지식과 작업능력을 구비하도록 교육·훈련해야 한다. 청소방법에는 쓸어내는 법, 광택법, 연마법 등 26종류의 청소방법이 있다(제3장 청소활동 기본개념의 이해 p.82 청소의 방법 참조). 청소대상 마감재의 종류와 특성 파악 즉시 9종류의 청소방법 중 하나 또는 둘의 청소방법과 청소장비 및 청소약품을 선정하고 이를 토대로 청소작업을 스스로 실시할 수 있어야 하고 이를 통하여 양질의 청소서비스를 생산하고 이를 고객에게 제공하여 고객을 만족하게 해야 한다. 이를 위해서는 청소학습자(후일의 청소작업자/청소원/미화원/환경미화원/청소종사자 등)는 청소의 기본개념인 일상청소기술 수준을 평준화해야 한다. 이를 위해서는 청소교과서를 중심으로 청소 개념지식과 방법지식 및 활동지식을 교육을 통하여 이해하도록 하고 실습을 통하여 훈련하여 청소서비스를 생산하는 청소서비스 생산활동을 학습자 스스로 수행할 수 있어야 한다.

(2) 청소인력의 특수 청소기술의 전문화

청소서비스를 생산하는 기술에는 일상청소에서 주로 사용하는 일반 청소기술과 석재관리, 왁스작업, 카펫 청소, 석재표면 연마작업 및 광택작업, 외벽청소작업, 가전해체 및 청소작업, 소독작업, 특수 청소장비 운용, 특별 청소약품 운용 분야에서 특별히 사용하는 청소전문 기술 등의 종류가 있다.

현장 청소종사 중에서 키맨(현장 핵심 청소종사자)은 이와 같은 특수한 분야의 청소를 감당하기 특별 청소교육과 훈련을 통하여 전문화할 필요가 있다.

(3) 청소인력의 다기능, 다역화

청소학습자나 청소종사자에 대한 교육 훈련의 최종 목표는 다기능, 다역화에 두어야 한다. 다기능, 다역화는 청소현장 구성원 각자는 직책에 관계없이 경력차이에 관계없이 또한 설별이나 나이에 관계없이 청소서비스 생산을 위하여 요구되는 모든 기능을 소화할 수 있어야 하고, 여러 가지 역할을 감당할 수 있어야 한다는 의미이다 청소현장 구성원에는 청소현장 소장(cleaning site manager), 감독자(cleaning site supervisor), 근무자(cleaning site field man) 등이 있으나 직책에 관계없이 청소현장의 작업 목표인 양질의 청소서비스 작업이나 장비나 약품 운용 행정사무관리 등 전 분야에 요구되는 기능과 역할을 감당할 수 있는 다기능, 다역화를 최종 교육훈련 목표로 상정해야 한다. 다기능, 다역화는 청소서비스의 양적 생산성과 질적 생산성을 향상시키고 청소소요 인력을 적정화 하게하여 인력의 인건비를 경제화 함으로써 청소서비스 기업의 경영합리와에 크게 기여하게 된다.

제3절 청소학 각론분야의 학문적 이론체계화 방향

청소학의 교과체계는 총론과 각론 및 응용분야로 구성되어 있다. 청소학 각론은 청소의 속성상 경제분야와 법률분야, 행정분야와 기술분야 그리고 위험분야와 환경분야로 구성되어 있다. 따라서 청소학 측면에서 이들 각론에 대한 학문적 이론체계화 방향이 설정되어야 하고 이에 따라 연구되어야 한다.

또한 교과서가 각각 마련되어야 하며 마련된 교과서가 대학교와 청소현장에서 교육훈련 교재로 활용되어야 한다. 청소학 각론의 학문적 이론체계화 방향은 다음과 같이 설정한다.

1. 청소경제관리론의 학문적 이론체계화 방향

① 청소경제관리의 개념과 경제관리의 목적
② 청소서비스 상품의 특성
③ 청소서비스 생산원칙
④ 청소서비스 생산주체와 객체 및 수단
⑤ 청소서비스의 생산과 유통 및 소비
⑥ 청소서비스 생산의 원가 산출방법과 상품가격의 결정 방법
⑦ 청소서비스의 경제적 가치와 부가가치
⑧ 청소서비스의 생산비용과 수익 및 수지차 재무관리
⑨ 청소서비스의 수요와 공급
⑩ 청소서비스 시장
⑪ 주거용 청소서비스 시장의 현황과 거래규모
⑫ 비주거용 청소서비스 시장의 현황과 거래규모
⑬ 경비변동과 청소서비스 시장분석
⑭ 청소서비스 정부지원 정책 및 제도분석
⑮ 청소서비스업의 창업과 경영
⑯ 청소서비스 보험
⑰ 청소서비스 마케팅
⑱ 청소경제관리의 문제점과 개선 방향

2. 청소법률관리론의 학문적 이론체계화 방향

① 청소법률관리의 개념과 법률관리의 목적
② 청소관계 법령의 역할
③ 청소관리 주요 관계법령의 내용
④ 청소관계법령의 순기능과 역기능
⑤ 청소관계법령의 문제점과 개선 방향

3. 청소행정관리론의 학문적 이론체계화 방향

① 청소행정관리의 개념과 목적
② 청소행정관리의 주요 내용
③ 청소행정관리의 원칙

④ 조직관리
⑤ 인사관리
⑥ 재무관리
⑦ 구매관리
⑧ 청소종사자 교육관리
⑨ 청소용역 수주영업 행정관리
⑩ 청소행정관리의 문제점과 개선방향

4. 청소기술관리론의 학문적 이론체계화 방향

① 청소기술관리의 개념과 목적
② 청소기술관리의 원칙
③ 청소기술의 종류와 내용
④ 청소기술의 특성과 필요조건
⑤ 일상 청소기술
⑥ 화장실 청소기술
⑦ 일반타일 유지관리 청소기술
⑧ 카펫 유지관리 청소기술
⑨ 석재 유지관리 청소기술
⑩ 외벽 청소기술
⑪ 청소장비 운용기술
⑫ 청소약품 운용기술
⑬ 청소대상 건축물과 시설물의 유지관리기술
⑭ 청소기술 교육의 문제점과 개선방향

5. 청소환경관리론의 학문적 이론체계화 방향

① 청소환경관리의 개념과 목적
② 청소환경관리의 주요 내용과 특성
③ 청소환경관리법의 고찰
④ 수질오염 환경관리
⑤ 토양오염 환경관리
⑥ 실내 공기 환경관리
⑦ 바이러스와 박테리아 및 병원균 위생소독관리

⑧ 청소대상 건축물과 시설물의 미관관리
⑨ 청소대상물의 자연 친화관리
⑩ 청소폐수 환경관리
⑪ 청소환경관리의 문제점과 개선 방향

6. 청소안전관리론의 학문적 이론체계화 방향

① 청소안전관리의 개념과 목적
② 청소안전의 종류와 특성
③ 청소안전관리 방법론
④ 청소안전사고 피해현황 분석과 피해 최소화 방안
⑤ 청소안전사고 피해방지 교육(안전교육)
⑥ 청소안전관리의 문제점과 개선방향

제4절 청소학 응용분야의 학문적 이론체계화 방향

1. 청소서비스업의 창업과 경영의 체계화 방향

① 청소서비스의 창업의 의의
② 창업의 필요조건과 절차
③ 창업의 자원
④ 창업의 조직과 기능
⑤ 경영의 개념
⑥ 경영전략
⑦ 사업계획의 수립
⑧ 인사행정
⑨ 조직행정
⑩ 재무행정
⑪ 구매행정

⑫ 법무행정
⑬ 공무행정
⑭ 수주영업
⑮ 보험행정
⑯ 전산행정
⑰ 세무와 회계
⑱ 회계감사

2. 청소장비운용의 체계화 방향

① 청소장비 운용의 개념
② 청소방법별 사용 청소장비 및 도구
③ 청소장비별 사용법
④ 청소장비 사용 후 관리법
⑤ 청소장비 정비법
⑥ 청소장비 청소법
⑦ 청소장비 사용시 주의점과 안전관리법
⑧ 청소장비 안전사고 대비 대응법

3. 청소약품운용의 체계화 방향

① 청소약품의 개념
② 청소약품의 종류와 효능
③ 청소약품별 사용법
④ 청소약품 안전관리법
⑤ MSDS
⑥ 청소약품 관리법
⑦ 청소약품 환경관리법

4. 청소용역 발주와 수주영업의 체계화 방향

① 청소용역 발주와 수주영업의 개념
② 발주처별 발주 설계와 방식

③ 발주절차
④ 입찰 자격
⑤ 입찰 절차
⑥ 수주영업 방법
⑦ 수주영업 담당자의 요구 능력
⑧ 수주영업 기술
⑨ 입찰 서류 작성법
⑩ 프리젠테이션 기술
⑪ 발주처 및 입찰정보관리

5. 청소인력 청소기술 전문화 교육의 체계화 방향

① 청소기술교육의 개념과 교육목표
② 교육대상과 교육방법
③ 교육계획 수립
④ 교안의 작성
⑤ 교육기재별 사용법
⑥ 교육강사의 자격과 요구 능력
⑦ 강의 기술과 기법
⑧ 강의 결과 평가

6. 청소서비스 품질검증평가의 체계화 방향

① 청소서비스 품질검증평가의 개념과 목적
② 품질검증평가 대상선정
③ 품질검증평가 계획 수립
④ 품질검증평가 도구의 선정 및 준비
⑤ 복수의 검증 평가자 선정 및 교육 실시
⑥ 검증평가 실시 및 검증평가 보고서 작성
⑦ 검증평가 결과 조치
⑧ 검증평가 결과 반영

제Ⅱ편 청소활동 기본개념의 이해와 청소활동 단계별 실무

제Ⅱ편은 청소활동 기본개념의 이해와 청소활동 단계별 실무편으로서 제Ⅰ편의 청소의 학문적 이론체계화 연구와 청소학의 태동을 통하여 연구한 청소학의 학문적 이론체계화의 지원을 받아 청소서비스 생산을 위한 청소활동의 기본 개념과 청소활동 단계별 실무를 4개의 장을 통하여 소개하고 있다.

제Ⅱ편 제3장 청소활동의 기본개념의 이해에서는 청소종사자가 청소서비스를 생산하기 위하여 반드시 이해해야 하는 청소활동 기본개념을 설명하고 있으며, 제4장 청소활동 준비단계 실무에서는 청소활동 수행을 위하여 반드시 준비해야 하는 사항을 소개하고 있다.

제5장의 청소활동 수행단계 실무에서 본격적으로 청소활동을 통하여 생산해야 하는 청소서비스를 위하여 일상청소활동의 준비사항과 청소작업 절차와 작업 내용, 정기 청소활동의 준비사항과 청소작업 절차와 내용 그리고 청소활동 수행과정에서 해결해야 하거나 청소활동 수행과정에서 대비해야 하는 청소작업 비상상황에 대하여 대비 대응절차를 기술하고 있으며, 청소작업 종료 후 청소서비스 품질 자체점검 방법과 절차 등에 대하여 설명한다.

마지막 제6장 청소활동 사후관리단계 실무에서 청소활동 종료 후 관리해야 하는 고객만족도 관리와 고객유지관리 방법 등을 함께 소개하고 있다.

제3장	청소활동 기본개념의 이해
제 4 장	청소활동 준비단계 실무
제 5 장	청소활동 수행단계 실무
제 6 장	청소활동 사후관리단계 실무

제1절 청소활동 기본개념의 의의와 중요성

1. 청소활동 기본개념의 의의

청소의 학문적 이론체계화 연구에 의하여 체계화된 청소활동의 기본개념은 청소서비스를 생산하거나 유통 또는 소비하는데 있어 청소종사자와 청소서비스 이해관계자 간에 기본적으로 이해가 되어야 하는 개념으로서, 청소서비스 생산을 위한 청소작업에 있어서 반드시 이해해야 하는 개념지식과 숙지해야 하는 청소방법지식 그리고 스스로 청소작업을 수행하는데 필요한 청소활동 지식 등이므로 반드시 그 개념을 이해할 필요가 있다.

2. 청소활동 기본개념 이해의 중요성

청소활동에 적용하는 기본개념에는 청소의 사실개념과 방법개념 및 활동개념 등 여러 가지 기본개념들이 존재하고 있으며, 이와 같은 청소활동 기본개념은 청소서비스의 생산과 유통 및 소비 과정에서 일반적으로 이해되어야 하는 개념들로서 이를 정리하여 통일하는 청소활동 기본개념의 개념화는 매우 중요한 의미를 가지고 있다. 왜냐하면 청소는 고객(소비자)이 만족하는 양질의 청소서비스를 생산하는데 목적이 있으며, 양질의 청소서비스 생산은 여러 가지 청소개념의 이론과 지식 및 기술이 결합하거나 상호작용을 통하여 이루어지므로 이에 대한 이해가 필수적이기 때문이다.

따라서 청소활동에 활용되거나 상호작용하는 여러 가지 청소기본 개념들에 대하여 이해하고 숙지해야 하며 청소활동(청소작업)에 활용하거나 적용해야 한다. 청소활동의 기본개념 구성에 참여하고 있는 주요 청소활동 개념들에 대하여 살펴보면 다음과 같다.

제2절 청소활동 기본개념의 내용

1. 청소의 개념과 청소서비스의 개념

1) 청소의 개념

청소서비스 생산을 위한 청소활동을 수행하기 위해서는 전술한 바와 같이 청소개념지식(사실지식)의 이해와 방법지식(절차지식)의 숙지 및 활동지식(행동지식)의 실천이 요구된다. 청소서비스 생산을 위하여 이해가 요구되는 청소개념지식의 기본개념인 청소의 개념부터 살펴보기로 한다. 청소의 사전적 정의는 청소란 '깨끗이 쓸고 닦음, 또는 더러운 것을 없애어 깨끗이 함'을 말한다.

또한 청소개념에는 사전적 청소개념 외에 청소현장과 청소서비스 시장에서 일반적으로 인식하고 있는 전통적 청소개념과 현대적 청소개념 등이 있다. 전자는 쓰레기, 때, 먼지 등의 오염원을 제거하거나 주변 환경을 정리·정돈하는 협의의 환경위생관리 개념을 말하고, 후자는 청소대상 건축마감재의 색상과 기능 및 물리적 내용연수를 장기적으로 유지·보존을 목적으로 하는 건축마감재 유지보수 관리(maintenance)차원의 청소개념을 말한다.

뿐만 아니라 청소개념에는 협의의 청소개념과 광의의 청소개념 및 최광의의 청소개념 등이 있다. 협의의 청소개념은 전통적 청소개념만을 의미하고 광의의 청소개념은 건축마감재의 기능과 색상 및 수명의 장기화에 중심을 두고 있는 유지관리 차원의 청소개념을 말한다. 최광의의 청소개념은 협의 청소개념인 전통적 청소개념에 광의의 유지관리 차원의 청소개념을 통합한 포괄적 청소개념을 말한다.

또한 건물자산 환경위생관리에 대하여 이론적으로 정리한 《건물자산환경관리론》(저자 김일효)에서는 건물의 청소개념을 '건물의 내 외부를 더럽히는 먼지, 오물, 때, 쓰레기 등의 오염원의 예방과 제거 및 정리정돈 그리고 건물 내외부의 미관성과 청결성 및 보건위생성의 유지 및 개량과 건물마감재의 색상과 기능의 장기화를 목적으로 하는 건물환경 위생관리활동과 건축마감재의 유지관리작업(building cleaning and maintenance)'으로 정의하고 있다.

또한 동 저자의 견해에 따르면 청소개념의 시대적 변화를 설명하면서 종전의 청소개념은 협의의 청소개념으로서 단순히 오염원의 예방과 제거 및 정리정돈 중심의 청소개념이었으나, 오늘날의 청소개념은 건축물마감재의 기능과 색상을 장기적으로 유지·보존하는데 청소의 중심을 두고 있는 건축마감재 유지관리(building maintenance) 차원의 최광의 청소개념으로 변화되고 있음을 지적하고 청소서비스 현장에서 적용해야 하는 청소개념은 최광의 청소개념으로서 전통적 청소의 목적과 현대적 개념의 청소목적을 동시에 달성해야 함은 강조하고 있다. 그리고 2017년 고용노동부의 예산 지원으로 한국산업인력관리공단에서 청소의 교육교재로 발간한 〈환경미화(대표집필자 김일효)〉에서는 청소개념을 환경미화와 동일개념으로 이해하고 환경미화(청소)란 '건축시설물의 청결 유지, 마감재의 내구연한 증대, 쾌적한 환경조성, 보건위생향상을 위하여 청소계획의 수립, 청소활동, 성과측정 평가, 사후관리를 수행 하는 일'로 정의하고 있다.

또한 산업자원통상부 산하 국가기술표준원에서 제정하고 한국표준협회가 주관하는 건축물클리닝 서비스 산업표준(KS S-1012)에서는 청소개념(클리닝개념)을 '더럽거나 어지러운 것을 장비, 약품을 이용하여 흡착, 탈색 등의 방법으로 깨끗하게 하는 행위나 작업'으로 정의하고 있다.

2) 청소서비스의 개념

(1) 청소서비스 개념의 정의

청소서비스라 함은 청소활동을 통하여 생산하고 고객(건물 사용자 및 이용자)에게 제공하는 위생환경관리 서비스를 말한다. 청소서비스의 종류에는 청결성 서비스, 보건위생성 서비스, 쾌적성 서비스, 미관성 서비스 등이 있다.

청소서비스는 청소관리 주체가 청소대상에 대하여 청소관리 수단인 장비와 도구 및 약품 등 청소수단을 활용하여 청소활동을 수행함으로서 생산되는 서비스이다.

청소서비스는 가정청소나 골목청소와 같이 무료로 생산 제공되는 부분도 있으나 대부분 청소서비스는 유료로 생산·제공되고 있다. 또한 청소서비스는 청소종사자의 단순노동력과 기능에 의하여 생산되나 카펫 청소나 석재관리, 왁스작업이나 광택작업 또는 소독작업 등의 청소는 단순한 노동력이나 기능만으로 청소작업이 이루어 질 수 없어 고도의 과학적 기술을 요구하고 있다. 따라서 전문 청소분야의 효율적 청소작업을 위해서는 청소종사자에 대한 청소 교육훈련이 정기적으로 요구되고 있다. 뿐만 아니라 청소서비스는 주로 청소종사자에 의하여 생산되는 human-bing cleaning Service와 로버트 청소와 같이 기계설비에 의하여 생산되는 engineering cleaning service의 종류가 있다.

서비스 개념을 정의하기 위해서는 문헌적 접근방법을 통하여 참고문헌을 살펴 볼 필요가 있다. 서비스(Service)의 사전적 의미는 생산이나 소비에 필요한 노무를 제공함으로 정의하고 있다. 또한 서비스는 보수를 바라지 아니하고 남을 위하여 봉사함으로 해석하고 있다.

경제학에서는 서비스를 용역이라 하고 유형재인 제품과 구별하고 있다. 아담스미스(A. Smith)는 서비스를 비생산적 노동 또는 비물질적 재화로 정의하였다.

미국마켓팅학회(America Marketing Association)에서 주장하는 활동론적 서비스의 개념은 판매목적으로 제공되거나 상품판매에서서 제공되는 모든 활동, 편익, 만족이라 정의하였다. 그 예로 호텔서비스, 이미용서비스, 운송서비스 등을 들고 있다.

서비스 개념에 대한 속성론적 견해를 가지고 있는 라스멜(Rathmell)은 서비스를 시장에서 판매하는 무형의 상품으로 정의하고 있다. 또한 봉사론적 견해를 가지고 있는 레빗(Levitt)은 서비스를 인간의 인간에 대한 봉사로 정의하고 있다. 그리고 인간관계론적 입장에서 주장하는 서비스의 개념은 고객의 문제를 풀어주는 것으로 정의하고 있다.

이상에서 논의한 서비스 개념에 대한 정의와 견해 및 의미를 바탕으로 청소서비스를 재해석하면 건물 사용자나 이용자의 바람직한 건물의 사용과 이용을 위하여 요구되는 청결성 서비스와 위생보건성 서비스 및 미관성 서비스 등을 말한다.

(2) 청소서비스의 특성

청소서비스는 다음과 같이 무형성, 이질성, 소멸성, 비분리성 등의 특성과 기타 부수적인 성질도 함께 가지고 있다. 이를 살펴보면 다음과 같다.

① **무형성 서비스**(Intangibility Service) : 청소를 통하여 생산, 제공하는 서비스는 위생보건관리 서비스로서 형태가 없어 볼 수도 만질 수도 없는 서비스의 특성을 가지고 있다. 형태가 없기 때문에 청소서비스 소비자가 주관적으로 평가하기가 쉽지 아니하고 객관적으로 볼 수도 만질 수도 없다. 다만 상상하거나 느낌이나 생각으로 청소품질이 양호하다 또는 아니다 등으로 평가가 가능할 다름이다. 결과적으로 청소서비스는 형태가 없는 무형성의 특성을 가지고 있다.

② **이질성 서비스**(Heterogeneity Service) : 청소서비스는 이질성 서비스의 특별한 성질을 가지고 있다. 왜냐 하면 청소를 통하여 생산, 제공하는 청소서비스는 동일한 청소서비스를 생산하고 제공하고 있으나 건물 사용자 또는 이용자는 사용 또는 이용하는 시간대에 건물 청소관리 상태에서 서비스를 접하고 소비하기 때문에 건물 이용자나 사용자가 느끼는 서비스 만족도는 다를 수 있다. 이는 전적으로 서비스 이질성의 특별한 성질 때문이다. 왜냐하면 청소서비스는 생산과 제공 과정이나 유통 소비과정)서 여러 가지 가변적 요소가 많이 존재하기 때문이다. 예컨대 건물청소가 조금 전에 완료되어 청결서비스가 생산되어 제공되었었으나 이용자자의 이용 방금 전에 타인에 의하여 불결한 상태가 만들어 졌을 경우 현재 이용자의 건물청소서비스 품질은 다르게 느껴질 수 있기 때문이다. 또한 공청소서비스 생산자의 기술이나 자세 및 태도 등에 의하여 만들어 지는 서비스는 양과 질이 다를 수 있으며, 소비자 역시 문화수준과 심리상태에 따라 소비하는 공중화장실 관리서비스의 만족도 또한 다를 수 있다. 뿐만 아니라 이용상태에 있는 건물 내의 상황변

화(같은 시간대에 과다 이용)에 따라서 생산 · 제공(인도)되는 서비스는 질이 달라질 수 있기 때문에 생산 · 제공되는 청소서비스에 대한 소비자의 느낌이나 만족 정도는 다르게 인식될 수 있다. 이는 전적으로 공중화장실 관리 서비스의 이질성의 특별한 성질 때문이다.

③ **소멸성 서비스(Perishability Service)** : 청소서비스는 소비 즉시 소멸하는 소멸성 서비스의 특별한 성질을 가지고 있다. 소비되지 않은 청소서비스는 창고에 재고로 보관할 수도 없으며 살아지는 성질을 가지고 있다. 따라서 제품과 서비스는 차이가 크다. 이를 정리하면 다음과 같다.

〈표 3〉 제품과 서비스의 차이점 비교

제 품	서비스
유형성	무형성
동질성	이질성
생산과 유통이 소비와 분리	생산과 제공이 소비와 동시 진행
물건	활동과 과정(공정)
주가치, 공장에서 생산	주 가치, 생산자-소비자 상호작용에서 생산
고객 생산과정 불참	고객(소비자) 생산과정에 참여
재고보관 가능	재고보관 불가능
소유권 이전 가능	소유권 이전 불가능
기계적 생산	인간적 · 기계적 생산

(자료 : 시설관리 서비스 표준화 연구(2005), 국가기술표준원, p. 10. 인용 및 재구성)

④ **비분리성 서비스(Inseparability Service)** : 제품은 생산되고 유통과정을 거쳐 나중에 소비되는 경향이 있으나 서비스는 생산 · 유통 · 소비가 동시에 일어나기 때문에 서비스는 생산가 소비와 분리할 수 없는 비분리성 서비스의 특별한 성질을 가지고 있다. 또한 서비스의 경우에는 서비스 소비자가 서비스 생산에 참여하는 경우가 많기 때문에 생산자와 소비자가 만드는 분위기에 따라서 서비스의 내용이나 품질이 다를 수 있으며, 상황에 따라서도 서비스 생산량도 증감할 수 있다. 그러므로 서비스 생산량이나 품질을 계획적으로 그리고 집중적으로 생산 제공할 수 없다. 또한 서비스 특성상 고객과 생산자가 동시에 생산 · 소비하기 때문에 서비스를 생산하는 생산자는 신중하게 서비스 생산에 적합한 사람을 선발 배치할 필요가 있다. 서비스 생산자는 고객의 입장에서 서비스를 생산하고 제공하여 고객(이용자)이 만족할 수 있도록 해야 하기 때문에 이에 대한 필요한 교육을 받아야 한다.

⑤ **기타 서비스의 부수적 성질** : 청소작업을 통하여 생산 · 제공되는 청소서비스는 논

의한바와 같이 본질적 특성인 이질성, 비분리성, 무형성, 소멸성 특성 외에 다음과 같은 부수적인 특별한 성질을 가지고 있다.

- 청소서비스는 기계적 서비스(Engineering Service)와 인간적 서비스(Human bing Service)의 이중 성질을 가지고 있다. 제품의 생산 경우에는 설비나 기계에 의하여 주로 생산되나, 청소서비스는 기계와 도구 및 사람에 의하여 이중적으로 생산되는 성질이 있다.
- 청소서비스는 서비스 소비자의 문화수준이나 경제적 형편 또는 심리적 육체적 건강상태에 따라 청소서비스 이용자의 만족도는 달라질 수 있다. 건물을 이용하는 이용자의 문화수준의 높고 낮음, 경제적 상황이 좋고 나쁨, 심리적 육체적 건강 상태의 좋고 나쁨 정도에 따라서 현재 이용하는 건물의 청소서비스에 대하여 불만이나 만족을 표시할 수 있다.
- 청소서비스는 생산 · 제공되는 시간대나 상황에 따라서 서비스 품질이 다르게 생산될 수 있다. 왜냐 하면 청소서비스 생산주체의 서비스 생산 시간대나 상황(생산 설비의 기능과 성능)에 따라서 품질이 동일하지 아니하게 생산 제공될 수 있기 때문이다. 또한 서비스 생산자의 기술이나 태도 자세에 따라 다를 수 있기 때문에 생산 · 제공되는 서비스 품질이 동일하지 않기 때문이다. 그러므로 고객이 동일하게 만족할 수 있도록 공중화장실관리 서비스 품질서비스 품질표준화가 필요하다.
- 청소서비스는 물건이 아니라 행위나 활동 또는 제공 과정의 성질을 가지고 있다. 청소서비스는 서비스 생산의 어떤 행위나 활동 또는 제공과정을 통하여 소비자가 서비스를 소비하기 때문이다.
- 청소서비스는 이용자의 입장에서서 주관적으로 품질 만족도가 결정된다.
- 제품의 혁신은 재료나 과정기술에 민감하나 서비스는 이용자의 제안이나 건의 또는 불만 표시의 정보에 따라 혁신될 수 있다.
- 서비스의 일반성질은 생산계획이 불확실하다.
- 청소서비스는 의료서비스나 교육서비스와 다른 성질을 가지고 있다. 왜냐 하면 의료서비스나 교육서비스는 의사와 환자가, 교수와 학생이 같은 공간에서 대면 또는 원격으로 의료서비스와 교육서비스를 동시에 생산하고 소비하는 구조이나, 청소서비스의 경우에는 주로 서비스 생산자가 미리 만들어 놓은 위생보건관리 서비스, 환경관리 서비스로서 소비자가 각각 다른 시간대에 소비하는 패턴이므로 의료서비스나 교육서비스 등과 다른 서비스의 성질을 가지고 있다.
- 공중화장실관리 서비스는 소유권은 없으나 서비스 브랜드를 가질 수 있다.
- 청소서비스는 제품의 평가와는 달리 이용 즉시 그 품질의 주관적 평가가 느낌으로 이루어진다.

2. 청소의 가치와 철학

價値(가치)의 사전적 의미는 어떤 사물이 지니고 있는 의의나 중요성을 말한다. 의의(意義)의 의미는 어떤 일정한 사실이 지닌 중요성이나 가치를 말하고 중요성(重要性)은 소중함을 의미한다. 이를 종합하여 청소의 가치를 정의하면 청소가 가지고 있는 중요성과 소중함을 의미한다.

전술한 바와 같이 청소는 소중함과 중요성을 가지고 있는바, 이를 청소의 가치라 한다. 청소의 가치가 인정되는 이유는 다음과 같다.

① 청소는 건물주변 내 외부 환경을 청결하고 깨끗하게 하며, 위생적 환경을 조성하여 사람의 생명과 건강을 보호하여 준다.
② 청소는 정리 정돈을 통하여 화재의 예방과 안전사고를 예방하고 업무의 효율성을 제고한다.
③ 청소는 쾌적한 환경조성을 통하여 건물 사용자의 업무생산성을 높여 준다.
④ 청소는 청결하고 깨끗한 환경 조성으로 건물의 경제적 가치를 높여 준다.
⑤ 청소는 공공시설의 청결과 위생적 환경 조성으로 사회의 문화수준을 높이고, 국가의 이미지를 좋게 하여 국격을 높여 준다.
⑥ 청소대상물의 아름다움을 유지하고 개량해 준다.
⑦ 건축마감재의 색상과 기능을 장기적으로 유지하고 내구성을 장기화 한다.

청소가 추구하는 이념을 청소의 철학이라 한다. 청소의 철학을 논의하는 이유는 단순히 청소서비스 생산을 목적으로 하는 작업 활동으로서의 의미 보다 서비스를 생산하는 사람은 청소를 통하여 인간에 대한 봉사와 인간존중의 의미를 크게 구현하고자 함에 있다. 또한 청소는 청소작업을 통하여 생산해 내는 청결성 서비스와 보건 위생성 서비스 쾌적성 서비스와 미관성 서비스를 통하여 사람의 건강과 생명을 살리고 환경을 깨끗하게 정화하여 이미지를 개선하고 업무생산성을 높여주며 청소대상 건물의 경제적 가치를 높여 주는 역할을 하며 나아가 정리·정돈을 통하여 안전사고를 미연에 방비하여 인적 물적 피해를 경감시키는 등 청소가 발휘하는 순기능과 선한 작용은 청소의 철학적 의미를 가지고 있다.

3. 청소의 목적

청소의 목적이라 함은 청소대상인 건물이나 시설물의 청소작업을 통하여 얻고자 하거나 도달하고자 하는 것으로서 이에는 청소의 1차 목적과 2차 목적이 있다.

1) 청소의 1차 목적

청소의 1차적 목적은 청소를 통하여 건물사용자들(청소서비스 소비자/건물 사용자와 이용자/건물 입주자 등)에게 직접 영향을 주기 위한 목적으로서 다음과 같은 목적이 있다.

① 건물 사용자와 이용자의 생명 건강을 보호한다.
② 오염원의 제거를 통하여 청소대상 건물 내 외부의 청결상태를 유지하고 미관을 개선한다.
③ 청소활동을 통하여 청결성 서비스, 미관성 서비스, 쾌적성 서비스, 보건 위생성 서비스의 생산 및 제공을 통하여 건물의 환경적 사용조건의 최적화와 사용가치를 높여 준다.

2) 청소의 2차 목적

청소의 2차 목적은 1차청소의 목적 실현을 통하여 건물사용자 또는 이용자에게 간접적으로 영향을 주기 위함으로서 이에는 다음과 같은 목적이 있다.

① 청소대상 건물 마감재의 색상과 기능 및 물리적 내구수명을 장기화한다.
② 청소대상 건물의 경제적 가치를 향상시킨다.
③ 쾌적성 서비스를 통하여 건물 사용자의 업무성과를 향상시킨다.
④ 정리 · 정돈을 통하여 안전과 편의를 높이어 범죄를 예방하여 인적 물적 피해를 경감시킨다.

4. 청소의 필요성

청소의 필요성은 아무리 강조해도 지나치지 않는다. 왜냐 하면 인간이 삶과 생활과 일(업무)를 영위하기 위해서는 생활환경과 업무환경이 반드시 청결해야하고, 위생조건이 유지되어야 하기 때문이다. 또한 청소의 필요성이 강조되는 이유는 청결과 위생환경을 저해하는 먼지나 쓰레기 등 환경 오염원에 대하여 청소를 통하여 예방하거나 제거 또는 방지해야하기 때문이다. 따라서 건물을 기반으로 이루어지는 삶 · 생활과 일의 바람직한 영위를 위하여 청소는 반드시 필요하다. 청소의 필요성을 구체적으로 살펴보면 다음과 같다.

1) 건물의 바람직한 소유와 사용 및 수익을 위하여 청소가 필요하다

건물의 청소는 건물을 소유하거나 사용 또는 수익하기 위해서는 소유와 사용 또는 수익하는 건물의 내부와 외부가 청결해야 하고 깨끗해야 하며, 쾌적하고 보건 위생적 환경이 유지되어야 한다. 이를 위하여 건물의 내 외부에 존재하는 먼지나 쓰레기, 때 등의 오염원을 제거하고 주변을 정리 정돈해야 한다. 따라서 바람직한 건물의 소유와 사용 및 수익을 위하여 청소가 일상적으로 필요하다.

2) 청소대상 건축물 마감재의 색상 및 기능의 장기적 유지와 물리적 내용연수 장기화를 위하여 청소가 필요하다

건물의 환경 오염원은 건축 마감재의 표면에 부착하여 마모, 변질, 색상 변조, 물질 해체 등의 부정적 작용을 하므로 이를 사전에 예방하거나 사후에 제거해 주어서 청소대상 건축 마감재의 기능과 색상 및 물리적 내구 수명을 연한을 장기화할 수 있다. 이를 위하여 청소가 필요하다.

3) 건물의 보건 위생수준 유지, 건물사용자 및 이용자 생명 · 건강보호를 위하여 청소가 필요하다

청소는 먼지나 오염원 쓰레기 등을 수거하거나 제거하여 환경을 깨끗하게 유지해 줌으로서 각종 병충해와 병원균, 바이러스 박테리아를 박멸 제거해 주고 보건위생적 환경을 조성하고 유지하여 건물을 소유하거나 사용 또는 수익하는 사람의 생명과 건강을 보호한다. 따라서 청소는 일상적으로 그리고 지속적으로 필요하다.

4) 쾌적한 사무환경 조성에 의한 건물사용자 업무 생산성 향상의 지원을 위하여 청소가 필요하다

청소는 사무공간을 포함하여 복도, 화장실 등 공간을 청결하고 깨끗하게 하므로 건물사용자의 주관적 기분을 좋게 하여 담당하는 업무를 기분 좋은 상태에서 수행하게 함으로써 업무의 생산성을 향상 시킬 수 있다. 따라서 건물사용자의 업무생산성 향상을 지원해 주기 위하여 청소가 필요하다.

5) 건물의 사용조건의 최적화와 건물의 경제적 가치의 보존 및 유지 및 개량을 위하여 청소가 필요하다

건물의 청소는 건물환경을 깨끗하게 하여 사용가치를 높임으로서 사용수요와 매입수요를 증대시키고, 임대소득을 제고하게 하고, 양도 건물자산의 경제적 가치의 보존과 유지 및 개량으로 양도차익의 실현을 가능하게 한다. 따라서 청소는 일상적으로 필요하다.

6) 건물 내 공용시설의 쾌적하고 편리한 이용, 정리정돈에 의한 안전사고 예방, 인적 · 물적 피해방지를 위하여 청소가 필요하다

청소는 공용시설을 깨끗하고 청결하게 유지해 줌으로서 이용자의 이용도를 높이고 정리 · 정돈을 통하여 위험을 줄여 안전사고를 사전에 예방해 줌으로서 인적 물적 피해를 방지하게 한다. 따라서 청소는 필요하다.

7) 청결하고 깨끗한 도시 및 사회 환경의 구현과 밝고 깨끗한 국가의 이미지 창출을 위하여 청소가 필요하다

청소는 주택이나 빌딩을 포함하여 아파트나 단지, 길거리나 골목, 광장이나 공원, 유원지나 바닷가, 공중화장실, 교통시설과 체육시설 등 사람이 사는 주변이나 공간 또는 환경을 망라하고 청소가 적절하게 루어지면 청결하고 깨끗하며 보건 위생적인 환경과 주변 및 공간으로 변화한다. 이를 이용하는 내국인에게는 밝고 깨끗한 사회가 구현되며, 외국인에게는 국가의 이미지를 개선할 뿐만 아니라 방문국가의 국격을 높이는 이유가 된다. 세계 여러 나라 중 싱가포르 도시국가를 여행해 본 사람은 싱가포르의 길거리 환경의 청결이 그 나라의 이미지와 국격에 얼마나 긍정적으로 영향을 미치고 있는지에 대하여 평가했을 것으로 판단된다. 따라서 청소는 매우 필요하다.

5. 청소의 특성

청소가 다른 사물에 비하여 특별하게 나타내는 성질을 청소의 특성이라 한다. 건물의 청결상태 유지와 개량 및 건축마감재의 미관 유지와 물리적 수명을 장기화 하는 활동으로서 건물의 환경미화관리 영역과 환경위생관리 영역의 업무가 청소종사자인 인력과 청소장비 및 청소약품 등이 상호의존하고 작용하여 복합적으로 이루어지게 된다. 청소는 과학기술에 의하여 생산된 청소장비와 약품을 사용하여 청소하게 되고 청소대상 건축마감재의 종류와 특성에 적합한 청소방법을 사용하여 기술적으로 청소해야 함으로 청소는 다음과 같은 특별한 성질을 가지고 있다.

1) 과학성

청소는 과학성의 특성을 가지고 있다. 과학의 사전적 의미는 어떤 영역의 대상을 객관적인 방법으로 계통적으로 연구하는 활동 또는 그 성과의 내용을 말한다. 청소는 청소대상에 대하여 객관적 방법으로 계통적으로 연구해야하는 활동이 요구되고 청소기술

역시 그러하며 청소약품과 청소장비 또한 그러하다. 그러므로 청소는 과학성을 가지고 있는 서비스분야이다.

청소의 과학성은 청소작업을 수행함에 있어 과학적 원리와 과학적 기술에 의하여 수행해야 하고, 과학적 기술에 의하여 제작된 청소장비를 사용해야 하며, 청소약품과 세재를 활용해야만 비로소 청소의 목적을 효과적으로 달성할 수 있다.

종전의 일반 건물에서는 전통적 청소개념을 적용하여 단순히 청소종사자에 의한 노동력과 기능만으로 간단한 청소도구를 이용하여 바닥을 닦고 쓸며 먼지나 쓰레기를 제거하여 배출하고 정리·정돈하는 것으로 청소의 목적을 달성할 수 있었으나, 현대건물의 특성상 청소대상 건축마감재의 종류의 다양화와 특성화로 단순한 청소노동력과 기능만으로는 현대건물의 마감재를 청소하는 경우 마감재의 손상이 우려되고 색상이 변질될 수 있기 때문에 전통적 청소방법으로는 도저히 청소의 목적을 완전하게 달성할 수 없다. 따라서 과학적 원리와 기술에 의하여 청소해야 함으로 현대건물의 청소는 과학성의 특성을 가지고 있다.

2) 기술성

청소는 기술성의 특성을 가지고 있다. 기술의 사전적 의미는 어떤 일을 능률적이고 정확하게 처리해 내는 솜씨를 말한다. 청소기술은 과학지식을 생산, 가공, 활동에 응용하는 방법이나 수단을 말한다. 따라서 청소는 과학기술이다. 왜냐하면 청소작업을 능률적으로 정확하게 처리하는 솜씨가 요구되는 분야이고 과학의 지식이 청소작업에 응용되어야 하는 분야이기 때문이다.

현대건물의 청소는 과학적 청소장비와 청소약품을 사용하여 청소해야 한다. 따라서 청소장비 사용기술과 청소약품 사용기술 및 청소작업상 요구되는 청소기술이 필요하다. 또한 현대건물의 청소는 마감재의 종류와 특성 파악이 기술적으로 요구된다. 따라서 청소는 청소기술 없이는 단순한 노동력이나 기능만으로는 청소작업수행이 불가능하다. 따라서 청소는 기술성의 특성을 가지고 있다.

3) 청소 복합요소의 상호의존성과 상호작용성

건물청소는 청소종사의 인력과 청소장비 및 청소약품 등에 의하여 복합적 요소의 상호 작용과 의존에 의하여 이루어진다. 따라서 청소는 복합요소의 상호의존성과 상호작용성을 가지고 있다. 종전의 전통적 청소는 단순히 청소하는 사람이 간단한 청소도구를 활용하여 쓸고, 닦고, 치우며, 정리·정돈함으로서 청소의 효과를 얻을 수 있었으나 현대개념의 청소는 청소 인력과 청소장비 및 청소 약품이 상호 의존하고 상호작용하며 조화해야만 비로소 청소의 효과를 얻을 수 있다. 따라서 청소는 청소복합요소의 상호 의존성과 작용성의 특성을 가지고 있다.

4) 청소작업의 위험성

청소는 위험한 청소장비와 청소약품을 사용하여 청소작업을 수행해야 함으로 장비위험과 약품 세제위험 및 작업위험 등의 위험성을 가지고 있다. 또한 청소는 마감재의 종류와 특성에 따라 적합한 청소방법으로 청소해야만 청소대상 마감재의 손상을 방지할 수 있고 피해를 방지할 수 있다. 또한 물탱크나 저수조의 청소는 청소를 하는 동안 적정한 산소공급이 보장되지 않을 경우 사망할 수도 있다. 따라서 청소작업은 위험성의 특성을 가지고 있다.

5) 청소효과의 비 지속성

건물의 청소는 1회성 청소만으로는 청소의 효과를 지속할 수 없다. 청소의 효과를 지속적으로 유지하기 위해서는 매일 매일 일상적으로 청소를 수행해야만 청소의 효과를 달성할 수 있다. 왜냐하면 청소의 효과는 지속되지 않기 때문에 매일 매일 일상적으로 청소활동을 수행해야만 비로소 청소의 효과를 달성할 수 있다. 따라서 청소는 청소효과의 비지속성의 특성을 가지고 있다.

6) 무형의 서비스 상품성

청소는 제품을 생산하는 활동이 아니라 서비스를 생산하는 활동이다. 따라서 청소는 눈에 보이지 않은 무형서비스의 특별한 성질을 가지고 있다. 또한 가정이나 자가 또는 소형 점포 등의 청소를 제외하고는 청소 전문업자에 의하여 화폐를 매개로 청소서비스가 거래되기 때문에 무형의 서비스 상품성의 특성을 가지고 있다.

7) 청소서비스의 2중 생산성

청소는 사람에 의하여 이루어지는 human-bing service(사람중심의 서비스)의 성질과 engineering service(기계장비 중심의 서비스)의 성질을 가지고 있다. 소규모의 가정이나 면적의 청소는 인력에 의존하여 청소가 주로 이루어지나 대부분의 빌딩청소나 시설물의 청소는 청소장비나 도구에 의하여 청소가 이루어지므로 청소는 human-bing service 특성과 engineering service특성을 동시에 가지고 있다.

6. 청소의 대상물과 오염원

1) 청소의 대상물

청소의 대상물이라 함은 청소대상물을 말한다. 청소의 대상물에는 청소의 종류와 성격에 따라 달라질 수 있다.

건축물 청소의 경우에는 주로 바닥마감재와 외벽마감재 및 오염원 등이 청소의 목적물이 되며 체육시설 청소의 경우에는 체육시설의 오염원이 청소의 대상물이 된다. 비행기나 기차 청소의 경우에는 비행기와 기차의 내부 시설과 바닥의 오염원이 청소의 대상물이 된다. 빌딩 청소경우에는 바닥마감재와 실내외에 위치하고 있는 시설과 집기 비품 및 쓰레기 먼지 등의 환경 오염원이 청소의 대상물이 된다. 또한 아파트의 경우에는 공유 면적의 바닥과 오염원이 청소의 대상물이 된다.

2) 청소대상 오염원

청소대상물의 하나인 오염원이란 청소를 통하여 예방하거나 제거 또는 배출 처리해야 하는 대상을 말하며 이에는 먼지, 쓰레기, 때, 더러움, 얼룩, 물기 등이 있다.

청소오염원은 매일 인간에 의하여 발생하거나 자연에 의하여 발생되며 환경을 오염시키고 불결하게 하며 인간의 건강을 해치고 건축마감재인 바닥재료에 피해를 주는 물질이므로 청소나 작업을 통하여 매일매일 일상 청소를 통하여 처리해야 한다.

청소대상 오염원에는 먼지, 쓰레기, 때, 더러움, 얼룩, 물기 등의 오염원이 있다. 이를 설명하면 다음과 같다.

(1) 먼 지

청소대상 오염원의 하나인 먼지는 매 순간마다 발생하고 축적되는 물질로서 사람의 건강을 심대하게 해치고 건축마감재를 오염시키며 더럽게 한다. 또한 기능과 색상을 손상시키며 건축 환경을 비위생적으로 변질시키고, 물리적 내구성마저 단축하게 하는 등 그 피해가 심대하게 나타나므로 청소목적물 중 가장 우선적으로 처리해야 하는 일상 청소대상물중 하나이다. 이를 구체적으로 설명하면 다음과 같다.

먼지(PM, Particulate Matter/Fine Dust)라 함은 부유 분진 또는 미세먼지라 하며 통상 입자가 다소 크고 눈에 보이는 먼지를 PM-10이라 하고, 입자가 아주 작아 눈에 보이지 않는 먼지를 극 미세먼지 초미세먼지 또는 PM-2.5라 부르고 있다.

공장, 자동차에서 주로 발생하며 대기 중에 떠다니다가 입자가 비교적 큰 먼지는 지구중력에 의한 침강효과로 지표면에 떨어지거나 입자가 아주 작은 먼지는 사람의 호흡기로 들어가 사망률을 높이고, 각종 질병 유발의 원인이 되기고 한다. 또한 사회경제적으로 악영향을 야기하는 현대사회 문제의 하나인 환경오염문제의 주범이자 인간이 만들어 낸 마이크로 급 살인무기로 인식되고 있어 개인의 건강관리 차원을 넘어 사회경제와 국가의 지속적 성장 발전 및 세계적 평화를 위하여 범지구적으로 대응하여 조속히 해결해야 하는 심각한 지구환경 문제 중 하나이다.

미세먼지는 사람의 눈에 잘 보이지 않은 아주 작은 물질로서 대기중에 떠다니거나 바람의 이동에 따라 흩날려 이동하며 지표면으로 하강하여 내려오는 직경 10㎛이하의 입자상 물질을 말한다.

미세먼지는 지름길이가 10㎛ 보다 작은 미세먼지(PM-10)와 지름길이가 2.5㎛ 보다 작은 미세먼지(PM-2.5)로 분류한다.

공기 중에 고체나 액체상태의 입자상 물질로 떠다니고 있는 먼지를 에어로졸(aerosol)이라 부르고 있다.

(2) 쓰레기

쓰레기란 일상생활이나 사업 활동에 따라 발생되는 물질 중 사용자 또는 소유자에 의해 더 이상 필요하지 않는 것으로 간주되는 액상, 고상, 반고상의 물질을 말하며, 여기에는 쓰레기, 재, 오물, 동물의 사체, 폐유, 폐산, 폐알카리, 폐고무, 폐합성수지, 기타 사람의 일상생활에 필요하지 않게 된 모든 물질이 포함된다.

1999년 2월에 개정된 폐기물관리법에는 폐기물을 생활폐기물과 사업장폐기물로 분류하고 있다. 생활폐기물은 사업장 이외의 폐기물이라 정의하였고, 사업장폐기물은 대기환경보전법, 수질환경보전법, 또는 굉음, 진동규제법의 규정에 의하여 배출시설을 설치, 운영하는 사업장, 기타 대통령령으로 정하는 사업장에서 발생되는 폐기물로 정의하였다.

이 중 폐유, 폐산 등 주변 환경을 오염시킬 수 있거나 감염성 폐기물 등 인체에 위해를 줄 수 있는 유해한 물질을 지정폐기물로 분류하였으며, 지정폐기물 중 인체 조직 등, 적출물, 탈지면, 실험동물의 사체 등, 의료기관이나 시험, 검사기관에서 배출 되어 인체에 위해를 줄 수 있는 물질을 감염성 폐기물로 세분하였다.

통상적으로 쓰레기라는 용어는 어떤 물질들에 대한 지칭이라기보다는 모든 물질의 성격에 대한 지칭으로 사용된다. 즉 물질의 생산, 유통, 소비 등 인간의 활동과 관련되는 물질 중 사용 또는 소유할 가치가 없다고 판단되는 모든 물질을 쓰레기라고 표현한다.

생활 쓰레기(domestic waste)의 발생원은 가정, 시장, 백화점, 음식점 등으로 아주 다양하며, 음식물, 채소류, 종이류 등 그 발생량이 매년 증가하는 특성이 있다. 쓰레기의 발생은 그 사회의 생활 문화, 산업의 종류, 경제수준 등에 의해 특징지어진다.

쓰레기 수거 및 처리비의 현실화, 과대 포장류의 발생억제를 시도하면 쓰레기 발생량의 감소는 물론이고 자원의 소비억제 효과도 얻을 수 있다.

제품의 제조, 수입, 판매시의 과대포장 제한, 일회용품 사용제한 등을 통하여 생산 공정과 배출단계에서 폐기물 발생요인을 제거하고 감량화를 추진해야한다. 또한 배출단계에서의 감량화와 재활용품의 분리수거 방법이 필요하다. 이렇게 쓰레기 배출량의 감소와 재활용품의 증가를 통해 자원의 재활용이 도모될 수 있고, 쓰레기 매립장 사용기간이 장기화되며, 처리비용도 감소될 뿐 아니라 쾌적한 환경조성과 자원이용의 효율화에도 기여할 수 있다.

(3) 더러움, 때

더러움은 일반적으로 마감재료, 가구 등의 표면에 어떤 원인으로 본래 존재하지 않았던 물질이 부착되는 상태라고 정의하고 있다. 이러한 더러움을 제거하는 방법이 바로 청소이다. 더러움의 발생범위는 다음과 같다.

더러움의 발생범위는 사람의 행동과 관계가 깊다. 가정의 일상생활에서 발생하는 더러움은 먼지나 곰팡이에 의한 것이 가장 크고, 그 제거방법은 청소작업에 의하여 처리된다.

청소는 주부의 가사노동에 있어서 주요한 부분이다. 주택 내에서 발생하는 먼지의 양은 가족구성, 건축양식, 건축재료, 그 외 주거환경 조건 등에 따라 차이가 있고, 실내에서의 먼지 분포는 생활행동에 의해 좌우된다.

(4) 기타 물기와 곰팡이

청소대상 오염원에는 바닥의 물기와 곰팡이 등이 있다. 물기를 방치하는 경우 먼지와 섞여 바닥을 더럽게 하거나 바이러스 박테리아, 병원균이 서식할 수 있으므로 바닥의 물기와 집기 비품의 물기는 물체를 오염시키므로 반드시 청소 마지막 단계에서 마른 수건으로 정리해야 한다.

오염원의 하나인 곰팡이는 하등균류에 딸린 미생물의 한가지로서 일정한 형태는 없으나 실내 벽지나 벽, 천장 마감재에 붙어 미관을 해치고 마감재를 부식시키므로 청소를 통하여 제거하고 환기를 통하여 냄새를 제거해야 한다. 곰팡이는 외부와 내부의 온도차이에 의하여 실내에 주로 발생하므로 자주 환기를 통하여 곰팡이가 발생하지 않도록 유의해야 한다.

7. 청소활동

1) 청소활동의 의의

청소활동이라 함은 청소서비스 생산을 위하여 행하는 일련의 행위를 의미하는 것으로 청소의 개념을 이해하고 청소방법을 숙지하여 청소서비스를 생산하는데 필요한 청소작업 등 제반행동을 말한다. 이를 위해서는 청소목적물의 파악, 청소계획의 수립 등이 사전적으로 요구되며 청소계획에 따라 선정한 청소방법, 청소약품, 청소장비 등을 활용하여 청소작업을 수행하게 된다. 청소활동이 종료하고 나면 청소품질의 자체검사(청소점검)를 실시하고 청소활동 사후관리 등을 통하여 청소서비스 품질을 유지해야 해야 하며, 이를 통하여 청결한 환경 및 위생환경을 유지하도록 해야 한다.

2) 청소활동의 분류

청소서비스를 생산하기 위하여 수행하는 청소활동을 청소작업 성격기준, 청소작업 대상기준, 청소프로세스 단계별 기준, 청소대상 목적물 기준 등에 의하여 분류할 수 있다.

(1) 청소작업 성격기준 청소활동의 분류

청소작업 성격을 기준으로 청소활동을 분류하면 다음과 같이 분류할 수 있다.

① **일상청소 활동** : 일상청소 계획에 따라 매일 매일 반복적으로 수행하는 일일 청소활동을 말한다. 일상청소의 범위에는 화장실, 복도와 계단, 현관, 건물주변, 단지 내 도로, 공공이용시설, 공용면적 중 청소가 필요한 면적 등이 있으며 일상적으로 오염원의 예방과 제거, 쓰레기 수거 및 배출, 정리 정돈 작업을 매일매일 지속적으로 수행하는 청소작업을 말한다.

② **정기청소 활동** : 일상청소만으로 청소의 목적을 달성할 수 없는 청소대상물에 대하여 주 1회, 월 1회 청소와 같이 정기청소 주기를 미리 정해 두고 실시하는 청소활동을 말한다. 이에는 주차장 대청소, 바닥 타일 왁스작업, 카펫 청소작업, 석재바닥 광택작업 등이 있다.

③ **특별청소 활동** : 계절적 요인이나 행사 등을 위하여 특별히 수행하는 청소활동을 말한다. 이에는 외벽 청소, 내벽 제진 제거 청소, 세정작업, 고소청소작업, 제설, 제빙, 배수관 청소 등이 있다.

④ **임시청소 활동** : 임시청소는 돌발적으로 요구되는 청소작업을 말한다. 이에는 물막음 수방작업, 쓰레기 집하장 청소작업, 공사 준공청소작업 등이 있다.

(2) 청소목적 기준 청소활동 분류

청소목적을 기준으로 청소활동은 다음과 같이 분류할 수 있다.

① 입주청소 활동
② 유지청소 활동
③ 이사청소 활동
④ 준공청소 활동

(3) 청소프로세스 단계별 기준 청소활동 분류

청소활동 프로세스에 따라 다음과 같이 청소활동을 분류할 수 있다.

① 청소준비 활동
② 청소수행 활동
③ 청소사후관리 활동

(4) 청소대상 목적물 기준 청소활동

청소대상 목적물을 기준으로 청소활동을 다음과 같이 분류할 수 있다.

① 빌딩청소 활동
② 가정청소(주택청소) 활동
③ 시설물 청소(체육 시설 등) 활동
④ 도로청소 활동
⑤ 해변청소 활동
⑥ 강변청소 활동
⑦ 기내청소 활동
⑧ 차량실내 청소 활동
⑨ 가전청소 활동
⑪ 기기 청소 활동
⑫ 냉방기기 청소 활동
⑬ 저수조 청소 활동
⑮ 정화조 청소 활동
⑯ 외벽청소 활동
⑰ 카펫 청소 활동
⑱ 석재관리 청소 활동

⑲ 유지보수청소 활동
⑳ 간판(외부 광고물) 청소 활동
㉑ 태양광 판넬청소 활동
㉒ 숙박시설 룸청소 활동
㉓ 일반타일과 카펫 및 석재 바닥재 유지관리 청소 활동 등

8. 청소작업의 주체와 객체 및 수단

청소작업은 청소주체인 청소인력이 청소객체인 청소목적물(대상물)에 대하여 청소장비와 청소약품 및 청소도구 등 청소수단을 활용하여 오염원의 예방과 제거, 쓰레기 수거와 배출, 건축 마감재의 색상과 기능의 장기적 유지 등을 통하여 건물 내외 공간의 청결성과 미관성 및 보건 위생성 서비스를 생산하고, 건물사용자와 이용자들에게 제공함으로서 바람직한 건물의 사용과 이용을 지원하게 된다.

1) 청소작업의 주체

청소작업의 주체라 함은 청소작업 수행의 권한과 책임을 가진 조직이나 단체 또는 개인을 말한다. 청소를 수행하는 청소작업 주체는 예컨대 청소 용역회사가 청소현장에 청소 인력을 파견하여 청소작업을 수행하는 경우 청소용역회사와 청소현장 조직 및 그 구서원이 청소작업의 주체가 된다. 청소작업 주체는 개념지식의 이해와 방법지식의 숙지 및 활동지식을 토대로 청소작업을 스스로 수행하여 청소서비스를 생산해야 한다.

또한 청소작업주체는 청소작업의 전문성과 청소기술을 확보하고 있어야 하며, 청소서비스의 중요성과 필요성 및 청소의 가치에 대하여 확고한 철학과 서비스 정신으로 무장하고 있어야 한다.

2) 청소작업의 객체

청소작업의 객체란 청소작업의 목적물(대상물)을 말한다. 건물청소의 경우 청소작업 목적물이란 청소작업의 대상이 되는 건물의 건축마감재와 공용면적 현관이나 복도 및 계단, 공중이용시설, 편의시설, 집기, 비품, 가구 등에 산재되어 있거나 존재하는 쓰레기, 먼지 등을 말한다.

청소작업의 목적물은 청소대상 시설물의 종류에 따라 다소 달라질 수 있기 때문에 일반적으로 청소작업의 목적물을 한정할 수 없다. 다시 말하면 청소작업의 대상물은 청소

의 성격에 따라 매우 다양하고 종류별 특성이 천차만별이기 때문에 청소작업 객체에 해당 하는 청소대상물의 종류와 특성 파악이 우선적으로 이루어져야 한다.

3) 청소작업의 수단

청소작업의 수단이라 함은 청소 주체가 청소의 방도로 사용하는 청소장비와 도구 및 청소약품 등을 말한다.

청소작업의 주요 수단이 되는 청소 장비는 사용 전에 점검 정비하고 고장 난 부분은 미리 수리하여 언제나 사용할 수 있는 상태를 유지하고 있어야 하며, 청소도구 역시 언제나 사용할 수 있는 상태로 정 위치하고 도구관리를 철저히 수행해야 한다.

청소약품에는 중성 세재와 산성세제 등도 있으나 강 알카리성 세제인 화학 약품도 있어 위험성이 존재함으로 안전하게 보관해야 하고 사용법을 사전에 숙지하여 사용법대로 사용해야 하며 사용 후에는 청소약품관리 매뉴얼에 따라 특별히 관리해야 한다.

9. 청소활동의 3대 요소

청소는 청소의 목적을 효과적으로 달성하기 위하여 수행되며 청소활동을 효과적으로 달성하기 위해서는 청소활동의 3요소가 결합하고, 상호작용해야 하며, 조화롭게 협력하여야 한다.

청소활동에 없어서는 안 될 요소에는 청소인력과 청소장비 및 청소약품 등이 있는바 이를 청소활동 3대 요소라 한다. 이를 구체적으로 설명하면 다음과 같다.

1) 청소활동 제1요소 : 청소인력

청소인력이란 청소에 종사하는 사람을 말한다. 미화원, 청소원, 환경미화원, 건물관리원 등으로 호칭되며 통일적으로 사용할 수 있는 정형화된 호칭은 아직 정립되지 못하고 있는 실정이다. 또한 청소현장에서는 인격 존중의 의미로 여성 청소종사자를 여사님으로 호칭하는 경우도 있으나, 향후 지양되어야 할 호칭으로 인식되며 환경미화원으로 호칭함이 바림직해 보인다. 청소인력은 청소대상 마감재의 종류와 특싱을 파악하고 마감재의 종류와 특성에 따라 적합한 청소방법과 청소약품 및 청소장비와 도구를 선정할 수 있어야 한다.

또한 청소인력은 청소도구나 장비 및 청소약품을 용법대로 사용할 줄 알아야 하고, 청소작업 안전에 유의할 줄 알아야 함은 물론 청소현장 조직의 구성원으로서 조직문화에 적응할 수 있어야 한다. 또한 청소인력은 다음과 같은 청소원 기본 소양과 기본 업무 능력, 직급별 업무처리능력을 확보하거나 보유하고 청소작업 과정에서 발생할 수 있는 문제점을 처리할 수 있어야 한다. 청소인력이 갖추어야할 소양과 태도, 기술, 지식 등은 다음과 같다.

〈표 4〉 청소인력이 갖추어야할 기본소양과 태도 및 기술과 지식

구 분	갖추어야할 조건
소 양	직업윤리 준수, 따뜻한 인간관계 유지, 정신적 육체적 사회적 건강 유지
태 도	친절, 근면, 성실, 정직, 현장 내의 금주, 금연, 친절한 태도와 인사, 단정한 복장, 잡담 금지, 비상상황 대응, 주의력 집중, 약속이행 철저, 과도한 잡담 금지, 사적전화 금지, 현장이탈 금지, 시건장치 철저, 안전관리, 화기단속, 고객음식물 섭취 절대 금지, 시간 엄수, 책임완수, 신원 보장, 현장 졸음 금지, 타인 물건 취급주의 및 비밀보안 유지
기 술	청소근무자(cleaning site field man) : 초보 청소기술 확보 청소감독자(cleaning site supervisor) : 중급 청소기술 확보 청소관리소장(cleaning site manager) : 특급 청소기술 확보
지 식	청소목적물과 오염원의 종류와 특성 파악, 청소대상 마감재별 청소방법, 청소약품 및 청소장비 사용법, 청소품질 자체 검사, 특수 청소기술, 청소위험의 종류와 안전관리 방법, 청소약품 및 청소장비 관리법 등

2) 청소활동 제2요소 : 청소장비 및 도구

청소장비란 청소작업을 효율적으로 수행하기 위하여 제작된 장비를 말하며 청소장비는 용도와 특성에 따라 여러 가지로 분류된다. 청소용역업 신고에 필요한 청소장비는 다음의 〈표 5〉와 같다. 청소도구라 함은 청소작업을 효과적으로 수행하기 위하여 제작된 수동형 청소용품을 말 한다. 청소도구는 용도에 따라 분류할 수 있으며, 주요 청소장비와 도구를 소개하면 다음의 〈표 6〉과 같다. 청소도구는 청소대상의 종류와 규모 및 청소방법 등에 따라 얼마든지 종류와 수량이 달라질 수 있다. 청소장비와 도구는 청소방법에 따라 가장 적합한 장비와 도구를 사용해야 한다. 청소작업에 주로 사용되는 청소장비와 도구를 소개하면 다음의 〈표 6〉과 같다.

〈표 5〉 위생용역업 신고용 청소장비

장비명	댓 수	장비모습
마루광택기 (지름25cm 이상)	2대	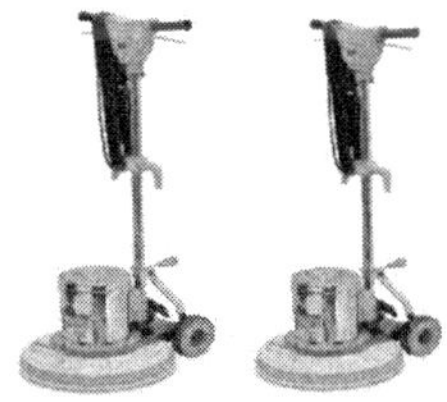
청소기 (건 · 습식 겸용)	2대	
먼지측정기	1대	
일 · 이산화탄소측정기	1대	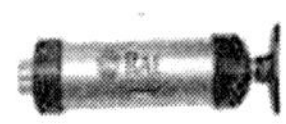
안전로프	1대	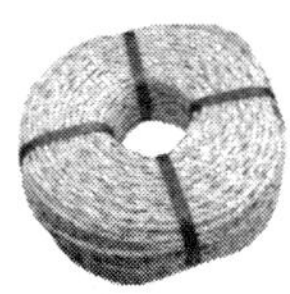
안전벨트	1개	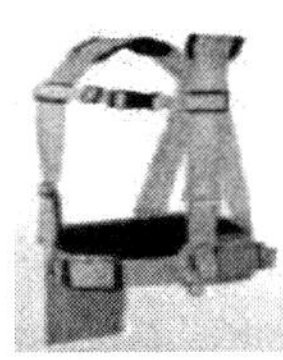
안전모	1개	

(자료 : 정재현(2019), 청소교육이 청소종사자의 청소업무 만족도와 청소업무 효율성에 미치는 영향 연구, p 32, 인용 및 일부 수정)

〈표 6〉 청소작업의 주요 청소장비 용도 및 특징

구 분	종 류	장비 및 도구모습	용도 및 특징
청소기	건식 청소기	 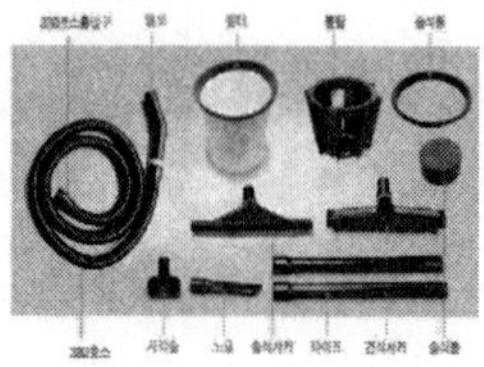	일반적인 청소기로 주로 건식 먼지 흡입시 사용한다. 물을 흡입시 모터 고장의 원인이 될 수 있으므로 주의해야 한다. 필터를 자주 청소해야 원래의 성능을 유지 할 수 있다.
	습·건식 청소기	 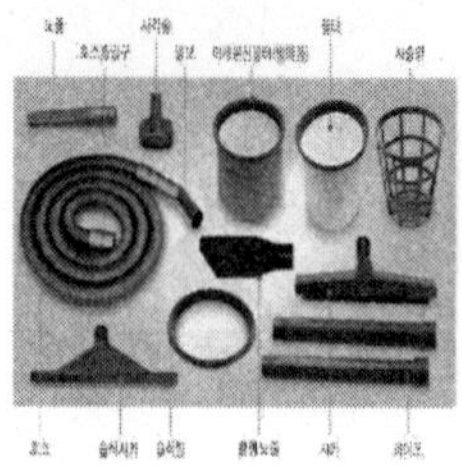	물과 일반 건식 먼지를 흡입할 수 있는 다용도용 청소기로 물을 흡입할 시에는 반드시 내부 필터를 제거 후 사용하고, 건식먼지를 흡입 시에는 필터를 장착하여 사용한다.
	배낭형 청소기		집기가 많은 사무실이나 계단 등에서 배낭형식으로 등에 매고 청소를 할 수 있는 청소기로 건식청소 용도로 사용한다.
	크린룸 청소기	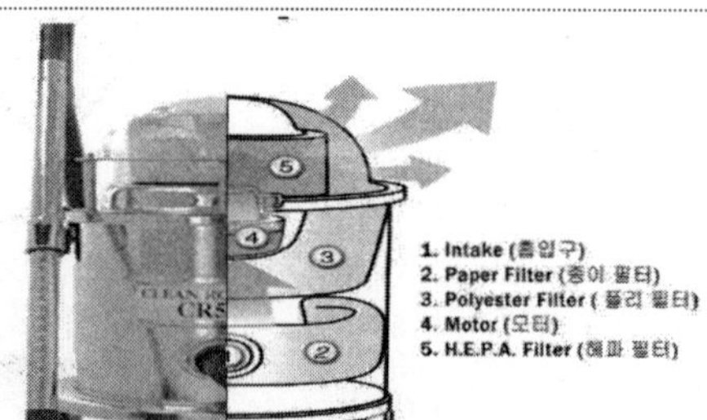	첨단생산라인, 연구소, 크린룸, 병원 등 청정도 유지가 필요한 특수산업현장에서 H.E.P.A. **필터**가 장착되어 있어 공기 중의 미세한 먼지입자(0.3㎛)을 99.97% 까지 제거 할 수 있다.
	습식 청소기	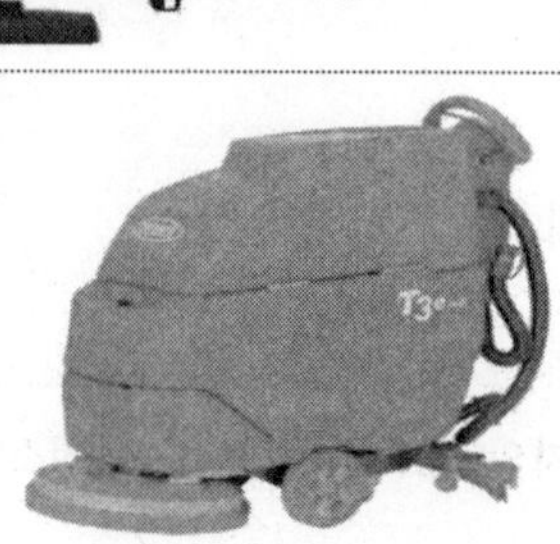	넓은 주차장이나 대형쇼핑몰 등에서 주로 사용하는 청소기로 보행식과 탑승식이 있다.

구 분	종 류	장비 및 도구모습	용도 및 특징
	스팀 청소기	 	고온의 스팀을 분사하여 찌든 때를 쉽게 제거하기 요이하고, 살균효과를 얻을수 있다.
바닥 청소기기	일반 마루 광택기		p타일, 목제, 도기타일 바닥 등의 때를 쉽게 지울 수 있는 기기로 지름의 크기가 10인치에서부터 20인치까지 있으며, 주로 14인치와 16인치가 많이 사용된다.
	석재용 연마기	  	석재용 연마기로 일반 바닥용 광택기에 비해 무게와 힘의 차이가 있다.
	패드 홀드	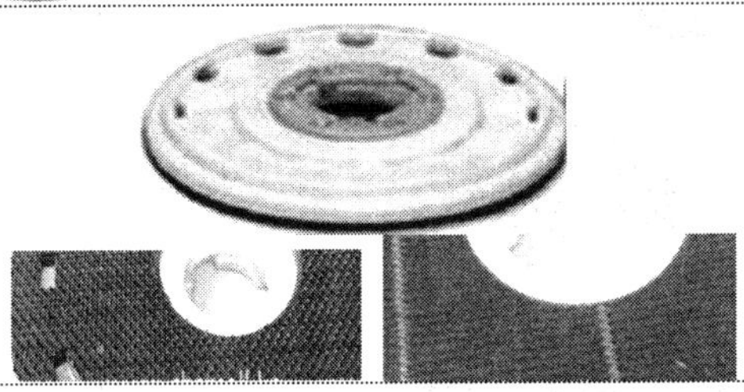	훅타입은 일반패드, 본넷패드를 고정시킬 때 사용하고, 밸크로(찍찍이)타입은 석재연마용 다이아몬드 패드를 고정시킬 때 사용한다.
	패 드	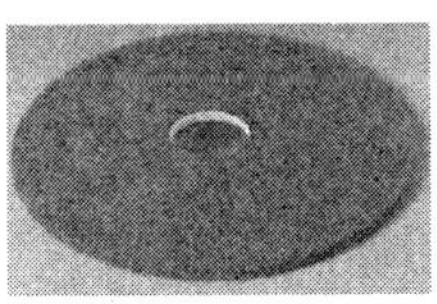 	p타일, 목제, 도기타일 등의 때를 쉽게 지울수 있는 패드로 지름의 크기가 10인치에서부터 20인치까지 있으며, 주로 14인치와 16인치가 많이 사용되며 흰색, 적색, 파란색, 녹색, 검정색으로 색이 어두울수록 표면이 거칠게 되어 있다.

구 분	종 류	장비 및 도구모습	용도 및 특징
바닥 청소기기	pvc 솔 부러쉬		야자솔에 비해 마모성은 좋으나 세척력은 다소 떨어진다.
	철 부러쉬		바닥의 본드나 강한 오염물질 제거용으로 사용된다.
	야자 부러쉬		야자나무로 만들어진 것으로 세척력은 뛰어나나 마모성이 심한 단점이 있다.
	본넷 패드		주로 카펫 세척용으로 많이 사용되며 여러 가지 용도로 응용할 수 있다.
	핸드형 바닥 연마기		계단이나 벽면등의 연마 광택용으로 사용된다.
	홀 드		패드를 홀드용도로 쓰인다.
	다이아 몬드 패드	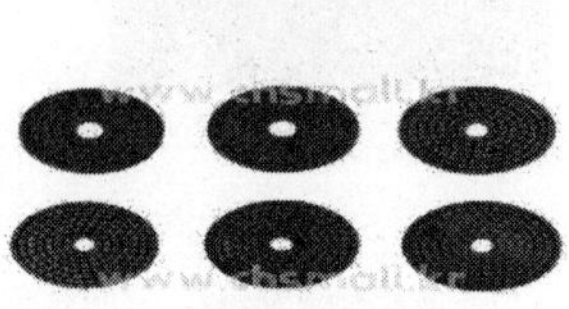	석재 연마시 사용되는 패드로 50번부터 3000번 까지 있으며 숫자가 클수록 고운면을 얻을수 있다.
	핸드 고압 세척기		원래용도는 섬유원단의 오점 제거용으로 만들어져서 사용되었으나 지금은 에어컨 등의 청소용으로 많이 사용된다.

구 분	종 류	장비 및 도구모습	용도 및 특징
카페트 청소기	일반 고압 세척기		건물외벽, 자동차 등 주로 외부에서 많이 사용되는 고압세척기로 냉수용과 냉온수 겸용으로 구분되며 물의 양과 압력으로 세척능력이 결정된다.
	습 식	  	습식 카페트 청소기로 가장 많이 사용된다. 자동식과 수동식으로 구분된다.
	보조 용품	  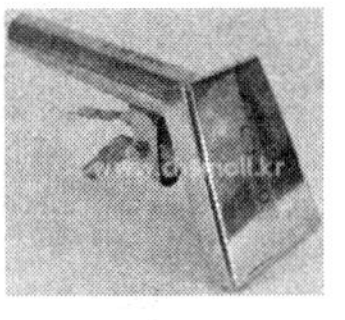	보조용품으로 섬유질의 의자나 침대 소파 등에 사용할 수 있다.
	건 식	 	건식 카펫청소기로 오염이 심하지 않거나 일반 상시 관리용 또는 침대나 소파 등의 청소용으로 주로 사용된다.
청소 노구	빗자루	 	내부용과 외부용으로 나뉘어 지며 사진은 주로 외부용으로 많이 사용된다.
	쓰레 받이	  	오염물질을 수거하는 용도로 사용된다.

구 분	종 류	장비 및 도구모습	용도 및 특징
청소도구	붓	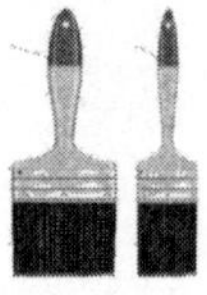	틈사이나 기기 주변부의 먼지를 제거하는 용도로 사용된다.
	유리닦이		유리창을 세척 할 시 사용된다.
	홈방밀대	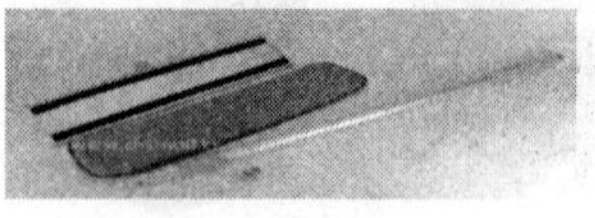	바닥이나 벽, 유리창을 닦을 때 사용된다.
	스퀴지	 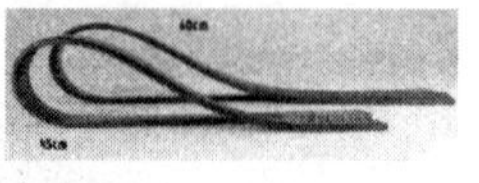	유리창 물기제거용도로 사용된다.
	틈세해라		틈사이의 먼지를 쉽게 제거하는 용도
	칼	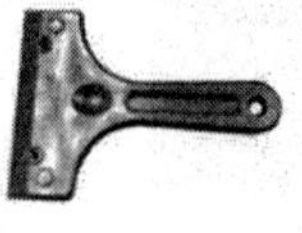 	칼날이 두꺼워서 튼튼한 대신 칼날이 비싼 것이 흠이며 예민함이 덜하다.
		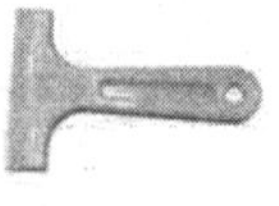 	칼날을 고정시킬 때 종이테이프로 감싼 후 끼워서 사용하며 칼날이 대형칼날에 비해 저렴하며 예민하게 작업 할 수 있다.
	대걸레	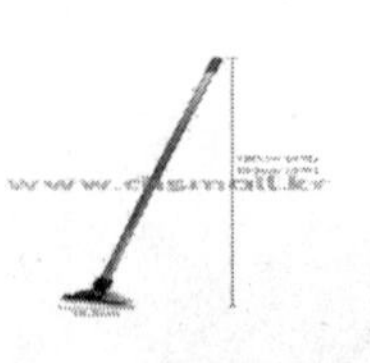 	대걸레는 시중에 4자/5자 길이로 제작되어 나오는데 자신의 키에 알맞게 맞추어 사용해야 허리에 무리가 가지 않으며 현제 높이를 조절할 수 있는 제품도 판매되고 있으며 걸레는 면.합성.극세사 종류의 걸레가 있다.

구 분	종 류	장비 및 도구모습	용도 및 특징
청소도구	손걸레		면 또는 극세사 걸레류가 있는데 청소구역에 따라 색상을 다르게 사용해야 위생적이다.
	유리용 걸레	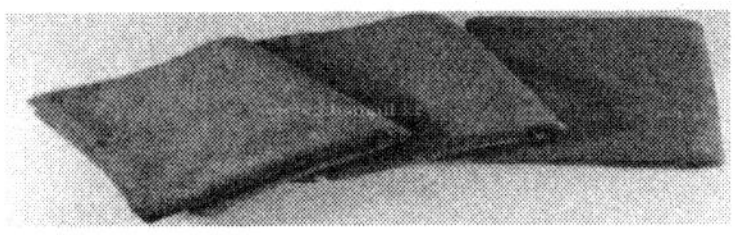	유리용 걸레는 보풀이 생기지 않는 원단의 걸레를 이용 마른 상태에서 마감질을 해야 유리등에 얼룩이 생기지 않는다.
	장 갑	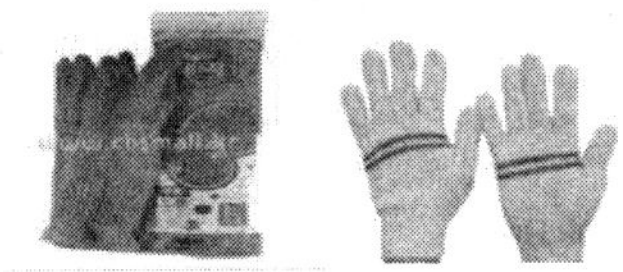	면종류의 속장갑을 착용해야 손에 습진을 예방 할 수 있고, 고무장갑은 착용 전 반드시 물이 새지 않나 검사 후 사용해야 손을 보호 할 수 있다.
	왁스맙	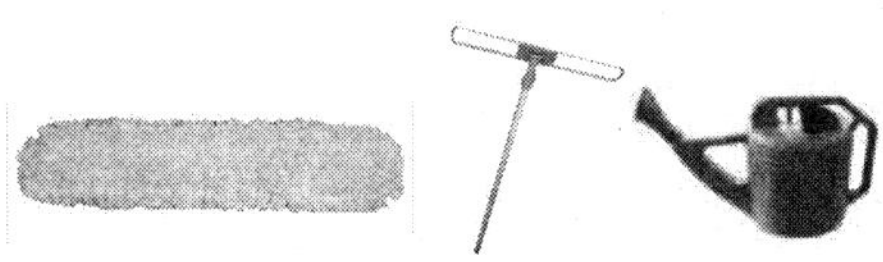	왁스맙은 사용 후 반드시 깨끗이 왁스를 제거해야 다음번에 사용 할 수 있다.
	사다리	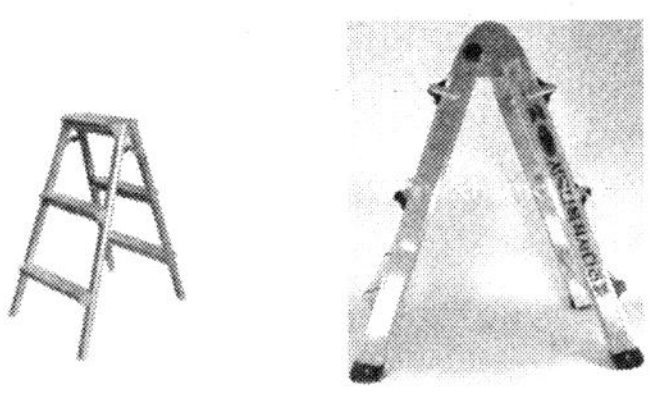	적절한 높이의 사다리를 사용하여야 안전 및 작업의 수월해진다.
	의 자		사용 전 반드시 파손여부를 확인하여 사용 안전사고를 예방할 수 있다.
	물 통		물 및 세제를 혼합 또는 운반 시 적절한 용기를 사용하여야 작업을 효율적으로 할 수 있다.

구 분	종 류	장비 및 도구모습	용도 및 특징
청소도구	운반 수납 상자		청소도구 수납 및 운반도구로 사용된다.
	수세미류		청소대상과 오염의 원인에 따라 알맞은 수세미를 사용해야 작업의 수월성 및 긁힘현상을 막을 수 있다.
	안전 표지판 보양 테이프 안전 테이프		작업구간의 경계 및 표지판을 세워둠으로서 제3자의 작업구간을 통제하여 안전사고 및 청소구간을 보호한다.

(자료 : 정재현(2019), 상게 논문 인용 및 일부 수정)

3) 청소활동 제3요소 : 청소약품 및 세제

청소약품이라 함은 청소에 사용되는 화학물질을 말한다. 청소약품은 특성과 용도에 따라 매우 다양한 종류가 있으나 국내 청소현장에서 사용되는 청소약품의 종류에는 세제(세척제), 제거제, 광택제, 보호제, 살균 소독제, 보호제 등 5가지 종류로 분류된다.

세척제(세제)에는 다용도/강력세제와 중성세제 및 산성세제로 구분되고, 광택제에는 바닥광택제와 금속광택제로 구분된다. 청소약품의 종류와 특성 및 용도를 구체적으로 소개하면 다음의 〈표 7〉과 같다.

〈표 7〉 청소약품의 종류와 특성 및 용도

구 분	주요 특성	주요 용도
다용도/강력	알카리성을 띄는 세제로서 오염원이 복합적인 경우에 사용되며, 세제 중 범용으로 사용된다.	다목적 다용도 강력세제(세척제)
중 성	주로 일상관리에 사용되며 바닥관리용으로 널리 사용된다. 세척력은 약하나 표면손상이 거의 없어 일상청소용으로 적합하다.	중성세제

구 분	주요 특성	주요 용도
산 성	산성을 띄는 세제류로 오염원의 형태에 따라 사용되는 세제로 유리, 화장실, 카펫 복구작업에 사용되는 세제이다. 염착성에 영향을 주지 않고 물 때 결합하지 않는 특성을 가지고 있다.	유리세제 카펫전처리제 욕실세제 카펫 샴푸 카펫 흡출제
제거제	주로 알카리성을 띄는 약품 군으로 기름 및 복합적으로 오염된 얼룩으로 제거하기 위한 용도로 만들어 진 약품이다. 바닥광택 제거제를 제외한 나머지 제거제들은 완제품 형태로 되어 있다.	바닥광택제거제 카펫얼룩 제거제 섬유얼룩 제거제
바닥 광택제	일반 바닥을 보호하고 광택을 높임으로서 외관을 수려하게 하여 건물의 가치를 높여 주는 기능하는 약품으로 분산제, 소포제, 왁스, 경화제, 눌능 여러 성분으로 이루어 신 약품으로 바닥에 필름 막을 형성해 주는 약품이다.	목재용 바닥광택제 보호용 씰러 일반 바닥 광택제
금속 광택제	스테인리스, 은, 황동 등과 같은 금속성 표면의 오염을 제거하고 광을 높일 수 있는 약품이다. 오일계가 들어 있어 보호막을 형성해 주어 오염방지 효과도 제공해 주는 특징이 있다. 또한 광택기능, 세척 기능 및 연마기능을 함께 가지고 있다.	스텐리스 크리너 은 광택제 황동 광택제
살균 소독제	살균 및 악취제거를 위한 약품으로 본래는 관계법령에 따라 사용되는 약품이나 아직은 특별한 법령 제한 없이 사용되고 있다. 우리나라에서는 락스라고 불리는 표백제를 살균 소독제로 많이 사용되고 있다.	알콜계 소독제 페놀릭계 소독제 결핵균 제거 소독제
보호제	불소와 같은 안정적인 물질을 사용하여 만든 약품으로 주로 카펫이나 화장실의 타일 또는 그라우트의 표면을 보호하기 위하여 사용하는 약제이다. 바닥의 재질과 잘 맞아 표면에 잘 고착되어 오염으로부터 보호하여 주는 특징이 있다.	카펫 보호제 타일 보호제 그라우트 보호제

(자료 : 한국산업인력공단, 환경미화 학습 모듈, 청소약품 운용 p.551)

10. 청소의 기술과 청소방법

1) 청소의 기술

청소의 기술이라 함은 청소 일을 빠르고 정확하게 능률적으로 처리해 내는 솜씨를 말한다. 청소기술에는 여러 가지 수준과 방법이 존재하고 있으며, 청소기술 수준 레벨을 설명하면 청소근무자(cleaning site field man)가 알아야 하는 초보 청소기술과 청소감독자(cleaning site supervisor)가 숙지해야 하는 중급 청소기술, 청소관리소장(cleaning site manager)이 이해하고 숙지해야 하는 특급 청소기술 등의 종류가 있다. 구체적으로는 석재관리 기술, 카펫 청소기술, 왁스작업 기술 등이 있다.

2) 청소의 방법

청소의 방법(method of cleaning)이라함은 청소효과를 창출하기 위한 방법이나 수단을 말한다. 청소방법에는 다음과 같이 여러 종류의 청소방법이 있으며, 청소대상에 따라 하나의 청소방법이 활용되기도 하나 청소대상에 따라서 둘 또는 셋 이상의 복수의 청소방법이 활용되기도 한다. 청소방법을 소개하면 다음과 같다.

〈표 8〉 청소방법의 종류와 내용 및 사용장비와 도구

청소방법의 종류	청소방법의 내용	청소장비 및 도구
흡입 청소법	진공청소기의 원리를 이용하여 건식먼지나 습식오염을 제거하는 청소방법	건/습식 청소기
닦아내기 청소법	걸레를 이용하여 오염원을 닦아서 청소방법	청소전문 걸레
털어내기 청소법	흡입이나 닦는 법이 용이하지 않을 경우 털어내는 청소방법	총체, 붓
쓸어내기 청소법	큰 오염물질은 쓸어 담아 청소하는 방법	빗자루, 쓰레받기
광택 청소법	금속류 마감재는 광택제를 이용, 녹을 제거하여 광을 내어 청소하는 방법	금속 광택제
연마 청소법	석재류 마감재는 연마기를 이용하여 광을 내는 청소방법	석재연마기 광택파우더
스팀기기 오염제거 청소법	스팀기기를 이용, 오염원을 불려서 오염원을 제거하는 청소방법	스팀기기
불어내기 청소법	오염원을 불어내는 청소방법	콤퓨레샤
씻어내기 청소법	오염원을 고압세척기 이용 씻어 내는 청소방법	고압 세척기

청소방법의 종류	청소방법의 내용	청소장비 및 도구
악취 제거 청소법	악취 제거제를 이용하여 악취를 제거하는 청소 방법	악취제거제
녹 방지 청소법	녹방지제를 이용하여 녹을 청소하는 방법	녹방지제
요석제거 청소법	요석 제거제를 이용하여 청소하는 방법	요석 제거제
소독 청소법	소독약제를 분무하여 각종 벌레, 해충을 박멸하여 청소하는 방법	소독약제 소독 분무기
철거 청소법	미관을 해치는 부분을 제거하여 미관을 깨끗하게 하는 청소방법	철거도구
도장(페인팅) 미화 청소법	불결한 부분을 도장(페인팅)하여 미관성을 높이는 청소방법	도장재료 페인트 분사기 도장용 붓
줄눈 보수 청소법	바닥 마감재사이 더러워 진 줄눈을 재시공하여 청소하는 방법	줄눈 재료 줄눈 시공 도구
곰팡이 제거 청소법	곰팡이 제거제 이용하여 곰팡이를 제거하는 청소 방법	곰팡이 제거제 곰팡이 제거제 도포 도구
삼푸 청소법	카펫 등 삼푸제를 도포하여 먼지를 제거하는 청소 방법	삼푸재료
왁스 청소법	일반 타일 등의 묵은 때(깊은 때)를 제거하고, 공택을 내어 마감재를 보호하고 미관성을 살리는 청소방법	왁스 재료 왁스 머신 깨끗한 물과 물통 등 보양 재료
정리정돈 청소법	필요 없는 것을 버리고 필요한 것은 바른 위치에 두어 환경을 깨끗하게 하는 청소방법	쓰레기 수거 비닐 봉투 쓰레기 운반 카트
석재관리 청소법	바닥에 세정제 도포하고 광택 회복작업 석재를 청소하는 방법	보양 재료 바닥 세정 약품 따뜻한 물과 물통 파우더, 개량 컵 왁스 머신 브러시 연마기

청소방법의 종류	청소방법의 내용	청소장비 및 도구
조경시설물 청소법	외곽 조경시설물의 높이를 일정하게 제거하거나, 약제를 이용하여 벌레, 해충 등을 제거하여 조경 시설물을 건강하게 유지하는 청소방법	조경 시설물 커트기 소독 약제 살수 분무기
창문, 유리 청소법	창문 유리세정제를 이용하여 창문유리의 먼지나 오염원을 제거하는 청소 방법	유리 세정제 반건조 걸레 물기 제거 도구 마른 걸레
분리수거 청소법	쓰레기를 재활용 쓰레기와 일반 쓰레기를 분리하여 쓰레기를 청소하는 방법	재활용쓰레기 봉투 일반 쓰레기봉투
쓰레기 소각 청소법	수거한 쓰레기를 소각로를 이용하여 소각함으로서 환경을 깨끗하게 하는 청소방법	쓰레기 소각로
일반 타일 박리 박락 보수 청소법	일반타일의 박리 박락을 시공을 통하여 원상회복 하는 청소밥법	보수 재료 접착재/본드

주) 적용하는 청소법은 청소대상 마감재의 종류와 특성에 따라 다소 달라 질 수 있으며, 한 종류의 청소법 외 복수의 청소법을 병용하여 청소할 수 있음.

11. 청소서비스의 양적 생산성과 질적 생산성

청소서비스에도 제품과 유사한 청소생산성 개념이 있고, 이에는 청소서비스 양적 생산성 개념과 질적 생산성 개념 등이 있다. 전자는 청소인력의 인당 처리하는 면적 청소생산성을 말하는 것으로 건물의 용도와 규모, 성격 등에 따라 인당 생산성은 다르게 나타날 수 있다.

그러나 경제적 방법으로 청소서비스를 생산해야 함으로 가급적 적은 인력으로 전체 건물이나 시설물의 청소가 이루어 질 수 있도록 인력의 양적 생산성을 극대화해야 한다. 이를 위해서는 청소인력의 일상 청소 기술의 평준화와 특수 청소기술의 전문화 교육이 강조되며 다역화, 다기능을 발휘할 수 있도록 청소교육 훈련이 체계적으로 이루어져야 한다. 후자는 청소품질 수준의 향상성을 말하는 것으로 청소인력이 청소작업을 통하여 일반적인 청소서비스 생산에서 만족 청소서비스로 청소품질을 높여나가고, 마침내 감동 청소서비스로 청소의 질적 생산성을 높여야 한다. 이를 위해서는 청소기술 교육과 함께 고객만족도 교육이 병행 되어야 한다.

12. 청소서비스 만족도 평가 및 고객만족도 관리

청소서비스는 청소서비스 소비자 즉 고객을 위하여 생산되는 것으로 최종적으로 고객만족을 전제로 생산·공급 된다. 따라서 청소종사자는 고객이 만족할 수 있는 양질의 청소서비스를 생산하여야 한다.

고객이 만족하는 서비스 여부를 확인하기 위해서는 정기적으로 청소서비스 만족도 설문조사를 통하여 평가할 수 있으며, 만족 수준을 90점 이상으로 만족도 기준을 설정하고 설문조사 결과 90점미만의 경우에는 개선청소 작업을 통하여 90점 이상의 청소서비스 만족도를 구현해야 한다. 이와 같은 방법으로 고객의 만족도를 관리해야 한다. 이는 반드시 확인하여 파악해야 하는 사항을 말하는 것으로 이에는 청소대상 마감재의 종류와 특성, 청소작업의 범위, 청소 장애 사항, 고객의 요구, 청소작업 시 주의사항과 유의사항 등이 있다.

13. 청소계획

청소계획이라 함은 청소작업 전에 청소 준비사항과 투입해야 하는 청소인력, 장비 및 도구와 약품의 선정, 청소방법과 청소일정, 청소작업 프로세스 등에 관하여 미리 정하는 청소작업 얽이를 말한다. 청소작업은 청소 계획과 일정에 따라 수행해야 함으로 청소계획은 미우 중요한 것으로서 청소현장 현황 파악을 통하여 얻어진 자료를 토대로 작성되는 특징이 있다.

14. 청소활동 수행

청소활동 수행은 청소인력이 청소장비와 도구 및 청소약품을 이용하여 청소서비스를 직접 생산하는 행동을 말한다. 청소활동 수행은 청소서비스를 직접 생산하는 과정이므로 최선을 다하여 청소작업에 임해야 하고 반드시 고객의 요구에 부합하는 양질의 청소서비스를 생산하여 반드시 고객을 만족하게 해야 한다.

15. 청소서비스 품질 자체점검과 청소서비스 품질검증

청소팀이 청소작업 결과로 나타난 청소서비스 품질에 대하여 자체적으로 점검하는 과정을 청소서비스 품질 자체점검이라 하고, 청소서비스 품질검증은 청소용역 검사의뢰자가 중심이 되어 청소품질을 조사하는 과정을 말한다. 청소서비스 품질 검사결과 개선사항이 발견되는 경우에는 즉시 개선해야 하고, 청소서비스 품질 검증결과 불합격되는 경우에는 청소작업을 다시 실시해야 함으로 청소서비스 품질 검증에는 반드시 합격하도록 해야 하기 때문에 자체 검사를 철저히 수행해야 하고 문제 발견 시에는 즉시 수정 보완해 두어야 한다.

청소서비스 자체검사는 청소작업 종료 시 매번 정기적으로 실시해야 하나 청소서비스 품질 검증은 비정기적으로 이루어지는 특징이 있다.

16. 청소작업 비상상황

청소작업과정에서 예상치 못하는 장비 고장이나 안전사고가 발생하여 정상적으로 청소작업을 수행할 수 없는 상황을 말한다. 청소작업자는 청소작업의 성공적 수행을 위하여 청소장비의 안전점검과 각종 안전사고를 방지하기 위하여 위험 요인을 항상 작업 전에 점검하고 대비해야 한다.

17. 청소활동 단계와 청소활동 사후관리

청소활동은 청소활동 준비 단계와 청소활동 수행 단계 및 청소활동 사후관리 단계로 대별된다. 청소활동 사후관리 단계는 청소활동 종료 후에 수행해야 하는 과정으로서 고객 만족도 관리와 고객 유지관리 과업이 중요한 업무이다.

18. 청소 이해관계자

청소서비스는 무료로 봉사하는 과정을 제외하고는 유료로 제공되기 때문에 이해가 다른 사람의 관계가 성립된다. 이를 청소서비스 이해관계자라 하며 이에는 청소서비스 소비자와 청소서비스 생산자 그리고 청소서비스 생산 의뢰자 등이 있다.

19. 청소 관계법령 및 제도

청소관계법령이라 함은 청소에 영향을 미치는 법률과 법률 시행령, 시행규칙 및 지방의회 조례 등을 말한다. 청소 주요 관계법령에는 공중위생관리법, 폐기물 관리법, 자원의 절약과 관리에 관한 법률, 화장실 등에 관한 법률과 지방회의 관리법과 조례 등이 있다.

청소 종사자는 청소작업에 있어서 생산하는 청소서비스의 품질도 매우 중요하게 생각하여야 하나 청소 관계법령도 준수해야 하기 때문에 청소 관계법령에 대하여 이해하고 숙지해야 한다.

20. 청소작업 로드맵과 프로세스

청소작업은 로드맵이라 함은 청소작업 단계별 과정을 말하고, 청소작업 프로세스란 함은 청소 진행 순서를 의미한다. 청소작업 로드맵의 예는 다음의 〈표 9〉와 같으며, 화장실 일상청소작업의 프로세스는 다음의 〈표 10〉과 같다.

〈표 9〉 청소활동 로드맵 진행순서(예시)

① 청소대상물 파악 → ① 청소계획 수립 → ③ 청소일정 및 안전교육 실시 → ④ 청소활동 수행 → ⑤ 청소품질 검증 및 보완작업 → ⑥ 미비점 보완 및 청소품질 수준 유지 및 고객관계 지속적 유지 → ⑦ 청소현장 정리 정돈 → ⑧ 청소현장 인도 및 청소활동 사후관리

〈표 10〉 화장실 일상 청소 프로세스(예시)

① 청소 중 안내표지판 설치 → ① 세면대 유리닦기 → ③ 소변기 및 대변기 청소 → ④ 바닥 청소 → ⑤ 휴지통 관리 → ⑥ 비품점검 및 보충 → ⑦ 점검 및 정리정돈

21. 청소업 신고

청소업(건물위생관리업)은 허가업이 아니고 신고업이다. 공중위생관리법에 따라 청소업을 영위하고자하는 자는 일정한 사무공간과 일정한 청소장비 및 도구를 갖추고 청소업 대표자가 위생관리협회의 소정의 위생교육을 받은 후 일정한 기재사항을 적은 청소업 신고서를 시·군·구에 제출하여 신고함으로서 청소업을 영위할 수 있다. 건축물유지관리업종에 해당하는 시설관리업은 신고나 허가 조건이 필요 없으나 경비업은 지방경찰청의 허가를 득해야만 경비업을 영위할 수 있다. 청소업신고에 필요한 구체적인 사항은 공중위생관리법을 참고하기 바란다.

22. 청소서비스 품질

물품의 바탕과 성질을 품질이라 하고, 서비스에도 품질 개념이 존재한다. 따라서 청소서비스에도 품질 개념이 존재한다. 청소서비스 품질이라 함은 청소활동을 통하여 생산한 청소서비스의 질과 청소상태를 의미한다. 청소서비스는 반드시 양질의 청소서비스이어야야 하고 청소된 상태는 청결성과 보건성 및 위생성, 미관성과 쾌적성이 보이거나 느낄 수 있는 청소상태이어야 비로소 청소서비스의 품질이 양질이라 할 수 있다.

청소서비스는 청소작업 후 청소작업팀에 의하여 정기적으로 이루어지는 자체 검사를 통하여 점검할 수 있으며, 청소요역을 위탁하거나 의뢰한 건물주에 의하여 부정기적으로 실시되는 청소품질 검증과정을 거쳐 청소서비스 품질이 확인된다. 자체검사나 검증과정에서 흠결이 발견되는 경우에는 보완청소나 품질개선 작업을 통하여 청소서비스 품질을 양질 또는 고품격 청소서비스가 유지되도록 해야 한다. 왜냐 하면 저질의 청소는 청소서비스가 아니기 때문이다. 부정기적으로 실시되는 청소검증에서 중대한 결함이나 하자가 발견되는 경우에는 청소용역계약의 해제나 해지의 사유가 되며, 재계약 대상에서 제외되는 경우가 있을 수 있다. 그러므로 청소종사자는 청소서비스 품질을 생명처럼 중요하게 인식하고 청소작업 시 마다 양질의 청소서비스 품질이 유지되도록 최선을 다해야 한다.

23. 청소작업 안전사고

안전이라 함은 사람의 경우 사망, 상해, 위해 질명의 감염으로부터 자유를 의미하고 재산의 경우에는 재산의 감손이나 멸실로 부터 자유를 의미한다. 청소작업 전·후 또는 과정에서 넘어지거나 청소도구에 부상 또는 상해를 입거나 고가 사다리 청소작업 중 낙하하거나 청소약물로 부터 상해나 피부 손상 또는 어지러움, 구토 등의 피해를 당하여 인적·물적 사고가 발생할 수 있는바 이를 청소작업 안전사고라 한다.

청소작업 안전사고를 대별하면 청소 약품 안전사고, 청소장비 안전사고, 청소작업 안전사고 등으로 분류할 수 있으며 청소작업 전에 안전교육을 반드시 실시하여 청소작업 전후나 과정에서 단 한 건의 안전사고가 발생하지 않도록 해야 한다.

24. 청소 자연재해

청소는 인위적 환경(건축 공간)이나 자연환경속에서 청소작업을 수행함으로 청소작업 전후 또는 과정에서 자연으로부터 발생하는 폭우나 폭설, 낙뢰, 혹한과 혹서 등의 당할 수 있다. 따라서 청소종사자는 이와 같은 자연재해로 인하여 당하는 피해(자연재해 피해)가 발생하지 않도록 계절별 자연재해를 예상하여 적절하게 대응해야 한다.

25. 청소영업배상 책임보험

청소업을 영위하는 경영자는 청소작업 과정에서 안전사고로 인하여 발생할 수 있는 피해를 보상할 수단을 확보하여 청소작업 피해 위험을 최소화할 필요가 있다. 이를 위하여 손해보상 성격의 청소영업배상 보험에 가입하여 만일의 피해에 대응해야 한다. 특히 쓰레기 집하장(쓰레기 하치장)에서 종종 담배 꽁초로 인하여 화재가 발생하므로 발생한 화재피해에 대하여 보험회사로부터 구상권 행사를 당하는 수가 있다. 따라서 현명한 청소업자는 건물주가 부보 하는 화재 보험에 피보험 계약자의 지위를 확보해 두는 것이 청소업 경영위험을 최소화 할 수 있다.

26. 쓰레기 하치장(집하장) 관리

청소현장(건물 또는 시설물) 규모의 대소를 막론하고 수거한 쓰레기를 한 곳에 모아 두는 장소가 있다. 이를 쓰레기 하치장(또는 쓰레기 집하장)이라 하며, 대부분 지하 공간에 위치하고 있다. 청소 쓰레기 집하장은 화재의 인화물질이 적재되어 있으며, 감염병의 온상이 되기 쉬운 장소이다. 따라서 쓰레기 집하장 관리자나 출입자는 반드시 금연해야 하고, 정기적인 청소와 소독으로 환경을 위생적으로 관리해야 한다. 또한 모아진 쓰레기는 분리하며 매일 한 차례씩 배출하여 화재대상이 되는 인화 물질을 소멸하도록 해야 하고, 관계자 외 출입을 통제하여 화재 위험 요인을 제거해야 한다.

27. 청소폐수 처리 및 관리

청소작업 과정에서 발생하는 폐수를 청소폐수라 하고, 이는 반드시 환경법에 따라 위생적으로 처리 또는 관리해야 한다. 특히 왁스작업이나 카펫 샴푸작업 시 다량의 폐수가 발생하는바 환경법에 따라 충분히 물로 희석하여 방류하거나 폐수량이 1일 발생 1세제곱미터 이상인 경우에는 반드시 환경전문업체에 의뢰하여 적법하게 배출·방류 처리하고, 처리 결과를 처리 필증 등 기록으로 유지해야 한다.

28. 청소기술 교육훈련

봉사 수준의 가정청소나 소규모 청소작업을 제외한 건물이나 시설물의 청소작업은 기술을 필요로 하기 때문에 아무나 할 수 있는 작업이나 일이 아니다. 따라서 청소에 종사하고자 하는 자는 반드시 청소교육을 받아야 하고, 청소실무에 대하여 훈련을 받아야 한다.

그러나 국내 청소현장과 시장의 현실은 살펴보면 일부 청소학원을 제외하고는 정상적인 청소교육 훈련기관이 전무하다고 할 수 있다. 따라서 청소업에 처음으로 종사하고자 하는 자가 청소교육을 정상적으로 받거나 훈련 없이 무교육 무훈련 상태에서 청소현장에 투입되어 1일 청소교육으로 일상청소에 임하는 사례가 허다하여 우리나 청소서비스의 질적 문제가 발생하고 있으며, 양적 생산성이 미국이나 일본의 청소종사자의 양적 생산성에 비교하면 절반 수준에도 미달하고 있다. 그러므로 국내 청소업체의 청소서비스 수준을 양질로 전환하기 위해서는 법적 · 제도적으로 처음으로 청소업에 진출하는 자부터 반드시 청소교육 훈련을 받은 후에 진출할 수 있도록 해야 한다. 따라서 개정된 공중위생관리법에 따라 신규 개설자와 승계자, 사업장별로 지정된 공중위생관리책임자와 사업장이 없는 대표자 등은 매년 3시간의 교육을 이수해야 하고, 교육과목으로는 공중위생관리법령의 해설, 공중위생시책에 관한 사항, 공중위생 관련 행정지도와 영업자 책무, 소양교육, 기술교육, 기타 교육에 필요한 사항으로 정해져 있다. 한국건물위생관리협회가 정부 위탁으로 위생교육을 대행하고 있다.

또한 청소학원이 다수 설립되어 누구나 청소업에 종사하고자 희망하는 자는 경제적 비용으로 청소기술 교육과 훈련을 받도록 해야 할 필요가 있다. 정부 역시 지금 수준보다 더 국비를 지원하여 청소 교육을 지원할 필요가 있으며, 청소업체에서도 한국건물위생관리협회나 관인 청소전문 학원으로부터 청소기술교육을 이수하고 교육수료증을 가진 자 만을 우선 채용하는 취업 제도로 개선할 필요가 있다.

29. 청소용역업과 청소대행업

청소서비스 시장에서 청소서비스 의뢰자나 위탁자에 의하여 발주하는 청소서비스에 참여하는 형태는 대체로 2가지 형태로 참여하고 있다. 하나는 청소용역업 형태로 참여하고, 이는 청소서비스 발주자가 스스로의 조직으로 처리할 수 없는 청소작업을 전문 청소업체에 위탁하여 처리하게 할 때 청소업체가 이에 응하여 청소용역을 제공하는 형태로 참여하는 방법이나, 청소대행업은 청소작업을 청소의뢰자가 스스로 할 수 있음에도 불구하고 전문업자에게 의뢰하여 청소전문업자가 청소의뢰자를 대신하여 청소작업을 대신하게 하는 참여 형태 방법을 말한다.

일본의 경우 청소업 허가를 받은자의 청소를 청소용역업이라 하고, 허가없이 수행하는 청소를 청소대행업 또는 청소자유업이라 한다.

30. 물질안전 보건자료(MSDS)

청소물질 보건자료(material safety data sheet)라 함은 물질에 관한 여러 가지 정보를 말한다. 물질에 관한 정보는 그 물질의 이름, 성분, 유해성, 위험성, 보관방법, 다룰 때 주의할 점, 필요한 보호구, 몸에 묻거나 먹을 때 위험 처치 방법 등 여러 가지 정보가 수록되어 있다.

청소현장 책임자는 반드시 물질 안전 보건자료를 청소현장에 게시하고 청소약품을 사용할 때 반드시 참고할 수 있도록 해야 한다.

31. 청소용역 시장

청소서비스는 화폐와 교환되는 상품이므로 일정한 시장을 가지고 있다. 이를 청소용역 시장 또는 청소서비스 시장이라 한다. 국내 청소서비스 시장규모는 5조 3천억 원 규모 이며, 향후 건축물 신축 정도에 따라 시장규모는 점차 증가할 것으로 추정된다.

우리나라 청소서비스 시장진입은 다른 업종에 비해 진입 장벽이 매우 낮으며, 투입자본 역시 소자본으로 진입이 가능하다. 이런 점으로 인하여 매일 같이 청소업체가 신규로 시장에 진입하고 있으나, 많은 청소업체가 도태되거나 시장에서 살아지는 현상도 보이고 있다.

32. 조달청 청소용역 입찰

청소용역을 필요로 하는 국가 또는 지방자치 단체나 공공기관이 정부물자나 서비스의 조달기관인 조달청에 의뢰하여 조달청이 의뢰자를 대신하여 청소용역을 발주하고 있나. 청소용역 발주단가가 비교적 흑자기조로 설계하고 발주 및 계약하기 때문에 조달청 청소용역 발주와 입찰의 인기가 매우 높다. 최근에는 여러 가지 사정으로 인하여 조달청의 청소용역 발주량은 약 60%가 감소된 상태에서 발주하고 있는 것으로 추정된다. 따라서 청소용역업체의 영업이익이 상대적으로 감소하고 있는 것으로 예상된다.

제 3 장	청소활동 기본개념의 이해
제4장	**청소활동 준비단계 실무**
제 5 장	청소활동 수행단계 실무
제 6 장	청소활동 사후관리단계 실무

제1절 청소활동 준비단계의 개요

청소는 일반적으로 청소작업 중심의 개념으로 이해하고 있으나, 청소작업 전에 청소작업을 위한 사전적 준비 단계를 거쳐 청소작업이 이루어지며 청소작업 후에는 청소 사후관리 단계를 거쳐 사실상 종료하게 된다. 따라서 청소서비스를 생산하는 청소작업 전에 청소작업을 할 수 있도록 여건과 조건을 만들어 주는 청소서비스 생산활동 준비는 반드시 거쳐야 하는 매우 중요한 선결적 과제이다.

청소서비스 생산활동 준비단계에서는 청소용역 정보의 입수와 입찰준비를 위한 수주영업 담당자의 개략적인 청소현장 현황파악 및 입찰(또는 제안) 그리고 계약과정을 거쳐 청소현장 인수과정 과정과 청소계획수립 등의 과정을 거치게 되는바 이를 청소서비스 생산활동 준비단계라 한다. 청소서비스 생산준비단계는 청소서비스 생산을 위한 청소작업의 근거와 환경을 마련하는 것이므로 청소서비스 생산활동 준비단계를 경유하지 않고는 청소서비스 생산활동을 수행할 수 없게 된다. 따라서 청소서비스 생산단계는 청소서비스 생산 수행단계와 청소서비스 생산활동 사후관리 단계 못지않게 중요한 선결단계이다. 이 절에서는 청소서비스 생산활동 준비단계에 해당하는 실무를 진행 순서에 따라 차례대로 살펴보기로 한다.

제2절 청소용역 입찰정보의 입수와 입찰참여 여부 검토하기 과정

1. 청소용역 입찰정보의 입수

청소는 서비스 상품으로서 주로 유료조건으로 이루어진다. 따라서 입찰에 참여하거나 건물주의 의뢰나 위탁 등에 의하여 이루진다. 규모 있는 청소용역 입찰정보는 주요 발주처 홈페이지를 통하여 공고되며, 청소용역 발주자가 의뢰나 위탁 시에는 청소용역 입찰 정보는 건물주로부터 직접 입수할 수 있다.

청소용역을 전문업으로 영위하고 있는 청소전문 회사나 청소 대행업체에서는 청소용역 입찰참여와 계약을 위하여 항상 청소용역 입찰정보의 입수에 최선을 다해야 한다.

청소전문 회사나 청소현장 팀 또는 청소종사자가 청소서비스를 생산하고 제공하기 위해서는 청소용역 발주자나 청소서비스 의뢰자 또는 청소서비스 소비자로부터 청소대행을 위탁받는 것에서 출발한다. 이와 같이 청소용역이나 청소서비스 또는 청소소비자 등이 청소를 공식적으로 청소회사 또는 청소종사자 등에게 일정한 조건으로 청소용역 또는 청소대행을 의뢰하거나 발주하는 과정을 청소용역의 발주라 한다.

2. 청소용역 발주유형과 입찰자격 조건 및 입찰참여 검토

청소용역 입찰정보 공개 시 발주유형을 알 수 있게 되며, 입찰참여 예정자는 입찰유형과 입찰자의 자격 여부와 입찰참여 여부를 검토하여 입찰 또는 제안에 응할 것인지를 결정해야 한다. 입찰공고나 제안 요청 시에 공개되는 입찰방식을 살펴보면 대체로 다음과 같다.

1) 공개경쟁입찰 방식

신문 공고나 홈페이지 또는 입찰 정보지를 통하여 공개적으로 청소용역내용을 공고하고, 불특정 다수가 입찰에 참여하여 일정한 기준에 도달한 자를 청소용역 낙찰자로 결정하고 청소용역을 위탁하는 방식을 말한다.

2) 제한입찰 방식

일정한 자격요건을 충족한 청소업자나 청소전문 사업자만을 제한적으로 입찰에 참여하게 하고, 일정한 요건을 충족한 자를 청소용역 낙찰자 또는 대행자로 결정하는 방식을 말한다.

3) 제안 방식

청소용역 또는 청소대행을 희망하는 자에게 청소대상과 내용 등을 제공하고, 이에 대하여 청소를 희망하는 안을 제출받아 청소위탁 또는 대행을 의뢰하는 방식을 말한다.

4) 수의계약 방식

청소용역 발주자 또는 위탁자와 청소 자 또는 청소를 희망하는 자 간에 협상 또는 협의에 의하여 일정한 조건으로 입찰 없이 청소용역 또는 청소대행을 결정하는 방식을 말한다.

제3절 청소현장 입찰설명회 참여 및 현황정보 입수하기 과정

규모 있는 건물이나 시설물의 청소용역 발주 과정에는 청소용역 발주자가 입찰이나 계약을 위하여 입찰 또는 협상 전에 청소할 현장의 현황을 사전에 설명회를 개최하거나 청소현장 안내를 통하여 청소대상 등 청소현장 현황을 설명 또는 소개하게 되는바, 이때 청소용역 수주영업 담당자나 청소대행 업자는 청소용역 계약이나 청소대행계약 체결을 위하여 청소범위나 청소작업 조건 등 청소현장의 현황 정보를 입수해야 한다.

제4절 입찰참여 결정과 입찰 및 계약 체결하기 과정

1. 청소용역 견적서 작성과 입찰(제안) 참여

청소용역 견적서(청소용역 내역서)라 함은 해당 청소용역을 수행하는데 소요되는 비용을 추산하여 기재하는 서면을 말한다. 견적서에는 직접 노무비와 간접 노무비, 제 경비, 일반 관리비 기업이윤 항목 등이 있다, 견적서 작성원칙은 다른 경쟁자와 비교하여 경쟁력이 있도록 작성하되 반드시 '수입 − 비용 = 흑자' 수지차가 발생하도록 작성해야 한다. 견적서를 포함하여 입찰 서면이 준비되면 정한 입찰일시에 맞추어 지정된 장소에 입찰서를 제출해야 한다. 청소용역 견적서 항목과 작성요령을 설명하면 다음과 같다.

1) 규모 있는 청소현장 입찰용도 청소용역 견적서 모형

규모 있는 청소현장 청소용역 입찰 시에 제출하는 청소용역비 내역서는 대체로 다음과 같으나 발주처가 특별히 정한 기준이 있는 경우에는 발주처의 기준이나 양식에 따라 작성하고 제출해야 한다.

〈표 11〉 ○○청소현장 청소용역비 산출내역서(예시)

청소현장 명 : ○○○ 청소현장	2022년도 시급기준/평일 0 시간 작업기준	
구 분	**세부내역**	**비 고**
1인당 금액	월간금액	산출 근기
직접 노무비 기본급 직책 구역 수당 대청소노무비 연차 수당 퇴직 적립금		
직접 노무비 계		
간접 노무비 건강 보험료 국민 연금 교용보험료(실업 수당) 산재보험료 장기요양 보험료		
간접 노무비 계		

교육비 피복비 운영경비 선물대		
제경비 계		
일반 관리비		
기업이윤		
1인당 용역비 계		
총 인원 명		
월간 용역금액		
연간 용역금액		

주) 소규모 청소현장 또는 시간제 청소대행이나 단기 청소현장의 경우에는 간이 청소견적서를 이용하여 청소용역 계약을 체결하고 청소작업을 수행할 수 있다.

2) 청소용역 견적서 작성요령

청소견적서(청소용역비 산출 내역서) 작성은 다음과 같은 요령으로 작성하되, 발주처가 정한 기준이 있는 경우에는 발주처 기준에 따라 작성해야 한다.

① **기본급** : 시급 × 월 근로시간

- 통상적인 월 근로시간 : 1일 8시간 × 1주 6일(유급휴일 포함) × 월 4.345주 = 208.5시간(용역업체에서는 1일 근로시간을 7시간 또는 6시간으로 줄임으로써 미화직원의 급여수준을 낮추고 있음)

② **연차휴가수당** : (시급 × 1일 근로시간 × 1년 26개)/12개월

- 용역업체에서는 연차휴가개수를 26개가 아닌 15개만 연차휴가수당으로 지급하고 나머지 11개에 해당하는 수당은 월급에 포함하여 지급하고 있는 경우도 있음

③ **퇴직급여충당금** : (기본급 + 연차휴가수당 + 그 외 모든 수당) / 12개월

④ **국민연금료** : (기본급 + 연차휴가수당 + 그 외 모든 수당) × 요율 4.5%

⑤ **건강보험료** : (기본급 + 연차휴가수당 + 그 외 모든 수당) × 요율 3.43%

⑥ **산재보험료** : (기본급 + 연차휴가수당 + 그 외 모든 수당) × 요율 0.9%
⑦ **고용보험료** : (기본급 + 연차휴가수당 + 그 외 모든 수당) × 요율 1.65%
⑧ **장기요양보험료** : 건강보험료 × 요율 11.52%
⑨ **교육비** : 1인당 통상 월 1만원으로 책정
⑩ **피복비** : 1인당 통상 월 1.5만원으로 책정(연2회 지급 - 동복 및 하복)
⑪ **체육행사비 및 명절선물비** : 1인당 통상 월1만원으로 책정
⑫ **운영경비** : 1인당 통상 월2만원으로 책정
⑬ **일반관리비** : 위 모든 비용 × 2%

- 용역업체에서 해당 현장을 관리하는 비용으로 공공기관은 통상 5% 이상, 민간건물은 통상 2~3%로 책정되고 있음

⑭ **기업이윤** : (위 모든 비용 + 일반관리비) × 2%

- 용역업체의 이윤으로 공공기관은 통상 5% 이상, 민간건물은 통상 2~3%로 책정되고 있음

2. 청소용역 도급계약 체결

청소입찰에 성공하여 낙찰자로 결징되거나 수의 계약에서 청소업체로 지징되면 청소용역계약을 체결해야 한다.

청소용역 계약(청소도급 계약/청소대행계약)이라 함은 청소의뢰자 또는 위탁자와 청소용역 수탁자에게 일정한 청소대금 지불을 조건으로 일정 청소범위의 청소를 수행할 것을 약정하는 계약을 말한다. 규모 있는 건물이나 시설물 청소의 경우에는 청소용역계약(청소대행계약 청소도급계약 포함) 체결 시에 청소과업 지시서가 첨부되는 경우기 있는바 청소과업 지시서 역시 계약의 일부로 간주된다.

청소과업 지시서에는 청소범위, 청소품질 수준, 청소기간, 청소 유의사항, 청소작업 안전, 청소영업배상 책임보험 가입의무, 발주자 면책조항 등이 포함되어 있어 청소종사자나 청소담당자는 이를 매우 중요하게 인식하고 이의 파악에 최선을 다해야 한다.

1) 청소용역 도급계약의 의의

건물청소 도급계약이라 함은 건물 내·외부의 먼지·오물·쓰레기 제거 등 청결상태 유지를 위하여 일정한 용역을 제공하는 대가로 일정금액을 지불할 것을 약정하는 환경위생 서비스 도급계약을 말한다.

2) 건물청소 도급계약서의 필요적 기재사항

건물청소용역계약서의 필요적 기재사항은 대체로 다음의 〈표 12〉와 같다. 다만 청소대상 건축물의 마감재의 종류와 특성, 건축물의 규모와 층수, 용도와 성격 청소서비스 업무의 범위 등에 따라 필요적 기재 사항이 다르게 기재될 수 있음을 참고하기 바란다.

〈표 12〉 건물청소 도급계약서의 필요적 기재사항(예시)

① 계약서의 명칭
② 청소서비스의 범위
③ 청소서비스 시간
④ 청소업자의 의무
⑤ 청소에 사용되는 기자재의 종류와 자재 명
⑥ 청소용역에 대한 검사
⑦ 청소업자의 주의사항
⑧ 청소업자의 배상책임과 범위
⑨ 도급비
- 총액
- 지불일시
- 지불방법
- 지불수단

⑩ 관리주체의 면책사유
⑪ 관리주체의 계약해지 사유와 해지방법
⑫ 계약체결일
⑬ 계약당사자의 인적 사항

3) 건물청소 도급계약서의 서식과 기재내용

청소서비스 도급계약서의 기재내용을 서식으로 표시하면 〈표 13〉과 같이 작성된다. 청소도급 계약서는 하나의 '안'으로서 예시하는 계약서 서식인바 청소대상 건물의 용도·성격·규모 그리고 마감재의 종류와 특성 및 당사자의 요구나 사정에 따라 변경될 수 있음을 유의하기 바란다.

〈표 13〉 건물청소 도급계약서(예시)

○○건물청소 도급계약서

______(이하 "갑"이라 한다)와 ______(이하 "을"이라 한다) 이상 양인은 ○○빌딩청소서비스 도급 계약을 아래와 같은 조건으로 체결하고 이를 성실히 이행키로 한다.

제1조(목적물의 표시)

1. 건물명칭 :
2. 소재지 :
3. 대지 :
4. 구조 및 연건평 :

제2조(청소서비스의 범위) "을"은 청소업무에 필요한 기술과 인력 및 장비와 용품을 제공하여 본 계약서의 각 조항에 표시된 청소서비스를 "갑"으로부터 도급받아 시행한다.

제3조(도급계약기간, 도급금액 및 지급방법)

1. 도급계약기간 :
2. 월 도급금액 :
3. 지급방법 : 익월 15일까지 현금지급. 단, 외벽 및 외부유리 세척은 "갑"의 요구에 의하여 실시하고 별도 대금 청구한다.

제4조(도급금액의 주요 대상) ① "을"이 수행할 도급용역범위의 주요 대상은 다음과 같으며, 도급용역의 상세한 범위와 요령은 본 계약서의 각 조항에 의한다.

② (도급용역의 중요 대상)

1. 빌딩의 바닥(복도, 계단 및 각종 시설설치실의 바닥 포함)
2. 건물 내의 고정물품
3. 벽체, 천장 및 빌딩의 옥상
4. 변기, 세면기, 음수기, 형광등, 루버, 디퓨저 등
5. 유리창 내부
6. 건물부지 내외의 정원관계
7. 건물부지 내 및 외곽주위

제5조(도급범위 및 계약조건 변경) ① "갑"의 사정에 의하여 전 제4조의 청소용역 주요대상 범위를 축소 또는 증가할 필요가 있을시 본 계약에 관계없이 축소 또는 증가할 수 있다.

② 전항의 경우 "갑"은 축소 또는 증가에 따른 비율에 대하여 "갑", "을" 쌍방간 협의에 의하여 용역금액을 감액 또는 증액할 수 있다.

③ "갑"은 "을"이 계획된 작업을 2주 이상 지연시킬 때에는"갑"이 일방적으로 제3자에게 지명·대행시키고 그 업자에게 지불한 금액을 "을"의 용역대금에서 공제하고 그 차액을 지급한다.

제6조(청소장비의 확보 및 유지관리) ① "을"은 계약이행에 필요한 일체의 청소장비를 계약체결과 동시에 구비하여 업무수행에 지장이 없도록 하여야 한다.

② "을"은 구비한 청소장비를 수리 및 교체하기 위하여 빌딩 외로 반출하고자 할 때에는 "갑"의 승인을 얻어야 한다.

③ "을"은 반입된 기계·기구 명세를 작성하여 "갑"에게 제출하여야 하며 "갑"은 수시로 검사

하고 검사결과 청소기계로서 적합하지 아니하다고 인정하여 교체를 요구할 때에는 "을"은 이를 즉시 교체하여야 한다.

④ 청소용 장비는 "갑"이 지정한 장소에 "을"의 책임 하에 보관한다.

제7조(청소용 제 재료의 통제와 감독) ① "을"이 본 계약업무 수행을 위하여 필요한 약품 및 세제와 소모품 등은 "을"의 책임으로 구입·사용하되 "갑"의 입회 하에 전량 반입(1개월분 소요량 이상)하고 "갑"의 검수 후 "갑"의 승인을 받아 적정한 용품과 적당한 양을 사용하여야 하며, 매월1회 이상 청소현황, 월 중 사용물자 현황을 제시하여야 한다.

② 청소용 제재료에 대하여 아래의 경우는 "갑"이 구입하고 "을"에게 매월 지급되는 청소대행료에서 공제하여도 이의를 제기할 수 없다.

1. 납기 내에 물품이 반입되지 아니한 때
2. "갑"의 검수에 불합격된 물품

제8조(창고 등 공급) "을"이 도급업무 수행을 위하여 빌딩 내에서 사용하는 창고, 전력 및 용수 등은 "갑"이 제공한다.

제9조(근무성실의 의무) ① "을"은 빌딩 내외를 언제나 위생적으로 청결하게 유지하여야 한다.

② "을"은 빌딩 내외를 청소함에 있어 건물의 수명 등을 고려하여 최선의 방법으로 업무의 수행은 물론 선량한 관리자로서의 주의의무를 다하여야 한다.

제10조(종업원 배치 및 인사기록 제출) ① "을"은 계약체결과 동시에 업무수행에 필요한 장소에 배치하여야 한다. 청소요원은 총○명 이상(여자○, 남자○) 확보하여야 하며, 남자는 50세 이하로 하여야 한다. 특히, 각 작업현장별로 능력있는 자를 책임자로 배치하여 청소작업을 시행하거나 감독하게 하며 "을"의 소속직원 중 감독요원을 주기적으로 파견하여 청소상태를 총괄적으로 점검·감독하도록 한다.

② 전항의 인원에 관하여는 사전에 배치계획서 및 인사기록을 당 건물관리 사무실에 제출하여 면접 후 "갑"의 동의를 얻어야 한다. 인원배치를 변경하고자 할 때에도 또한 같다.

③ "갑"은 "을"의 종업원 중 무자격 및 근무자 이탈, 근무시간 중 음주·취침, 빈번한 결근, 비위사실, 당사 품위를 손상시키는 행위 등 부적당하다고 인정되는 자나 "갑"의 공신력을 저해하는 자에 대하여 "을"에게 그의 교체를 요구할 수 있으며 "을"은 3일 이내에 결원을 보충하여야 하며, 거부당한 "을"의 종업원은 "갑"의 지역에 출입을 금한다.

제11조(종업원에 대한 책임 및 건강진단) "을"은 전 종업원의 건강진단서를 계약 후 1개월 이내에 제출하여야 하며, 전 종업원의 건강, 신원, 위생, 풍기 및 작업규율의 유지 등에 관하여 일체의 책임을 진다(필요한 경우 신원증명서도 제출해야 한다).

제12조(결원 시 도급비 공제) "갑"의 업무지역에 배치되어 근무중인 종업원의 결원이 발생하였을 때에는 아래와 같이 월 용역비에서 공제한다. 단 예비군 훈련, 관혼상제를 포함하여 해당 월 총인원의 2%는 인정을 하고 그 이상의 결원이 발생하였을 때에는 월 평균 중 일급액의 300%에 해당하는 금액을 월 용역비에서 공제한다.

제13조(제복착용 및 친절의무) "을"은 종업원에게 "갑"이 정한 소정의 제복, 모자, 신발 및 스카프를 착용하여 항시 단정한 복장으로 작업에 임하여야 하며, 빌딩에 출입하는 고객에게 친절을 다하여야 한다.

제14조(청소상태의 기준) 당 빌딩의 청소상태 기준은 서울시내, 신축한 지 5년 이내의 일류 호텔의 청소상태 수준으로 한다.

제15조(근무규정 및 청소계획서 비치) ① "을"은 이 계약서에 의한 도급업무의 개시와 동시에 종업원의 근무규정과 각 작업현장별로 청소계획서를 2통씩 작성하여 1통은 "갑"에게 제출하고 1통은 현장사무실에 비치하여야 한다.

② "을"은 업무수행을 위한 임시작업 계획서 및 정기작업 계획서를 제출하여 "갑"의 승인을 받

아야 하며, 이에 따라 업무를 수행한 후 결과를 검사받아야 한다.

③ "을"의 청소감독은 청소상태, 인원현황 및 근무일지를 "갑"이 승낙한 서식에 의거 매일 "갑"의 관계 부서장에게 제출하여야 한다.

제16조(청소원의 교육훈련 및 이동금지) "을"은 청소원의 빈번한 교체로 인하여 숙달된 요원의 부족으로 청소작업에 지장을 초래해서는 안되며 항상 숙달되도록 청소요령, 예의범절, 화재예방 및 안전사고 예방에 대한 교육을 월1회 이상 실시하고 교육일지를 작성하여 "갑"에게 확인을 하여야 한다.

제17조(일반청소) ① "을"은 정기적인 작업계획에도 불구하고 "갑"의 빌딩 내에서 작업하는 종사원을 "갑"의 요청이 있을 때를 제외하고 다른 일에 사용할 수 없다.

② "을"은 갑의 요청시 빌딩 내에서 물품운반 등을 이행해야 한다.

제18조(특별청소) ① "을"은 정기적인 작업계획에도 불구하고 "갑"의 행사, 의식 등의 필요에 따라 요구시 특별청소를 실시하여야 한다.

② 일반청소를 실시하였다 하더라도 불량하다고 인정될 시는 재청소를 실시하여야 한다.

제19조(안전관리) ① "을"은 업무수행 중 항상 안전관리에 최선을 다할 것이며, 만일 작업 중 사고가 발생하면 민·형사상의 모든 책임을 전적으로 "을"이 부담하고 "갑"은 하등의 책임을 지지 않는다.

② "을"은 종업원이 업무상 재해를 당하였을 때를 대비하여 본 계약 체결일로부터 1주일 이내에 산재보험에 가입하고 가입필증을 "갑"에게 제출하여야 한다.

제20조(업무감독 및 금지사항) ① "을" 또는 그 종업원은 업무를 진행함에 있어 "갑"의 제 규칙을 준수함은 물론 "갑"이 위임한 빌딩관리인의 감독·지시사항에 순응하여야 하며, 지적사항을 즉각 시정하여야 한다.

② "을" 또는 그 종업원은 다음 각 호의 행위를 하여서는 안 된다.

1. 빌딩 내 근무자의 업무진행에 지장이나 불편을 초래하는 행위
2. 담당 아닌 업무분야를 간섭하는 행위
3. 사전허가 없이 출입금지구역에 출입하는 행위
4. 근무를 태만히 하는 행위
5. 빌딩 내에서 음주 및 소란한 행동을 하는 행위
6. 빌딩 내에서 습득한 문서 또는 물품에 대하여 "갑"에게 신고하지 않는 행위

제21조(계약해지) ① "갑", "을" 쌍방 중 어느 일방이 이 계약을 해지하고자 할 때에는 적어도 1개월 전에 상대방에게 그 사유를 통보하여야 한다.

② "을" 또는 그 종업원이 다음 각 호의 1에 해당하는 때에는 계약기간 만료전이라도 "갑"은 일방적으로 해지할 수 있으며 "갑"은 "을"에 대하여 일체의 배상책임을 지지 아니한다.

1. 본 빌딩 내(입주자 포함)의 기밀을 누설하였거나 공무처리를 지연케 하는 행위
2. 빌딩 내의 문서 또는 물품을 무단반출하거나 훼손하였을 때
3. "을" 또는 종업원이 청소를 소홀히 하거나 "갑"의 업무상 지시에 불복할 때
4. 고의 또는 과실로 선량한 관리자로서의 주의의무를 태만히 하여 빌딩설비를 손괴하였거나 중대한 사고를 야기하였을 때
5. 제17조의 금지규정을 위반하여 "갑"으로부터 경고를 받았음에도 불구하고 이를 시정하지 않았을 때
6. "을"이 계약조항을 위반 또는 불이행하거나 빌딩의 청소용역 도급업체로서 심히 부적당하다고 "갑"이 인정할 만한 사유가 발생하였을 때

③ "을"은 청소작업 불량 및 청소작업 계획서대로 철저히 이행하지 않을 시는 "을"에게 경고를 하고 본 경고가 월 3회까지 통보되었을 시는 본청소용역 도급계약 위반으로 간주하고 자동적으

로 해약되며 "을"은 이의 없이 즉시 철수한다.
④ 전항의 규정에 의하여 계약이 해지되었거나 계약기간이 만료되었을 때에는 청소업무를 "갑" 또는 "갑"의 지정인에게 인계하여야 한다.
⑤ 전항의 인계가 완료될 때까지는 "갑"은 "을"의 소유물에 대한 반출을 제한할 수 있다.

제22조("을"의 배상책임) 다음 각 호의 1에 해당하는 경우에는 "을"은 이에 대하여 원상복구 또는 5일 이내에 배상의 책임을 진다.

1. "을" 또는 종업원의 귀책사유로 인하여 "갑"의 빌딩 또는 시설에 손실을 주었을 경우
2. "을" 또는 그 종업원이 귀책사유로 인하여 본 빌딩 내에 근무하는 직원 및 빌딩 내에 출입하는 자에게 손실을 주었을 때
3. "을" 또는 그 종업원이 "갑"의 물품 또는 "갑"으로부터 대여받은 물품을 망실 또는 훼손하였을 때

제23조(계약조항의 해석) 이 계약 각 조항의 해석에 의문이 있을 때에는 "갑", "을" 상호협의에 의하여 정하고 협의가 성립되지 않을 때에는 "갑"의 해석하는 바에 의한다.

제24조(통고방식) 본 계약의 통지 및 승낙은 문서로 함을 원칙으로 한다. 다만, 즉시 해결이 가능한 경미한 사항에 대하여는 구두로 할 수 있다.

제25조(이행보증금) 본 계약을 성실히 이행하기 위하여 계약이행 보증금조로 도급금액의 10%의 상당하는 금액을 "을"은 "갑"에게 예치한다(이행보증 보험증권으로 대치할 수도 있다).

제26조(계약의 효력) 이 계약에 첨부한 시방서 등 부속문서는 계약서의 일부가 되며, 그 효력은 계약서와 동일하다.

제27조(소송자) "갑"과 "을"이 본 계약과 관련하여 발생하는 소송은 "갑"의 주소지를 관할하는 법원에 제소한다.

제28조(계약서의 보관) 이 계약을 증명하기 위하여 계약서 2통을 작성하여 "갑", "을"이 서명날인하고 각 1통씩 보관한다.

2021년 월 일

(갑) 주소 :		(을) 주소 :	
상호 :		상호 :	
대표자성명 :	(인)	대표자성명 :	(인)
사업자번호 :		사업자번호 :	

제5절 청소현장 인수하기 과정

청소용역계약 또는 청소도급계약이나 청소대행계약이 체결되고 나면 청소현장을 인수하고 사무공간과 청소작업자 휴게실, 청소약품 또는 청소장비 보관 장소 등을 확보해야 한다.

청소현장 인수과정에서 청소현장 인계자(주로 발주처 청소현장 담당자)와 인수자(청소업체)간에는 다음 사항을 인계인수하고, 인계인수서에 확인 서명을 해야 한다. 인계인수 사항은 대체로 다음과 같다.

① 청소현장 사무 공간, 집기 비품 및 전기통신설비
② 청소종사자 휴게 공간
③ 청소장비 및 약품관리 공간
④ 청소현장 작업구역 내의 시설출입 방법
⑤ 쓰레기 집하장
⑥ 건물 내 타 용역업체간의 협조사항
⑦ 보고사항 및 보고체계
⑧ 주의사항과 금지사항
⑨ 발주처 공급자재와 재료 및 비품
⑩ 기타 필요한 사항

제6절 청소종사자의 청소현장 현황 파악하기 과정

1. 청소현장 현황파악의 의의

청소용역계약(청소도급계약 또는 청소대행 계약)이 체결된 경우 다음으로 수행해야 하는 과정에는 청소담당자 또는 청소종사자의 청소현장 현황 파악과정이 있다.

청소담당자나 청소종사자가 청소서비스를 생산하고 제공하기 위해서는 청소현장의 청소대상물과 청소작업 환경 등의 청소현장 현황과 청소현장 제반 여건 실태를 먼저 파악해야하기 때문이다.

청소현장 현황 파악이라 함은 청소작업에 영향을 미치는 현재의 여건이나 형편의 파악을 말한다. 청소현장 파악에는 청소용역 입찰준비를 위한 수주영업 담당자의 청소현장 파악(청소현장 현황 확인 수준의 파악)과 청소계획 수립을 위한 청소종사자의 청소현장파악 등 두 종류의 청소현장 파악 종류가 있다. 입찰준비를 위한 청소현장 현황 파악이나 청소계획 수립을 위한 청소현장 파악 모두 매우 중요한 청소서비스 생산활동 준비단계의 매우 중요하다. 왜냐 하면 청소현장현황 파악 자료를 바탕으로 청소서비스계약(또는 청소용역계약이나 청소대행계약)을 체결하고 청소작업 계획을 수립하며, 수립한 청소계획에 따라 청소작업을 수행할 수 있기 때문에 청소현장 현황 파악은 종류를 불문하고 청소활동 수행에 있어서 매우 중요한 의미를 가지고 있기 때문이다. 따라서 청소서비스 생산을 위한 청소활동은 청소서비스 생산활동 준비단계로 시작하고, 청소서비스 생산활동 사후관리단계로 종료하게 된다. 청소서비스 생산활동 단계는 전술한 바와 같이 청소현장 현황파악 과정과 청소서비스 계약체결과정 및 청소서비스 생산활동 계획과정을 경유하여 종료된다. 따라서 청소서비스 생산활동을 위한 청소현장 현황 파악은 청소서비스 비즈니스를 위하여 매우 중요한 실무라 할 수 있다.

청소현장 현황파악을 통하여 청소범위와 청소품질 수준 등 고객의 요구사항, 그리고 청소대상물 마감재의 종류와 특성 및 면적을 파악하고 청소작업에 미치는 영향요인 등을 파악해야 하며, 이를 기초로 청소방법을 선정해야 한다. 선정한 청소방법에 따라 청소작업에 투입할 청소인력의 수를 결정해야 하며, 청소작업에 사용할 청소장비와 도구 및 청소약품을 결정하고 청소작업 시간 및 작업 일수, 청소 준비사항 등을 결정할 수 있기 때문에 청소현장의 현황 파악은 매우 중요한 업무이다.

청소현장이라 함은 청소작업을 실시할 장소나 청소대상물이 위치하고 있는 사이트(Site)를 말한다. 청소 현장의 종류에는 분류기준에 따라 다양하게 분류할 수 있다. 장소를 기준으로 청소현장을 분류하면 건물(빌딩) 청소현장, 시설물 청소현장(체육시설, 지하철 시설 등), 가정 청소현장(홈 클리닝 현장), 건축 준공 청소현장, 입주건물 청소현장, 쓰레기 배출 청소현장 등으로 분류할 수 있으며, 청소작업 성격을 기준을 분류하면 일상청소현장, 특별청소 현장, 임시 청소현장, 정기청소현장 등으로 분류할 수 있다.

청소현장은 청소활동이 이루어지는 현장으로서 건축물과 시설물의 물리적 청소대상이 존재하고 있는 장소이며, 청소범위에 들어가는 건축마감재(주로 바닥 마감재)의 종류와 면적 및 특성이 시각으로 파악할 수 있는 장소이다. 따라서 청소종사자는 청소현장을 중심으로 청소법위의 면적과 범위 및 바닥재의 재질과 특성에 대하여 시각적으로 파악해야 한다.

청소현장의 현황이라 함은 청소작업에 영향을 미치는 청소현장의 현재 상황이나 형편을 말한다.

청소작업은 청소서비스를 직접 생산 제공하는 환경위생관리 활동이고, 청소작업을 현장에서 수행해야하기 때문에 청소작업에 영향을 미치는 고객의 청소요구와 청소범위, 청소품질 수준, 그리고 청소대상 마감재의 종류와 특성 그리고 청소현장 내 · 외부의 영향 요소 등을 파악해야 하며, 이와 같은 청소작업에 대하여 영향을 미치는 현재의 상황이나 형편을 청소현장 현황이라 한다. 따라서 청소현장 종사자는 관리자나 감독자를 포함하여 청소종사자 전원이 청소작업을 위한 청소계획 수립 전에 청소현장의 현황을 파악하고 이해하고 있어야 한다.

청소는 청소종사자(환경미화원)가 청소의 개념을 이해하고 청소방법을 숙지하여 과학적 방법과 기술적 청소방법으로 청소활동을 효율적으로 수행하여 양질의 청소서비스를 생산하는 활동을 말한다. 또한 청소는 건물환경의 청결성과 미관성 및 위생보건성과 쾌적성 확보를 목적으로 하는 환경오염원 제거 작업이자 위생환경관리 활동인 동시에 청소대상 마감재의 기능과 색상 및 물리적 내구성 장기화를 목적으로 하는 건축마감재 유지관리 업무이다. 이를 위해서는 청소현장의 현황 및 실태를 파악하고, 이를 바탕으로 파악한 청소대상물의 종류와 특성에 부합하는 청소방법을 선정하고, 적정 청소인력과 청소장비 및 청소약품을 선정하는 등 청소계획 수립에 필요한 자료를 파악하고 이를 청소계획 수립에 제공하여야 한다.

청소현장의 현황 및 실태 파악 주요 대상에는 내 · 외부고객의 요구와 청소범위 및 청소대상 마감재의 종류와 특성 및 청소영향요소 등이 있다.

청소종사자는 청소현장 파악 도구를 확보하고 분석하여 내 · 외부고객 요구사항과 청소 범위 및 청소품질 수준을 파악해야 하고, 마감재의 종류와 특성을 파악해야 하며, 이를 토대로 적정한 청소방법을 선정해야하고 청소장비와 약품을 선정해야 한다. 청소작업 시 주의해야 하는 점과 예상되는 비상상항 및 돌발 사고에 이에 대한 대응방법 등을 파악해야 한다. 또한 청소작업에 영향을 줄 수 있는 청소영향요소 파악과 내 · 외부 영향 요소와 이에 관련한 이해관계자 파악 그리고 내 · 외부 영향요소에 의한 보상요구 가능성과 보상 수단 등을 파악해야 한다.

청소서비스의 생산은 청소활동수행에 의하여 이루어지며, 청소활동 수행은 청소서비스 계약과 청소계획에 따라 이루어지고 있음으로 청소서비스 계약체결과 청소계획 수립을 위하여 사전에 실시하는 청소현장 현황 및 실태파악은 매우 중요한 의미를 가지고 있다.

왜냐하면 청소현장의 현황 파악자료(고객요구사항과 청소대상 마감재의 종류와 특성 및 청소영향 요소 등) 없이는 청소서비스 계약체결이나 청소계획을 수립할 수 없기 때문이다. 청소서비스 계약 및 청소계획에 관한 정보는 다음절(청소서비스 계약체결 및 청소계획의 수립하기)에서 상세하게 설명하기로 하고, 이 절에서는 청소현장 현황 및 실태 파악에 있어서 이해가 필요한 주요 개념에 대하여 살펴보기로 한다.

청소현장 현황 파악하기는 청소서비스 계약과 청소계획을 수립하는데 필요한 정보와 자료를 추출하고, 이를 제공하는데 목적이 있음은 전술한 바와 같다.

2. 청소종사자의 청소현장 현황파악 목적

청소현장 현황파악하기의 목적은 청소서비스 계약과 청소작업계획을 수립하는데 필요한 자료와 정보를 확보하고 제공하는데 있다. 청소현장 현황 파악을 통하여 청소의 범위와 고객요구사항, 청소품질 수준, 청소대상 건축마감재의 종류와 특성 및 청소면적 등에 대하여 조사하고 조사한 자료를 청소현장 현황 및 실태 파악조사서에 기록하여 청소서비스 계약체결과 청소작업 계획수립에 반영해야 한다.

따라서 청소현장 현황 파악의 목적은 청소서비스 계약과 청소방법의 선택, 인력선발 및 배치, 청소장비 및 약품의 선정, 청소작업 시간 및 일수 등의 청소작업 계획 수립에 필요한 자료를 확보하고 제공하는데 있다.

3. 청소현장 현황파악의 주요 대상

1) 청소현장 현황파악 대상의 종류와 내용

청소현장 현황파악 단계에서 파악해야 하는 대상에는 다음의 〈표 14〉와 같은 대상들이 있다. 한 청소현장 파악대상에 대하여 구체적인 개념을 살펴보고 이에 대한 파악 방법과 도구 등을 순차적으로 살펴보기로 한다.

〈표 14〉 청소현장 현황파악 대상(예시)

① 청소서비스 용역비(대행료) 등 고객요구 사항
② 청소대상물의 현황과 메인 청소범위 및 옵션 청소범위
③ 청소품질 수준
④ 청소대상 건축의 종류와 마감재의 특성 및 청소면적
⑤ 청소대상 마감재의 종류와 특성에 따른 청소방법, 청소장비 및 청소약품
⑥ 청소수행 시 주의사항 및 주의사항별 대응 방안
⑦ 내 · 외부 청소 영향 요소
⑧ 내 · 외부 영향 요소별 이해관계자 및 이해관계자 요구사항별 대응방안
⑨ 내 · 외부 영향요소에 의한 보상 가능성 및 보상 수단

2) 청소현장 현황파악 대상별 내용 및 파악도구

위에서 논의한 청소현장 파악대상에 대하여 대상별로 구체적인 내용을 살펴보고, 이에 대한 파악 방법과 도구 등을 순차적으로 살펴보기로 한다.

(1) 청소서비스 용역비 등 고객요구사항

고객의 요구사항은 1차적으로 파악해야 하는 청소현장 현황 파악의 대상이다. 청소서비스를 의뢰하는 내부고객은 청소대상물과 청소범위를 정하고 청소품질 수준을 미리 정한 후에 청소 장소와 시간 및 청소인력을 투입하여 어떤 방법으로 청소하여야 하고 어떤 사항을 유의하고 주의하여야 하며, 어떤 수준의 청소품질의 청소서비스를 생산하여 내부 고객과 외부고객에게 청소서비스를 제공하여 고객을 만족하게 하는 등의 고객요구를 청소종사자는 우선적으로 파악해야 한다.

(2) 청소대상물과 청소범위(옵션 청소범위 포함)

청소의 대상물이라 함은 청소서비스 계약에 의하여 의무적으로 청소해야 하는 건물외부 청소대상물과 내부 청소대상물을 말한다. 건물청소의 경우 외부청소 대상물에는 단지안의 인도와 잔디밭, 옥외주차장, 배수구, 쓰레기장, 옥상, 건물 외부 차양 막, 외벽마감재 능이 있으며 내부 정소대상물에는 출입 현관 로비, 복도, 계단, 화장실 엘리베이터, 에스컬레이터, 사무실(계약서에 청소대상물로 포함되어 있는 경우), 회의실, 기타 공용 시설물 등이 있다. 청소의 범위라 함은 청소해야 하는 청소작업의 범주를 말한다. 청소범위에는 물리적 청소범위와 문서상의 청소범위개념이 있다.

청소현장 현황 파악에 있어서 파악할 사항 중 가장 중요한 파악 범위는 청소대상물과 청소 범위에 대한 파악이다. 왜냐 하면 청소작업은 청소범위에 해당하는 면적이나 시설 또는 가구 집기 및 비품 등을 청소하기 때문이다. 한 동의 건물에는 연 면적이나 층수가 초고층인 경우에는 여러 개의 청소업체가 층별, 면적별로 청소범위를 정하여 동시에 청소하는 경우가 있을 수 있으므로 청소범위를 명확하게 해 두어야 한다. 같은 층에서도 공용면적에만 청소하고 전용면적을 청소하지 않으며 같은 공간에서도 바닥만 청소하고 벽면이나 천장은 청소하지 않는 등 청소범위에도 여러 가지 범위가 정해질 수 있음으로 청소범위를 사전에 명확히 하여 청소계획을 수립해야 한다.

(3) 청소품질 수준

청소종사자는 청소대상물과 청소범위를 파악한 이후에는 고객이 요구하는 청소품질 수준을 파악해야 한다. 이 경우의 고객은 주로 내부고객을 말하는 것으로 청소대상물의 범위에 따라 사전에 정하여 청소서비스 도급계약서에서 명기하고 있는 청소수준을 일상적으로 유지하는 조건을 말한다.

청소품질 수준은 청소대상 마감재의 종류와 특성에 따라 차이는 있으나, 청소 대상별로 광택이 유지되어야 하거나 얼룩 또는 때가 없어야 하고 먼지나 오물 또는 쓰레기가 없어야 한다. 또한 물기가 없어야 하는 등의 부분별 청소품질이 유지되어 하고, 공통적으로 청결하고 깨끗하며 위생적 환경이 유지되어야 하는 청소품질 수준이 유지되어야 한다. 청소 품질수준이라 함은 청소의 가치, 등급, 품질 따위의 일정한 표준이나 정도 또는 기준을 말한다.

청소품질 수준의 파악은 청소도급계약서나 청소과업지시서 등을 통하여 파악할 수 있다. 청소도급계약서나 청소과업지시서 등에서 청소의 유지해야 하는 청소품질 수준은 하나의 청소품질 수준표로 작성하고 청소과업지시서에 따라 구역별, 시설별로 청소품질 수준을 유지하도록 청소해야 한다.

〈표 15〉 화장실 청소품질 수준(예시)

청소대상	청소범위	청소품질 수준
화장실	출입문, 문틀	① 먼지와 얼룩이 없을 것
	벽면, 칸막이	① 먼지와 얼룩이 없을 것 ② 고정된 파티션 테두리에 얼룩과 먼지가 없을 것
	거 울	① 먼지와 얼룩이 없을 것
	세면기	① 먼지와 얼룩이 없을 것 ② 클리닝검사에서 결함이 발견되지 않을 것 ③ 배수구 안 거름망에 머리카락이 보이지 않을 것
	좌변기	① 안쪽에 먼지와 얼룩이 없을 것 ② 악취가 나지 않을 것 ③ 찌꺼기 앙금이 보이지 않을 것 ④ 대변기 바깥쪽에 먼지나 얼룩이 없을 것 ⑤ 냄새가 없을 것
	소변기	① 안쪽에 먼지나 얼룩이 없을 것 ② 악취가 나지 않을 것 ③ 찌꺼기 앙금이 보이지 않을 것 ④ 소변기 바깥쪽에 먼지나 얼룩이 없을 것 ⑤ 냄새가 없을 것

(자료 : 국가기술표준원(2008), 건축물클리닝 서비스-프로세스, p.11, 인용 및 일부 수정)

청소품질은 일반적으로 도급비가 높을 경우에는 청소 질 수준이 높을 수 있으며, 건축물의 성격이나 용도가 호텔이나 최고급 백화점이나 업무 용 빌딩에는 통상 고품질이 요구되고 있으나, 청소도급비가 낮거나 10층 이하여 저층 재래식 일반상가나 빌딩에는 일반 청소품질을 요구하는 경향이 있다. 화장실 청소의 경우 청소품질 수준을 문헌자료를 인용하여 소개하면 〈표 15〉와 같다.

(4) 청소대상 건축마감재의 종류와 특성 및 면적

청소대상 건축마감재는 청소시간과 비용 및 노력의 약 50%를 차지하고 있는 청소대상이기 때문에 건축마감재의 종류와 특성 및 면적을 파악하는 것은 매우 중요한 청소현장 현황 파악의 대상이다. 건축마감재라 함은 건축물의 미적 기능과 사용상의 안전성 및 편의성을 높이기 위하여 건축마지막 시공단계에서 수장작업의 일환으로 건축물의 표면적으로 둘러싸서 마감한 건축부재들을 말한다.

일반적으로 약 33,000제곱미터 규모의 업무용 건축물의 경우 일반적으로 건축 마감재로 사용되는 건축바닥마감재의 종류를 살펴보면 주로 천연대리석과 화강석, 테라죠, 아스타일, 타일(도기류), 카펫, 목재 등이 사용되고 있다. 건축물의 대표적 마감재에는 대리석(천연), 화강석, 테라조, 아스타일, 타일, 카펫, 목재 등의 마감재 등이 있다. 주요 건축 마감재의 종류와 특성을 살펴보면 다음의 〈표 16〉과 같다.

〈표 16〉 주요 건축마감재의 종류와 특성(예시)

마감재의 종류	마감재의 특성
대리석(천연) 	① 칼슘을 함유한 성분으로 자연적 광택이 있다. ② 구분은 색상이나, 경도 물결무늬로 구분하고, 물결무늬가 있는 경우 대리석으로 분류한다. ③ 분홍색, 회색, 흑색 등 색상이 매우 다양하다 ④ 모래나 먼지 산성에 민감하며 일반 바닥재로 사용하지 않는다. ⑤ 오염물질에 대한 내성은 강하나 내화학성과 내마모성에 취약하다. ⑥ 바닥 보호재로 보호를 요한다.
화깅석 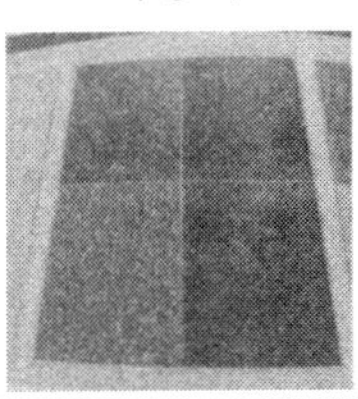	① 대리석 보다 강도가 높다. ② 상업용 빌딩의 바닥재로 널리 사용된다. ③ 물결무늬가 없고 석재 알갱이가 보인다. ④ 산성, 음료수, 커피 등에 강하다.

마감재의 종류	마감재의 특성
테라조 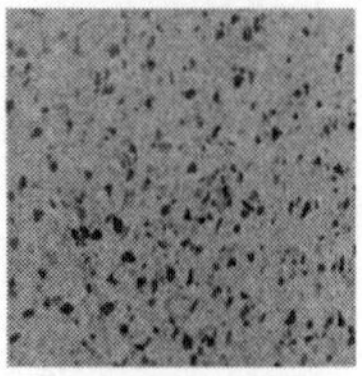	① 돌조각을 시멘트와 섞어 만든 바닥재이다. ② 크기가 일정한 대리석 조각을 함유하고 있다. ③ 산성에 약하다. ④ 동물성 지방산에 강하다. ⑤ 내구성이 탁월하다.
아스타일 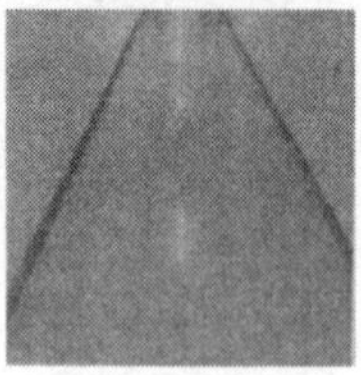	① 연성바닥재의 일종으로 PVC로 만든 바닥재이다. ② 얇고 딱딱한 다층의 타일로 구성되어 있다. ③ 다른 바닥재 보다 부드럽고 휘어지기 쉽다. ④ 화학약품에는 강하나 기름이나 염료에는 변색 가능성이 있다.
타일(도기류) 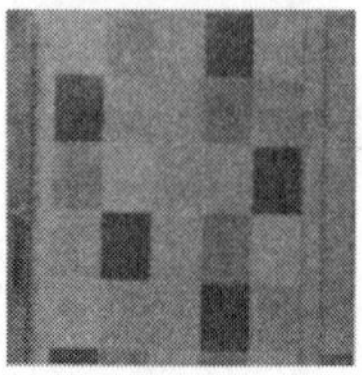	① 세라믹 모자이크 채석된 타일과 포장용 타일로 구분한다. ② 광택 무광택으로 구분한다. ③ 표면이 고르지 않다. ④ 메지가 가공성이므로 때가 쉽게 침투한다.
카 펫 	① 2가지 백킹 및 접착제, 다양한 재질의 파일로 구성되어 있다. ② 가용성 오염, 불용성 오염 모두 존재한다. ③ 미려하고 소음흡수에 우수하다. ④ 카펫 종류에 다라 청소방법이 다르다.
목 재 	① 목재의 특성은 매우 다양하다. ② 습기에 매우 민감하다. ③ 알카리성 물질, 비누, 세제에 민감하다. ④ 습한 조건을 피해야 한다.

(자료 : 한국산업인력공단(2017), 환경미화 01, pp.48~50)

(5) 청소수행 시 주의사항 및 주의사항별 대응방안

청소활동은 외견상 보기에는 단순한 작업으로 보이나 실제적으로 주의를 기울이지 않은 경우 장비사고, 약품사고, 청소방법의 오류, 청소품질 저하 등 안전사고나 품질사고로 인적 · 물적 피해가 발생할 여지가 있다.

따라서 청소종사자는 청소수행 시 기울여야 하는 주의사항을 도출하고 주의사항별 대응방안을 수립하여 실천해야 한다. 특히 청소작업 시 청소장비와 청소약품 사용 시 주의사항을 도출하고 주의사항별로 대응방안을 수립하여 실천방안을 계획서에 반영하여 실천해야 한다.

(6) 내 · 외부청소 영향요소

청소영향소소 파악을 통하여 내 · 외부 청소영향 요소와 이에 따른 이해관계자 및 이해관계자의 보상요구 가능성과 보상방안을 파악해야 한다.

청소수행자가 수립한 청소계획에 따라 설정한 청소서비스 목표를 효과적으로 달성하려면 청소 전후 또는 청소과정에서 청소작업을 방해하거나 악영향을 끼치는 영향요인이 없어야 한다. 영향요소는 청소작업에 작용하거나 변화를 주는 근본적인 조건이나 요인을 말하는 것으로 이에는 내부영향 요소와 외부영향 요소가 있다.

청소활동에 주로 영향을 끼치는 영향요소에는 내부영향 요소로서 이에는 칭소인력 영향요소와 청소장비 영향요소, 청소약품 영향요소, 청소작업 내부 영향요소 등이 있다. 외부 영향 요소에는 계절적 청소 영향요소와 청소작업 외부환경 영향요소 등이 있다. 청소현장 현황 파악에 있어서 파악해야 하는 대상중에서 청소활동 영향요소 파악은 효율적인 청소활동 보장과 청소활동 과정에서 발생 가능한 사건 사고를 예방하고 방지 하여 피해를 예방하는데 있다. 또한 청소현장 현황 파악 대상 중 하나인 청소활동 영향소소 파악은 마감재의 종유와 특성 파악과 함께 청소계획 수립에 필요한 자료를 제공하는데 있다.

(7) 내 · 외부 영향요소별 이해관계자

청소활동 과정에서 나타나는 이해관계자는 청소의 과정에서 발생하는 청소의 결함이나 문제점으로 인하여 본인의 의사와 관계없이 자기의 권리나 이익에 악영향을 받았거나 피해를 당한 사람을 말한다.

청소활동 중 발생한 화재나 안전사고 발생 시 이해관계자는 청소활동으로 인하여 권리의 침해나 피해를 당한 사람을 말하며, 화재 이해관계자에는 보험가입자, 피보험자, 피해자, 피해보상 의무자, 보험금 지급 자 또는 보험금 구상권자, 구상권자의 상대방, 입주자, 화재원인자, 용역회시, 인적 물적 피해자, 관할 소방서 및 경찰서, 환자 이송병원 등이 있으며 안전사고 발생 시 이해관계자는 가해자, 피해자, 건물주, 보험사, 청소용역업체, 보상 의무자 등이 있다.

이해관계자 파악방법은 사건사고의 원인을 조사하고 인적·물적 피해결과를 파악하고, 이해관계자를 분류하여 보상 요구사항 발생가능성을 파악하고 예상되는 피해규모와 보상 수준을 파악한다.

(8) 내·외부 영향요소에 의한 보상가능성 및 보상수단

보상의 사전적 의미는 남에게 끼친 손해를 금전으로 갚는 것을 말한다. 금전으로 갚는 사람을 보상자라 하고, 피해를 당하여 보상을 요구하는 자를 보상요구자라 한다. 청소현장에서 안전사고나 환재로 인하여 발생하는 보상자는 통상 피해를 입힌 청소관리주체 또는 보험사가 되고, 피해요구자는 사로 피해를 당한 건물주, 입주자 중 피해자이다. 화재로 인한 보상의 항목에는 부동산 손실액, 동산 손실액, 치료비, 기타 손실액 등이 있고 추락 안전사고로 인한 보상요구 항목에는 산업재해 보상금, 병원치료비, 요양비, 급료 등이 있다.

보상 수단 및 방법으로는 금전보상 수단으로서 산재보험금, 화재보험금, 영업배상 책임보험금, 보상책임이 있는 자의 자체 보상금 등으로 보상한다.

4. 청소현장 현황파악 방법

1) 청소현장 현황파악 절차수립

청소현장의 현황을 파악하기 위해서는 청소현장 현황 분석도구를 확보하고, 이를 분석하여 해석함으로서 해당 청소현장의 현황을 파악할 수 있다. 청소현장 현황을 분석한 후에는 이를 정리하여 해당 청소현장 현황조사표에 기록하고 청소서비스 계약서와 청소계획 수립에 반영하여야 한다. 청소현장 현황 파악 절차는 다음과 같다.

(1) 분석도구를 확보한다

청소현장의 현황을 파악하기 위해서는 우선 먼저 청소현장 현황 분석 도구를 확보해야 한다. 청소현장 현황 분석 도구는 청소현장 현황을 파악하는데 필요한 수단으로서 공식적으로 건축주와 청소서비스에 대한 도급계약을 체결하고 있는 관계에서는 청소도급계약서와 청소과업지시서, 평면도, 청소작업 품질 매뉴얼 등의 확보가 일정 부분 가능하나 청소계약과 관계없는 건축마감재의 시험 성적서와 제조사 사용 설명서, 건축재료 도서 등은 비공식적으로 확보해야 한다.

(2) 확보한 분석도구를 이용하여 파악대상을 조사한다

분석은 확보한 자료를 정확하게 검토하여 자세하게 파악하는 작업으로서 도급계약서와 과업지서 간에 불분명한 내용이 있는 경우에는 위탁자에게 문의하여 확실하게 파악해야 한다.

(3) 분석자료를 해석한다

확보한 자료가 글이나 기호 또는 그림으로 표시하고 있는 경우에는 그 내용을 확정하고 바르게 이해할 필요가 있다. 이를 위해서는 분석한 자료를 해석해야 한다.

(4) 분석자료 해석결과를 종합하여 청소현장 현황을 파악한다

확보하고 분석한 및 해석한 청소현장 현황 파악에 대한 자료가 여러 가지이기 때문에 이를 통합하여 종합함으로서 전체적으로 파악할 수 있다.

(5) 파악결과를 청소현장 현황표에 기록하고, 청소계획 수립에 반영한다

청소현장의 현황 파악의 목적은 청소계획 수립에 반영하기 위함이다. 따라서 파악하여 정리한 청소현장 현황 파악 자료는 청소계획 수립에 절대적으로 반영해야 한다.

2) 청소현장 현황파악 도구

청소현장의 현황 파악은 청소현장 현황 분석도구를 확보하고, 이를 분석 해석하여 청소현장 현황을 파악해야 한다. 청소현장 현황 분석도구에는 문서상의 분석(서류상의 분석도구) 도구와 물리적 분석도구 등이 있다. 문서상의 분석도구에는 청소도급계약서와 청소과업 지시서, 건축 마감재재료 내역서, 해당 청소현장의 청소매뉴얼, 그리고 현장설명 자료와 건축 재료학 전문 도서, 마감자재 제조사의 자재시험성적서 및 사용설명서, 입주자 현황표 등이 있으며 물리적 분석 도구에는 건축평면도와 건축마감재료 샘플 및 건축현장 시설물 등이 있다. 결론적으로 청소현장 현황 분석도구라 함은 문서상의 분석 도구와 물리적 분석 도구를 통칭한다. 청소현장 현황 파악을 위한 주요 분석도구의 종류와 내용은 다음과 같다.

(1) 청소도급계약서(청소용역계약서, 청소서비스계약서, 청소대행계약서)

청소현장의 현황 파악이 요구되는 청소대상물은 대부분 일정한 규모를 가지고 있는 건축물이거나 시설물들로서 건축물의 소유자가 직접 관리하는 직영관리 현장이나 청소전문 업체에게 위탁하여 관리하는 위탁관리 현장을 불문하고 청소종사자가 청소작업 계획 전에 공통적으로 사전에 행해야 하는 선결 과업이나 청소서비스 위탁관리의 경우 또는 청소대행계약의 경우에는 청소도급계약서 또는 청소용역계약서나 청소대행계약서가 반드시 체결되어야 한다.

따라서 청소종사자가 청소서비스 위탁관리 현장에 소속한 청소현장의 종사자는 청소서비스의 기본이 되는 청소도급 계약서에서 명기하고 있는 계약 조항에 따라 청소작업을 수행해야 함으로 반드시 청소도급계약서를 바탕으로 청소현장 현황을 파악해야 한다. 그러나 건축물의 소유자가 자기의 책임과 비용으로 청소현장의 조직을 구축하고 직원을 배치하여 청소작업을 수행하는 직영 청소현장의 경우에는 해당 회사가 보유하고 있는 청소과업지시서나 평면도 또는 건축물자재 내역서 등을 참고하여 청소현장을 파악하면 된다.

청소현장 현황파악을 위하여 요구되는 청소현장 현황 파악 분석 도구에는 여러 가지 종류의 분석 도구 및 자료 등이 있으나, 이중에서 청소도급계약서(청소서비스 위탁 조직의 경우)가 가장 중요한 청소현장 현황 분석도구가 된다.

청소도급계약서라 함은 청소서비스 위탁자와 수탁자 간에 체결한 법률행위로서 위탁자는 일정한 청소서비스 위탁의 대가로 일정한 금원(도급비)을 지불하기로 약정하고 수탁자는 청소서비스를 제공하기로 약정함으로서 효력이 발생하는 서면을 말한다. 청소도급계약서에는 계약의 명칭과 청소대상물의 장소와 청소의 범위, 청소품질 수준, 청소인력의 수, 청소도급 금액, 청소계약기간, 청소안전사고 책임, 권리와 의무, 계약체결일, 계약 당사자의 인적 사항 등이 명기되어 있어 고객의 요구를 파악할 수 있다. 청소도급계약서는 청소도급계약 체결 시 청소도급계약서에 청소 과업지시서를 첨부하는 경우에는 청소과업지시서는 청소도급계약서의 성격을 가지게 되며, 이를 통하여 청소대상물과 청소범위, 청소품질 수준 및 청소인력의 수와 청소장비, 청소약품의 공급 책임, 일상청소, 특별청소, 정기청소 등의 범위를 상세히 규정하고 있어 청소현장 현황 파악에 크게 도움이 된다.

(2) 청소과업지시서

청소과업지시서는 통상 청소도급계약 체결 시에 청소도급계약서의 일부로 취급하여 법률적 효력을 가지게 되는 계약서의 일부로서 청소도급계약서와 동일한 효력을 가지는 계약서의 일부 서면을 말한다. 그러나 경우에 따라서는 청소도급 계약과는 별도로 청소 위탁자가 수탁자에게 업무지시 형태로 청소과업지시서를 전달하고 이를 수탁자가 이행하도록 강제하는 경우도 있다.

청소과업 지시서에는 총칙부분과 각칙 부분으로 구분되는 경우가 있으며, 총칙부분에는 청소과업의 개요와 인력구성 및 관리, 안전관리, 주의사항, 청소품질 검사, 보고 방법 등이 규정되고 있으며 각칙에서는 마감재별 청소방법과 프로세스별 청소점검 및 방법 등을 구체적으로 규정하고 있다. 청소과업지시서를 분석함으로써 청소서비스 위탁자(주로 건축주)의 요구사항과 청소현장 현황 전반을 파악할 할 수 있다.

(3) 건축평면도

건축평면도는 건축사가 건축주의 의뢰로 건축허가나 사용승인신청 시에 시·군·구 건축과에 제출하는 건축 관련 서면으로서 건축물의 바닥 면적을 구획한 설계도서이다. 건축평면도는 바닥면적을 청소대상으로 실시하는 청소작업에 있어서 청소대상물의 면적을 계산하고 파악할 수 있는 주요 자료이다. 청소는 주로 공용면적(아파트의 경우에는 공유면적이라 함)의 바닥 면적에 시공한 마감재를 대상으로 이루어지는 환경위생관리 작업이기 때문에 건축평면도를 통하여 작업 범위 등을 파악할 수 있다.

또한 건축평면도를 통하여 청소작업 내·외부 청소작업 영향 요인을 파악할 수 있으며, 청소장소와 대상물을 파악할 수 있다.

(4) 건축마감재료 내역서

건축마감재료 내역서 역시 건축허가와 사용승인 신청 시에 시군구 건축과에 제출하는 건축 도서로서 천장과 벽면, 바닥의 마감 재료 현황을 표로 작성한 건축허가 및 사용승인 요청 자료이다. 이를 통하여 마감재의 종류와 특성을 파악할 수 있다.

(5) 청소매뉴얼

청소매뉴얼이란 청소품질과 청소업무 표준을 말한다. 청소매뉴얼은 청소품질 매뉴얼과 청소서비스 규정과 청소서비스 지침서 등으로 구성되어 있다.

영세 청소업체를 제외한 규모 있는 청소현장에는 청소현장 관리업체가 나름대로 작성하고 유지하며, 해당 청소현장에 적용하고 있는 청소품질 매뉴얼과 청소작업 지침서 등이 존재하고 있다. 특히 국가기술표준원(한국표준협회 인증 업무대행)이 주관하는 건축물클리닝 서비스 KS 인증심사에서 청소서비스 KS 인증 받은 업체의 경우에는 반드시 청소품질 매뉴얼 및 청소작업 지침서 등이 청소현장에 존재하고 있다. 이를 분석함으로서 청소의 방법과 청소절차, 청소품질 수준 등을 파악할 수 있다.

(6) 현장설명 자료

청소서비스 도급계약을 체결하기 위하여 사전 준비과정에서 반드시 실시하는 현장 설명회에서는 입찰 예정자에게 사전에 나누어 주는 설명자료를 통하여 청소대상물과 범위 및 계약기간 등을 파악할 수 있다.

(7) 건축재료학 교과서 및 전문도서

건축학과를 설치·운영하고 있는 대학에서 교과서로 채택하여 강의하고 있는 건축재료학 교과서 및 전문도서 등을 통하여 건축마감재의 종류와 특성 등을 파악할 수 있다.

(8) 마감자재 제조사의 시험성적서 및 사용설명서

건축마감재에 대하여 제조사 정보를 입수하고 제조사의 해당 마감재의 자재 시험 성적서와 사용설명서를 입수하여 분석함으로서 시공한 마감재의 종류와 특성을 파악할 수 있다. 이를 통하여 청소방법을 선정하고, 적절한 청소장비와 청소약품을 선택 사용할 수 있다.

(9) 입주자 현황표

입주자 현황표는 청소대상물(건물 또는 시설물)에 입주하고 있거나, 장기적으로 사용하고 있는 개인이나 단체 또는 기업을 하나의 표로 구성한 자료로서 이를 분석함으로서 청소현장 내 외부 영향 요인을 파악할 수 있다.

5. 주요 파악대상별 파악방법

1) 고객요구사항 파악방법

청소현장 현황 파악을 위하여 우선적으로 고객요구사항인 청소대상물과 청소범위 및 청소품질 수준은 다음과 같은 방법으로 파악한다.

(1) 청소대상물과 청소의 범위 파악방법

청소의 대상물이라 계약에 의하여 의무적으로 청소해야 하는 건물외부청소대상물과 내부 청소대상물을 말한다. 외부청소대상물에는 단지안의 인도와 잔디밭, 옥외주차장, 배수구, 쓰레기장, 옥상, 건물 외부 차양 막, 외벽 마감재 등이 있으며 내부 청소대상물에는 출입 현관 로비, 복도, 계단, 화장실 엘리베이터, 에스컬레이터, 사무실(계약서에 청소대상물로 포함되어 있는 경우), 회의실, 기타 공용시설물 등이 있다.

청소의 범위라 함은 청소해야 하는 청소작업의 범주를 말한다. 청소범위에는 물리적 청소범위와 문서상의 청소법위개념이 있다. 청소현장 현황 파악에 있어서 파악할 사항 중 가장 중요한 파악 범위는 청소대상물과 청소범위에 대한 파악이다. 왜냐 하면 청소작업은 청소범위에 해당하는 면적이나 시설 또는 가구집기 및 비품 등을 청소하기 때문이다. 한 동의 건물에는 연 면적이나 층수가 초고층인 경우에는 여러 개의 청소업체가 층별, 면적별로 청소범위를 정하여 동시에 청소하는 경우가 있을 수 있으므로 청소범위를 명확하게 해 두어야 한다.

같은 층에서도 공용면적에만 청소하고 전용면적을 청소하지 않으며 같은 공간에서도 바닥만 청소하고 벽면이나 천장은 청소하지 않는 등 청소범위에도 여러 가지 범위가 정해질 수 있음으로 청소범위를 사전에 명확히 하여 청소 계획을 수립해야 한다.

(2) 청소품질 수준 파악방법

청소현장 현황 파악 두번째는 청소품질 수준을 파악하는 일이다. 청소품질 수준이라 함은 청소의 가치, 등급, 품질 따위의 일정한 표준이나 정도 또는 기준을 말한다.

청소품질 수준의 파악은 청소도급계약서나 청소과업지시서 등을 통하여 파악할 수 있다. 청소도급계약서나 청소과업지시서 등에서 청소의 유지해야 하는 청소품질 수준은 하나의 청소품질 수준표로 작성하고, 청소과업지시서에 유첨하여 구역별·시설별로 청소 품질 수준을 유지하도록 청소해야 한다.

청소품질은 일반적으로 도급비가 높을 경우에는 청소품질 수준이 높을 수 있으며, 건축물의 성격이나 용도가 호텔이나 최고급 백화점이나 업무용 빌딩에는 통상 고품질이 요구되고 있으나, 청소도급비가 낮거나 10 층 이하여 저층 재래식 일반 상가나 빌딩에는 일반 청소품질을 요구하는 경향이 있다.

2) 청소대상 마감재종류와 특성 및 면적 파악방법

청소대상 마감재 파악을 통하여 마감재 종류와 특성 및 면적 파악, 청소방법과 장비 약품 선정, 청소수행 시 주의사항과 대응 방안을 파악해야 한다.

청소활동은 청소대상물의 마감재를 중심으로 이루어지고 있기 때문에 마감재의 종류와 특성 파악이 매우 중요하다. 왜냐하면 마감재의 특성에 따라 청소방법이 결정되고 청소방법에 따라 청소장비와 청소약품이 선정되기 때문이다. 특히 건축물 바닥마감재 청소는 청소작업량 중 약 50%를 점하고 청소비용의 약 50%가 소요되기 때문에 건축마감재의 종류와 특성을 파악해야 한다.

청소대상 마감재라 함은 건축마지막 시공단계에서 수장 작업의 일환으로 시공한 건축물의 표면적을 둘러 싼 마감 부재를 말한다. 주요 마감재의 종류에는 대리석, 화강석, 테라조, 아스타일, 타일, 카펫, 목재 등이 있다.

마감재는 시공한 청소현장에서 시각적으로 인식할 수 있으며, 건축마감재 내역서를 참고하고 건축재료학 교과서나 제조사의 자재 사용설명서 또는 자재 실험서 등을 참고하여 청소대상 마감재의 종류와 특성을 파악할 수 있다.

청소면적산출은 가로길이와 세로로 길이를 제어서 곱하여 제곱미터 면적을 먼저 산출하고 산출 값에 약 3.3를 나누어 평수를 산출하여 청소면적을 산출한다.

3) 마감재의 특성에 따른 청소방법과 청소장비 및 청소약품의 선정방법

(1) 마감재 특성에 따른 청소방법의 선정방법

청소방법은 청소대상물 마감재의 종류와 특성에 따라 다르게 선정해야 한다. 왜냐 하면 마감재의 특성에 맞지 않은 청소방법을 사용하는 경우에는 소기의 청소효과를 얻을 수 없기 때문이다. 따라서 청소종사자는 청소대상 마감재의 종류와 특성을 파악하고 마감재의 특성에 맞는 청소 방법을 선정해야 한다. 마감재 특성에 따라 선정해야 하는 청소 방법은 다음의 〈표 17〉과 같다.

〈표 17〉 마감재별 청소방법(예시)

마감재 명칭	청소구분	청소방법
대리석(천연)	일일 대리석 점검	① 주 2회 리스킹 작업 ② 주 3회 자비를 통한 약품 도포 및 광택작업
화강석	일상청소	① 빗자루로 먼지 및 이물질 제거 ② 대걸레로 세척 ③ 껌 등 이물질 헤라로 제거
테라조	일상청소	① 빗자루로 먼지 및 이물질 제거 ② 대걸레로 린스 ③ 오염물질 헤라로 제거
아스타일	일상청소	① 전체적으로 빗자루로 쓸어 냄 ② 대걸레에 물을 묻혀 린스 ③ 심한 오염부위 세제 희석 후 세척
타일(도기류)	일상청소	① 도기류 안쪽에 고스타에이스를 도포 ② 3~4분 불임 ③ 변기 솔 및 수세미로 문지름 ④ 물로 린스 ⑤ 주변 물기 걸레로 닦음

마감재 명칭	청소구분	청소방법
카 펫	일상청소	① 매일 흡진 청소 ② 껌 등 이물질 얼룩 시 약품을 통한 즉시 제거
목 재	일상청소	① 리스킹 작업으로 먼지, 이물질 제거 ② 세제 희석 후 린스 하듯 도포

(자료 : 한국산업인력공단(2017), 환경미화 01, pp.58~59)

(2) 청소방법에 따른 장비 선정방법

청소방법에 따라 적정 청소장비를 선정하여 청소작업에 활용해야 한다. 청소방법에 따라 선정해야 하는 장비는 다음의 〈표 18〉과 같다.

〈표 18〉 청소방법에 따른 선정 청소장비(예시)

마감재의 종류	청소방법	선정 청소장비(청소도구 포함)
대리석	① 일일 대리석 점검 ② 일 2회 리스킹 작업 ③ 주 3회 자비를 통한 약품 도포 및 광택작업	바닥 세징기 광택용 세정기 리스킹 걸레
화강석	① 빗자루로 먼지 및 이물질 제거 ② 대걸레로 세척 등 이물질 제거	대걸레 빗자루 쓰레받기 헤라
테라조	① 빗자루로 오염물질 제거 ② 대걸레로 린스 ③ 오염물질 헤라로 제거	대걸레 빗자루 헤라(유리칼)
아스타일	① 전체적으로 빗자루로 슬어 냄 ② 대걸레에 물을 묻혀 린스 ③ 심한 오염부위 세제 희석 후 세척	대걸레 빗자루 쓰레받기
타일(도기류)	① 도기류 안쪽에 고스타에이스로 도포 ② 3~4분 불임 ③ 변기 솔 및 수세미로 문지름 ④ 물로 린스 ⑤ 주변 물기 걸레로 닦음	변기 솔 수세미 걸레

마감재의 종류	청소방법	선정 청소장비(청소도구 포함)
카 펫	① 매일 흡진 청소 ② 껌 등 이물질 얼룩 시 약품을 통한 즉시 제거	건식 흡진기
목 재	① 리스킹 작업으로 먼지, 이물질 제거 ② 세제 희석 후 린스 하듯 도포	대걸레 리스킹 걸레

(자료 : 한국산업인력공단(2017), 환경미화 01, pp.60~61)

(3) 청소방법에 따른 약품 선정방법

청소방법에 따라 적정 청소약품을 선정하여 청소작업에 활용해야 한다. 청소방법에 따라 선정해야 하는 약품선정의 예는 다음의 〈표 19〉와 같다.

〈표 19〉 청소방법에 따른 선정 청소약품(예시)

마감재의 종류	청소방법	선정 청소약품(청소세제 포함)
대리석	① 주 2회 리스킹 작업 ② 주 3회 자비를 통한 약품 도포 및 광택작업	대리석 세정제
화강석	① 빗자루로 먼지 및 이물질 제거 ② 대걸레로 세척 ③ 껌 등 이물질 헤라로 제거	다목적 세제
테라조	① 빗자루로 먼지 및 이물질 제거 ② 대걸레로 린스 ③ 오염물질 헤라로 제거	중성 세제 다목적 세제
아스타일	① 전체적으로 빗자루로 쓸어 냄 ② 대걸레에 물을 묻혀 린스 ③ 심한 오염부위 세제 희석 후 세척	계면 활성제 중성 세제
타일(도기류)	① 도기류 안쪽에 고스타에이스를 도포 ② 3~4분 불임 ③ 변기 솔 및 수세미로 문지름 ④ 물로 린스 ⑤ 주변 물기 걸레로 닦음	중성 세제

마감재의 종류	청소방법	선정 청소약품(청소세제 포함)
카 펫	① 매일 흡진 청소 ② 껌 등 이물질 얼룩 시 약품을 통한 즉시 제거	POG GPS GRD
목 재	① 리스킹 작업으로 먼지, 이물질 제거 ② 세제 희석 후 린스 하듯시 도포	저광도 보호관리 리스킹 걸레

(자료 : 한국산업인력공단(2017), 환경미화 01, pp.62~63)

6. 청소영향요소 파악방법

청소영향요소 파악을 통하여 내·외부 청소영향요소와 이에 따른 이해관계자 및 이해관계자의 보상요구 가능성과 보상방안을 파악해야 한다.

청소수행자가 수립한 청소계획에 따라 설정한 청소서비스 목표를 효과적으로 달성하려면 청소 전·후 또는 청소과정에서 청소작업을 방해하거나 악영향을 끼치는 영향요인이 없이야 한다. 영향요소는 청소작업에 작용하거나 변화를 주는 근본적인 조건이나 요인을 말하는 것으로 이에는 내부 영향요소와 외부 영향요소가 있다.

청소활동에 주로 영향을 끼치는 영향요소에는 내부 영향요소로서 이에는 청소인력 영향요소와 청소장비 영향요소, 그리고 청소약품 영향요소와 청소작업 내부 영향요소 등이 있다. 외부 영향요소에는 계절적 청소 영향요소와 청소작업 외부환경 영향요소 등이 있다.

청소현장 현황파악에 있어서 파악해야 하는 대상 중에서 청소활동 영향요소파악은 효율적인 청소활동 보장과 청소활동 과정에서 발생 가능한 사건사고를 예방하고 방지하여 피해를 예방하는데 있다. 또한 청소현장 현황파악 대상 중 하나인 청소활동 영향요소 파악은 마감재의 종유와 특성 파악과 함께 청소계획 수립에 필요한 자료를 제공하는데 있다.

청소영향요소 파악은 청소 민원접수 및 처리 대장, 청소업무일지, 청소피해보상 처리 대장, 청소서비스 매뉴얼, 청소안전교육 교안 등을 통하여 파악할 수 있다.

제7절 청소계획 수립하기 과정

1. 청소계획의 의의

청소계획이라 함은 청소작업을 수행하기 전에 청소방법, 청소절차, 청소범위와 청소일정 등을 미리 생각하여 얽이를 세우는 것을 말한다.

청소는 과학이고 기술이므로 계획을 수립하여 체계적으로 수행해야 한다. 그리고 이를 통하여 고객이 요구하는 양질의 청소서비스를 생산하고, 이를 고객에게 제공하여 고객을 만족하게 해야 한다.

왜냐하면 대부분의 청소는 청소인력만으로 이루어지는 작업이 아니다. 대규모의 청소와 고난도 청소는 청소마감재의 종류와 특성에 따라 청소방법을 선택해야 하고, 선택한 청소방법에 따라 청소약품과 청소장비를 선정하여 수행해야 하는 관계로 human-bing service(사람중심 서비스)와 engineering service(기계중심 서비스)가 결합한 종합서비스 생산 작업이다. 때문에 청소활동 수행 전에 반드시 청소계획을 수립하고 청소대상과 청소방법, 청소장비와 청소약품, 청소일정 등에 대하여 계획을 수립하고 청소활동을 수행해야 한다. 따라서 효율적이고 안전한 청소활동 수행을 위하여 반드시 청소계획을 수립해야 한다.

청소현장 현황파악을 종료하고 나면, 청소현장 현황파악 내용을 정리하여 청소현장 현황 조사표를 작성하고 청소계획 수립에 반영하여야 한다.

유의해야할 사항은 청소계획은 앞에서 이미 살펴 본 청소현장 현황 파악에서 파악한 내용을 청소계획 수립에 반영하게 되므로 주요 키워드가 중첩되는 경우가 있어 이 절에서는 중복을 피하기 위하여 앞 절에서 논의한 부분의 키워드(핵심용어)의 개념 설명은 생략하거나 간략하게 설명하고 있다.

2. 청소계획 수립의 목적

청소계획을 수립하는 목적은 고객이 요구하는 청소품질 수준을 미리 정하고 청소대상물 마감재의 종류와 특성에 따라 적합한 청소방법을 선정한다. 또한 선정한 청소방법에 따라 사용할 청소장비 및 청소도구와 청소약품 및 세제를 선정하여 누가, 언제, 어디에,

무엇을 가지고, 어떻게 청소하여 어느 수준의 청소품질의 청소서비스를 생산하고 고객에게 제공하여 고객을 어느 정도로 만족하게 할 것인가에 대하여 사전에 계획을 수립함으로써 청소작업의 시행착오를 방지하고 청소자원 및 시간의 낭비를 막아 바람직한 청소서비스를 생산 · 제공하는데 있다.

3. 청소계획 수립절차

청소계획 수립절차는 청소방법의 선정, 투입자원 선정, 청소계획 등 3단계로 추진된다. 청소계획 수립단계별 실무적 처리사항과 그 내용은 다음과 같다.

1) 1단계 : 청소방법 선정 및 실무적 조치사항

청소방법 선정단계는 청소계획을 수립하는 제1단계로서 다음과 같은 사항을 결정해야 한다.

(1) 청소범위 결정

청소범위란 청소대상물에 대하여 의무적으로 청소를 수행해야하는 청소의 범주를 말한다. 청소범위는 의무적으로 청소종사자가 청소를 실시해야 하는 청소의 범주로서 청소계획 수립에 있어서 매우 중요한 사항이다. 청소범위는 청소도급계약서와 청소과업지시서, 건축평면도 등을 통하여 파악할 수 있다. 청소범위 결정은 청소대상물에 대한 청소범위에 결정일 수도 있으나, 청소시간대를 기준으로 일상청소범위와 정기청소범위 및 특별청소범위를 결정해야 한다.

① **물리적 청소범위와 계약 문서상의 청소범위** : 청소범위는 물리적 청소범위와 계약 문서상의 청소범위가 있다. 물리적 청소 범위개념은 청소대상물 중에서 일상청소, 정기청소, 특별 청소, 임시 청소가 요구되는 시설물 청소 범주를 말하고 계약 문서상의 청소범주는 계약이나 제도에 의하여 청소범위로 명시된 청소범주를 말한다. 예컨대 청소과업지시서에 일상 청소로 명시하고 있는 청소범주를 말한다.

② **청소시간대별 청소범위** : 뿐만 아니라 청소범위는 청소시간대를 중심으로 일상 청소범위와 정기 청소범위가 있다. 청소범위 중 가장 중요한 청소범위 개념은 일상 청소 범위와 정기 청소범위 개념이 있다. 일상 청소범위는 매일 매일 정해진 시간대에 청소하는 청소범위이고 정기 청소범위는 주간, 월간, 반기, 연간에 정해진 청소계획에 따라 실시하는 청소범주를 말한다.

일상청소 범위는 다시 주간 청소범위와 야간 청소범위, 오후 청소범위, 주말 청소범위 등으로 세분하여 청소범위를 정하고, 이를 정리하여 청소계획에 반영하여야 한다. 이를 표로 정리하면 다음의 〈표 20〉과 같다.

〈표 20〉 청소시간대별 청소범위

청소의 범위 구분	상세 청소범위
일상청소범위	주간 일상청소범위 오후 일상청소범위 야간 일상청소범위 주말 일상청소범위
정기청소범위	월간 정기청소범위 반기 정기청소범위 연간 정기청소범위

③ **상황에 따른 청소범위** : 청소대상 건축물의 청소현장에서 장소적 상황발생(예 배관 파열 누수, 실내 인테리어 공사 후 정리정돈 청소 등)에 의하여 수행하는 임시청소의 범위와 문제가 발생하여 긴급 점검결과, 특별하게 요구되는 청소나 관계법령에 의하여 1년 단위 3년 단위로 시행해야 하는 청소 등 상황에 따라 시행하는 특별 청소의 범위가 결정된다. 이를 표로 정리하면 다음의 〈표 21〉과 같다.

〈표 21〉 상황에 따른 청소범위

청소의 범위 구분	청소의 범위
임시청소	상황발생 결과에 다른 청소의 범위
특별청소범위	점검결과에 의한 특별청소범위 관계법령에 의한 특별청소범위

(2) 청소방법의 결정

청소방법이라 함은 청소대상물별로 청소의 목적을 달성하기 위하여 취하는 수단을 말한다. 이에는 청소대상물별 청소방법과 청소마감재별 청소방법 등이 있다.

청소대상물별 청소방법은 로비나 화장실과 같이 대상에 따라 실시하는 청소방법을 말하고, 마감재별 청소방법은 카펫이나 대리석 청소에만 사용하는 청소방법을 말한다. 또한 청소방법에는 일상적으로 실시하는 청소방법과 정기청소방법 그리고 특별청소방법과 임시청소방법 등이 있다.

청소방법의 결정 역시 매우 주요한 청소계획 수립을 위한 선제적 과제이다. 청소방법은 청소대상 마감재의 종류와 특성에 따라 선정할 수 있으므로 이를 위하여 청소대상물의 마감재의 종류와 특성을 먼저 파악해야 한다. 청소방법의 선정은 앞에서 논의한 청소현장 파악에서 살펴 본 바와 같이 청소대상물의 건축평면도면과 건축마감재료 내역서 등을 확보하고 분석하여 이를 해석하여 결정한다.

청소방법에는 앞에서 논의한 바와 같이 청소대상별 청소방법과 마감재별 청소방법 그리고 일상청소방법과 정기청소방법, 특별청소방법과 임시청소방법 등이 있으나, 모든 청소 대상별로 청소하는 청소의 종류를 종합하면 흡입 청소방법, 닦아 내는 청소방법 등 아홉 종류의 여러 가지 청소방법들이 있다.

청소종사자는 청소방법을 선택할 때에는 청소대상물 마감재의 종류와 특성에 따라 다음의 청소방법 중 하나 또는 둘 이상의 복합적인 청소방법을 취사선택하여 청소에 활용하고 청소의 목적을 달성해야 한다(제Ⅱ편 제3장 청소의 기본 개념 중 청소방법 참조).

(3) 청소일정의 결정

청소는 청소종사자(청소수행자) 청소일정이라 함은 해당되는 월의 일시에 청소할 일을 적어 놓은 계획표를 말한다. 청소는 청소대상과 성격에 따라 일일 일상청소, 정기청소 등의 일정을 수립하고 청소를 수행하게 된다. 정기청소 역시 주간, 월간, 분 기간, 연간 몇 회의 청소일정을 정하여 미리 일정을 정하여 청소를 수행하게 된다. 특히 일상청소는 주간 청소일정과 오후 청소일정, 야간 청소일정, 휴일 청소일정 등을 미리 정해두고 규칙적으로 청소작업을 수행하게 된다. 청소는 청소종사자가 청소계획과 청소일정에 따라 청소해야 하므로, 작성하여 승인된 청소계획과 청소일정을 중요하게 생각하고 준수해야 한다. 따라서 청소수행자나 종사자는 청소일정을 미리미리 파악하고, 일정에 따라 청소작업을 소화해야 한다.

청소일정에는 협의의 청소일정 개념과 광의의 청소일정 개념이 있다. 광의의 청소일정이란 연간 청소총량작업 계획을 말하고 협의의 청소일정이란 연간 청소작업의 총량을 월간, 주간, 일일 단위로 청소작업량을 세분하여 수행하는 일정을 말한다.

① **일상청소 일정 계획** : 일일청소 개념인 일상청소일정을 주간 청소일정과 오후 청소일정, 야간 청소일정 그리고 주말 청소일정으로 세분하여 정리하면 다음의 〈표

22〉~〈표 25〉와 같다. 유의할 점은 청소일정은 청소대상 건축물의 용도와 성격 및 규모에 따라 달리 정할 수 있으므로 참고하기 바라며, 다음에서 소개한 일상청소의 일정표는 예시의 성격으로 작성하고 소개하고 있음을 유의하기 바란다.
또한 근무시간 역시 주 52시간을 초과하지 않도록 일정시간을 조정하여야 한다.
다음에서 예시하는 일상 청소일정을 일일 4교대 조를 바탕으로 구성한 일정표임을 참고하기 바란다.

〈표 22〉 일상청소 주간조 청소일정(예시)

청소 시간대	청소작업 내용
06:00~08:00	담당구역 쓰레기 수거 및 이동, 공용구역 일상작업 실시 화장실 청소 및 소모품 보충
08:00~10:00	조식 및 휴식
10:00~12:30	일상작업 실시 및 화장실 청소 및 소모품 보충
12:30~13:30	중식 및 휴식
13:30~15:00	일상 청소작업 실시, 특별청소작업 지원, 담당 구역 순찰
15:00	최종 점검 및 종례 후 퇴근

〈표 23〉 일상청소 오후조 청소일정(예시)

청소 시간대	청소작업 내용
13:00~15:30	특별청소 지원
15:00~18:00	전 층 화장실 , 엘리베이트 홀, 로비, 순회 점검 및 미비점 보완
18:00~19:00	석식 및 휴식
19:00~20:00	전 층 화장실 , 엘리베이트 홀, 로비, 순회 점검 및 미비점 보완
20:00~21:00	일상작업 실시 및 지하 주차장 순찰 점검
21:00~22:00	최종 점검 및 야간조 업무 인수인계

〈표 24〉 일상청소 야간조 청소일정(예시)

청소 시간대	청소작업 내용
22:00~22:10	출근 및 업무회의(작업 지시 수령 및 확인)
22:10~24:00	스케줄에 의한 청소작업 실시(카펫 샴푸, 대리석 광택작업)
24:00~01:30	식사 및 휴식
01:30~05:50	외곽 순찰 및 주차장 청소 지원
05:50~06:00	최종 점검 및 종례

〈표 25〉 일상청소 주말조 청소일정

청소 시간대	청소작업 내용
09:00~10:00	건물외곽 청소 및 쓰레기 수거
10:00~12:00	지하주차장 청소
12:00~13:30	중식 및 휴식
13:30~15:00	옥외 주차장 청소
15:00~16:00	쓰레기집하장 대청소 및 소독

(자료 : 한국산업인력공단(2017), 환경미화 학습 모듈 pp.116~118 인용)

② **연간 청소일정 계획** : 연간 일정 계획은 연간 수행해야할 청소의 총량을 청소항목별로 산출하고 1회/일, 1회/주, 1회/월, 2회/ 분기, 1회/반기, 1회/년으로 세분하여 해당 청소의 청소항목별 앞에 부호(예*)를 표시하여 식별하고, 해당 청소항목을 계획된 연간 청소일정에 따라 수행하게 된다.

(4) 청소투입자원 결정

투입자원이라 함은 청소활동 수행에 필요한 수단을 들여 넣는 것을 말하며, 청소서비스 생산을 위하여 투입하는 자원을 말한다. 투입자원의 개념에는 광의의 투입자원 개념과 협의의 투입자원 개념이 있다. 광의의 투입자원에는 인적 자원과 물적 자원, 재무적

자원과 기술적 자원 그리고 정보 자원이 있다. 협의의 투입자원 개념에는 청소인력 자원과, 청소장비 및 도구 자원, 청소약품 및 세제 자원이 있다.

이 절에서 말하는 투입자원은 광의의 투입자원 개념을 말하며 구체적인 내용은 다음과 같다.

① **인적 자원** : 인적 자원이라 함은 청소서비스 생산을 위하여 수행하는 청소활동에 투입하는 청소인력을 말한다. 환경미화원, 청소원, 청소종사자, 청소수행자라 호칭되는 청소인력을 말한다. 투입 인적 자원은 언제나 육체적 건강과 정신적 건강 및 사회적 건강을 유지하고 있어야 하며, 청소기술과 장비사용법 및 약품사용법을 숙지하고 있어야 한다.

② **물적 자원** : 물적 자원이란 청소활동에 소요되는 청소장비와 도구, 청소약품과 세제, 소모품 등을 말한다. 청소활동에 투입하는 물적 자원은 장비의 경우 언제나 바로 사용 할 수 있도록 사전에 정비를 철저히 해 두어야 하며, 고장이 없는 상태를 유지해야 한다. 또한 청소약품과 세제는 청소작업 전에 확보되고, 효과가 있도록 관리되어야 하며, 재고관리를 체계적으로 해야 한다. 사용한 후에는 정리정돈하고 보관창고에 입고하고 관리해야 한다.

③ **재무적 자원** : 재무적 자원이란 청소활동에 소요되는 인건비와 자재비, 장비비와 소모품 구입비, 보험료, 실행예산 등을 말한다. 재무적 자원은 집행 전에 확보하고 있어야 하며, 결제준비가 되어 있어야 한다.

④ **기술적 자원** : 기술적 자원이라 함은 청소활동에 소요되는 청소기술, 장비사용기술, 약품사용기술 등을 말한다. 청소활동에 사용하는 기술은 청소활동을 능률적으로 정확하게 수행할 수 있도록 확보하고 유용하게 사용할 수 있도록 해야 한다.

⑥ **정보 자원** : 청소활동에 투입하는 정보자원은 청소일정 정보, 청소장비 사용정보, 청소약품 사용정보, 청소장비 정비정보, 청소약품 구매처 정보 청소매뉴얼 정보 등으로서 언제나 참고할 수 있도록 필요한 정보를 유지 · 관리해야 한다.

이상에서 설명한 투입자원의 결정방법은 청소범위와 청소방법, 그리고 청소일정에 다라 청소 투입자원을 결정해야 한다.

2) 제2단계 : 투입자원 선정단계 및 실무적 조치사항

투입자원 선정단계에서는 적정 투입인력과 청소 적정 투입장비 및 도구 그리고 적정 투입약품을 결정해야 한다.

(1) 적정 투입인력 결정

적정 투입인력이라 함은 적당하고 바름의 청소투입인력을 말한다. 청소는 청소인력이 청소방법에 부합하는 청소장비와 도구, 그리고 청소약품과 세제를 이용하여 청소의 서비스를 생산하는 환경위생활동이기 때문에 투입청소인력은 청소기술이 있어야 하며, 적정한 인력이 투입이 되어야 한다. 적저투입 인력의 판단 기준은 양적으로 적정해야 하고 질적으로도 적정해야 한다. 다시 말하면 양적으로 적정 투입인력은 청소용역계약서와 청소과업지시서에서 정하고 있는 청소범위를 물리적으로 감당할 수 있는 인력의 수가 되어야 하고, 질적으로 청소기술과 능력을 겸비하고 청소장비와 청소약품을 사용할 줄 알아서 청소품질을 보장할 수 있는 청소인력이어야 한다.

적정 투입인력의 투입의사결정은 다음과 같은 조건부합을 기준으로 결정해야 한다.

① 청소용역계약서 상 청소인력 공급조건에 부합해야 한다.
② 청소과업지시서의 첨소범위 조건에 부합해야 한다.
③ 해당현장 실행 예산조건에 부합해야 한다.

적정 투입인력의 투입 의사 결정방법은 다음과 같다.

① 청소범위에 의한 투입의사 결성방법
② 청소방법에 의한 투입의사 결정방법
③ 실행예산에 의한 투입의사 결정방법
④ 청소용역계약서에 의한 투입의사 결정방법
⑤ 청소과업지시서에 의한 투입의사 결정방법

(2) 적정 투입장비 도구 결정

청소는 청소인력이 청소대상물에 대하여 청소활동의 수단인 청소장비와 도구 및 청소약품을 조합하고 상호작용하여 청소서비스를 생산하는 환경위생관리 활동이다. 따라서 적정한 청소장비와 도구를 투입하고 활용해야 한다.

적정 투입장비와 도구라 함은 장비는 청소대상물 청소작업에 사용되는 장치를 말하고, 도구는 청소작업에 사용하는 연장을 말한다.

① **주요 청소장비** : 청소장비란 청소작업에 사용되는 장치를 말하고 주요 청소장비를 소개하면 다음의 〈표 26〉과 같다.

〈표 26〉 주요 청소장비(예시)

장비명칭	사용용도
리스킹 카	로비 및 넓은 지역 광택 유지 및 청소용
자동바닥세척기	대리석 바닥, 로비, 넓은 공간 청소용
자동바닥세정기	실내외 바닥 청소용
고속바닥광택기	넓은 공간 광택용
유압사다리	고소 작업용
운반카	다량 폐기물 운반용
바닥세척기	대청소 및 소규모 수동 세척 작업용
유리세척기	건물 내부 및 각층 유리 청소용
E/S 청소기	에스컬레이터 청소용
건 습식 진공청소기	카펫 흡진 청소용
바닥건조기	세척 및 광택 코팅 후 건조 송풍용
고속광택기	대리석 광택 작업용
고압세척기	찌든 때 제거기 및 세척작업용
카펫 세척기	카펫 세척 작업용
카펫 오점 제거기	카펫 오점 제거 작업용
대리석 화강석 연마기	대리석 화강석 연마 작업용
건·습식 청소기	바닥 먼지제거 및 오물제거 작업용
마루세척기	마루바닥 세정, 보호, 및 광택용

(자료 : 김일효(2010), 건물자산환경관리론, 남두도서 pp.358~359 인용)

② **주요 청소도구** : 청소도구라 함은 청소작업에 사용하는 연장을 말하며, 주요 청소도구를 소개하면 다음의 〈표 27〉과 같다.

〈표 27〉 주요 청소도구(예시)

도구명칭	사용용도
알루미늄 사다리	작업용
무전기	업무연락 및 통신용

도구명칭	사용용도
면장갑	작업용
고무장갑	작업용
장목비	각층 청소용
대 비	외곽 및 주차장 청소용
리스킹	복도 계단 먼지 제거용
마포대	작업용
자동마루패드	자동마루 청소기 보충용
광택기 패드	광택기 보충용
쓰레받기	각층 오물 수거용
수거용 봉투	각층 쓰레기 수거용
기계 솔	바닥 세척용
압축기	변기 통수용
변기 솔	대변기 청소용
방울 솔	소변기 청소용
유리테라(유리헤라)	유리세척 작업용

(자료 : 김일효(2010), 상게서, pp.358~359)

③ **적정 청소장비 도구결정 절차** : 적정 청소장비 도구를 결정하는 절차는 다음과 같다.

> 청소대상물 종류와 특성 파악 → 청소대상물의 마감재 종류와 특성 파악 → 청소대상 마감재의 종류와 특성에 다른 청소방법 결정 → 선정한 청소방법에 따라 적정 청소장비 도구 결정 → 투입 및 청소작업 수행

(3) 적정 투입약품 결정

청소는 전술한 바와 같이 청소종사자 인력이 청소장비와 도구 및 청소약품 및 청소세제를 조화 시키고 상호작용하게 하여 청소서비스를 생산·제공하는 활동이다. 따라서 청소활동에는 청소약품이 필요하다.

청소약품이라 함은 청소에 사용하도록 생산한 화학제품을 말한다. 청소약품은 화학약품이기 때문에 사용상 위험이 상존하거나 잠재하고 있어 청소종사자는 청소의 종류별

사용용도와 함께 사용법과 주의할 점을 익혀 청소약품 사용에 있어 안전사고를 당하지 말아야 한다. 청소약품의 종류에는 세제(세척제), 광택제, 제거제, 광택제, 살균소독제, 보호제 등이 있다. 또한 청소현장에서 주로 사용하는 청소제품의 용도를 소개하면 다음의 〈표 28〉과 같다.

〈표 28〉 청소제품의 용도

제품명	용 도
아큐믹스	다목적 세척용
포워드 NC	바닥 다목적 세척제용
실버링	유리전용 세척제용
고스타	화장실 변기 세적제용
유한락스	위생 세척제용
프레지	가구 광택제용
베이직	탄성 바닥 코팅제용(왁스용)
후리덤	탄성바닥 보호제 및 광택제 박리제용
카펫 전용처리제	카펫 전용 처리제용
카펫 오점제거제	카펫 오점제거제용
피 죤	섬유유연제용
폴리싱 크림	석재전용 광택제용
스톤매틱	대리석전용 광택제용
테리노바	대리석 경화제용
브라소	신주 광택제용
마이다스 크리너	금속 광택제
WD-40	녹 제거용
리후레쉬	손세정용 물비누용
넘버원	가루비누용
트리오	기름때 제거용
파워 폼브라보	다목적 오점제거제용
홈스타	욕실 세제용

(자료 : 한국산업인력공단, 환경미화 학습모듈 p.144)

적정 투입청소약품 결정 방법은 다음과 같다.

① 청소대상물의 청소범위, 청소방법, 청소작업내용을 파악한다.
② 보유 청소약품의 목록 상태를 확인한다.
③ 안전보건자료(MSDS)를 확인하고 적정 투입 청소약품을 결정한다.

(4) 투입자원 타당성 검토

이상에서 논의한 바와 같이 청소활동에 필요한 적정 청소인력, 적정 청소장비 및 도구 그리고 적정 청소약품을 절차와 기준에 따라 투입을 결정한 것에 대하여 사리에 맞고 마땅하며 온당한지에 대하여 검토해 볼 필요가 있다. 이를 청소투입 적정인력 적정장비 및 도구 그리고 적정 청소약품투입에 대한 타당성 검토라 한다.

타당성 검토는 반드시 실시해야 한다. 왜냐 하면 청소서비스 생산을 위하여 투입하는 인력이니 장비 및 약품의 투입이 타당해야 하고 온당해야하기 때문이다. 타당성 검토 대상에는 청소인력, 청소장비 및 도구, 청소약품 등이 있으며 청소인력은 청소용역계약서와 청소과업지시서 및 현장 실행예산 범위 내에서 결정된다. 약품 타당성 검토절차는 다음과 같다.

① 청소대상물의 청소범위, 청소방법, 청소작업 내용을 파악한다.
② 청소요역계약서와 청소과업지시서 및 현장 실행예산 내용을 확인한다. 투입인력, 자이, 약품의 적정 투입여부 타당성을 검토한다.

3) 제3단계 : 청소계획 수립단계 및 실무적 조치사항

청소계획 수립에 있어서 세번째 단계에 해당하는 청소계획 수립 단계에서는 다음과 같이 청소현장 현황 파악 자료를 정리하여 반영해야 하고, 청소일정과 청소현장 실행 예산을 세워야 한다. 또한 중점과제를 설정하고 청소작업 로드맵을 제시해야 한다. 청소계획 수립하기 제3단계에서 조치해야 하는 다음의 내용에 대하여 살펴보면 다음과 같다.

(1) 청소현장 현황파악자료 반영

제9장 정소활동 실무훈련 제1절 청소현장 현황 파악에서 파악한 다음과 같은 현장 파악정보를 청소계획에 반영해야 한다. 청소계획에 반영해야 하는 청소현장 파악 정보는 다음과 같다.

① **고객요구 정보를 반영해야 한다** : 건물주 등 고객이 요구하는 요구 정보는 반드시 청소계획에 반영해야 한다. 고객요구 정보에는 청소대상물과 청소범위, 청소품질

수준, 청소인력의 수, 청소방법 보고 및 주의사항 등이 있으며 이를 청소계획 수립 시에 적극적으로 반영해야 한다. 고객요구 정보는 청소용역계약서와 청소과업 지시서 및 건축마감재 내영서와 건축물 평면도 등을 통하여 확인할 수 있다.

② **청소대상물 마감재 종류 및 특성 정보를 반영해야 한다** : 청소계획 수립에는 청소대상물의 마감재의 종류와 종류별 특성에 대하여 반드시 반영해야 한다.

③ **청소영향 요소 정보를 반영해야 한다** : 청소계획 수립에 있어서 파악한 청소영향요소에 대하여 반영해야 한다. 청소영향요소에는 내부영향요소와 외부영향요소가 있으며, 내부영향요소에는 인력영향요소, 장비영향요소, 약품영향요소 등이 있다. 또한 외부영향요소에는 계절적 영향요소와 외부 청소작업 환경영향요소가 있다. 청소영향 요소반영 방법은 다음과 같은 절차로 파악정보를 반영한다.

- 고객 요구사항(청소대상물, 청소범위, 청소방법, 청소품질 수준 등)을 파악한다.
- 청소 대상물의 마감재의 종류 및 특성을 파악한다.
- 청소영향요소를 파악한다.
- 파악한 정보를 취합 정리한다.
- 청소계획서에 파악한 정보를 반영한다.

(2) 청소일정 및 적정 소요예산 산출

청소계획 수립 제3단계에서 취해야 하는 사항에는 청소일정 계획과 실행예산 계획이 있다. 청소일정은 그날 정해진 시간대에 처리해야 하는 청소업무 또는 그 날에 소화해야 하는 청소작업계획을 말한다.

① **청소일정계획** : 청소일정계획은 이미 제9장 제2절 청소계획 수립 제2단계 조치사항에서 논의하고 설명하였으므로 이 절에서 생략하기로 한다.

② **적정 소요예산 산출** : 소요예산은 실행예산이라고도 하며, 청소활동에 소요되는 비용설계를 말한다. 청소수행자는 청소활동을 수행함에 있어서 청소대상물과 청소범위 품질 수준, 청소 투입인력, 투입장비, 투입약품 등이 파악되고 청소일정계획이 확정되면 청소 소요예산을 산출하고 청소 소요예산서를 작성해야 한다. 청소소요예산은 적정하게 소요예산을 산출해야 한다. 왜냐하면 청소의 양질의 청소서비스를 가장 경제적 방법으로 수행해야하기 때문이다. 적정소요예산의 산출목적은 경제적이고 합리적인 비용으로 양질의 청소서비스 생산을 지원하는데 있으며, 적정 소요예산의 산출의 원칙을 소개하면 다음과 같다.

- 경제성의 원칙
- 효율성의 원칙

- 적합성의 원칙
- 흑자성의 원칙

적정 소요예산 산출절차는 다음과 같다.

① **예산항목을 구분한다** : 소요예산 항목에는 다음의 〈표 29〉와 같이 구분한다.

〈표 29〉 소요예산 항목

급료와 임금, 상여금, 잡금(일용직)
노무비 소계(1)
퇴직금, 급여성 보험(국민연금, 고용보험료, 산재보험료, 건강보험, 장기요양보험, 임금채권기금, 장애인부담금)
노무비 소계(2)
통신비, 도서 인쇄비, 차량 유지비, 여비교통비, 광고 선전비, 교육훈련비, 감가상각비, 수선비, 소모품비, 세금과 공과, 보험료, 지급수수료, 접대비, 복리후생비, 기타 외주 비
경비 소계(3)
소요원가 합계(1+2+3)

② **세부항목을 설정한다** : 세부항목은 예산 항목 하나만으로 처리가 불가능할 경우 다음의 급여성 보험과 복리후생비와 같이 세부항목을 나누어 필요비용을 기재하여 전체 예산항목으로 산출하는 방법 〈표 30〉이다.

〈표 30〉 소요예산 항목의 세부항목 설정

급여성 보험
국민연금, 고용보험료, 산재보험료, 건강보험, 장기요양보험, 임금채권기금, 장애인부담금
복리후생비
명절 선물비, 부식비, 사무용품비, 생수구입비, 식권구입비, 야유회비, 송년회비, 우수사원 포상비, 생일 선물대, 직원 간담회, 탕비용품비, 피복비, 피복 세탁비, 회식비

③ 청소도급계약서의 도급금액을 확인한다.
④ 적정 소요예산 원칙을 확인한다.
⑤ 구분 예산 항목별 세부 항목 소요금액을 청소도급계약서의 도급금액 내역서를 참고하여 산출한다.
⑥ 1월부터 12월 연 단위로 소요예산을 산출한다.
⑦ 구분 예산 항목별 세부 항목 소요 금액을 합산하여 적정 소요예산(실행예산)을 산출한다.
⑧ 최종 산출한 소요예산은 본사 최고 경영자의 승인을 득하여 집행한다.

(3) 중점 추진과제 설정

청소서비스를 생산하는 청소 활동은 주로 일상청소를 통하여 처리되며 일상청소 일정상 주간청소와 오후청소, 야간청소, 주말 청소로 같은 장소에서 매일 동일한 구역과 청소대상을 같은 방법으로 일상적으로 청소하게 되므로 청소품질 상에 문제가 발생하여 고객의 요구를 충분하게 충족하지 못하는 경우가 있다. 이와 같은 문제점을 해결하기 위하여 그리고 고객의 요구를 충족하기 위하여 특정 청소장소와 대상을 정하고 중점과제를 설정하여 특별청소를 수행하여 고객을 만족하게 하는가, 이를 중점과제 설정이라 한다.

중점과제란 청소수행자가 고객의 청소서비스 요구를 충족하기 위하여 가장 중요하게 수행하여 달성한은 청소의 문제나 임무를 말한다. 중점 추진과제 설정의 목적은 고객의 요구를 충족하는데 있으며, 주요 중점과제 대상에는 전층 카펫 진공청소, 현관 대리석 광택작업, 전층 복도 왁스작업 과제들이 있다. 중점추진과제 설정의 효과로는 고객의 요구를 충족하여 청소서비스에 만족하게 하는데 있다. 중점 추진과제 설정의 절차는 다음의 〈표 31〉과 같다.

〈표 31〉 중점 추진과제 설정 절차

① 고객요구를 파악한다.
② 중점 추진과제를 설정하고, 추진 우선순위를 결정한다.
③ 설정한 중점 추진과제를 해결한다.
④ 해결한 중점과제 결과 고객의 만족 여부를 확인한다.

(4) 청소활동 로드맵 제시

청소활동을 효과적으로 추진하려면 청소활동 로드맵을 작성하고 제시하여 활용하여 청소작업을 수행하는 것이 현명하다. 청소활동 로드맵이라 함은 청소의 시작에서부터 종료 시까지 전체 청소과정을 단계별로 청소활동을 수행하는 수행순서 지도를 말한다.

청소활동 로드맵의 기능 역할은 청소활동을 로드맵의 순서에 따라 안내하고, 목표하고 있는 양질의 청소서비스를 생산하여 고객을 만족하게 할 수 있다. 즉 청소수행자는 청소활동 로드맵에 따라 청소활동을 수행하는 경운 청소서비스를 생사하고 고액에게 제공하게 된다. 청소활동 로드맵 진행순서는 다음의 〈표 32〉와 같다.

〈표 32〉 청소활동 로드맵 진행순서

① 청소대상물 파악 → ② 청소계획 수립 → ③ 청소일정 및 안전교육 실시 → ④ 청소활동 수행 → ⑤ 청소품질 검증 및 보완작업 → ⑥ 미비점 보완 및 청소품질 수준 유지 및 고객관계 지속적 유지 → ⑦ 청소현장 정리 정돈 → ⑧ 청소현장 인도 및 청소활동 사후관리

제 3 장	청소활동 기본개념의 이해
제 4 장	청소활동 준비단계 실무
제5장	**청소활동 수행단계 실무**
제 6 장	청소활동 사후관리단계 실무

제1절 청소활동 수행단계의 개요

청소활동 수행단계는 청소계획에 따라 청소작업을 통하여 청소서비스를 본격적으로 생산하는 단계로서 청소활동 준비단계 다음 단계의 청소과정이라 할 수 있다. 일반적으로 청소활동이라 함은 청소작업 활동을 말하고, 전체 청소로드맵 중 청소작업이 중심이 되는 과정이자 단계라 할 수 있다.

청소활동은 청소활동 계획에 의하여 수행되며, 다음과 같은 과정을 거쳐 청소서비스를 생산하고 공급하여 청소서비스 소비자의 욕구를 충족하게 된다.

제2절 청소현장 점검 및 청소작업 준비하기 과정

1. 청소현장 점검 및 확인하기

청소활동 수행을 본격적으로 시작하는 단계에서는 이를 수행하기 위하여 인수한 청소현장을 청소주체가 청소현장 점검으로부터 시작해야 한다.

전술한 바와 같이 청소활동 준비단계에서는 청소활동 전개를 위하여 다음의 6개항에 대하여 점검을 실시해야 한다.

① 청소수행범위 점검 및 청소현장 주변상태 점검
② 청소수행절차 점검
③ 청소수행 안전 및 주의사항 점검
④ 청소수행 준비사항 확인
⑤ 인력, 장비 및 도구, 약품 준비상태 점검
⑥ 청소영향요인 점검 등

또한 청소활동 수행을 위하여 청소일정, 청소절차, 약품 준비상태, 청소장비 준비상태 청소인력 점검 및 청소안전 위생교육을 실시해야 한다. 청소의 범위라 함은 의무적으로 청소작업을 수행해야하는 청소수행의 범주를 말한다. 청소수행 범위 점검은 다음과 같은 순서에 따라 점검이 가능하다.

청소수행 범위 점검은 수립된 청소활동 수행계획에 의하여 파악하고 청소장비, 도구, 약품의 용도를 정확히게 파악해야 히머 청소작업은 주변 환경을 청결하게 하고, 정리정돈한 상태에서 청소작업을 시작해야 한다.

2. 청소작업 사전 준비하기

청소종사자는 청소현장 출근과 청소작업 진행을 위한 다음과 같은 사전준비를 해야 한다.

① 청소현장 도착 즉시 출근부 날인하기 또는 지문인식기 날인하기
② 청소작업복(유니폼) 착용 및 청결유지와 복장 단정하기
- 단정한 머리
- 평범한 화장
- 매일 면도
- 네일아트 금지
- 지정된 안전화 착용 및 신발 청결상태 유지
- 목걸이 노출 금지 및 작은 반지

③ 명찰 및 청소안전 장구 착용하기
④ 팀(조)미팅 참여 및 청소인력 배치 및 일정 전달 및 수령
⑤ 청소작업 안전과 위생교육 및 서비스 교육실시 및 주의사항 전달
⑥ 청소카트 준비 및 필요 청소도구 비품 등 정렬
⑦ 청소카트와 함께 지정 이동통로를 따라 청소담당 구역으로 이동

제3절 일상청소활동 수행하기 과정

1. 일상청소 준비하기

남여 미화원은 용모 및 복장을 단정히 하고, 청소장구를 착용하여야 하며 제반 장비 및 약품, 청소도구, 쓰레기 수거 봉투, 소모품 및 화장실 비품 등을 운반 카트에 정렬하여 지정통로를 따라 담당 청소구역으로 이동하여 청소작업 준비를 완료한다.

청소작업 준비 순서는 ① 용모·복장 점검 → ② 청소도구 등 제반 청소장비 운반카트에 정렬 → ③ 지정통로를 따라 청소구역으로 이동하기 순으로 일상 청소작업 준비를 실시한다.

2. 쓰레기 수거 및 배출활동 수행하기

운반카트를 이용하여 사무실로 이동하고, 사무실 안쪽에서부터 입구방향으로 쓰레기통(안쪽에서 밖으로 청소하기 원칙)을 비운다음 생활폐기물과 재활용품으로 구분하여 분리수거해야 한다. 쓰레기통은 깨끗하게 관리하고 휴지통 바닥과 뚜껑 주변을 깨끗하게 청소한다. 쓰레기를 담는 봉투의 량은 약 60% 정도로 담아 묶어야 하고, 무게는 약 10킬로그램을 초과하지 않도록 한다(운반편리성). 수거한 쓰레기는 포장하여 쓰레기 집하장으로 운반하고 배출을 위하여 정리 정돈해야 한다. 쓰레기 집하장의 환경은 깨끗하게 유지해야 하고 냄새를 제거해야 하며, 특히 담배피우는 것을 절대적으로 삼가하여 화재를 예방해야 하며 쓰레기 집하장에는 충분한 소화기를 비치하고 유지해야 한다.

쓰레기 수거활동 수행은 ① 운반 카트 사무실로 이동 → ② 분리수거 → ③ 쓰레기통 비닐교체 → ④ 포장하여 쓰레기 집하장 운반 → ⑤ 정리정돈 → ⑥ 배출(일일 배출 원칙) 순으로 쓰레기 수거작업을 수행한다.

3. 사무실 및 공용구역 일상청소활동 수행하기

사무실 및 공용구역 청소는 청소도구 등을 청소운반 카트에 정렬하여 사무실 또는 공용구역으로 이동하고 입구 쪽 통행에 불편 없는 곳에 청소카트를 위치하게 하고, 사무실 입장을 허락받거나 잠금 장치를 해제하여 입장한 후에 사무실 바닥을 건식 극세사 맙으로 안쪽에서 입구쪽으로 청소하고 바닥의 부분적인 더러움이나 때는 젖은 대걸레로를 이용하여 청소한다. 비품 등은 반건조 걸레로 닦는다. 출입문 유리와 손잡이 등은 반건조 걸레로 닦아 준다.

사무실 및 공공구역의 일상 청소는 ① 운반도구 이동(카트) → ② 출입문 개방 → ③ 건식 청소 → ④ 습식 청소 → ⑤ 유리 및 비품 반 걸레로 닦기 → ⑥ 정리정돈 순으로 청소한다.

4. 화장실 일상청소활동 수행하기

화장실은 건축 면적의 약 5%에 해당하는 면적이나 민원 발생 건수는 전체 민원의 약 80%이상을 점하고, 오염도는 약 20% 이상을 차지하고 있어 건물 일상청소 과정에서 화장실 청소는 매우 중요한 일상청소의 대상이 된다.

화장실 일상청소에 필요한 제반 장비를 운반카트에 준비하고 화장실로 이동하여 화장실 입구에 배치하고, 청소작업을 알리는 안내판을 화장실 입구에 배치하여 출입을 통제해야 하며 먼저 쓰레기를 수거하고 전용세제를 이용하여 변기에 뿌리고 수세미(브러쉬)로 닦는다. 칸막이나 벽면의 얼룩, 오염 부위를 닦고 스티커나 광고물을 제거한다. 세면대와 거울은 반건조 걸레로 물 자국을 닦아주고 바닥은 전용세제를 뿌리고 물걸레로 청소한다. 화장지, 손세정제, 탈취제 등 비품을 보충하고 자체 정리정돈을 실시한 후에 점검표를 이용하여 다시 한 번 점검 후 문제가 없는 경우 청소를 종료한다.

화장실 일상청소는 ① 운반 카트 이동 → ② 청소작업 중 표시판 입구에 설치 및 출입자 통제 → ③ 쓰레기 수거 → ④ 변기 닦기 → ⑤ 세면대 및 거울청소 → ⑥ 바닥 닦기 → ⑦ 비품 보충 → ⑧ 자체 정리정돈 및 점검표 이용 재점검실시 순으로 청소한다.

5. 승기설비 일상청소활동 수행하기

일상청소장비 및 도구약품 등을 청소카트에 준비하고 승강기 입구에 위치하게 하고, 승강기 청소작업 중임을 알리는 작업 안내판을 설치한다. 반건조 손걸레로 승강기 내부 벽면과 버튼을 무늬 결 방향으로 가볍게 닦아 준다. 바닥과 문틈 오염은 진공청소기를 이용하여 청소하여 제거한다. 에스컬레이터 청소는 정지된 상태에서 청소하되 핸드레일 역시 반 건조 걸레로 닦아 준다.

이를 정리하면 ① 청소도구 카트에 정렬하고 승강기로 이동 → ② 청소작업 안내판 설치 → ③ 벽면 내부청소 → ④ 바닥 및 문틈 오염은 진공청소기로 제거 → ⑤ 정리정돈 순으로 청소한다.

6. 내부 주차장과 외부 구역 일상청소활동 수행 및 정리정돈하기

일상청소에 필요한 장비도구 등을 청소카트에 정렬하고(준비하고) 쓰레기를 집게를 이용하여 수거한다. 얼룩이나 고인 물은 마른 걸레로 닦아 주고, 바닥의 껌이나 부착물은 안전칼(헤라)로 제거한다. 주차장 바닥의 기름이나 오일은 오일 제거 흡착포로 닦아 주고 주차장 바닥은 차량이 없는 시간대에 청소차를 이용하여 청소한다. 주차장 배수로의 막힘 여부를 점검하고 청소한다.

이를 정리하면 ① 일상 청소도구 청소카트에 정렬 → ② 주차장으로 이동 → ③ 집게로 휴지 수거 및 쓰레기통 쓰레기 수거 → ④ 오염 부분 닦기 → ⑤ 고인물 청소 → ⑥ 불법 부착물 및 오염 물질 제거 → ⑦ 배수로 점검 및 청소 → ⑧ 정리정돈 순으로 청소한다.

제4절 정기청소활동 수행하기 과정

일상청소에서 매일 청소할 수 없는 왁스 작업이나 카펫 청소, 석재관리 등은 일정한 기간에 전문성을 가지 미화원을 동원하여 정기적으로 청소해야 하나, 정기청소는 일상청소의 대상이 아니므로 장기적으로 누적된 오염을 마감 재질별로 특성을 고려하여 계획을 세워 청소해야 한다.

1. 일반타일 왁스작업 하기

바닥재로 일반적으로 사용하는 타일의 깊은 때 세정작업(왁스작업)은 청소기술 중 특수한 기술로서 왁스작업 전문성을 가진 미화원(주로 남자 미화원)에 의하여 수행된다. 왁스 작업은 다음과 같이 5단계를 거쳐 진행되며 자료, 장비준비를 철저히 해야 하고 왁스작업은 신속하게 진행하되 완전 건조에 유의해야 한다. 왁스작업 준비 사항과 작업 진행 순서와 작업 내용은 다음과 같다.

1) 준비사항

① 청소장비 운반용 카트
② 작업 안내 표시판(안전표시판)
③ 보양작업용 커버링 테이프
④ 따뜻한 물(약 40도)과 물통
⑤ 깊은 때 전용 세제 대걸레
⑥ 계량 컵
⑦ 안전화와 안전 장갑 및 안전 공구
⑧ 브러시(안전칼)
⑨ 진공청소기
⑩ 왁스 머신(전원)
⑪ 깨끗한 물과 물통
⑫ 왁스재료와 왁스 통
⑬ 송풍기(건조용)
⑭ 보양제
⑮ 수세미
⑯ 왁스전용 대걸레
⑰ 흡진 폐수 통

2) 왁스작업 진행순서 및 작업내용

① **보양작업을 한다** : 작업 전에 안전화 안전 장갑 등을 착용한다. 작업 구역 입구에 작업 안내 표시판을 설치하고, 사람의 통행을 통제해야 하며 먼지 제거 작업과 함께 쓰레기를 수거한다. 이동시킬 비품을 먼저 옮기고 작업에 필요한 장비들과 재료 및 도구 등은 작업장 입구에 보양 재를 깔고, 그 위에 정돈한 다음 벽면과 집기 하부 등에 커버링 테이프로 보약작업을 한다.

② **깊은 때 세정 전용세제를 바닥위에 도포한다** : 바닥 표면의 깊은 때 피막을 벗겨내기 위하여 깊은 때 전용세제와 약간 따뜻한 온도의 물(약 40도 정도)을 물통에 준비하고, 제품설명서에 따라 계량컵으로 따뜻한 물에 희석한 대걸레를 이용하여 작업표면 모서리에서부터 중앙쪽으로 이동하면서 골고루 도포한 후 약 10분 정도를 기다린다. 도포 후 10분 정도 경과하면 바닥표면의 피막이 벗겨지면서 깊은 때가 세정된다.

③ **바닥에 도포한 세정제를 행굼 작업 및 선소작업을 실시한다** : 깨끗한 물을 물동에 준비하고 1차 행굼작업 실시, 2차 행굼작업을 실시하고 부족한 부분은 수세미를 이용하여 보완작업을 한다. 창문개방 또는 환풍기를 이용하여 바닥을 건조시킨다.

④ **왁스 도포작업 실시 및 완전 건조 시까지 사람 또는 물건이동을 통제한다** : 왁스를 통에 준비하고 1, 2차 도포작업을 실시한다. 1차 도포작업은 도포전용 대걸레를

이용하여 벽면 모서리에 일자로 바르고 중앙부분은 벽면까지 가지 않게 20센티미터 정도 남기고 바른다. 1차 도포가 끝나고 나면 창문을 완전히 개방하여 자연건조 또는 송풍기로 건조시켜야 한다. 2차 도포는 열십자형(+)으로 바르고 벽면에서 20센티미터 간격을 두고 바른다. 완전 건조시까지 사람이나 물건의 이동을 통제해야 한다.

⑤ **완전 건조 확인 후 작업 안내판 철수 및 사람의 통행 개방하고 정리정돈한다** : 남은 왁스는 왁스통에 모으고 사용장비 도구는 따뜻한 물에 수세미를 이용하여 닦아준다. 사용장비의 고장 또는 재사용 여부를 확인하고, 사용한 남은 청소비품과 장비도구 등을 원상복구하고 흡입폐수를 흘리어 바닥을 오염시키지 않도록 하고, 최종 완전 건조여부를 점검 후에 작업 안내판을 철거하여 사람의 통행을 개방한다.

2. 카펫바닥 정기청소활동 수행하기

건축물 바닥에는 카펫이 깔려 있는 경우가 있어 카펫 청소는 정기청소 기간에 기술적으로 해결해야 하는 청소대상이다. 전문성과 기술을 요구하는 청소분야 이므로 카펫 청소 전문성을 가진 미화원에 의하여 수행되어야 한다. 카펫 청소는 오염제거 세정작업과 보닛 청소작업으로 나누어 진행된다. 카펫 청소는 6단계를 거처 시행되며 준비사항과 진행 순서 및 청소작업 내용은 다음과 같다.

1) 준비사항

① 청소용 운반 카트
② 청소안내 표시판(안전표시판)
③ 보양재
④ 진공청소기
⑤ 카펫전용 세제
⑥ 분무기
⑦ 반 건조 손걸레
⑧ 헤 라
⑨ 보닛 청소장비와 왁스 머신 및 보닛 패드 전용세제
⑩ 브러시
⑪ 분무기
⑫ 오점 제거제
⑬ 전 처리제
⑭ 따뜻한 물
⑮ 수세미
⑯ 안전화와 안전 장갑 및 안전 공구

2) 진행순서 및 작업내용

① **카펫 청소 제반장비를 준비하고 청소용 운반 카트에 정렬한다** : 작업 전에 안전화 안전장갑 등을 착용한다. 카펫청소에 활용할 각종 장비와 재료를 준비하고, 운반 카트를 이용하여 작업장 입구에 이동한 후 작업 안내표시판을 작업장 입구에 설치한다. 보양할 작업도구와 자재를 보양재 위에 정돈하고 보양작업과 이동시킬 비품을 정리한다.

② **먼지제거 진공청소를 먼저 실시한다** : 진공청소기를 준비하여 안쪽에서 후진하면서 입구방향으로 진행한다. 입구 끝 부분은 진공청소시를 살짝 들면서 앞으로 당겨 청소한다. 좌우로 5센티미터 겹치도록 진행하고 필터의 먼지는 자주 털어 주어야 한다. 진공청소 작업이 끝나면 비품을 정리 정돈해 준다.

③ **오점제거 청소를 수행한다** : 제품 설명서에 따라 카펫 전용세제를 준비하고 분부기를 이용하여 오염된 부분 바깥 쪽에서 안쪽으로 분사한다. 분사 후 반 건조 손걸레로 찍어 내기를 반복한다. 껌 등 오염 고착물은 우선적으로 제거한다.

④ **보닛 청소를 수행한다** : 보닛 청소장비의 왁스 머신과 보닛 전용세제를 준비하고 제품설명서에 따라 희석하여 분부기를 이용하여 표면이 젖을 정도로 분사한다. 왁스머신에 보닛패드를 부착하여 좌우로 2~3회씩 조작하고 오염이 심한부분은 오점 제거제를 이용하여 청소한다.

⑤ **정기적으로 세정작업을 실시한다** : 정기적인 샴푸 크리닝, 스팀 세정방법을 선택하여 전용세제를 준비하고, 오염이 심한곳을 전처리제를 표면이 젖도록 분사하고 거품과 오염패수를 흡입하여 세정한다. 브러시를 이용하여 파일을 세우고 건조시킨다. 작업이 종료하면 정리정돈한다.

⑥ **마무리 정리정돈을 실시한다** : 바닥이 완전하게 건조되었다고 판단 될 때 작업 안내표시판(안전표시판)을 제거하고, 청소장비를 세척해야하며 비품집기 등을 원상복구한다. 청소주변을 정리정돈하고 사용약품과 흡입폐수는 바닥에 떨어지지 않도록 보양하여 이동하고 폐수는 희석하여 환경관계법령에 따라 방류한다.

3. 석재바닥 정기청소활동 수행하기

석재바닥 정기청소는 석재관리 기술과 석재바닥 청소전문성을 가진 미화원에 의하여 수행되어야 한다. 왜냐 하면 천연석 대리석 바닥재는 고가인데다가 기름이나 모래 등에 매우 약하기 때문에 매우 주의하여 청소해야 하기 때문이다. 석재관리는 석재의 종류와 특성에 따라 청소방법을 선택하고 필요한 장비와 약품을 사용해야 한다. 석재청소를 위하여 준비해야 하는 장비와 약품 및 도구와 청소 절차 및 작업내용은 다음과 같다.

1) 준비 사항

① 청소운반 카트
② 안전 표시판
③ 커버링 테이프 등 보양제
④ 먼지 청소 마른 걸레
⑤ 따듯한 물(40도 정도) 물과 물통
⑥ 계량컵
⑦ 대걸레
⑧ 광택측정기
⑨ 안전화와 안전 장갑 및 안전공구
⑩ 바닥 세정 약품
⑪ 광택작업 약품
⑫ 광택 회복 파우더
⑬ 왁스머신(전원)
⑭ 브러시(수세미)
⑮ 진공청소기
⑯ 광택기
⑰ 연마기

2) 진행순서 및 작업내용

청소대상 마감재 중 석재관리(석재청소)는 청소활동 중 가장 어렵고 까다로운 작업이라 할 수 있다. 석재는 손상 없이 유지해야 하고 광택을 유지해야 하기 때문이다. 석재청소역시 6단계로 진행된다. 석재관리는 석재관리(석재청소)는 전문성을 보유한 석재청소 기술자에 의하여 수행되어야 한다. 특히 석재관리는 석재의 종류와 특성에 따라 청소방법을 선정해야 하고 적절한 장비와 약품을 선정하여 사용해야 한다. 청소진행 순서와 작업 내용은 다음과 같다.

① **먼저 석재관리 청소를 준비한다** : 석재관리에 필요한 장비와 약품 등을 청소운반 카트에 정렬하고 석재 청소작업장으로 이동한다. 도착 즉시 안전화와 안전장갑 등을 착용하고 작업 전 광택 수준을 광택기로 측정하고 기록해 둔다. 안전표시판을 작업 입구에 설치해야 하며 먼지작업과 쓰레기 수거작업을 진행한다. 벽면, 집기 하부에는 커버링 테이프를 이용하여 보양작업을 실시한다. 이동시킬 물품은 미리 옮기고 작업에 필요한 장비와 약품 등은 작업장 입구이 보양제를 깔고 그 위에 질서 있게 정돈한다.

② **바닥 세정제 준비와 희석 및 바닥에 도포한다** : 바닥 세정제를 준비하고 제품설명서와 바닥상태에 따라 희석하고 대걸레를 이용하여 작업표면을 표면 모서리에서부터 중앙 쪽으로 도포하고 일정시간 경과 후 광택회복 파우더를 준비한다.

③ **세정작업을 수행한다** : 왁스 머신을 준비하고 적색패드를 부착하여 좌우로 2~3회씩

왕복하면서 머신을 조작하여 세정작업을 한다. 모서리 부분은 수세미를 이용하여 세정하고 진공청소기르 이용하여 오염폐수를 흡진하고 바닥표면을 건조시켜 준다.

④ **광택회복 작업을 진행한다** : 광택기를 준비하고 광택기 표면에 적색패드를 부착하여 광택회복 전용 파우더를 패드 하부에 물에 적셔 뿌리고 좌 · 우, 상 · 하 왕복 6회씩 조작한다. 왕복작업이 종료되면 패수를 회수하고 마무리 행굼작업을 진행한다. 작업완료 후 광택 측정기로 광택수준을 측정하여 기록 · 유지한다.

⑤ **연마복업 작업을 수행한다** : 석재표면 마모(스크래치)상태에 따라 다이아몬 400, 800, 1500번을 선택하여 연마단계를 진행하고, 적색패드 하부에 다이어몬드 패드를 3~5장을 부착한다. 연마작업은 상하 · 좌우로 각각 6회식 연마한다. 연마작업이 끝난 다음에는 처음부터 광택 회복작업을 4번 정도 진행한 후 마무리 한다. 광택작업 후 광택수준을 광택기로 측정하여 기록해 둔다.

⑥ **작업종료 후 마무리 정리정돈한다** : 사용한 청소장비는 따뜻한 물과 수세미로 세척하고 청소를 위하여 이동한 비품 집기 등은 원상 보구시킨다. 작업 안전표시판을 수거하고 장비이동 시 석재표면에 스크래치가 나지 않도록 주의한다. 작업주변을 정리정돈하는 순서로 석재관리 청소작업을 종료한다.

제5절 청소현장 인도 및 철수하기 과정

1. 청소현장 인도

청소작업이 종료되어 자체 점검 결과 청소품질에 문제점이 없는 경우 청소현장을 발주자 또는 위탁자나 의뢰인에게 인도한다. 다만 장기 청소용역계약의 경우에는 작업 종료 시 현장을 인도할 필요가 없다.

2. 청소현장 철수

장기 청소용역계약 현장은 같은 청소현장에서 같은 건물의 청소사무공간 또는 청소장비 약품관리 구역으로 청소인력, 장비, 약품 등의 철수하고 단기간 청소대행의 경우에는 청소인력, 장비, 약품 등을 청소현장 밖으로 철수한다.

제 3 장	청소활동 기본개념의 이해
제 4 장	청소활동 준비단계 실무
제 5 장	청소활동 수행단계 실무

제6장 청소활동 사후관리단계 실무

제1절 청소활동 사후관리단계의 개요

청소활동 3단계 청소활동 사후관리 단계는 청소활동 마지막 단계로서 청소활동 종료 이후에 수행해야 하는 실무로서 청소결과 자체 점검하기 과정과 청소현장 정리정돈 과정, 개선안 도출 및 고객 지속적 유대강화하기 과정, 사후관리 보고서 작성 및 보고서 공유하기 과정을 통하여 청소활동 실무를 수행하게 된다.

제2절 청소결과 평가하기 과정

청소작업이 완료되면 4가지 사항에 대하여 자체 평가를 실시해야 한다. 하나는 청소준비과정 평가이고, 다른 하나는 청소과정 수행결과 평가이며, 또 다른 하나는 청소작업 결과 청소서비스 품질평가와 청소활동 문제점 및 개선사항 평가 등이다.

1. 청소준비과정 평가하기

청소준비과정 평가는 적정 인원선정과 배치여부, 청소방법에 따른 청소장비 및 약품 선정, 청소절차 확인, 청소종사자의 청소위생안전 교육실시 여부, 청소종사자의 안전장구 착용여부는 체크리스트를 사용하여 확인 · 평가한다.

2. 청소수행과정 평가하기

청소수행과정 평가는 청소종사자와 고객 등 상대방의 반응 등에 대하여 다음 사항을 평가하고, 문제 발견 시에는 이를 개선해야 한다.

〈표 33〉 청소수행과정 평가

평가대상	평가내용
시각적 평가대상	용모복장, 청소하는 모습, 청소결과, 청소도구 사용모습
청각적 평가대상	소음유발, 청소소음, 주변평가, 고객응대
후각적 평가대상	화장실 냄새, 쓰레기 배출 모습, 유니폼 청결상태, 청소약품
촉각적 평가대상	고객 응대자세, 고객 배려자세, 고객평가
미각적 평가대상	청결도, 직무자세, 청소결과, 고객배려, 안전표시판

(자료 : 한국산업인력공단(2017), 환경미화 학습모듈 인용 및 재구성)

3. 청소서비스 품질 평가하기

청소서비스 품질점검은 청소서비스 품질 체크리스트를 중심으로 양호, 보통, 불량 등으로 구분하고 점검 결과 불량에 해당되는 청소부분은 즉시 재청소를 실시하여 양호한 상태로 복원해야 한다.

청소활동 결과 청소서비스 품질평가는 자체 작성한 청소품질 체크리스를 가지고 청소관리 감독자나 종사자가 자율적으로 점검하여 평가한다.

〈표 34〉 화장실 자율평가 체크리스트(예시)

평가대상	평가내용
세면대 청결상태	양호 보통 불량
변기 청결상태	양호 보통 불량

평가대상	평가내용
소변기 청결상태	양호　보통　불량
바닥 청결상태	양호　보통　불량
비품 관리상태	양호　보통　불량
시설 관리상태	양호　보통　불량

주) 평가대상별 자율 평가방법은 해당란 V자 마킹 및 보통 이하인 경우 개선조치를 요함.

4. 청소활동 문제점 도출 및 개선하기

청소활동 수행 중에 발생하는 문제점은 주로 청소수행자의 청소작업 태도와 성실성, 그리고 청소결과 청소 품질이 원인이 되어 발생하나, 기타 청소종사자 소속 조직의 문제점과 고객의 문제점 등으로 인하여 개선해야할 사항이 만들어 진다.

청소활동 수행 중에 주로 발생하는 문제점을 이를 정리하면 다음과 같으며 문제점은 반드시 청소활동 사후관리 단계에서 개선 조치해야 한다.

〈표 35〉 청소활동 수행 중 발생하는 문제점과 개선사항

구 분	청소활동 문제점 및 개선사항
청소종사자	청소수행자 청소전문성 부족, 불친절 무례한 태도, 불성실, 직무 수행능력 미숙
청소상태	청소품질 저하, 청소상태 불량, 정리 정돈 미흡
청소종사자 소속 조직	청소교육 훈련 부족, 청소매뉴얼 부재, 사업장 관리 소홀, 소속 현장 및 본사 지원 부족

제3절 청소현장 정리정돈하기 과정

1. 정리정돈의 개념

청소는 더럽거나 어지러운 것 및 오염원을 쓸고 닦아 깨끗하게 하여 청소현장을 청결하고 깨끗하게 하여 청결성과 미관성, 보건성과 쾌적성 서비스를 창출하는 활동을 말한다. 정리정돈은 청소활동 종료 후 청소주변과 청소장비 도구 및 청소약품 등을 원 위치하거나 수거한 쓰레기를 청소쓰레기 집하장 또는 배출장으로 운반하여 처리하는 것을 말한다. 다시 말하면 정리는 필요한 것은 보관관리하고 필요 없는 것은 과감하게 버리는 것을 의미하고, 정돈이 필요한 것은 업무에 다시 사용할 수 있도록 보수하여 편리하게 사용할 수 있도록 준비하여 두고, 효율적으로 사용할 수 있도록 물건이 있어야 할 자리에 두는 것을 의미한다. 즉 정량, 정품을 정위치 시키는 3정 활동을 말한다.

2. 정리정돈의 효과

정리정돈의 효과에는 직접 효과와 간접 효과가 있는바 이를 설명하면 다음과 같다.

1) 정리정돈의 직접효과

① 청소활동 시간 단축
② 청소능력 향상
③ 시행착오 방지

2) 정리정돈의 간접효과

① 청소품질 향상
② 비용감소
③ 사업공간과 생활공간 안전사고 감소
④ 청소활동 이미지 개선

3. 정리정돈의 방법

청소현장 정리정돈방법은 다음과 같다.

1) 청소수행 내용을 청소업무일지에 기록하고 유지

① 일일 청소업무 청소작업 일지에 기록
② 사용 청소장비, 약품 내역 기록
③ 특별사항 기록
④ 다음 날 청소계획 기록

2) 청소활동 사용장비도구 등을 정리정돈

① 고장, 불량 수리 및 세척
② 지정장소 보관 및 충전

3) 청소약품 정리정돈

① 사용 약품 출고 및 입고 약품대장 기록 유지
② 사용한 약품 정리하여 자재 창고 입고
③ 부족한 청소약품 구매 신청

제4절 개선안 도출 및 고객지속적 유대 강화하기 과정

청소활동 마무리 단계에서는 청소용역을 위탁하였거나 의뢰한 고객과의 유대관계를 우호적으로 유지하고 장기적으로 관계를 유지해야 한다.

고객과의 유대강화는 사업측면에서 매우 중요한 과정이며, 청소결과에 대한 고객만족을 전제로 한다. 따라서 청소서비스를 제공하는 자는 청소품질이 양호하도록 최선을 다해야 한다.

개선안 실행절차가 수립되면 개선 담당자가 지정되고 선정되어야 한다. 개선안 담당자라 함은 개선안을 실행 절차에 따라 실행하는 일을 맡은 사람을 말한다. 개선 실행 담당자는 개선안 실행절차에 따라 개선할 책임과 의무가 있는 자이다.

개선안 실행담당자의 업무는 개선안 절차내용 파악, 개선안 실행절차 검토, 개선안 실행자원 선정 및 투입, 실행활동 수행 및 감독, 실행결과 확인 및 평가, 실행결과 보고서 작성 및 보고업무 등이다. 개선안 실행 담당자 선정절차는 다음과 같다.

① 개선안 도출
② 개선절차 작성
③ 개선 담당자 선정 기준검토 및 설정
④ 예비 개선실행자 능력평가
⑤ 개선담당자 지정 및 발표

개선안을 도출하고 문제된 청소품질 문제가 개선되는 경우 고객과의 관계를 지속적으로 유지하는 계기가 된다. 고객과의 지속적 관계유지를 위해서는 다음과 같은 조치를 취해야 한다.

① 일상청소를 성실하게 수행하고 청소서비스 품질수준을 항상 유지한다.
② 고객이 청소결과에 대한 지적이나 불만을 제기하는 경우에는 신속하게 대응하여 개선 조치하고 이를 보고 해야 한다.
③ 고객의 의견을 항상 청취하고 대화를 유지해야 하며 청소서비스에 대한 만족 여부를 서면조사를 통하여 정기적으로 확인한다.
④ 청소인력은 기술로 전문화하고 항상 공손한 태도와 언행을 가지고 친절하게 고객에게 응대해야 하며 잦은 결근이나 인력공백이 발생하지 않도록 노력해야 한다.
⑤ 청소장비와 약품에 문제가 발생하지 않도록 해야 하고 안전사고가 절대적으로 발생하지 않도록 노력하여 인적 · 물적 피해를 방지해야 한다.
⑥ 청소현황과 청소의 청소작업 수행을 위한 장애나 문제점 등에 대하여 정기 또는 수시로 보고하여 정보를 공유하도록 해야 한다.

제5절 사후관리 보고서 작성 및 보고서 공유하기 과정

1. 개선문서 작성 및 보고하기

개선안 실행결과는 문서로 작성하고 문서로 보고해야 한다. 또한 문서는 문서 작성기준에 의하여 작성해야 한다.

문서의 사전적 의미는 실무상 필요한 사항을 문장으로 적어서 나타낸 글을 말한다. 문서의 종류에는 기안서, 보고서, 조사서, 계약서 등이 있고 문서의 내용을 담는 장표에는 장부, 전표, 사무용지(서식) 등이 있다.

문서의 기능을 살펴보면 관리의 효율성제고와 회계업무의 근거자료를 제공한다. 개선안 실행보고서는 하나의 문서로서 작성기준은 정확성과 신속성 및 용이성을 기준으로 작성되어야 한다. 왜냐하면 개선안 실행보고서는 사실에 근거하여 정확하게 작성되어야 하고, 신속하게 작성하고 보고해야 하며, 누구나 알아보기 좋게 작성되어야하기 때문이다. 개선안 보고서는 다음과 같은 항목 순서로 작성되어야 한다.

① 보고서 명칭(○○ 개선안 실행결과 보고서)
② 보고서 주문
③ 개선안의 내용 및 문제점
④ 개선안 실행목적 및 이유
⑤ 개선안 실행방법
⑥ 개선안 실행기간
⑦ 개선안 실행보고서 작성일
⑧ 개선안 실행결과 보고서 작성자 직책 및 성명

2. 개선문서 보존

개선안 실행결과 보고서는 문서관리 규정에 따라 분류하고 보존하여야 한다. 왜냐 하면 모든 문서는 문서관리 규정에 의하여 생산, 유지, 폐기되기 때문이다.

문서의 관리 규정이라 함은 내부 및 외부문서의 작성, 검토, 승인, 발송, 접수, 파일링, 개정 및 유지, 폐기 등의 문서관리에 적용되는 규정을 말한다. 문서의 분류방법에는 다음과 같은 분류방법이 있다.

① 상대방 회사별로 분류한다.
② 주제별로 분류한다.
③ 형식별로 분류한다.
④ 건별로 분류한다.

개선 실행문서는 문서 방법 중 건별로 분류하는 것이 바람직하다. 왜냐 하면 개선안 실행결과 보고서는 실행계획 시작에서부터 시행결과에 이르기까지 한 건으로 처리되었기 때문이다.

개선안 실행결과 보고서는 문서 보존이간이 3년으로 정하고, 3년이 경과하면 폐기한다. 개선안 실행결과 보고서 등 문서 보존방법은 다음과 같다.

① 누구라도 쉽게 찾아 볼 수 있도록 보존한다.
② 보존기간을 정하여 보존하고 보존기간 경과 시에는 폐기한다.
③ 활용성이 높은 순서로 분류하고 편철하여 각 부서장 책임으로 보존한다.
④ 문서 보존 상태는 정기적으로 점검하고 관리한다.
⑤ 문서고로 이전 시에는 보존문서의 보존기간을 기재하고 이관한다.

3. 개선안 공유 및 청소활동능력 강화

개선안은 공유하고 이를 통하여 청소수행자의 청소활동 수행능력을 강화하도록 해야 한다. 공유의 사전적 의미는 개별소유의 반개개념으로서 두 사람 이상의 사람이 공동으로 소유하는 것을 말한다. 공유의 방법에는 다음과 같은 방법들이 있다.

① 회람으로 공유할 수 있다.
② 교육을 통하여 공유할 수 있다.
③ 조회를 통하여 공유할 수 있다.

또한 개선안 실행결과보고서 내용을 공유함으로서 청소수행자의 능력을 강화해야 한다. 청소수행자 능력강화의 의미는 청소작업을 능률적으로 처리할 수 있는 힘을 말한다. 청소수행자 능력강화의 목적은 개선안 실행결과를 통하여 향후 발생 가능한 개선안을 능률적으로 처리할 수 있게 하여 고객을 만족하게 하는데 있다. 청소수행자 능력강화 방법에는 다음과 같은 방법이 있다.

① 청소 이론교육과 실무훈련을 통하여 청소수행자 능력을 강화할 수 있다.
② 개선안 정보공유와 개선작업 참여로 능력을 강화할 수 있다.
③ 개선안 실행 모니터링을 통하여 능력을 강화 할 수 있다.

4. 청소기술 노하우 축적

청소수행자는 개선안 실행을 통하여 노하우를 축적해야 한다. 노하우라 함은 기술적 지식 또는 기술, 지식, 정보, 비결, 능력을 의미하며 청소현장에서의 노하우 개념은 청소수행 전문 기술의 의미로 해석된다. 노하우 축적방법은 다음과 같다.

① 청소 노하우 축적계획을 수립한다.
② 사후관리 개선 보완작업 경험을 데이터화 한다.
③ 데이터화한 개선문제 해결경험을 체계적으로 정리하여 기술화한다.
④ 기술화한 청소기술 노하우를 공유한다.

제Ⅲ편 청소활동 안전관리와 청소서비스 품질검증

청소활동 수행중에는 아무리 청소활동 안전매뉴얼과 법적 안전기준을 준수하여 청소활동을 수행하는 경우에도 돌발적으로 전혀 예상하지 못한 안전사고와 비상상황이 발생한다.

시설물 돌발사고와 청소장비 고장, 청소약품 사고, 자연재해, 감염병 사고가 발생하여 인적·물적 피해를 야기하고 청소활동을 지연 또는 중단하는 경우가 있다. 따라서 청소수행자는 청소활동 중에 돌발할 수 있는 안전사고 및 비상상황에 대비하면서 청소활동을 수행해야 한다.

제Ⅲ편에서는 2개의 장을 통하여 청소활동 안전과 청소서비스 품질검증에 대하여 구체적으로 설명하고 있으며, 청소활동 수행에 있어서 어떤 형태의 안전사고가 발생하지 않도록 안전사고를 예방하여 인적·물적 피해를 최소화해야 한다.

또한 청소에 대한 고객불만이 가장 높은 부분은 청소서비스 품질에 있으므로 청소담당자는 물론 감독자 모두가 서비스 품질에 관심을 가지고 자체 점검은 물론, 고객이 부정기적으로 행하는 청소서비스 품질검증에 항상 대비하여 청소서비스 품질문제로 청소가 중단되거나 퇴출 또는 재계약에 실패하는 사례가 발생하지 않도록 해야 한다.

제7장 청소활동 안전관리

제 8 장	청소서비스 품질검증

제1절 청소활동 안전관리의 의의

청소활동 수행중에는 이무리 청소활동 안전메뉴얼과 법적 안전기준을 준수하여 청소활동을 수행하는 경우에도 돌발적으로 전혀 예상하지 못한 안전사고와 비상상황 발생하며 시설물 돌발사고와 청소장비 고장, 청소약품 사고, 자연재해가 발생하여 인적·물적 피해를 야기하고, 청소활동을 지연 또는 중단하는 경우가 있다. 따라서 청소수행자는 청소활동 중에 돌발할 수 있는 안전사고 및 비상상황에 대비하면서 청소활동을 수행해야 한다. 청소활동 안전관리는 청소를 담당하는 청소종사자의 사망, 부상, 상해, 위해, 질병의 감염으로 부터 자유를 확보하여 인적 피해가 발생하지 않도록 사전에 안전사고 위험을 예방하고 안전사고를 예방하는 일체의 활동을 청소활동 안전관리라 한다.

청소활동 안전관리는 안전사고 대비하기 과정과 청소대상 시설물 돌발사고 대응하기 과정 그리고 자연재해 및 감염병 대비하기 과정으로 나누어 살펴보아야 한다.

안전사고라 함은 사망, 상해, 부상, 위해, 질병의 감염이 뜻밖에 돌발적(비의도적으로) 일어난 사건을 말하며 고의적 의도 없이 일어난 바람직하지 않는 상태를 말한다.

안전사고 개념과 관련한 용어에 대하여 살펴보면 '안전'은 사람의 생명과 상해, 부상, 위해, 질병의 감염으로부터 자유를 말하고 재산의 멸실이나 감손으로부터 자유를 의미한다. 즉 안전이란 사고나 재해가 없는 상태에서 위험하지 않거나 위험이 없는 상태를 말한다.

한편 '위험'이란 사람이 물체나 환경에 의하여 부상이나 질병에 감염될 수 있는 잠재상태를 말하며, 인적·물적 피해를 유발을 야기하는 요인으로서 인적 결함과 물적 결함 및 환경적 결함을 말한다.

'사고'는 뜻밖에 돌발적으로 일어나 사건이나 탈을 말하고 고의적 의도 없이 일어난 바람직하지 않은 상태를 말한다. 한편 '사건'은 고의적으로 일으킨 사고나 탈을 말하며 인적 물적 피해가 잠재하고 있는 바람직하지 않은 상태를 말한다.

'재해'란 사건과 사고로 인하여 발생한 인적 물적 손실을 말한다. 재해에는 인위적 재해(인재)와 자연에 의하여 발생하는 재해(천재) 등으로 분류할 수 있다.

인재는 재해의 종류 중 약 98%에 상당하는 재해로서 사전에 예방이 가능하나 천재는 2%에 해당하는 재해이나 사전에 막을 수 없으며 대비를 통하여 그 피해를 최소화할 수 있다. 안전사고에 대비하기 위해서는 청소현장에 잠재하고 있는 위험을 안전진단하고, 안전교육의 실시를 통하여 안전사고 피해를 최소화 할 수 있다.

제2절 안전사고 대비하기 과정6)

안전사고 대비하기 과정은 위험 안전진단 및 안전교육, 안전사고 예방조치, 안전사고 대응 결과 보고 순으로 살펴봄이 현명하다.

1. 청소현장 위험진단 및 안전보건 교육하기

청소현장의 안전사고는 불안전 상태의 물적 결함과 불안전한 행동을 하는 인적 결함이 환경적 결함과 결합하여 사고나 재해가 발생한다.

1) 위험 사전진단

청소현장에서 안전사고 예방을 위해서는 사전에 안전진단을 실시해야 한다. 청소활동 대상물인 건축물과 시설물 및 구조물에 대하여 안전진단을 실시하여 위험요인을 사전에 발견해야 한다. 사전 안전진단은 계측기 검사, 육안검사, 체크리스트 검사방법으로 안전점검을 실시할 수 있다.

사전 진단 과정은 ① 진단대상 선정 → ② 진단방법 선정 → ③ 진단 실시 → ④ 진단결과 안전 조치 및 안전교육 실시 순으로 진행할 수 있다.

6) 한국산업인력공단(2017). 환경미화 학습모듈 04, p.275 일부 재구성

2) 안전보건교육

안전을 확보하기 위하여 청소관리자와 감독자 등 청소종사자(근로자)에 대하여 다음과 같이 안전보건교육을 실시해야 한다.

〈표 36〉 안전보건교육 내용

교육대상	안전관리 교육시수	교육내용
안전보건관리 책임자	6시간 이상	보건안전관리
안전관리자	34시간 이상	안전관리
보건관리자	34시간 이상	보건관리

2. 안전사고 예방 조치하기

안전사고로 인한 인적·물적 피해를 방지하기 위해서는 안전사고를 예방하여야 한다. 인진사고 예방은 보호구 칙용에 의힌 안전사고 예방, 안전 매뉴얼에 의한 안전사고 예방, 안전 사고방지 법적 기준 준수에 의한 안전사고 예방 및 안전교육에 의하여 안전사고를 예방할 수 있다. 이를 구체적으로 설명하면 다음과 같다.

1) 보호구에 의한 안전사고 예방

보호구 착용으로 안전사고를 예방할 수 있다. 보호구라 함은 근로자가 직접 착용하여 각종 물리적, 화학적, 기계적 위험요소로부터 몸을 보호하기 위한 장구를 말한다.

안정 보호구에는 다음과 같은 보호구가 있으며 보호구 별 용도도 다양하다 이를 정리하면 다음 〈표 37〉과 같다.

〈표 37〉 보호구의 종류와 용도

용 도	보호구의 종류
머리 보호구	안전모
눈 및 안전 보호구	보안경, 보안면
방음 보호구	방음 보호구

용 도	보호구의 종류
호흡 보호구	방진 마스크, 방독마스크, 송기 마스크, 공기 호흡기
손 보호구	안전 장갑, 내진 장갑, 고무장갑
신체 보호구	방열복, 방열 두건, 방열 장갑, 신체 保護衣(보호의)
안전대	벨트 안전대, 그네식 안전대, 추락 방지대
발 보호구	안전화, 절연화, 정전화

(자료 : 한국산업인력공단(2017), 환경미화 학습모듈 04, p.285 인용)

2) 안전매뉴얼에 의한 안전사고 예방

안전매뉴얼을 통하여 안전사고를 예방할 수 있다. 안전매뉴얼은 안전관리를 위한 지침서이자 가이드북으로서 그 구성은 대체로 다음과 같다.

① 적용 대상
② 용어의 정의
③ 목적
④ 안전책임
⑤ 안전기준
⑥ 안전절차
⑦ 안전사고 발생시 조치사항 및 보고절차
⑧ 안전사고 보상방법 및 수단

3) 법적 안전기준 준수에 의한 안전사고 예방

법적 안전기준은 화재 안전기준은 화재예방, 소방시설의 설치유지 및 안전관리에 관한 법률에서 규정한다. 또한 산업보건안전 기준은 산업재해보상법에서 그리고 청소작업 안전은 전기사업법과 공중위생관리법, 폐기물 관리법, 각종 환경법 등에서 규정하고 있어 안전 관계법령집을 확보하고 참고하여야 한다.

4) 안전관리 교육에 의한 안전사고 예방

교육에 의하여 안전사고를 예방할 수 있다 안전관리 교육은 각종 유형의 안전사고 발생원인, 사고 처리방법 등을 TBM 교육, 온라인 교육, 오프라인 교육을 통하여 안전관리법을 교육할 수 있다.

3. 안전사고 대응결과 보고하기

안전사고가 발생하면 우선 대응처리하고 사후에 계통을 따라 보고하고 다음 순서와 같이 보고한다.

1) 대응방법

안전사고 시 대응방법은 ① 상황 파악 및 응급조치 → ② 지휘계통에 따라 보고 → ③ 현장 보존 → ④ 목격자 진술서 확보 및 현장 사진 촬영 증거 보존과 같다.

2) 안전사고 발생시 보고 절차

안전사고 발생 시 계통을 따라 보고하고 피해가 예상되는 경우에는 내부 비상연락망과 소방서 보건소, 경찰서, 병원 등 외부비상망에 보고해야 한다.

① 상황 발견자 상황 파악 → ② 안전관리자 및 현장소장에 보고 → ③ 내부 비상연락망 및 외부 비상연락망에 보고(관련자 보고)

제3절 청소대상 시설물 돌발사고 대응하기 과정

청소활동 중 발생하는 시설물 돌발사고의 대응 조치는 원인 파악 안전관리 매뉴얼 적용 및 안전시설, 돌발사고 대응 및 조치 결과를 보고 해야 한다. 시설물 돌발사고 대응 조치 사하의 내용은 다음과 같다.

1. 돌발사고 원인 파악하기

모든 종류의 안전사고 발생은 반드시 원인에 의하여 발생한다. 따라서 청소종사자는 안전 확보를 위하여 돌발사고 원인을 교육을 통하여 숙지해야 한다.

전사고 발생은 반드시 원인에 의하여 발생한다. 따라서 청소종사자는 안전 확보를 위하여 돌발사고 원인을 교육을 통하여 숙지해야 한다. 건물청소 현장에서 발생하는 시설물 돌발사고의 유형과 원인은 대체로 다음의 〈표 38〉과 같다.

〈표 38〉 청소대상 시설물 돌발사고 유형과 발생원인

돌발사고 유형	발생원인
화 재	방화, 전기적 요인, 담배 불, 불장난, 불티, 가스, 유류 등
붕 괴	노후화, 지반 침하, 화재, 홍수, 태풍, 폭발, 외부 물리적 충격 내부 안전사고, 부실시공 등
정 전	수전설비 이상, 송전선로 이상, 배선선로 이상, 기후 이상
누 수	저수조 기능 저하, 배관 이상, 압력 이상 등
폭 발	혼합가스, 가스분해, 화재, 유증, 전기사고 등
감 전	누전, 노출 충전부분 접촉, 절연물 파손 손상, 충전부분 접촉 등
가스 누출	정압장치 이상, 안전장치 이상, 압력 이상
추 락	지지상태 부실, 사다리 고정장치 이상, 난간 높이 낮음, 옥상, 베란다 잠금장치 부실 등
테 러	개인적 감정, 정신 이상자 소행, 취객의 돌출 행동 등
독극물 사고	청소약품 관리 소홀 , 약품취급 부주의, 저수조 보안시설 부실

(자료 : 한국산업인력공단(2017), 환경미화 학습모듈 04, p.304)

2. 안전관리 매뉴얼 개발 및 안전시설 설치하기

시설물 돌발사고는 안전사고 원인을 파악하고, 안전사고 유형별 안전매뉴얼을 통하여 사전에 예방할 수 있으며, 안전시설 설치로 사고 피해를 줄이고 예방할 수 있다.

3. 돌발사고 대응 및 조치결과 보고하기

돌발사고가 발생하면 긴급 대응하고, 조치결과에 대하여 지휘계통에 보고해야 하며 필요한 경우 내부 비상연락망과 외부 관련자인 외부 비상연락망에 보고해야 한다.

제4절 자연재해 및 감염병 대비하기 과정

자연재해는 홍수, 태풍, 폭설, 지진, 해일, 자연발생 화재 등 자연적 현상에 의하여 발생하는 재해로서 조치사항에는 자연재해 대비 안전 매뉴얼 작성, 자연재해 대응 교육실시, 감염병 단계별 대응을 조치해야 한다. 자연재해 대비 대응 조치사항의 내용은 다음과 같다.

1. 자연재해 대비 매뉴얼 작성

자연재해 대비 매뉴얼은 지진, 홍수, 폭설, 폭풍, 해일, 자연발생 화재, 락뢰, 황사, 가뭄 등에 대하여 대비 매뉴얼을 작성하고, 이에 활용하는 경우 자연재해 피해를 최소화할 수 있다.

2. 자연재해 대응교육

자연재해에 해당하는 태풍대비 교육, 폭풍대비 교육, 지진대비 교육, 홍수대비 교육, 해일대비 교육, 자연발생 화재대비 교육, 폭설대비 교육, 태풍대비 교육, 락뢰대비 교육, 가뭄대비 교육 등을 TMB 방식이나 온라인 교육 방식 또는 오프라인 교육방식으로 교육 하여 자연재해에 대비해야 한다.

3. 감염병 단계별 대응

감염병이라 함은 병원체, 독성산물로 일어나는 질환으로서 사람, 동물, 생물, 무생물의 매개체를 통하여 전파되는 질환의 총칭을 말한다. 감염병에는 제1군 감염병, 제2군 감염병, 제3감염병, 제4감염병, 제5감염병, 그리고 지정감염병 등이 있다. 감염병 단계별 대응방법은 다음의 〈표 39〉와 같다.

<표 39> 감염병 단계별 대응방법

단 계	대응 방법
1단계	• 감염병 예방 및 관리에 관한 법률내용을 파악한다. - 법정 감염병의 종류와 증세를 파악한다. - 법정 감염병 확산방지를 위한 질병관리본부의 명령의 종류와 대응요령에 대하여 파악한다.
2단계	• 질병관리본부의 감염병 확산방지 행정 명령에 따라 다음과 같이 대응한다. - 법정 시고대상자는 지정된 기일 안에 신고한다. - 감염병 확산 징후가 있는 경우 감시한다. - 실태조사 명령 시 실태를 조사하고 보고한다. - 감염병 환자는 격리한다. - 의무적으로 예방 접종한다. • 전파 차단명령 시 통제 · 차단한다. - 방역 소독한다. - 병원 출입을 통제한다. • 감염병 예방방법을 파악하고, 방역소독을 실시한다. - 물리적 소독을 실시한다. - 화학적 소독을 실시한다. - 생물학적 소독을 실시한다. - 통합적 소독을 실시한다.
3단계	• 병원 내 감염성 폐기물을 관계법령에 따라 적법하게 처리한다. • 위생쓰레기 폐기 시 오염된 것이 밖으로 비산되지 않도록 포장하여야 하고, 소독과 소각여부는 의사 간호사, 직원이 관계법령에 따라 배출한다. - 의료기관에서 발생하는 폐기물은 일반적으로 감염성 폐기물, 비감염성 폐기물, 비의료 폐기물로 구분하고 감염사고 방지 등의 관점에서 감염성 폐기물은 발생시점에서부터 다른 폐기물과 분리한다. - 액체나 폐액은 밀폐용기를 사용한다. - 고형폐기물은 튼튼한 프라스틱 통에 넣어 밀폐한다. - 감염성 폐기물 수납한 용기에 감염성 폐기무로 표시하고, 취급주의 표시도 해야 한다. - 감염성폐기물은 수집, 운반 중에 비산되거나 유실되지 않도록 해야 한다. - 감염성 폐기물은 단기간만 보관한다. - 감염폐기물의 배출과 처리는 관계법령에서 허가를 받은 환경전문 업체가 처리해야 한다. - 병원 내에서 처리 시에는 소각, 용해, 고압증기 멸균, 건열 멸균, 15분 이상 고열로 끓임, 소독 등의 방법으로 처리한다.

(자료 : 한국산업인력공단(2017), 환경미화 학습모듈 04, pp.339~342)

제 7 장	청소활동 안전관리

제8장 청소서비스 품질검증[7)]

제1절 청소서비스 품질검증의 의의

청소는 청소서비스를 생산하여 고객에게 제공하고, 이를 통해 고객을 만족하게 하는 환경위생관리 활동이다. 따라서 고객의 만족에 부합하는 양질의 청소서비스를 항상 일상적으로 생산 · 제공해야 한다. 그러므로 청소작업이 종료되면 청소작업 결과와 청소품질에 대하여 자체적으로 자동적으로 점검해야 하고, 그 결과 미비점이 발견되면 보완해야 하며, 고객 불만사항이 발생하면 이에 적절하게 대응하여 고객이 만족하도록 보완청소나 개선청소를 실시해야 한다. 청소서비스 품질검증은 고객의 요청이 있거나 고객에 의하여 부정기적으로 실시되는 검증을 말한다. 청소서비스 품질검증은 청소품질 검증 준비하기 과정과 수행하기 과정 및 고객 불만처리하기 과정으로 수행된다.

1. 청소서비스 품질검증의 개념

청소품질이라 함은 청소품질을 검사하여 청소품질 양부에 대하여 증명함을 말한다. 청소품질은 평가자가 체크리스트를 가지고 검증항목에 대하여 소정의 절차에 따라 평가하고, 최종적으로 합계한 점수에 의하여 합격, 조건부 합격 또는 불합격 판정을 하고 조건부 합격과 불합격의 경우에는 부분 보완 또는 전면 보완작업을 실시해야 한다.

2. 청소서비스 품질검증의 목적

청소품질의 검증의 목적은 실시한 청소작업의 결과 나타나는 청소품질이 양호한지 아니면 불량한지를 객관적으로 판단하여 개선하는데 있다.

---

7) 한국산업인력공단(2017), 환경미화 학습모듈 05, p.351 인용 및 일부 수정)

3. 청소서비스 품질검증방법

청소품질을 검증하는 방법에는 샘플링 검증방법, 설문조사 검증방법(고객만족도 조사방법), 체크리스트 조사방법 등이 있으며, 청소는 일상적인 작업으로 연속성을 가지고 있는 특성을 고려할 때 체크리스트 청소품질 검증방법이 무난할 것으로 판단된다.

4. 청소서비스 품질검증절차

청소품질을 체크리스트를 통하여 검증하는 경우, 그 절차는 다음과 같다.

① 청소품질 검증목적을 설정한다.
② 검증일정을 계획한다.
③ 청소현장 검증단위 및 검증항목을 설정한다.
④ 복수의 검증자를 선임한다.
⑤ 검증기준을 설정한다.
⑥ 검증 체크리스트와 청소품질 검증결과 집계표 준비 및 검증결과 최종 평가기록부를 준비한다.
⑧ 검증을 실시한다.
⑨ 판정결과(합격, 조건부 합격 또는 불합격)를 도출하고, 고객에게 검증결과를 보고하고 판정결과에 따라 적합한 조치(전면 보완 또는 일부 보완 작업 실시)를 취한다.

제2절 청소서비스 품질검증 준비하기 과정

1. 검증계획 수립과 준비

청소품질 검증을 위하여 체크리스트를 작성하고 나면 청소품질을 검증할 준비를 해야 한다. 청소품질을 검증준비에 앞서 청소품질 검증의 개념과 필요성을 관련 자료를 바탕으로 살펴보면 다음과 같다.[8)]

8) 한국산업인력공단(2017), 환경미화 학습모듈 pp.368~369 참조.

1) 청소작업별 목표 확인

(1) 청소 4대목표 설정

청소는 청소 목표달성을 위하여 수행되며, 청소수행 목표에는 구체적으로 4대목표가 있다. 청소작업은 청소 4대목표인 건축시설물의 청결유지 목표와 마감재의 내구연한 증대 목표, 쾌적한 환경조성 목표 그리고 보건위생 수준향상 목표를 달성하기 위하여 수행한다. 이를 설명하면 다음과 같다.

① **건축시설물의 청결 유지** : 청결의 사전적 의미는 먼지, 쓰레기 등 지저분하고 더러운 오염원을 제거하여 맑고 깨끗하게 하는 것을 말한다. 따라서 청소작업의 제1목표는 청소대상물인 건축시설물의 먼지와 쓰레기 등의 오염원을 제거하고, 맑고 깨끗하게 하여 청결을 유지하는데 있다. 건축시설물의 청결을 유지하기 위해서는 기존의 먼지나 쓰레기의 제거도 중요하나, 더욱 중요한 것은 먼지나 쓰레기가 청소대상물 표면에 부착하지 못하게 하는 예방청소가 중요하며, 건축시설물의 정리정돈 또한 중요하다.

② **건축마감재 내구연한 증대** : 청소의 두번째 목표는 건축마감재의 내구연한을 증대하는데 있다. 사람에 있어서도 수명개념이 있듯이, 청소대상 마감재에도 일정한 수명이 있으며, 이를 물리적 내구연한 또는 내용연수라 한다. 마감재 표면에 부착하고 있는 흙이나 먼지 또는 쓰레기 등 오염원을 제거하지 않는 경우에는 준공당시에 시공한 건축마감재의 기능과 색상 및 내구연한을 크게 단축시킬 수 있다. 따라서 건축 마감재의 내구연한 단축을 방지하여 연장하기 위해서는 청소가 필요하다. 청소는 내구연한의 연장은 물론 앞에서 논의한 바와 같이 마감재의 기능과 색상을 장기적으로 유지하게 하므로, 청소는 매우 주요한 작업이자 활동이라 할 수 있다. 따라서 청소는 건축마감재의 내구연한을 연장시킬 수 있다.

③ **쾌적한 환경조성** : 쾌적의 사전적 의미는 사람의 몸과 마음에 알맞아 기분이 썩 좋은 상태를 말한다. 청소는 청소대상인 건축시설물에 존재하는 먼지나 쓰레기, 더러움 등 오염원을 제거하여 주변 환경을 청결하게 유지함으로서 건물사용자의 기분을 좋게 하여 쾌적감을 느끼게 한다. 따라서 청소는 쾌적한 환경의 조성을 목표로 가지고 있다. 청소작업을 통하여 환경의 쾌적성이 확보되는 경우, 건물 사용자의 업무성과와 업무생산성이 향상되며 건물의 사용가치가 높아진다. 따라서 청소는 청소작업을 통하여 쾌적한 환경을 조성해야 한다.

④ **보건위생 수준 향상** : 청소는 청소작업을 통하여 주변 환경을 깨끗하게 하는 유지하는 경우에는 병원균, 바이러스, 박테리아 등을 매개하는 파리, 모기, 쥐 등을 서식하지 못하게 하여 주변 환경의 보건 위생 수준을 향상시키는 작용을 한다. 이와

같은 보건위생 수준의 향상은 건물사용자의 생명건강을 보호하고 증진시키는데 기여하게 된다. 따라서 청소는 청소작업을 통하여 보건위생 수준 향상의 목표를 달성해야 한다.

2) 청소품질검증 체크리스트 작성

청소작업별 청소수행목표의 달성여부 확인은 청소품질 체크리스트를 통하여 확인할 수 있다. 따라서 청소수행자는 청소품질 체크리스트 작성을 할 줄 알아야 한다.

(1) 체크리스트의 개념

체크리스트의 개념은 어떤 대상이나 내용에 대하여 항목에 따라 평가하거나 확인 또는 대조하는 대조표나 확인표를 말한다.

(2) 체크리스트 작성 목적

작업별 청소수행 품질 체크리스를 작성하여 활용하는 목적은 청소수행 품질 목표의 달성 여부를 확인하고 대조·평가하여 결과해석에 필요한 자료를 확보하는데 있다.

(3) 청소품질 체크리스트 작성 방법

청소품질 체크리스트 작성 방법은 다음과 같다.

① 청소작업별 수행목표를 설정한다.
② 청소작업별 청소수행목표의 달성 정도 평가기준을 설정하고, 달성정도에 대하여 일정한 평가점수를 부여한다.
③ 청소수행목표의 확인 작업단위를 설정한다.
④ 작업 단위별 평가항목을 설정하고 달성정도를 점수화한다.
⑤ 체크리스트 양식을 설계한다.
- 검사단위란을 설정한다.
- 검사항목란을 설정한다.
- 검사기준란을 설정한다(양호 2점, 미흡 1점, 결함 0점).
- 비고란을 설정한다.
- 작업별 청소작업 마지막에 소계 란을 두고 총 작업결과 란에 총계란을 둔다.

(4) 체크리스트 설계안

앞에서 논의한 체크리스트 작성방법에 따라 작성한 체크리스트 설계안은 다음의 〈표 40〉과 같다.

〈표 40〉 체크리스트 설계안(예시)

검사단위	검사항목	양호(2점)	미흡(1점)	결함(0점)	비고
출입현관 및 로비공동구역	① 출입문/문틀/도어 ② 바닥/타일/가장자리 ③ 벽면/칸막이 ④ 천장/에어컨/조명등/환풍기 ⑤ 유리/창문 ⑥ 스위치/신호기 ⑦ 소화기 ⑧ 미술품/화분/장식/예술 ⑨ 우편함				
소 계	9개 항복	양호 점	미흡 점	결함 점	
화장실	① 출입문/문틀/도어 ② 바닥/타일/가장자리 ③ 칸막이/벽면 ④ 친장/에이긴 ⑤ 유리패널/창문 ⑥ 거울 ⑦ 비품/부착물 ⑧ 스위치/전원구/신호기 ⑨ 세면기/경대 상단 ⑩ 소변기/수세식 변기 ⑪ 물비누 공급기 ⑫ 화장지 공급기 ⑬ 쓰레기통/위생용 쓰레기통 (숙여 화장실)				
소 계	13개 항목	양호 점	미흡 점	결함 점	
총 계	22개 항목	양호 점	미흡 점	결함 점	
평가 결과	합격( ) 조건부 합격( ) 불합격( )				

(5) 체크리스트 자료해석

청소품질 체크리스트는 결과를 계략적으로 평가해야 하므로 합격의 기준점을 설정해야 한다. 양호 2점, 미흡 1점, 결함 0점 처리하여 평가한 점수가 평가항목 대비 90% 이상을 득하는 경우엔 합격(양호 판정), 60%~89% 사이의 점수는 조건부합격(미흡) 처리하고 부분적으로 보완하게 하며, 60% 미만인 경우에는 불합격 처리하여 전면적으로 다시 청소작업을 처음부터 재 수행하여 전면 보완 조치한다.

청소는 일상적인 작업으로 연속성을 가지고 있는 특성을 고려할 때 체크리스트 청소품질 검증방법이 무난할 것으로 판단된다.

제3절 청소서비스 품질검증활동 수행하기 과정

1. 검증활동 준비

청소수행결과에 대한 검증활동이라 함은 청소작업결과로 나타난 청소상태와 청소품질에 대하여 검사하고, 청소품질의 유무와 품질 수준의 정도를 증명하는 행위를 말한다.

청소품질활동 준비는 청소활동 검증계획에 따라 검증활동을 수행하는데 필요한 자원확보 준비를 의미한다. 검증활동을 위하여 준비해야 하는 자원에는 다음과 같은 자원들이 있다.

1) 검증활동 인적 자원

청소품질 검증을 담당할 사람을 인적자원이라 한다.

청소품질 검증활동은 개관적으로 수행 검증해야하기 때문에 복수의 검증자를 선발하고 지원해야 한다.

2) 검증활동 물적 자원

청소품질 검증활동에 필요한 도구, 장비, 약품 등을 물적 자원이라 한다. 물적 자원의 종류에는 컴퓨터, 광도측정기, 카메라, 간이 부유분진 측정기, 세균오염도 측정기 등의 장비 및 도구와 체크리스트와 평가표 및 집계표 등의 문서자원 등이 준비되고 지원되어야 한다.

3) 검증활동 재무적 자원

청소품질 검증활동을 수행하기 위해서는 인건비, 장비 도구 구입비, 사무용품비, 검증활동비 기타 비용 등이 소요 되는 바, 이를 검증활동 재무적 자원이라 하고 이를 준비하여 지원해야 한다.

4) 검증활동 기술적 자원

품질검증에 필요한 기술을 검증활동 기술적 자원이라 한다.

품질검증을 위하여 사용되는 장비 도구의 사용법, 측정기술, 약품 사용법 등의 기술이 요구되며 이를 준비하여 지원해야 한다.

2. 검증활동 준비 확인

청소품질 검증자는 다음과 같은 준비를 확인해야 한다.

① 청소활동 품질검증수행 계획서를 확인한다.
② 청소품질 검증목적을 확인한다.
③ 검증대상 현장과 검증단위 및 검증항목을 확인한다.
④ 검증일정을 확인한다.
⑤ 검증도구와 준비물을 확인한다.
⑥ 검증 체크리스트와 기타 집계표, 평가표 등 문서자료를 확인한다.

3. 청소품질 검증활동 수행

1) 청소품질의 개념

청소품질 검증활동을 수행하기 위해서는 다음과 같은 청소품질 개념에 대하여 이해하고 있어야 한다.

청소품질이라 함은 품질의 사전적 의미는 청소서비스 본래의 성질이나 바탕을 말하며, 청소의 근본이 되는 성질을 말한다.

청소서비스 품질을 강조하는 이유는 청소서비스를 소비하는 고객의 만족문제 때문이다. 유료조건으로 생산하는 청소서비스는 건물을 사용하는 고객이 청소서비스 품질이 높은 경우 만족하나, 청소서비스 품질이 낮은 경우에는 청소서비스를 소비하는 고객이 불만을 토로하기 때문에 청소서비스는 항상 고품질을 유지해야 한다.

청소작업 결과 청소 상태가 불량한 경우, 즉 청소서비스 품질이 낮은 경우에는 청소품질을 체크리스트를 통하여 자율 점검하고 필요한 경우에는 고객과 협의하여 공식적으로 청소품질 검증을 실시하고 청소품질에 객관적으로 문제가 되는 경우 이를 보완작업을 통하여 개선하고 개선결과를 통하여 고객이 만족하도록 해야 한다. 그러므로 청소품질은 매우 중요하고 의미가 있다. 청소품질의 기준은 청소현장에서 청소작업을 공식적으로 수행하기 전에 청소용역 계약 단계에서 청소서비스 위탁자와 수탁자 간에 합의에 의하여 청소현장 검증 대상과 검증항목별 청소수준을 설정해 두어야 한다.

청소품질을 유지하는 방법은 청소수행자가 청소품질 수준을 이해하고, 청소수행 계획에 따라 전문적이고 기술적인 일상청소를 통하여 유지할 수 있으며, 일상청소 수행 중 특별하게 청소품질에 문제가 되는 경우 자율점검하고, 그래도 문제가 되는 경우에는 고객과 협의하여 청소품질 검증을 공식적으로 수행하여 미비점을 도출하고 이에 대하여 보완작업을 통하여 개선하여 청소품질을 유지해야 한다.

2) 미비점 보완과 향후 대책

청소미비점이라 함은 청소품질 또는 상태가 완전하지 못하여 청소품질을 정상적으로 유지하지 못하는 부분을 말하고 보완은 청소품질 수준의 미달상태를 청소작업을 통하여 개선하여 종전의 청소품질로 향상하게 하는 작업을 의미한다.

청소품질 미비점의 도출목적은 이를 보완하여 원래의 청소품질을 유지하기 위함에 있다 향후 미비점 보완 대책으로는 향후 청소품질 보완대책을 수립하고 고객에게 관계를 유지하기 위하여 청소품질 유지에 만전을 기하도록 해야한다.

제4절 고객불만 대응하기 과정

청소품질의 검증단계의 3단계에 해당하는 고객불만 대응과정에서는 다음과 같이 청소 불만사항 파악, 원인 분석과 향후 대책 수립, 고객만족에 대하여 검토해야 한다.

1. 청소 불만사항 파악

불만사항을 접수하고, 방문 또는 전자매체나 전화로 확인하고 불만 원인을 파악한다. 청소 불만사항이라 함은 청소작업 결과 나타난 청소의 상태가 불량하거나, 청소과업 지시서에서 지시하고 있는 청소품질 수준에 미달할 경우에 고객이 이에 대하여 이의를 제기하거나 문제점으로 지적하여 개선을 요구하는 사안을 말한다.

2. 고객불만 원인 분석 및 향후 대책

(1) 고객불만 원인 분석

고객불만의 원인을 분석하며 대체로 다음과 같다.

① 고객요구 청소품질 미달
② 청소상태 미흡
③ 청소기술과 전문성 부족
④ 청소인력과 장비 및 약품 부족
⑤ 청소종사자의 잦은 이직과 결근
⑥ 노사분규 및 갈등
⑦ 청소사업자 경영부실

(2) 청소서비스 불만 향후 대책

고객이 제기한 청소서비스에 대한 불만을 개선하기 위한 향후대책은 다음과 같이 수립하고 실천한다.

① 고객불만 처리업무를 사내 표준화
② 고객불만 접수, 처리시스템 구축 및 상시 운영
③ 고객불만 사항 접수 즉시 방문 또는 전화 확인
④ 불만원인 분석 및 보완작업 또는 개선작업 실시
⑤ 불만사항 해결 또는 개선 통지
⑥ 해피콜 실시 및 만족 여부 확인

3. 고객만족

청소작업을 통하여 생산하고 제공하는 청소서비스의 목적은 고객을 만족하게 하는 데 있다. 만족의 의미는 청소결과에 대하여 고객이 느끼는 청소상태나 수준이 만족하고 흐뭇해함을 인식하는 마음의 상태를 말한다. 청소작업 결과 생산되어 제공되는 청소서비스에 대하여 고객을 만족하게 하는 고객만족관리 방법에는 다음과 같은 방법이 있다.

① 고객요구 청소품질 수준 충족
② 청결상태 및 쾌적한 환경 유지
③ 청소가치 창출 및 제공
④ 고객불만사항 접수처리 시스템 구축 및 상시 운영
⑤ 고객불만사항 접수 즉시 처리
⑥ 고객 눈높이에서 청소 작업 수행
⑦ 단정한 복장유지와 친절한 고객응대

제Ⅳ편 청소장비와 청소약품의 운용

청소는 청소대상에 대하여 청소활동 주체인 청소인력이 청소활동 수단인 청소장비 및 청소약품 등을 활용하여 상호조합과 상호작용에 의하여 청소서비스가 생산되고 제공된다. 따라서 청소서비스를 생산·제공하기 위해서는 반드시 청소장비(청소도구 포함)와 청소약품을 반드시 활용하여야 한다.

따라서 청소작업 시 청소방법에 적합하고 청소대상물 마감재의 종류와 특성에 부합하는 청소장비를 선정하고 활용해야 한다. 왜냐 하면 청소방법이나 청소대상물 마감재의 종류와 특성에 맞지 않은 청소장비를 사용하는 경우 양질의 청소서비스를 생산·제공하는데 차질을 가져오고 문제가 발생할 수 있기 때문이다.

또한 청소장비와 청소약품 선정은 반드시 청소장비 운용매뉴얼과 청소약품 운용매뉴얼에 따라 선정하고 사용하여야 하며, 청소장비와 청소약품 사용 후에는 다음 청소활동에 재사용할 수 있도록 사후관리 해야 한다.

청소장비와 청소약품 운용의 목적은 청소활동을 효율적으로 수행하여 바람직한 청소서비스 생산을 지원하는데 있다. 그러므로 청소활동을 수행함에 있어서 청소장비와 청소약품에 대한 개념지식을 이해하고 사용방법 지식을 숙지하여야 하며, 이를 이용하여 청소서비스를 생산하는 청소활동 지식을 체화하여야 한다.

제Ⅳ편에서는 2개의 장을 두고 제9장에서 청소장비의 운용의 내용과 제10장에서 청소약품의 운용 전체 주요 내용을 설명하고 있다.

제9장	청소장비의 운용[9]
제10장	청소약품의 운용

제1절 청소장비 운용의 의의

청소는 청소인력과 청소장비 및 청소약품 등 청소활동 3요소의 조합과 상호작용에 의하여 청소서비스가 생산되고 제공된다. 따라서 청소서비스를 생산·제공하기 위해서는 반드시 청소장비(청소도구 포함)을 활용하여 청소작업을 수행해야 한다.

청소작업 시에 청소방법에 적합하고 청소대상물 마감재의 종류와 특성에 부합하는 청소장비를 선정하고 활용해야 한다. 왜냐 하면 청소방법이나 청소대상물 마감재의 종류와 특성에 맞지 않은 청소장비를 사용하는 경우 양질의 청소서비스를 생산·제공하는데 차질을 가져오고 문제가 발생할 수 있기 때문이다. 또한 청소장비의 선정은 반드시 청소장비 운용매뉴얼에 따라 선정하고 사용하여야 하며, 청소장비 사용 후에는 사후 관리하여 다음 청소활동에 재사용할 수 있도록 해야 한다. 청소장비의 운용목적은 청소활동을 효율적으로 수행하여 바람직한 청소서비스 생산을 지원하기 위함에 있다. 청소방법과 청소대상물의 특성에 따라 선정하고 사용하는 청소장비의 운용은 청소장비 선정과정과 사용과정 그리고 청소장비 관리 과정으로 운용된다.

제2절 청소장비 선정하기 과정

청소장비 선정과정에서는 다음과 같이 장비별 특성 및 용도 파악, 청소대상물의 청소방법 및 마감재 특성에 따른 장비선정, 선정된 장비의 청소활동 사용가능 여부 판단, 적

9) 한국산업인력공단(2017), 환경미화 학습모듈 06, p.431 인용 및 일부 수정.

정 장비의 투입 확정 등의 조치를 취해야 한다. 단계별로 조치해야 하는 구체적인 조치 사항의 내용은 다음과 같다.

1. 장비별 특성 및 용도파악

청소는 청소종사자가 청소장비와 도구 및 청소약품을 이용하여 청소의 목적을 달성한다. 따라서 청소종사자는 청소에 사용할 청소장비의 종류와 용도를 파악해야 한다. 청소를 위하여 사용하는 장비의 종류는 청소대상물과 마감재의 종류와 특성에 따라 특수한 청소장비가 있으나, 일반적으로 사용되는 청소장비의 종류를 대별하면 진공흡입청소기, 바닥청소기(바닥의 건식 · 습식 청소기), 고압세척기, 특수 목적 청소장비(카펫청소, 계단청소, 외벽청소, 에스컬레이터 청소, 바닥 연마용 청소) 등으로 분류할 수 있으며, 장비 종류별 용도와 특성을 정리하면 다음과 같다.

1) 진공청소장비

진공청소장비는 건식 청소기와 건습식 겸용 청소기 및 산업용 집진 청소기, 클린룸용 청소기, 배낭형(멜빵용) 청소기 등의 종류가 있다.

① 건식청소기는 먼지나 마른 이물질 흡입하는데 사용하는 청소장비다.
② 건 · 습식 겸용 청소기는 젖은 이물질이나 액체를 흡입하는데 사용한다.
③ 산업용 집진 청소기는 고용량의 흡입에 사용되며 클린룸용 청소기는 클린룸과 병원 등에 사용하는 청소장비이다.
④ 배낭형 청소기는 극장, 공장, 공연장, 경기장 등의 흡입청소에 적합한 청소장비이다.

2) 바닥청소장비

바닥청소장비에는 버니셔(돌돌이), 기름걸레차, 습식 청소차, 건식 청소차 등으로 분류할 수 있다.

① 버니셔(돌돌이)는 바닥청소, 박리, 연마작업용도 청소기이다.
② 기름걸레차(Leasking car)는 기름걸레를 장착하여 바닥의 먼지를 걸레부분에 흡착하여 청소하는 청소장비이다.
③ 습식 청소차는 바닥에 물을 뿌리고 브러쉬나 패드 등으로 닦은 후 더러워 진 것

을 흡입하여 바닥을 깨끗하게 청소하는 청소 장비이다.

④ 건식 청소차는 바닥의 먼지, 쓰레기 등을 쓸어 담아 호퍼에 저장하는 청소장비이다.

3) 고압 세척기

고압세척기는 물을 고압으로 분사하여 세척하는 청소장비로서 이에는 가정용, 일반세척용, 전문가용 등이 있다.

4) 특수목적용 청소장비

카펫청소나 에스컬레이터(무빙워크 포함) 청소용도의 청소장비, 계단청소장비, 외벽청소장비 등 특수한 청소에 사용되는 청소장비이다.

2. 청소작업 특성별 청소장비 파악

1) 카펫 청소작업 특성 파악 및 청소장비 도구결정

① 얼룩 상태 성질 파악(수성 또는 유성) 및 제거방법 파악

② 먼지제거 방법 파악

③ 습식상태 파악

④ 카펫청소 장비 및 도구결정

2) 현관 및 로비 청소작업 특성 파악 및 청소장비 도구결정

① 출입문 매트상태 파악

② 현관 유리창 상태 파악

③ 바닥관리 상태 파악

④ 기타 장식물, 휴게실, 관리상태 파악

⑤ 현관 및 로비 청소상비 도구 결정

3) 복도, 계단 청소작업 특성 파악 및 청소장비 도구결정

① 휴지통 비품 관리상태 파악

② 출입문, 벽면 관리상태 파악

③ 바닥 관리상태 파악
④ 기타 장식물관리 상태 파악
⑤ 복도 계단 청소장비 도구결정

4) 승강설비 청소작업 특성 파악 및 청소장비 도구결정

① 승강설비 현황 파악
② 바닥관리 상태 파악
③ 장식물, 벽 관리상태 파악
④ 홈파기 관리상태 파악
⑤ 승강설비 청소장비 도구 결정

5) 사무실 청소작업 특성 파악 및 청소장비 도구결정

① 바닥상태 파악
② 창문, 칸막이 상태 파악
③ 휴지통, 비품관리 상태 파악
④ 기타 비품관리 상태 파악
⑤ 사무실 청소작업 장비 및 도구 결정

6) 외곽, 주차장 청소작업 특성 파악 및 장비 도구결정

① 외곽상태 파악
② 주차장 바닥상태 파악
③ 휴지통, 비품상태 파악
④ 기타 쓰레기 집하장 상태 파악
⑤ 외곽, 주차장 청소장비 및 도구 결정

3. 청소대상물의 청소방법 및 마감재 특성에 따른 장비선정

청소대상물의 청소방법 및 마감재 특성에 따른 장비선정은 마감재 종류와 특성에 따라 청소방법을 선정하고 선정한 청소방법에 따라 사용할 청소장비를 선정하여야 한다.

청소대상물의 청소내용을 파악하고 청소방법을 선정하여 이에 적합한 청소장비 도구를 선정한다. 이를 사례별로 설명하면 다음과 같다.

1) 구역별 청소대상물 분류

① 카펫 청소 : 오염제거(유성 수성 오염) 먼지제거, 습식 청소
② 현관, 로비 청소 : 출입문 매트, 출입문 유리, 로비 바닥, 비품 장식, 휴게시설
③ 복도, 계단 청소 : 출입문, 바닥, 휴지통, 비품, 벽면, 장식품
④ 화장실 청소 : 바닥, 세면대, 소변기, 대변기, 휴지통, 비품
⑤ 승강설비 청소 : 엘리베이트, 에스컬레이트, 바닥, 장식, 부착물, 홈파기
⑥ 사무실 청소 : 바닥, 칸막이, 창문, 출입문, 휴게실, 휴지통, 비품
⑦ 외곽, 주차장 청소 : 주차장 바닥, 휴지통, 비품, 배수구, 쓰레기 집하장, 편의 시설, 비품

2) 오염개소별 청소방법 선정 및 장비 선정

① 오염, 더러움 청소 : 극세사, 마포세정, 수세미 이용 세정, 기계이용 세정
② 먼지제거 청소 : 마른 걸레 닦기, 젖은 걸레 닦기, 건식 더스트 맙 닦기 작업
③ 건식 더스트 맙 청소 : 부직포 맙 작업, 재활용 맙 작업
④ 빗자루 청소 : 눌러 쓸기, 튕겨 쓸기, 밀어 쓸기 작업
⑤ 마포걸레 청소 : 마른 마포, 젖은 마포, 세제 마포, 물기제거 마포 작업
⑥ 쓰레기 청소 : 쓸고 모으기, 수거하기, 쓰레기 집하장으로 이동 작업

4. 선정된 장비의 청소활동 사용가능 여부 판단

청소현장에서 청소방법에 따라 수행할 청소를 위하여 선정하는 청소장비의 사용 적합성 판단을 해야 하는 이유는 잘못된 장비사용으로 청소작업이 고장 등의 이유로 중단되거나 지연되는 사례를 방지해야하기 때문이다.

사용가능 여부 판단은 다음과 같은 방법으로 할 수 있다.

① 장비도입 목적에 적합한지 확인한다.
② 사용 전에 가동여부와 장비상태를 육안으로 확인한다.
③ 장비 사용설명서를 확인한다.
④ 장비특징, 성능, 규격 등을 확인한다.

5. 적정 장비의 투입 확정

청소방법에 다른 적합한 장비를 사용가능 여부에 대하여 판단이 되면 청소장비를 해당 청소현장에 투입한다.

제3절 청소장비 사용하기 과정

장비 사용단계는 청소장비 운용의 두번째 단계로서 장비 운영방법 파악, 장비 운전 안전사항 파악, 투입장비 운전, 사용 중 발생하는 비상 보수와 정비 등 응급조치 등의 조치를 취해야 한다. 조치사항의 내용은 다음과 같다.

1. 장비운영방법 파악

선정한 청소장비를 청소작업에 사용하기 위해서는 청소장비 운영방법을 파악해야 한다. 청소장비 운영방법은 장비운영 매뉴얼을 통하여 파악할 수 있다.

2. 장비운전 안전사항 파악

청소장비는 청소목적으로 제작한 기계장비로서 평편하고 부드러운 바닥에서만 사용하도록 설계되어 있다. 특히 청소장비에 에너지원으로 사용하는 배터리는 수소와 산소를 발생시켜 폭발이나 화재 위험이 있으므로 화기나 불꽃에 노출되지 않도록 주의해야 하고, 충전 중에 뚜껑을 열어 두어야 하고 가연성 물질이나 반응성 금속은 화재나 폭발의 위험이 있으므로 쓸어 담지 않아야 한다.[10)]

① 장비사용의 안전을 위해서는 장비사용 전에 반드시 안전장치의 위치, 작동여부를 점검하고 브레이크와 핸들 점검을 실시한다.

② 사용 중에는 경사진 곳이나 미끄러운 곳에서는 반드시 서행해야 하고, 후진 시에는 충분하게 주위를 살피고 장비의 오작동이나 파손 또는 부품을 분실하지 않도

10) 한국산업인력공단, 환경미화 학습모듈 06, p.481 인용.

록 유의한다.

③ 장비사용교육을 받지 아니하고, 사용승인을 받지 아니하고, 장비사용 설명서를 숙지하지 않은 상태에서 장비운전을 할 수 없다.

④ 가동 전에 안전장치를 확인하고 조향장치와 브레이크를 확인한다.

⑤ 장비에 세제 투입시 세제 취급설명서에 따라 실시한다.

⑥ 감독자의 감독 없이 노약자의 사용을 금한다.

⑦ 주 스위치가 켜진 상태에서 장비방치를 금한다.

⑧ 기기 모델판에 표시된 전원과 공급전원은 일치해야 한다.

⑨ 젖은 손으로 전원 플러그를 잡지 말아야 한다.

⑩ 사용시마다 연결선과 주 전원 플러그가 손상되었는지 확인해야 한다.

⑪ 손상된 연결선은 전기 기술자를 통하여 교체하여야 한다.

⑫ 욕실과 같이 젖어 있는 실내에서 장비를 사용할 때에는 누전회로 차단기와 연결된 소켓에만 연결하여 사용해야 한다.

⑬ 의심스러운 상황에서는 전기기술자나 감독자에게 보고하고 확인 후 장비를 사용한다.

⑭ 폭발성 요액, 발화성 기체, 폭발성 분말, 희석하지 않은 산성물질, 솔벤트 등은 장비에 흡입을 금한다. 또한 벤젤, 페인트 희석제, 난방용 기름, 알루미늄, 미그네슘 분말 등은 기기 내에 흡입된 공기에 의해 활성화되면 폭발성 기포나 혼합물이 생겨 기기를 부식시킬 수 있다.

⑮ 주유소와 같은 위험성이 있는 곳에서는 안전 수칙을 준수해야 하고, 잠재적인 폭발 위험이 있는 장소에서는 사용을 절대적으로 금한다.

3. 투입장비 운전

청소대상물 마감재의 종류와 특서에 따라 선정한 청소방법에 따라 수행하는 청소작업 수행에 있어서 청소장비의 사용은 불가피하다. 청소장비를 사용하기 위해서는 청소장비의 올바른 운전법을 이해하고 숙지해야 하며, 운전 기능을 체화해야 한다.

청소의 장비가 매우 다양하고 운전방법이 동일하지 아니하며, 운전조작 순서가 다르므로 청소장비 운전 매뉴얼을 통하여 각각의 청소장비의 운전방법을 익혀야 한다.

바닥청소장비(진공청소기)의 경우 운전법은 다음과 같다.

① 정비 시 평지 주차 및 전원 오프(Off) 한다.

② 주차 브레이크 걸어 준다.

③ 스퀴지로부터 호스를 뽑아 놓는다.
④ 윈드를 조립한다.
⑤ 윈드와 호스를 조립한다.
⑥ 전원을 켠다.
⑦ 스킨지 팬을 버튼을 눌러 스퀸지를 내리고, 진공 팬을 작동시킨다.
⑧ 안전하게 진공 청소작업을 실시한다.
⑨ 작업을 종료하면 스퀸지 버턴을 눌러 준다.
⑩ 전원을 끈다.
⑪ 호스를 분리한다.
⑫ 진공호스를 다시 스퀸지에 연결시켜 둔다.

4. 사용중 발생하는 비상보수와 정비 등의 응급조치

청소장비를 이용하여 청소작업을 수행하는 경우 어떤 원인에 의하여 고장 또는 장애나 작동하지 않는 등 문제가 발생할 수 있다.

예컨대 충전지 잔류 용량이 낮거나 문제가 있을 때 작동 표시등이 깜박이거나 정지하게 된다. 이와 같은 청소장비에서 문제가 발생한 경우에는 즉시 원인을 파악하고 응급조치해야 하고 보수해야 한다. 청소장비의 문제점이 발생하면 충전·작동 표시등에 신호를 보내게 되며 사용자는 즉시 무제가 발생할 것을 감지하고 즉시 응급조치해야 한다. 청소장비의 표시기의 신호와 문제의 원인 및 조치 방법을 살펴보면 다음의 〈표 41〉과 같다.

〈표 41〉 청소장비 문제의 원인과 조치방법

문제의 종류	문제의 원인	조치방법
흡입성능 저하/ 흡인불능	진공팬이 켜지지 않음 스퀸지 고무의 마모 스퀸지 조정 불량 진공호스 막힘 더러운 진공팬 필터 진공팬 커버 씰 마모 오물이 스퀸지에 걸림 진공호스 빠짐 오수탱크 닫히지 않음	진공팬을 켬 스퀸지 교체 스퀸지 조정 진공호스 세척 진공팬 청소 씰(패킹) 교체 오물 제거 진공호스 연결 도어 확인 후 다시 닫음

문제의 종류	문제의 원인	조치방법
진공팬이 작동 하지 않을 때	진공팬 스위치 꺼져 있음 오수탱크 만수 오수탱크 거품으로 가득 채워져 있음 오수탱크 더러움, 고착	진공팬 스위치 켬 오수탱크 비움 오수탱크 비움 센서의 세척, 교체
세정용액이 도출되지 않거나 부족 시	용액탱크 비었음 물양 조절레버가 잠김 용액공급 호스라인이 막힘 용액탱크 막힘	용액을 채움 조절레버 열어 줌 용액공급 호스 세척 용액탱크 비운 후 필터세척 재장착
세정성능 저하	1-스텝 세정 버턴이 꺼져 있음 부직힙 세제 브러시 사용 오수탱크 만수 용액탱크 비었음 오물이 세정 브러시 패드에 감김 세정 브러시 마모 브리시 벨트 끊이짐 배터리 충전부족	1-스텝 세정버턴 켬 시비스 센디에 문의 오수탱크 비움 용액탱크 채움 오물제거 세정 브러시 교체 브리시 벨트 교체 배터리 충전

(자료 : 한국산업인력공단(2017), 환경미화 학습모듈 06, p.508 인용)

또한 신호표시기의 신호에 따라 비상 조치해야 하는 사항은 다음의 〈표 42〉와 같다.

〈표 42〉 표시등 신호에 다른 비상 조치사항

표시등 신호	원 인	조치사항
오류표시기 점멸	구동모터 과부하	서비스 센터 · 제조사 문의
오류표시기 위족	오른쪽 후방모터 과부하	모터에 감긴 철사나 압력표시등 동시 점멸, 노끈 제거
오류표시기 및 진공팬	진공팬 모터 과부하	서비스 센터 · 제조사 문의, 표시등 동시 점멸

(자료 : 한국산업인력공단(2017), 환경미화 학습모듈 06, p.499 인용 및 재구성)

제4절 청소장비 관리하기 과정

청소장비 관리단계는 청소장비 운용의 세번째 단계로서 장비의 정기점검 및 정비, 최상의 장비상태 유지, 최상의 청소장비 현장 투입 그리고 고가, 특수장비 외주청소 등의 필요한 조치를 취해야 한다. 조치해야 하는 사항의 내용을 설명하면 다음과 같다.

1. 장비의 정기점검 및 정비

청소장비는 장기간 잘못된 사용방법, 관리의 잘못으로 인하여 수명이 단축되거나 고장을 일으키고 성능이 급격하게 저하되는 경우가 있다. 따라서 청소장비를 정상적으로 장기간 사용하기 위해서는 정기적으로 점검하고 필요한 예방정비를 해야 한다.

청소장비의 정기 점검주기는 다음의 〈표 43〉과 같다.

〈표 43〉 청소장비 정기점검표

점검주기	점검대상	점검내용
일일 점검	측면 후면 스퀸지 세정 브러시, 패드 오수탱크 진공팬 필터 세정공급 호스와 연결 커넥션 쓰레기통(원통형 브러시)	손상, 마모, 상태주기 편향 굴절 손상, 마모, 오물 점검 탱크, 스크린 필터, 센서 청소상태 세척상태 청소상태
50시간 주기	배터리(납산 배터리) 디스크형 메인 브러시 원통형 브러시	배터리 레벨 점검, 증유수 손상, 마모 점검 브러시 자국 점검
100시간 주기	진공팬 및 탱크 실(패킹) 원통형 브러시, 드라이브 벨트	손상, 마모 점검 장력(팽팽함) 점검
200시간 주기	진공팬 모터 세정 브러시 모터 가속기 모터	모터 브러시 점검 모터 브러시 점검 모터 브러시 점검
1000시간 주기	버블세정 시스템 물, 에어 필터	교체

(자료 : 한국산업인력공단(2017), 환경미화 학습모듈 06, p.518 인용)

2. 최상의 장비상태 유지

청소작업에 사용한 청소장비를 작업종료 후 다음 청소작업에 사용하기 위해서는 최상의 상태를 유지하고 있어야 한다.

청소장비를 최상의 상태를 유지하기 위해선 청소장비 관리공간에 질서 정연하게 배치해야 한다. 청소장비 부분을 일일 점검, 100시간 점검 등의 주기로 정기적으로 점검하고 필요한 경우 부품의 교체나 정비하여야 하며, 청소 쓰레기를 비워 주고 오물을 제거하거나 오일을 교환, 배터리를 교체해 주거나 충분하게 충전해 두어야 한다.

또한 최상의 상태를 유지하게 하려면 사용하지 않을 때는 물을 비워주고 정비 시에는 전원 소켓에서 뽑아 흡입 여과기와 물탱크, 보플 여과기를 청소해 주어야 한다. 뿐만 아니라 청소 장비를 최사의 상태로 유지하려면 장비관리 책임자를 선임하고 장비관리 책임자가 책임을 지고 장비를 관리해야 한다.

3. 최상의 청소장비 현장투입

청소장비는 세척과 광택 본연의 기능을 발휘할 수 있도록 충분한 브러시 무게를 가지고 있는지에 내하여 확인하고, 심한 오염을 세척하기 위하여 충분한 압력을 가지고 있는지 확인한다. 사용 성능이 뛰어나고 정상적 상태에 있는 장비를 우선적으로 청소작업에 투입하고 사용한다.

4. 고가 특수장비 외주청소

청소용역은 특수청소 용역(1회성)과 상주 인력청소용역으로 분류할 수 있다.

준공청소나 홈 클리닝, 계단 청소 등 1회용 단발성 청소와 고가장비를 이용한 터널청소, 교량 청소, 문화재 복업청소, 고층 외벽청소, 조선설비청소, 반도체 설비청소, 고압 전기설비 청소, 화재현장 복원청소 주차장 기계청소, 도로 청소, 버스정류장 청소, 하천청소, 카펫 청소, 고급석재 청소, 극장의자 청소, 왁스청소, 사무실 이전 청소, 아파트 오피스텔 입주청소 등은 특수한 장비와 전문성을 가진 특수 청소기술자에 의하여 외주형태로 이루어지고 있다.

제 9 장	청소장비의 운용

제10장 청소약품의 운용[11]

제1절 청소약품 운용의 의의

1. 청소약품 운용의 개념

청소활동은 전술한 바와 같이 청소인력과 청소장비(청소도구 포함) 및 청소약품(세제 포함) 등 청소활동 3요소의 조합과 상호작용에 의하여 이루어진다. 이와 같이 청소활동에 있어서 하나의 요소로 작용하는 청소약품이란 청소작업에 사용되는 화학약품이나 각종 세제를 말한다.

청소대상물의 특성에 따라 화학약품이나 세제 등을 이용하지 아니하고는 바람직한 청소서비스를 생산·제공할 수 없기 때문에 필요한 경우에는 청소약품을 반드시 선정하고 사용해야 한다. 다만 청소약품은 매우 위험하고 중독성이 강한약품이므로 취급 시에 매우 조심하고 주의해야 한다.

청소약품 운용을 통하여 청소대상물에 적합한 약품을 선정하고 사용하며 관리 활동을 수행할 수 있다. 청소약품 운용은 3단계 과정으로 운용되며, 이에는 청소약품 선정과정과 청소약품 사용 과정, 그리고 청소약품 관리 과정이 있다.

2. 청소약품 운용의 목적

청소약품을 선정하고 사용하며 관리하는 청소약품의 운용의 목적은 청소대상물에 적합한 약품을 선정하고 정확하고 안전하게 사용하며 효율적으로 관리하는데 있다.

---

11) 한국산업인력공단(2017), 환경미화 학습모듈 07, p.537 인용 및 일부 수정.

제2절 청소약품 선정하기 과정

약품선정 단계는 약품 운용의 첫번째 단계로서 취해야 하는 조치사항에는 적합한 약품 선정, 약품의 특성 및 용도 파악, 선정된 약품 적합성 판단, 적정 약품투입 등의 조치가 필요하다. 이를 설명하면 다음과 같다.

1. 적합한 약품선정

청소는 청소서비스 도급계약이나 청소용역계약에 의하여 청소대상물과 청소범위가 결정되나 일반적 건물의 청소범위에는 사무실, 화장실, 복도 및 계단, 현관 및 로비, 창문, 외곽 주차장 등이 주종을 이루는 청소의 대상물 청소범위이나 실제적으로는 바닥청소가 대종을 이루고 있으며, 청소의 약 50% 이상이 바닥청소에 할애되고 있다.

현대건물은 바닥의 종류가 매우 다양하고 특성이 다르기 때문에 청소방법 또한 다르다. 다양한 마감재를 오염시키고 있는 먼지나 쓰레기, 얼룩, 때 등이 유성이나 수성인 경우가 있고 여러 종류의 오염원이 혼재하여 단순하게 도구나 장비만으로 청결하고 깨끗한 환경을 유지할 수가 없다. 따라서 청소약품의 사용이 불가피하다.

적합한 약품을 선정하기 위해서는 청소대상물 마감재의 종류와 특성부터 파악하고 이로 인하여 선정되는 청소방법에 적합한 약품 선정이 요구되기 때문에 청소대상물의 바닥 마감재부터 살펴보고, 이의 청소작업에 합당한 청소약품을 선정해야 한다.

① 일반적으로 사용하는 청소대상물 바닥 마감재에는 비닐타일, 고무계, 리놀늄, 테라조, 세라믹 타일, 쿼리 타일, 자기 타일, 강화목재, 라미네이트 목재, 대리석, 콘크리트, 카펫 등이 있으며 이에 대한 특성을 파악한다.
② 마감재 특성에 따라 청소방법을 선정한다.
③ 지시 받거나 청소일정에 잡혀 있는 청소작업의 수행 공정상 어떤 약품을 사용해야 할 것인지에 대하여 인식한다.
④ 청소약품을 사용하여 청소해야 하는 청소면적을 파악한다.
⑤ 양품 사용설명서와 매뉴얼을 통하여 사용할 약품의 용도와 사용방법 및 물질안전보건자료(MSDS) 확인한다.

⑥ 작업공정에 따라 사용할 약품의 사용량을 측정하고, 약품창고에서 약품을 분출하여 분출대장에 기록하여 보관한다.

2. 약품의 특성 및 용도 파악

청소약품은 전술한 바와 같이 세제(세척제), 제거제, 광택제, 살균 소독제, 보호제 등으로 분류되며 약품의 용도 파악 방법은 다음과 같다.

① 비치된 약품설명서를 통하여 약품의 특성 및 용도를 파악한다.
② 제품의 라벨을 통하여 약품의 용도 및 특성을 파악할 수 있다.

3. 선정된 약품 적합성 판단

청소현장에서 약품의 적합성을 확인하는 이유는 변질되었거나 잘못된 약품 사용을 사용하는 경우 마감재를 변색, 변질, 손상을 주어 안전을 저해하고 마감재 재산을 손상시키기 때문이다. 선정된 약품의 적합성 판단은 다음과 같은 방법으로 수행한다.

① 외관에 의한 색상이 변질되었는지 확인한다.
② 약품의 고유한 냄새가 있는 경우, 남새의 변화여부를 확인한다.
③ 물리적 방법에 의하여 적합성 여부를 식별한다.
④ 청소작업의 변색, 변형에 의한 적합성을 판단한다.
⑤ 제조연월일과 유효기간에 따라 적합성 여부를 판단한다.

4. 적정 약품 투입

수행하는 청소작업에 적합성이 판단되면 약품을 투입한다. 약품 투입시 고려해야 하는 사항은 다음과 같다.

① 청소작업 지역과 면적
② 작업공정과 투입인원 및 역할
③ 사용하고자 하는 약품의 예측 소요량
④ 투입되는 장비, 도구, 안전 장비(개인 보호구 포함)

제3절 청소약품 사용하기 과정

약품사용 단계는 약품운용 두번째 과정으로서 약품의 사용방법 파악, 약품의 구성 및 유해성 파악, 사전 약품 실험 및 사용, 약품 사용 중 비상사태 응급조치 활동, 약품 사용량 점검 등의 조치를 취해야 한다.

1. 약품의 사용방법 파악

청소약품의 사용방법 파악에는 두가지 방법이 있다. 하나는 사용설명서를 통하여 파악하는 방법이고, 또 하나는 약품의 라벨을 통하여 파악하는 방법이다.

1) 제품 사용설명서를 통한 약품 사용법 파악

(1) 약품 사용설명서를 통한 사용빕 파악

제품 설명서에는 제품 개요와 특징, 제품의 용도, 제품사용방법, 화학적 특성 및 구성 성분, 주의사항 및 응급처치방법 등이 인쇄되어 있어 제품의 사용설명서를 통하여 사용방법을 파악할 수 있다.

(2) 약품의 라벨을 통한 사용법 파악

약품의 라벨에는 제품의 특징, 사용방법, 사용 시 주의사항, 위험 레벨 및 위험요소 등이 인쇄되어 있으므로 이를 통하여 약품의사용법을 파악할 수 있다.

2) 약품의 구성 및 유해성 파악

청소작업에 있어서 약품을 사용하는 경우에는 안전하게 사용해야 하고, 위해성 여부에 대하여 파악해야 한다.

약품의 위해성 파악은 산업안전 보건법 규정에 따라 법적으로 물질 안전 보건자료(MSDS, Material Safety Data Sheet)를 통하여 사용약품의 위해성을 파악할 수 있다. 왜냐 하면 MSDS는 화학물질에 대하여 유해위험성, 응급조치요령, 취급방법 등 물질 보건안전 자료에 대하여 상세하게 설명해 주는 자료이기 때문이다. 이를 소개하면 다음과 같다.

① 화학제품과 회사 정보
- 제품명
- 제품의 용도
- 제조사 및 고급회사 정보
- 작성자 정보

② 구성성분의 명칭 및 함유량
③ 위험 및 유해성
④ 응급조치
⑤ 화재폭발시 대처방법
⑥ 누출사고시 대처방법
⑦ 취급 및 저장방법
⑧ 노출방비 및 개인 보호구
⑨ 물리 화학적 특성
⑩ 안정성 및 반응성
⑪ 독성에 관한 정보
⑫ 환경에 미치는 영향
⑬ 폐기시 주의 사항
⑭ 운송에 필요한 정보
⑮ 법적 규제현황
⑯ 기타 참고사항

또한 세계적 유해성을 표시하는 자료인 GHS(Globally Harmonized System)에는 물리적 위험성(폭발, 인화, 발화성 물질 등 16가지)과 건강 유해성(흡입, 피부 및 신체 기관별 위해성 11가지) 그리고 환경 유해성(수중 생물환경에 대한 유해성 1가지)을 구분해 주고 있다.

3) 사전약품 실험 및 사용

약품은 유해성과 위험이 존재한 화학 약품이므로 사용 전에 약품의 적합성을 실험하고 문제가 없는 경우에만 사용해야 한다.

약품의 적합성 실험방법은 다음과 같다.

① 보호용 장갑, 흰 헝겊, 사용할 약품을 준비한다.
② 작은 면적에 사용할 약품을 극소량 뿌린다.
③ 부려진 약품을 헝겊으로 문질러서 충분하게 묻어나도록 한다.
④ 흰 헝겊에 묻어나온 부분이 표면의 색상이 묻어나는 지를 눈으로 확인한다.
⑤ 이염 현상 및 기타 반응성이 있는지 확인하고 이염이 없는 경우 바로 청소작업에 사용하고, 만일 이염이 있는 것으로 확인되면 대체 약품을 사용한다.

4) 약품사용 중 비상사태 응급조치 활동

건물을 안전하고 쾌적하며 편리하게 사용하기 위해서는 건물관리를 해야 하고, 건물관리를 위해서는 시설관리와 청소를 수행해야 한다.

청소는 청소대상 건물을 청결하게 하고 깨끗하게 하며 위생적인 환경을 조성하여 건물사용자의 생명과 건강을 보호하고 쾌적하게 하며, 업무의 생산성 향상에 이바지하는 순기능도 가지고 있다. 그러나 청소는 청소인력이 청소장비와 약품을 사용하여 청소작업을 수행하기 때문에 약품에 청소수행자가 약품의 위험에 노출될 수 있으며, 약품의 누출이나 화재 폭발사고가 발생할 수 있기 때문에 청소약품 위험과 사고에 대하여 대비해야 하고 비상상활 발생 시 이에 대하여 비상 조치해야 한다.

(1) 약품에 의한 비상사태

청소수행자가 청소작업 중 약품으로 인하여 당할 수 있는 비상사태에는 약품 노출, 화재 폭발, 약품의 누출 비상사태가 있다. 예상되는 비상사태의 사례별 내용은 다음과 같다.

① **청소작업자 약품 노출 사태** : 청소작업자가 화학성 청소약품에 노출되는 사고 발생하는 경우에는 피부나 눈에 악영향을 줄 수 있으며, 흡입의 경우에는 즉시 병원의 도움을 받아야 한다. 약품이 피부노출 결과는 다음과 같다.
- 부식성 약품에 피부가 노출되면 피부조직에 비가역적 변화를 가져오거나 조직을 손상 또는 파괴시킨다.
- 자극성 약품에 피부가 노출되면 피부에 가역적 염증을 일으키고 눈에 작용한다.
- 감작물질의 약품에 피부가 노출되면 두드러기, 발작, 반점, 부종이 나타난다.
- 감작물질의 약품에 피부가 노출되면 사람 및 동물 정상조직에 알레르기 반응이 나타난다.
- 감작물질의 약품에 피부가 노출되면 호흡기와 면역체계에 영향을 준다.
- 감작물질의 약품에 피부가 노출되면 천식과 같은 증상이 있을 수 있다.

② **화재 또는 폭발 비상사태** : 약품은 낮은 인화점과 발화점으로 인하여 충격만으로도 화재 폭발사고가 날 수 있다.

③ **약품 대량 누출 비상사태** : 약품이 대량으로 환경에 누출되는 비상사태가 발생하여 사람의 생활과 환경에 누출되는 경우에는 사람과 환경에 악영향을 주기 때문에 인체 보호와 환경보호 조치가 필요하다.

(2) 약품 비상사태 응급조치

전술한 바와 같이 청소수행자는 청소작업 수행시에 언제나 약품에 노출되거나 접촉하여 비상사태를 당할 수 있다. 그러므로 청소수행자는 개인 안전도구(보안경, 보안 장갑, 보안 신발 등)을 반드시 착용하여야 하고, 응급조치사항을 항상 숙지하고 있어야 한다.

레몬 다목적 세제약품 비상사태는 레몬 다목적 세제 NSDS 응급조치 요령을 반드시 참고해야 한다. 응급조치 사례별 조치 요령은 다음과 같다.

① **피부 접촉 시**
- 흐르는 물에 15~20분 정도 씻어 준다.
- 오염된 의복은 제거한다.
- 의사의 치료를 받게 한다.

② **다량 흡입 시 응급조치 요령**
- 신선한 공기를 쏘인다.
- 자연반응 상태를 관찰한다.
- 산소마스크 조치를 의사의 지시에 따라 실시한다.
- 병원 응급실로 급히 이송하여 의사의 치료를 받게 한다.

③ **눈에 들어갔을 때**
- 15분 이상 눈을 물로 씻어 준다.
- 계속해서 린스 한다.
- 즉시 병원 의사의 치료를 받게 한다.

④ **먹었을 때**
- 입을 씻어 낸다.
- 계속 불편하다면 병원으로 이송하여 치료 받게 한다.

⑤ **레몬 다목적 세제의 화재 및 폭발 시**
- 약품 소화용 소화기로 즉시 소화한다.
- 즉시 대피시킨다.
- 119에 신고하고 진화에 적극 협조한다.

- 약품 창고를 화재의 열로부터 보호하여 폭발을 방지한다.

⑥ 약품 누출사고 발생 시

- 자연환기, 기계적 환기 통하여 배출 또는 분산 조치한다.
- 약품의 특성을 파악하여 적절한 흡수제를 사용하여 환경배출 최대한 막는다.
- 전문가 지원을 요청한다.
- 수거한 약품은 물질안전 보건자료(MSDS)에 따라 폐기 처분한다.
- 유출물을 보관해야 한다.
- 적은량 배출시 식초와 같은 희석산으로 중화시켜야 한다.
- 누출된 물질을 모으되 48시간 이상 밀봉하지 말고 가능한 빨리 폐기해야 한다.

5) 약품사용량 점검

청소에 사용하는 약품을 관리하기 위해선 재고조사와 보관상태 및 보관약품의 종류와 수량, 약품의 사용량 등을 조사하여 파악하고 있어야 한다.

약품사용량을 점검하기 위해서는 약품창고를 조사하여 재고와 사용량을 조사해야 하며, 이를 조사하기 위해서는 약품 입출고 시 개인 보호장구를 착용해야 한다. 또한 약품의 물질 안전 보건자료를 파악하고 있어야 하며, 입고약품의 경고표시(라벨)를 확인해 두어야 한다.

청소 약품사용량 점검방법은 다음과 같다.

① 입고약품을 약품 입고대장에 기록한다.
② 재고량을 반영하여 수정하고, 최종 재고량을 기록한다.
③ 약품의 종류별 수량을 점검한다.
④ 사용 승인 약품은 불출하고 불출 대장에 기록하고 재고에서 제외한다.
⑤ 사용 후 남은 약품은 다시 입고하고 입고대장에 기록하여야 하며, 재고량을 다시 수정하여 기록하여 둔다.

제4절 청소약품 관리하기 과정

청소약품 관리단계는 약품운용 마지막 단계로서 약품상태 점검, 약품관리대장 관리, 약품의 라벨확인 및 관리, 특수약품 관리, 약품상태 및 폐기처리 관리 등의 실무조치를 강구해야 한다.

1. 청소약품 상태 점검

약품 상태 점검은 산업안전 보건법에 따라 물질안전보건자료(MSDS)를 비치하고 이를 통하여 점검할 수 있다. 물질안전보건자료(MSDS) 비치 적정 장소로는 대상 약품취급 현장내에서 청소작업자가 보기에 용이한 곳이나 약품보관 창고 또는 약품 안전사고가 발생할 장소에 비치하면 좋다.

2. 약품관리대장 관리

약품관리대장은 약품의 입출고와 재고량 사용량 등을 기록하고 관리를 통하여 약품안전을 도모하기 위하여 문서화한 장부를 말한다. 약품대장에는 구체적으로 일시, 약품명, 단위, 사용량, 입고량, 재고량, PH 상태, 색상, 향 이상 유무, 접수자 등의 내용이 기재되어 있어 어떤 약품이 언제 입고되고 출고되었으며 사용량이 얼마로서 현재 재고량과 상태 및 접수자를 기록하여 전체적으로 특정 약품의 현황을 한 눈에 보고 파악 할 수 있다. 약품관리대장 양식을 예시 하면 다음의 〈표 44〉와 같다.

〈표 44〉 약품관리대장 양식(예시)

날짜	약품명	단위	입고량	사용량	재고량	PH상태	색상	향 이상유무	접수자

(자료 : 한국산업인력공단(2017), 환경미화 학습모듈 07, p.595 인용)

3. 약품의 라벨확인 및 관리

모든 청소약품에는 라벨이 붙어 있다. 약품라벨은 물질안전보건자료에서 이를 명기하고 있으며 약품의 유해성, 유해성 분류, 독성 및 폭발 분류기준이 기록되어 있다.

물질안전보건자료에서 유해성과 함께 경고 표시도 부착되어 있어 약품관리 창고나 장소에서는 보관하고 있는 약품의 경고 표시도 함께 부착하고 이를 참고하여야 한다.

또한 교육부의 위험 화학물질 안전관리 자료에 의하면 폭발성, 인화성, 급성독성, 호흡기 과민성, 수생환경 유해성, 산화성, 고압가스, 금속 부식성, 경고 그림 등이 표기 되어 있다.

4. 특수약품 관리

청소대상물 중 특수 청소대상에 대한 청소는 일상청소로 해결 할 수 없는 어려운 청소이기 때문에 외주를 통하여 해결하는 청소에 사용하는 약품을 특수약품이라 한다.

예컨대 대리석청소나 카펫청소의 경우에는 일상 청소인력으로 매일 매일 청소 할 수 없기 때문에 외부 전문 청소업자에게 위탁하여 전문적으로 청소하는 경우 외부 전문 청소업자가 특성 청소대상 청소에 특수약품을 사용하여 처리한다.

대리석청소에 사용하는 특수 약품에는 대리석 경화제가 있고, 카펫청소에 사용하는 특수약품에는 카펫얼룩 제거제, 카펫 익스트렉션 세제, 카펫샴프 세제 등이 있다.

5. 약품상태 및 폐기처리 관리

입고한 청소약품이 유효기간을 경과하였거나 변질되어 상태가 불량하게 된 약품은 폐기해야 한다. 청소약품 보관은 저장가능 장소에 보관해야 하고, 함께 저장을 금하는 약품의 저장 기준을 숙지하고 준수해야 한다.

1) 저장금지 장소

저장금지 장소에는 싱크대, 배수처리 입구(환경오염), 바닥, 창턱, 발코니 등이 있다.

2) 안전하게 저장하는 방법

① 온전한 라벨이 붙어 있는 원 약품통에 저장한다.

② 아이로부터 손이 닫지 않는 장소에 저장 관리한다.
③ 약품 전체를 폐기하지 말고, 폐기량을 최소화 한다.
④ 햇빛이나 온도에 민감하므로 저장장소에 유의한다.

3) 함께 저장하는 것이 금지된 약품

함께 저장하지 말아야할 약품은 다음의 〈표 45〉와 같다.

〈표 45〉 저장금지 품목 조견표

	인화성 액체	무기산	유기산	알카리	산화제	공기/물반응제	독성물질
인화성 액체		X		X	X	X	X
무기산	X	X	X			X	X
유기산		X		X	X	X	X
알카리	X	X	X			X	X
산화제	X		X			X	X
공기/물 반응제	X	X	X	X	X		X
독성물질	X	X	X	X	X	X	

(자료 : 한국산업인력공단(2017), 환경미화 학습모듈 07, p.607 인용)

4) 남은 약품처리 방법

① 약품은 대부분 액체이므로 사용량을 줄여서 폐기한다.
② 강알카리 성 독성이 강한 약품은 1일 1세제곱미터 이하인 경우에는 물로 충분하게 희석하여 방류한다. 그러나 1일 1세제곱 이상의 약품 잔 여량은 허가된 환경업자에게 의뢰하여 처리한다.
③ 관계법령에 따라 허가된 환경시설에 폐기한다.
④ 허가된 폐기시설에서 소각하여 폐기한다.

제Ⅴ편 건물청소업의 현황조사와 운영관리 실태 분석

건물청소업의 현황조사와 운영관리 실태분석의 목적은 건물청소업의 현황조사와 운영관리실태 분석을 통하여 국내 건물청소업의 문제를 도출하고, 이의 개선방안을 추론하며 관련 학계와 업계에 건물청소업의 문제와 개선방안 및 청소이론 연구의 필요성을 제시하는데 있다.

또한 건물청소업의 현황조사와 운영관리 실태분석의 목적은 청소업의 현황조사와 실태를 분석하여 국내 청소업의 문제원인을 분석하고, 이를 자료화하여 청소의 이론체계화 연구와 청소학 개척에 요구되는 기초자료를 제공하는데 있다.

청소학개론은 청소학교과 편성 시침에 나라 청소학의 전체 내용을 Ⅵ편으로 편성하고 제Ⅴ편에서 3개의 장을 두고, 제11장에서 국내 청소업의 현황조사 내용을 수록하고, 제12장에서 청소업 운영관리 실태 분석 내용과 분석결과를 소개하고 있다. 그리고 제13장에서 청소업 운영관리 실태 분석결과 도출한 청소업의 문제점을 기술하고 개선방안을 제시하고 있다.

뿐만 아니라 제Ⅴ편 청소업 현황조사와 운영관리 실태 분석을 통하여 도출한 청소문제의 원인분석 자료는 제Ⅰ편의 청소의 학문적 이론체계화 연구와 청소학 태동에 필요한 연구기초자료를 제공하고 있다.

또한 청소현황 조사와 운영관리 분석을 통하여 도출한 자료와 정보는 청소학의 학문적 토대와 기반 구축 및 청소서비스 생산활동 실무에 매우 유용한 개념지식과 방법지식 및 활동지식을 제공하고 있다.

제11장	건물청소업의 현황조사
제12장	건물청소업 운영관리 실태 분석
제13장	건물청소업 운영관리 문제점과 개선방안 및 발전방안

제1절 건물청소업 현황조사의 의의와 개념

1. 건물청소업 현황조사의 의의

건물청소업의 현황을 조사하는 의미와 중요성은 청소현장과 청소서비스 시장에서 발생하고 있는 문제점을 도출하고 그 원인을 파악하여 개선자료를 추론한다. 또한 청소의 사물과 현상 및 문제점을 통일적으로 설명하고, 해법을 제시하기 위하여 요구되는 청소이론의 체계화 연구와 청소학 태동에 필요한 자료를 제공하는데 있다.

2. 건물청소업의 개념

청소의 학문적 이론체계화 연구를 수행하기 위해서는 건물청소업 개념에 대하여 먼저 정의하고 이해할 필요가 있다.

건물청소업이란 건축물과 시설물을 대상으로 청소서비스를 제공하는 대가로 일정한 용역비를 제공받아 업으로 지속적으로 영위하는 건물위생관리업을 말한다. 건물청소업은 청소용역업 또는 청소서비스업이라고도 호칭하고 있으나, 건물청소업을 법적으로 규정하고 있는 공중위생관리법 제2조에 의하면 건물청소업은 '건물위생관리업'으로 규정하고 있다.

그러나 건물위생관리업은 일반적으로 청소현장과 청소서비스 시장(청소용역시장)에서 건물청소업 또는 청소용역업, 청소서비스업, 미화관리업, 건물미화서비스업 등으로 호칭하고 있어 청소업의 정확한 용어의 통일과 사용이 필요하다.

이 책에서 사용하고자 하는 청소업의 학문적 명칭으로는 '건물청소업'으로 호칭하고 법적 명칭은 공중위생관리법에 따라 '건물위생관리업'으로 부르기로 한다.

건물청소업은 건물에 대한 미관성의 유지 개량과 청결성 및 위생보건성 등의 확보를 위하여 건물 내부와 외부의 오염 원인인 먼지, 때, 쓰레기, 오물 등 더럽고 어지러운 것을 치우거나 사전에 예방하는 업무를 수행하는 일련의 건물위생관리업무활동을 업으로 영위하는 직군을 말한다. 또한 건축물·시설물에 대한 건물청소활동을 통하여 청결성과 쾌적성 그리고 미관성 및 위생성을 유지·보존·개량하는 건물위생관리 서비스를 생산하고 제공하는 업종을 말한다.

청소업의 개념에는 협의의 청소업 개념과 광의의 청소업의 개념이 있다.

협의의 청소업의 개념은 건물 내·외부와 주변을 오염시키고 더럽게 하는 먼지, 쓰레기, 오물, 때 등을 제거하고 정리정돈 중심의 일상청소개념의 청소업을 말하고, 광의의 청소업 개념은 협의의 청소업이 정하고 있는 주변 오염원 제거와 정리정돈 활동 등 일상청소 외에 저수조 청소나 바닥재 타일의 왁스작업, 카펫 샴푸작업, 대리석 광택작업, 주차장 대청소나 외벽 유리청소, 소독, 방재, 닥트먼지 청소와 실내공기 질 관리 등 특수 청소업무까지 포함하여 업으로 영위하는 업종을 말한다. 또한 협의의 청소업은 전통적 청소를 업으로 상정하고 있으나, 광의의 청소업은 전통적 청소개념 외에 현대적 청소개념인 건축물 마감재의 기능과 색상의 유지, 보존, 개량 등 유지보수(Maintenance) 개념을 포괄하는 업종을 말한다.

다시 말하면 협의의 건물청소업은 Builing Cleaning(일상 건물청소개념) 개념의 청소업이나, 광의의 건물청소업은 Builing Cleaning 개념과 건축물·시설물의 Maintenance (건축물 유지관리개념) 개념을 포괄하여 청소업으로 상정하고 있는 업종을 말한다.

오늘날 건물청소업(건물위생관리업)은 종전의 전통적 청소개념인 일상청소 및 정리정돈 중심의 협의의 건물 청소업에서 광의의 마감재 유지관리 중심으로 변화·발전하고 있음을 보여 주고 있다.

제2절 건물청소업의 명칭변화

건물청소업의 명칭은 1961년 이후 건물관리업, 청소관리업, 청소용역업, 건물미화업 청소서비스업 등 다양한 명칭으로 사용되어 왔으나 공중위생법이 제정되면서 '위생관리용역업'으로 호칭되어 오다가 공중위생법의 후신인 공중위생관리법의 제정과 개정으로 2016년 8월 4일부터 건물청소업은 '건물위생관리업'으로 변경되었으며, 통계청 한국산업표에 따라 '건축물일반청소업'으로 변경되어 왔다.

청소서비스업계와 현장에서는 일반적으로 '건물청소업'으로 호칭하고 있으나, 공중위생관리법에 따른 건물청소업의 법정 명칭은 '건물위생관리업'으로 호칭되고 있어 명칭 사용에 유의할 필요가 있다. 건물청소업의 호칭변화 역사를 문헌적으로 살펴보면 다음과 같다.

1. 공중위생법 제정으로 '위생관리용역업' 명칭 최초 제정

1986년 5월 10일 법률 제3822호로 제정된 공중위생법은 "공중이 이용하는 위생접객업 기타 관련영업의 시설·운영 등에 관한 사항과 공중위생시설·음용수 및 위생용품의 위생관리 등에 관한 사항을 정하여 위생수준의 향상을 통한 공공복리의 증진에 기여"할 목적으로 제정되었으며, 이 법률에 의해 최초로 '위생관리용역업'이란 법률적인 명칭이 사용되었다.

2. 공중위생관리법 제정으로 '건물위생관리업'으로 명칭 변경

2002년 제16차 세계건물관리연맹 대한민국 서울총회 유치 확정이후 외국 회원국들에서 협회명칭인 사단법인 한국위생관리용역협회(약칭 한국위생관리협회, KASM/Korea Association of Sanitary Maintenance)를 이해하지 못하는 사례가 빈번하게 발생하여 2006년 3월 17일 개최된 제23차 정기총회에서 정관개정을 통해 협회 명칭변경을 의결하고, 2006년 4월 4일 보건복지부의 승인을 받아 사단법인 한국건물위생관리협회(KABM, Korea Association of Building Maintenance) 명칭을 사용하게 되었다.

그러나 또 다시 업종과 협회명칭이 상이한 관계로 문제가 발생하여, 2007년부터 꾸준한 노력의 결과 2016년 2월 3일 개정법률 제13983호에 의해서 30여 년 동안 사용해오던 '위생관리용역업'을 '건물위생관리업'으로 청소업의 명칭이 2016년 8월 4일부터 변경되어 현재 사용하고 있다.

3. 통계청 한국표준산업분류에 따라 '건축물 일반청소업'으로 호칭

건물위생관리업의 호칭은 통계청 한국표준산업 분류에 따라 건축물 일반청소업으로 호칭되고 있다. 건물위생관리업은 국내 산업특성을 반영하고 국제적인 기준과의 비교성을 향상시키기 위해 1991년에 제6차 개정 때 적극적인 추진을 통하여 처음으로 한국표준산업분류에 포함되었다.

또한 2008년 2월 1일부터 현행 통계청 한국표준산업분류표와 같이 건물위생관리업은 대분류(74-75) 사업시설관리 및 사업지원서비스업, 중분류(742) 건물, 산업설비청소 및 방제서비스업, 소분류(74211) 건축물 일반청소업으로 분류되어 있다. 따라서 통계청 한국산업표준에 따르면 건물위생관리업은 건축물일반청소업으로 분류되어 호칭되고 있다. 관련 통계청 표준산업분류표는 〈표 46〉과 같다.

〈표 46〉 한국표준산업분류

N 사업시설관리 및 사업지원 서비스업 (74 ~ 75)				
	74 사업시설관리 및 조경 서비스업			
		741 사업시설 유지관리 서비스업		
			7410 사업시설 유지관리 서비스업	
				74100 사업시설 유지관리 서비스업
		742 건물·산업설비 청소 및 방제 서비스업		
			7421 건물 및 산업설비 청소업	
				74211 건축물 일반청소업
			7422 소독, 구충 및 방제 서비스업	
				74220 소독, 구충 및 방제 서비스업
	75 사업지원 서비스업			
		753 경비, 경호 탐정업		
			7531 경비 및 경호 서비스업	
				75310 경비 및 경호 서비스업
			7532 보안시스템 서비스업	
				75320 보안시스템 서비스업

<table>
<tr><td rowspan="2">분류코드</td><td rowspan="2">74211</td><td>분류명(한글)</td><td>건축물 일반청소업</td></tr>
<tr><td>분류명(영문)</td><td>General cleaning of buildings</td></tr>
<tr><td>설 명</td><td colspan="3">주거용, 상업용 또는 산업용 건물의 내부 및 창문을 청소하는 산업활동을 말한다.
〈예시〉
• 건물 창문청소, 건물 외부청소, 공중전화시설 청소, 구내청소대행, 바닥청소 및 광택 내기, 내부벽 청소
〈제외〉
• 건물 외부에 대한 증기청소 및 건축활동이 완료된 후 신축건물에 대한 정리활동(42499)
• 산업설비, 운송장비 또는 공공장소 청소(74212)
• 카펫, 바닥깔개, 가래개 및 커튼 세탁(9691)
• 개인 가정 고용인의 청소활동(97000)
• 하수도관 및 하수처리 시설 등 관련 시설청소(37011)</td></tr>
<tr><td>색인어</td><td colspan="3">간판 청소서비스, 건물 외벽청소, 건물 외부청소, 건물 창문청소, 건물 유리청소 대행, 건물청소 대행, 건축물 바닥 왁스작업, 건축물 청소, 건축물청소 대행, 경기장 청소업, 계단 청소서비스, 공중전화시설 청소서비스, 구내청소 대행, 구조물 청소서비스, 내부벽 청소, 바닥 광택서비스, 사무실청소 대리서비스, 유리창 청소서비스, 창문유리 세척서비스</td></tr>
</table>

(자료 : 통계청, 한국표준산업분류 재구성)

4. 국가기술표준원의 KS 인증제도에 따라 '건축물클리닝서비스업'으로 호칭

2008년 국가기술표준원에서 KS S-1012 건축물클리닝 서비스 KS 인증표준에 따라 실시한 건축물클리닝 서비스(건물청소서비스) KS 인증제도에 의해 건축물클리닝서비스업으로 호칭되기 시작하였다.

제3절 건물청소업의 태동역사와 성장과정

1. 건물청소업의 태동역사

건물청소업은 1962년 한경기업(주)이 미국 대외 원조기관 건물인 유솜빌딩(현재 미국 대사관 건물)에 대한 청소용역계약으로부터 시작 되었다.

6.25 동란으로 인하여 국내 주요 건물들이 대부분 파괴되어 업무를 수행할 수 없게 되자 정부는 1954년 미국의 550만 달러 원조로 8층 스라브 구조의 유솜빌딩을 완공하고 미대사관 시설로 사용하게 하였다. 이 때 한경기업(주)이 유솜빌딩 사용자인 미 대사관과 청소용역계약을 체결하게 되었는바 공식적으로 건물청소용역업 역사의 시작이라 판단된다. 당시 한경기업은 빗자루나 걸레 등으로 쓸고 닦는 단순한 청소작업을 지양하고, 미국식 청소방법을 도입하여 청소전용 약품과 장비 및 도구를 사용하는 현대적 청소개념으로 청소서비스를 시작하였다. 같은 시기에 국가재건최고회의 청사에도 한경기업이 청소용역계약을 체결하고 본격적인 청소용역업의 새로운 장을 열게 하였다.

청소용역업체의 권익을 보호하기 위한 한국건물위생관리협회는 1971년 14개 업체가 모여 자생적으로 창립되었으며 관계 법령인 공중위생법이 1985년 제정되었고, 1999년에 공중위생법이 폐기되고 이를 대체하는 공중위생관리법이 1999년 2월 8일에 제정되었다. 또한 1999년 8월 7일부터 건물위생관리업은 관할 시장, 군수, 구청장에게 신고함으로서 위생관리업 자격을 법적으로 확보하게 되는 이른바 청소용역업 등록제도가 시행하게 되었다[12]. 건물 청소용역업은 2012년 12월말 현재 12,380개 사로 늘어났으며, 종사자의 수는 50만 명을 상회하고 청소서비스 시장거래 규모는 무려 5조 3천억 원에 달하고 있다.[13]

2. 건물청소업의 성장과정[14]

국내 건물청소업의 성장과정을 살펴보면 1960년대 건물청소용역업 태동 및 전문청소

12) 이재훈(2018), 건물위생관리업의 현황과 발전요인에 관한 연구, p.29
13) 조달청(2012), 조달청 행정자료
14) 이재훈(2018), 상게 논문 인용 및 일부 수정

기업 설립시기, 1970년대 협회 창립 및 청소용역업 기반 구축시기, 1980년대 청소용역업 성장시기, 1990년대 청소용역업 성장 촉진시기, 2000년대 청소전문 업종 정착시기, 2010년대 청소용역업 불황 및 후퇴기 등으로 성장과정을 이어오고 있으며, 2020년대 조달청 입찰과 영업이익 대폭 감소 및 신 생존전략 요구 시기를 맞이하고 있다. 국내 청소업의 성장과정을 구체적으로 살펴보면 다음과 같다.

1) 1960년대 청소용역업의 태동 및 청소전문 청소기업 설립시기

1960년대는 국내 청소용역업의 태동시기라 할 수 있다. 1960년대 이전에는 6.25동란으로 인하여 서울을 중심으로 규모 있는 건물이 대부분 파괴되어 건물다운 건물이 없어져 청소전문 용역업의 태동은 꿈도 꿀 수 없었던 시기였다. 그러나 6.25 이후 미군의 상륙과 용산 주둔으로 미국이 사용할 유솜빌딩이 강화문 인근(현 미대사관 옆)에 세워지자 힌경기업이 공식적으로 청소용역계약을 체결하게 되어 공식적으로 국내에서 최초로 청소용역업이 태동하게 되었음은 앞에서 논의한바와 같다. 그 후 유정기업과 산정양행 등이 청소용역을 위하여 청소용역 전문기업으로 설립하게 되었다. 따라서 1960년대는 국내 청소용역업의 태동시기 및 청소전문기업 설립시기 할 수 있다.

2) 1970년대 협회 창립 및 청소용역업 기반 구축시기

1971년 8월 1일에 유정기업 등 9개사가 주축이 되어 청소용역업체의 협력과 권익 보호 및 친목을 위하여 발기인 대회를 가지고 건물관리협회 창립총회를 개최하여 공식적으로 협회를 창립하였다. 창립총회를 경료한 동 협회는 보건복지부장관으로부터 사단법인 설립인가를 받아 청소용역업의 법적 기반을 구축하고, 청소용역업체 12,380개사의 행정적 지원을 다하고 있다.

3) 1980년대 청소용역업 성장시기

청소위생관리업을 지원하는 공중위생법이 1986년 5월 10일 제정되어 청소위생관리업의 등록 제도를 신설하였다. 1980년대에 개최된 86 아시안 게임 88올림픽게임 등의 영향으로 서울을 중심으로 대형 건축물이 건축되어 청소의 전문적 관리가 요구 받게 되었다. 이시기에 새롭게 건축된 건축물로 인하여 청소용역 수요가 폭발적으로 늘어나 청소용역업의 성장 시기를 맞아 발전의 계기가 되었다.

4) 1990년대 청소용역업 성장 촉진시기

1980년대에 개최된 86 아시안게임과 88올림픽 개최의 영향으로 국내 주요 도시를 중심으로 대형, 고층, 첨단 건축물이 급속도로 늘어나 청소용역 수요 역시 폭발적으로 증가하여 청소용역업은 종전의 청소기술만으로 이를 감당할 수 없게 되어 선진국으로부터 청소 선진기술을 도입하고, 청소약품과 청소장비를 수입하거나 국내에서 제작하여 바야흐로 청소의 과학화와 기술화를 도모하여 청소용역업의 성장이 크게 촉진되었다.

5) 2000년대 청소업의 전문업종 정착시기

1997년 IMF 외환위기 이후 다수의 은행과 중소형기업 및 대기업이 파산하거나 부도처리 되어 은행과 대기업에서 직영 관리하던 건물종합관리 체제에서 건물청소업은 독립하여 전문 업종으로 변신하여 청소전문 업종화 하고 정착하는 계기가 시작되었다.

6) 2010년대 청소용역업의 불황 및 후퇴시기

경기 후퇴와 경기불황으로 건물의 공실이 점차 늘어나고 건물입주자의 관리비 연체가 발생하며 일정부분 영업이익을 보장해 주던 조달청 입찰이 청소종사자의 정규직화 정책과 맞물려 청소수요가 급감하고 청소용역 단가마저 떨어져 수주경쟁이 더욱 치열한 시대를 맞아 청소용역업은 경기 불황에 고전하였다. 따라서 청소용역업의 발전은 중단되고 오히려 후퇴하는 기미가 여기 저기서 보이고 있었다.

7) 2020년대 조달청 입찰과 영업이익 대폭 감소 및 새로운 생존전략 요구시기

2020년에 진입하면서 정부산하 공공기관과 법인 및 단체들이 자체부서를 조직하거나 자회사를 설립하여 청소업무를 직영 처리하는 시대적 변화로 조달청 입찰건수가 대폭 축소되어, 종전의 조달청 입찰 참여로 보장받았던 청소업 영업이익이 거의 발생하지 않아 적자 경영의 시기를 맞이하고 있다.

또한 비정규직의 정규직화 고용 정책과 최저임금의 상승 등으로 적자경영업체가 다수 나타나기 시작하고 있으며, 생존을 위한 덤핑 입찰과 수주관행이 상습적으로 자행되어 가도 있어 영업이익 창출이 더욱 어렵게 되어 지속적 경영에 적신호가 나타나고 있다. 따라서 일부 중소건물청소업체의 경우에는 폐업하거나 부도 또는 파산 등의 위협을 맞이하고 있다. 생존을 위한 새로운 전략이 필요한 시기로 판단된다.

제4절 건물위생관리업(건물청소업) 현황조사 대상과 내용

건물청소업의 현황을 파악하기 위하여 다음과 같은 현황조사 대상을 설정하고 이를 조사하여 소개하고 있다. 건물청소업의 현황조사 내용은 청소이론의 체계화와 청소학 태동에 필요한 자료로서 의미와 가치가 있다.

1. 건물위생관리업의 전국분포 현황

1986년 5월 10일 법률 제3822호로 공중위생법 제정과 1987년 5월 9일 시행됨에 따라 서울특별시 영등포 구청은 사전 위생관리용역업 영업신고를 실시하여 1987년 3월 3일 아세아환경(주) 허은강 대표이사가 전국 최초로 영업신고를 한 이후 2017년 6월 30일 현재 전국적으로 31,464개 업체가 영업신고를 하였으며, 이 중 17,238개 업체가 폐업하였고 14,226개 업체가 [그림 1]과 같이 영업활동 중에 있다. 전국 시·도별 건물위생관리업 분포현황은 〈표 47〉과 같다.

[그림 1] 전국 건물위생관리업 분포현황 분석

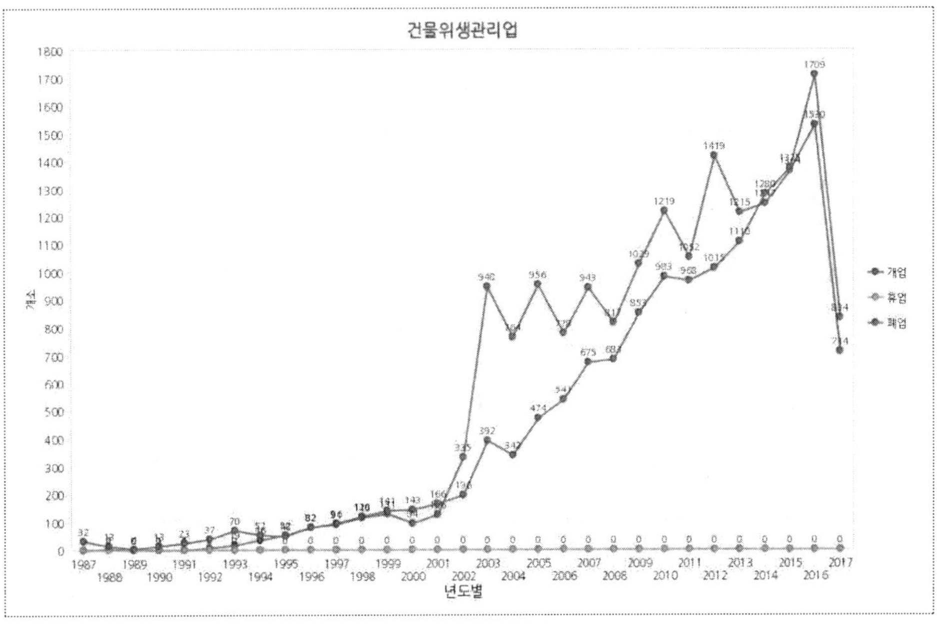

〈표 47〉 전국 시 · 도별 건물위생관리업 현황

1987년 03월03일~2017년 6월30일 현재

번 호	시 · 도	영입신고	폐 업	영업중
1	서울특별시	8,193	5,061	3,132
2	부산광역시	2,178	1,277	901
3	대구광역시	1,463	919	544
4	인천광역시	1,426	836	590
5	광주광역시	1,075	644	431
6	대전광역시	1,408	829	579
7	울산광역시	897	499	398
8	세종특별자치시	134	15	119
9	경기도	6,230	3,125	3,105
10	강원도	979	438	541
11	충청북도	810	429	381
12	충청남도	1,015	510	505
13	전라북도	1,169	501	668
14	전라남도	995	411	584
15	경상북도	1,372	599	773
16	경상남도	1,830	1,008	822
17	제주특별자치도	290	137	153
합 계		31,464	17,238	14,226

(자료 : 지방자치단체에서 인 · 허가하는 업종별 데이터 개방)

1) 서울특별시

공중위생법이 1986년 5월 10일 제정과 1987년 5월 09일 시행과 함께 서울특별시 종로구청은 위생관리용역업에 대한 영업신고 접수를 시작, 우지기업(주) 오태영 대표이사와 영정산업(주) 백옥동 대표이사가 영업신고 이후 2017년 6월 30일까지 25개 구청에

8,193개 업체가 영업신고를 하였으며, 이 중 5,061개 업체가 폐업하고 3,132개 업체가 [그림 2]와 같이 영업활동 중에 있다.

[그림 2] 서울특별시 건물위생관리업 현황분석

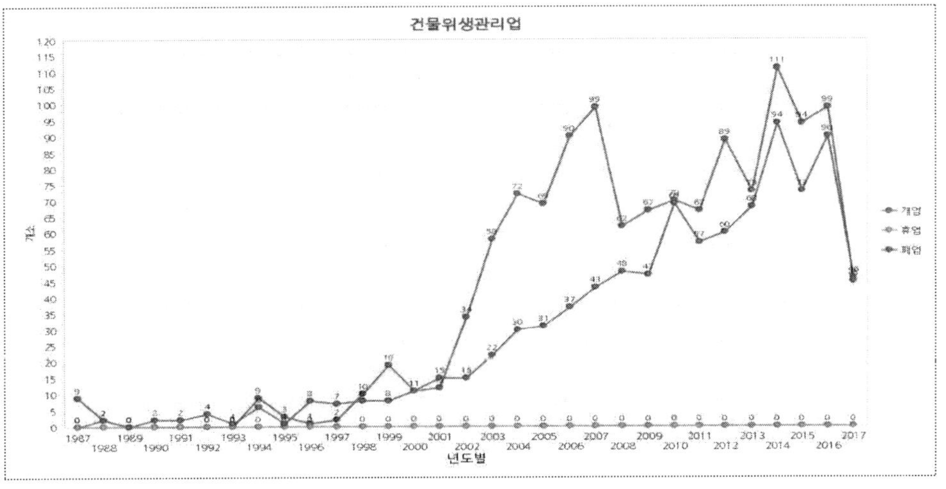

2) 부산광역시

1987년 5월 7일 (주)비티에스 최순용 대표이사가 영업신고이후 2017년 6월 30일까지 16개 군·구청에 2,178개 업체가 영업신고를 하였으며, 이 중 1,277개 업체가 폐업하고 909개 업체가 [그림 3]과 같이 영업활동 중에 있다.

[그림 3] 부산광역시 건물위생관리업 현황분석

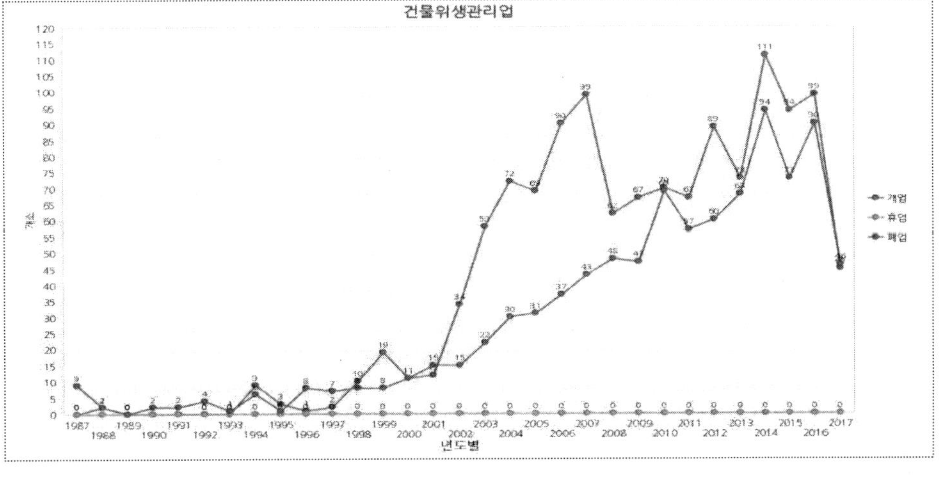

3) 대구광역시

1993년 1월 6일 구삼종합관리(주) 김성곤 대표이사가 영업신고이후 2017년 6월 30일까지 8개 군 · 구청에 1,463개 업체가 영업신고를 하였으며, 이 중 919개 업체가 폐업하고 544개 업체가 [그림 4]와 같이 영업활동 중에 있다.

[그림 4] 대구광역시 건물위생관리업 현황분석

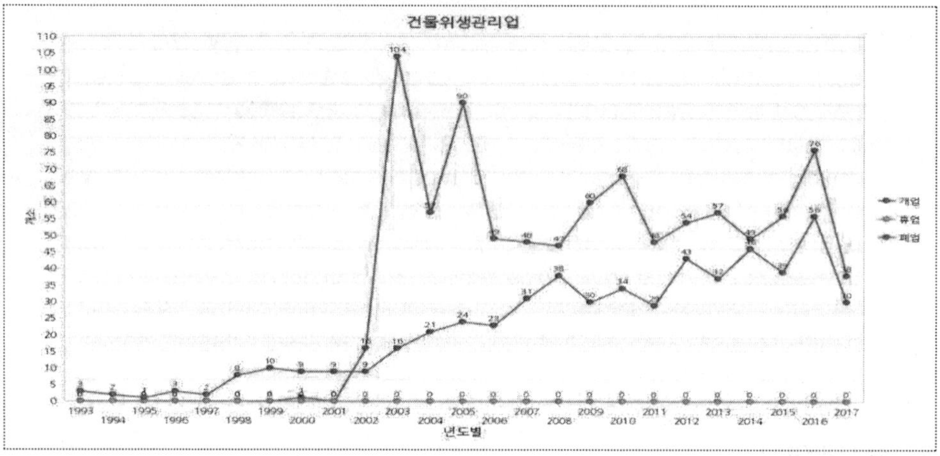

4) 인천광역시

1989년 12월 8일 (주)동광개발 박병희 대표이사가 영업신고 이후 2017년 6월 30일까지 10개 군 · 구청에 1,426개 업체가 영업신고를 하였으며, 이 중 836개 업체가 폐업하고 590개 업체가 [그림 5]와 같이 영업활동 중에 있다.

[그림 5] 인천광역시 건물위생관리업 현황분석

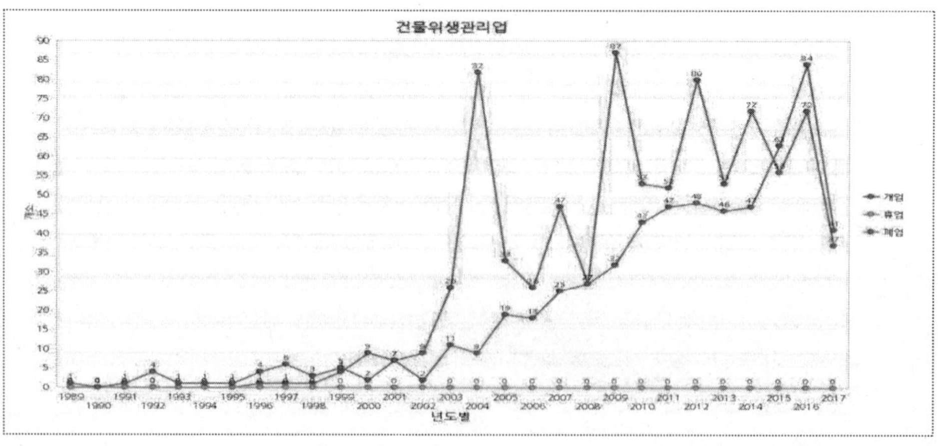

5) 광주광역시

1990년 1월 18일 건도용역 권충화 대표가 영업신고 이후 2017년 06월 30일까지 5개 구청에 1,075개 업체가 영업신고를 하였으며, 이 중 644개사가 폐업하고 431개 업체가 [그림 6]과 같이 영업활동 중에 있다.

[그림 6] 광주광역시 건물위생관리업 현황분석

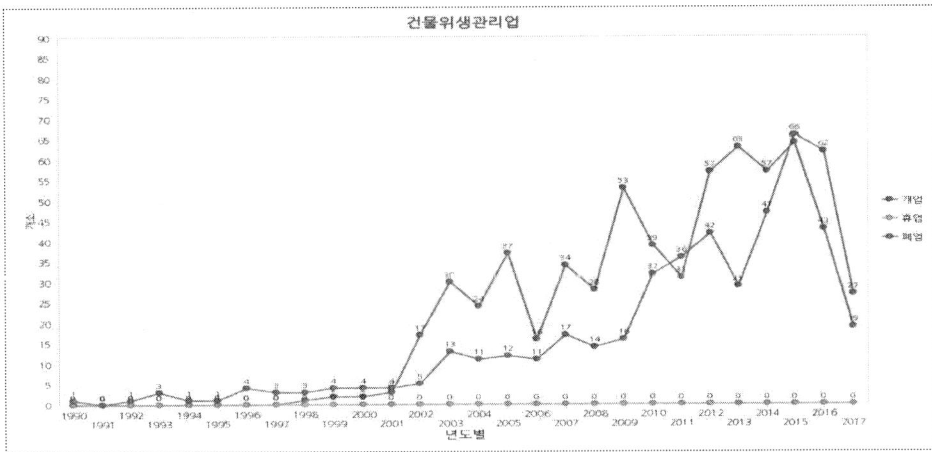

6) 대전광역시

1987년 5월 14일 삼흥기업(주) 김태형 대표이사가 영업신고 이후 2017년 6월 30일까지 5개 구청에 1,408개 업체가 영업신고를 하였으며, 이 중 829개 업체가 폐업하고 579개 업체가 [그림 7]과 같이 영업활동 중에 있다.

[그림 7] 대전광역시 건물위생관리업 현황분석

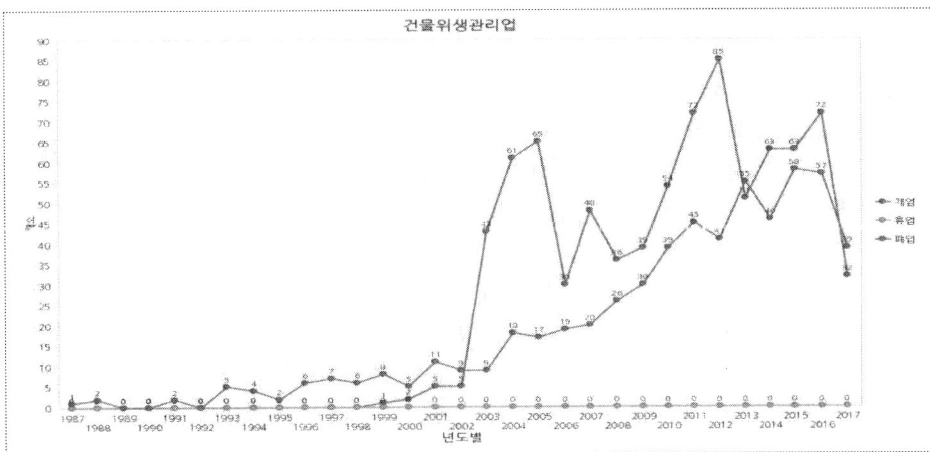

7) 울산광역시

1993년 3월 26일 대덕기공(주) 최해상 대표이사가 영업신고 이후 2017년 6월 30일까지 5개 군·구청에 897개 업체가 영업신고를 하였으며, 이 중 499개 업체가 폐업하고 398개 업체가 [그림 8]과 같이 영업활동 중에 있다.

[그림 8] 울산광역시 건물위생관리업 현황분석

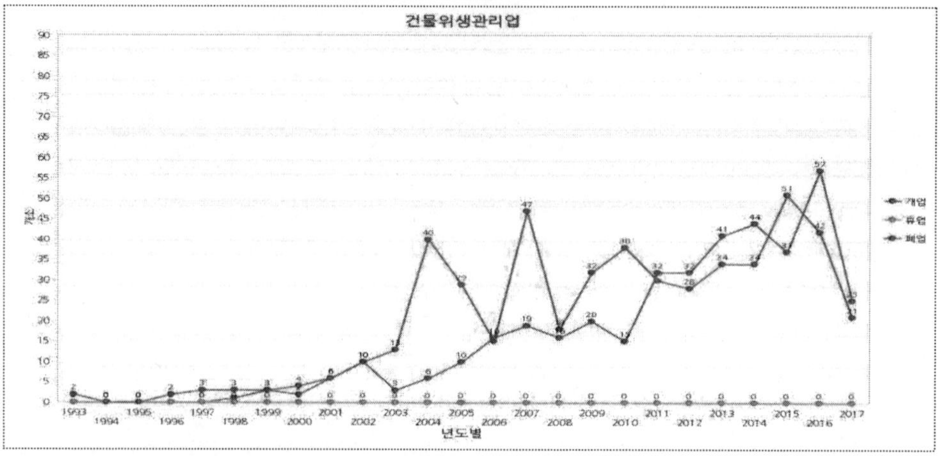

8) 세종특별자치시

1995년 4월 19일 광성실업(주) 이준상 대표이사가 영업신고 이후 2017년 6월 30일까지 134개 업체가 영업신고를 하였으며, 이 중 15개사가 폐업하고 119개 업체가 [그림 9]와 같이 영업활동 중에 있다.

[그림 9] 세종특별자치시 건물위생관리업 현황분석

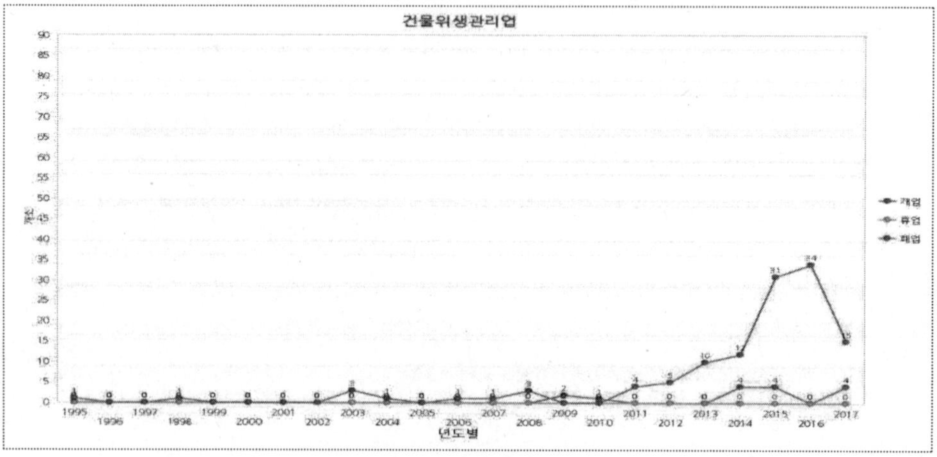

9) 경기도

1987년 7월 2일 (주)대신 정우영 대표이사가 영업신고 이후 2017년 6월 30일까지 31개 시·군·구청에 6,230개 업체가 영업신고를 하였으며, 이 중 3,125개 업체가 폐업하고 3,105개 업체가 [그림 10]과 같이 영업활동 중에 있다.

[그림 10] 경기도 건물위생관리업 현황분석

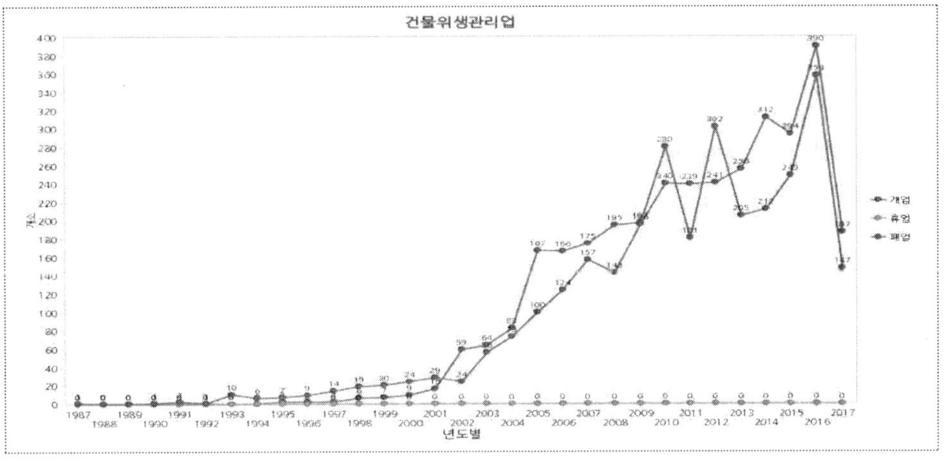

10) 강원도

1990년 10월 5일 현대기업 홍준표 대표가 영업신고 이후 2017년 6월 30일까지 18개 시·군청에 979개 업체가 영업신고를 하였으며, 이 중 438개 업체가 폐업하고 541개 업체가 [그림 11]과 같이 영업활동 중에 있다.

[그림 11] 강원도 건물위생관리업 현황분석

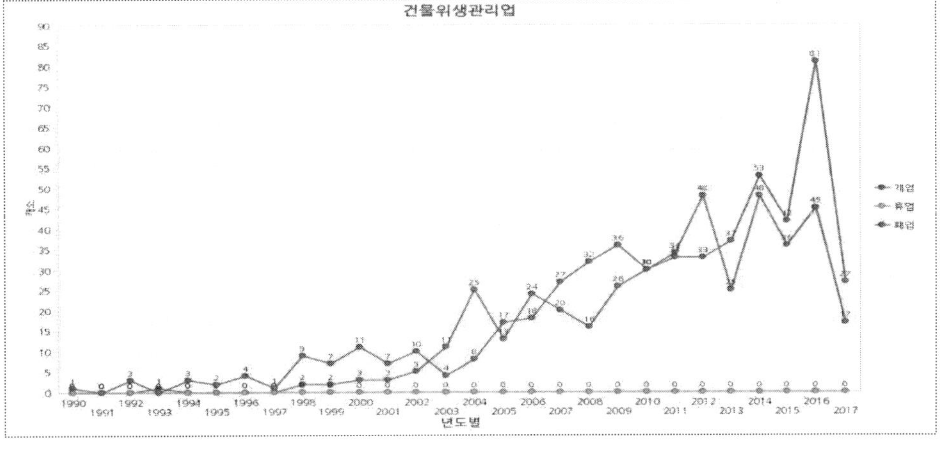

11) 충청북도

1990년 5월 30일 (주)한국종합개발공사 전병세 대표이사가영업신고 이후 2017년 6월 30일까지 11개 시·군청에 810개 업체가 영업신고를 하였으며, 이 중 429개 업체가 폐업하고 381개 업체가 [그림 12]와 같이 영업활동 중에 있다.

[그림 12] 충청북도 건물위생관리업 현황분석

12) 충청남도

1990년 7월 10일 삼흥기업 김태형 대표가 영업신고 이후 2017년 6월 30일까지 16개 시·군청에 1,015개 업체가 영업신고를 하였으며, 이 중 510개 업체가 폐업하고 505개 업체가 [그림 13]과 같이 영업활동 중에 있다.

[그림 13] 충청남도 건물위생관리업 현황분석

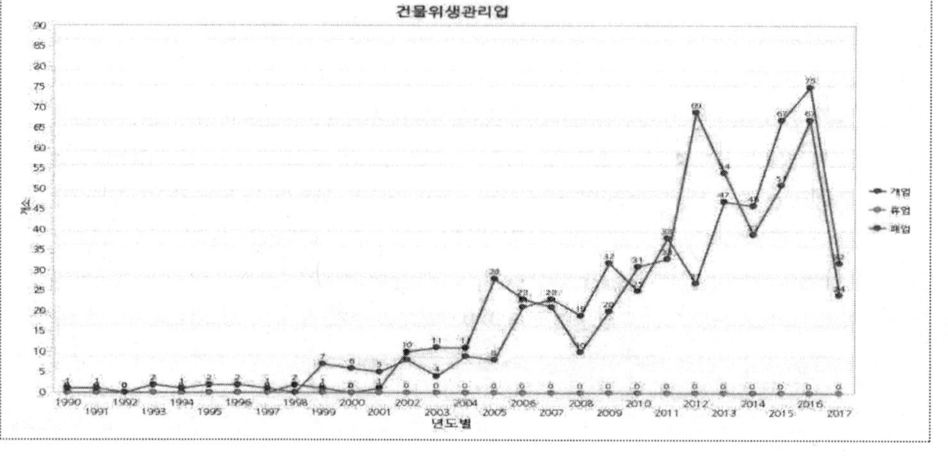

13) 전라북도

1987년 7월 13일 (유)청원 전창수 대표이사가 영업신고 이후 2017년 6월 30일까지 14개 시·군청에 1,169개 업체가 영업신고를 하였으며, 이 중 501개 업체가 폐업하고 668개 업체가 [그림 14]와 같이 영업활동 중에 있다.

[그림 14] 전라북도 건물위생관리업 현황분석

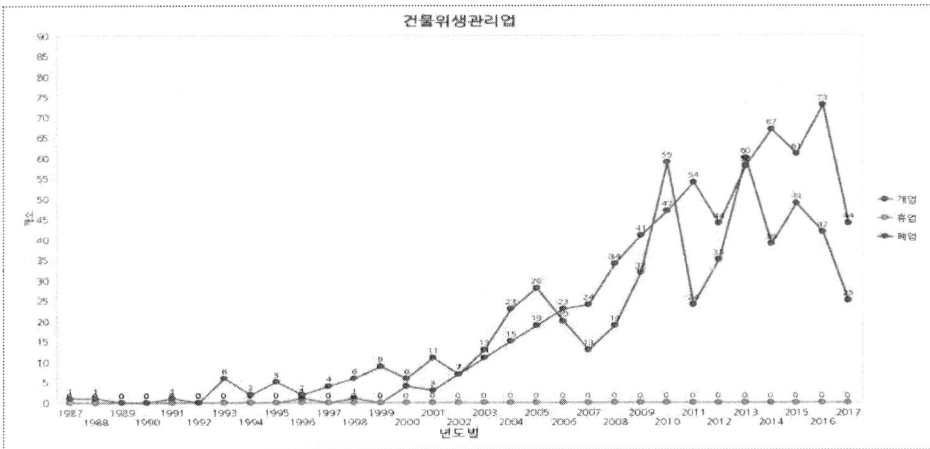

14) 전라남도

1991년 3월 8일 조은개발(유한) 김병현 대표이사가 영업신고 이후 2017년 6월 30일까지 22개 시·군청에 995개 업체가 영업신고를 하였으며, 이 중 411개사가 폐업하고 593개 업체가 [그림 15]와 같이 영업활동 중에 있다.

[그림 15] 전라남도 건물위생관리업 현황분석

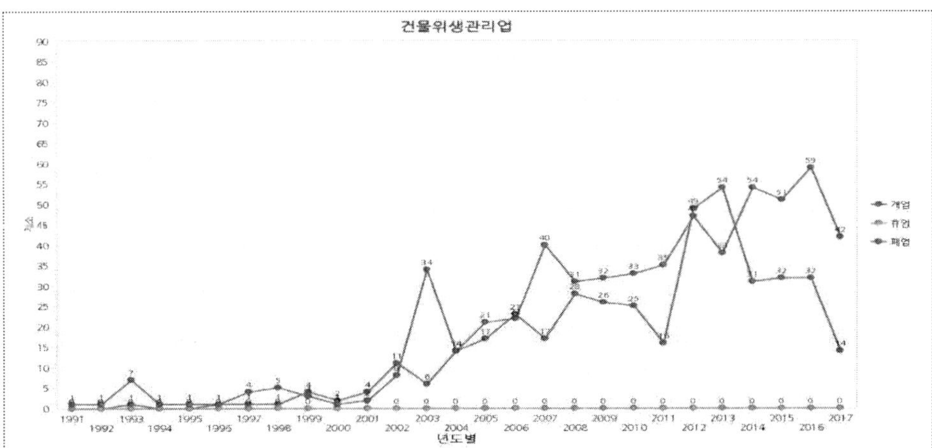

15) 경상북도

1987년 5월 9일 (주)금원기업 김진홍 대표이사가 영업신고 이후 2017년 6월 30일까지 23개 시·군청에 1,372개 업체가 영업신고를 하였으며, 이 중 599개 업체가 폐업하고 773개 업체가 [그림 16]과 같이 영업활동 중에 있다.

[그림 16] 경상북도 건물위생관리업 현황분석

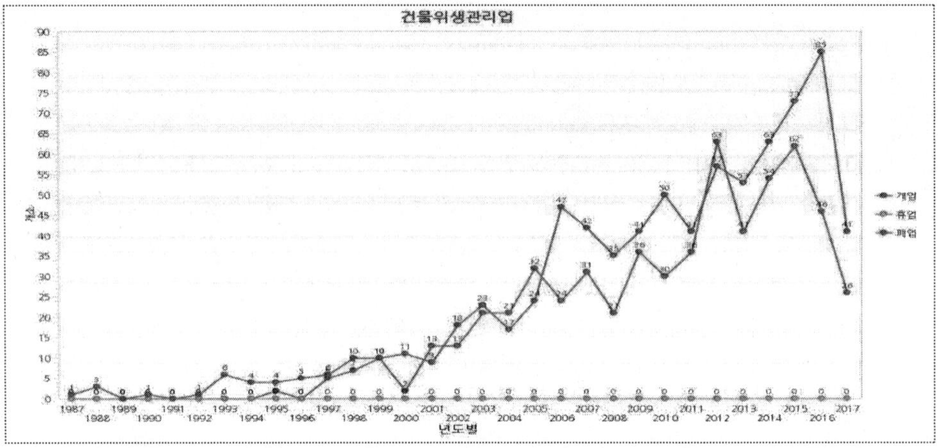

16) 경상남도

1987년 12월 23일 경남산업(주) 조현송 대표이사가 영업신고 이후 2017년 6월 30일까지 18개 시·군청에 1,830개 업체가 영업신고를 하였으며, 이 중 1,008개 업체가 폐업하고 822개 업체가 [그림 17]과 같이 영업활동 중에 있다.

[그림 17] 경상북도 건물위생관리업 현황분석

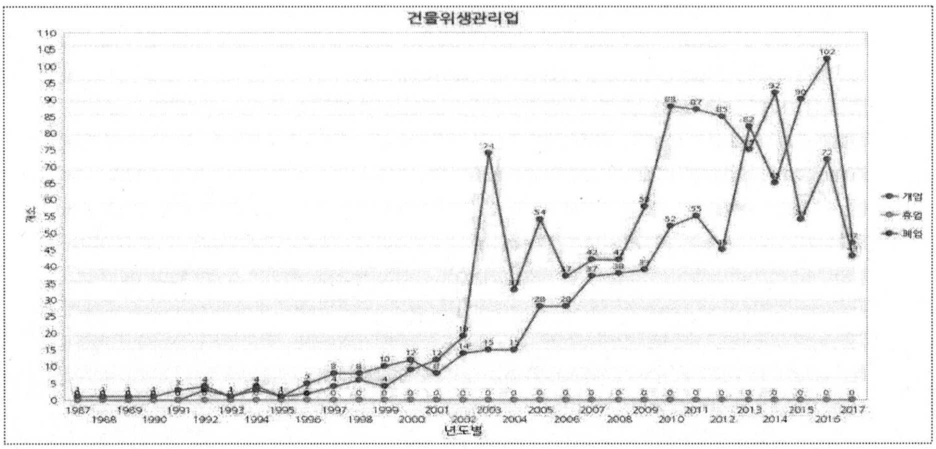

17) 제주특별자치도

1987년 5월 25일 (주)삼익 전문수 대표이사가 영업신고 이후 2017년 6월 30일까지 2개 시청에 290개 업체가 영업신고를 하였으며, 이 중 137개 업체가 폐업하고 153개 업체가 [그림 18]과 같이 영업활동 중에 있다.

[그림 18] 제주특별자치도 건물위생관리업 현황분석

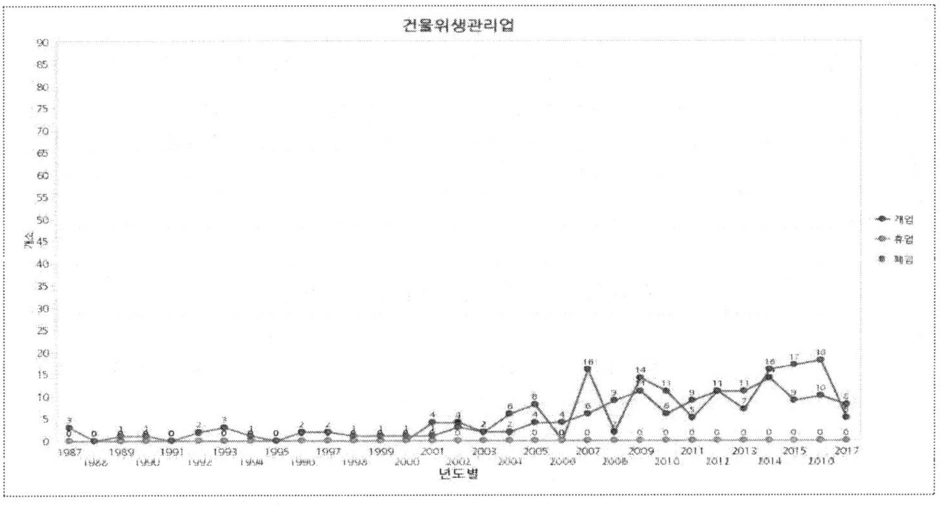

1961년에 우리나라 최초로 건물위생관리업이 자유업으로 시작하여 1986년 공중위생법이 제정됨에 따라 법률적인 업종으로써 국민보건을 위한 위생 수준을 향상시켜 공공복리의 증진에 기여하기 위해 시설 및 설비를 갖추어 시 · 군 · 구청에 영업신고를 하는 신고업으로 1,009개 기업이 영업신고 이후 427개 기업이 폐업을 하였으며, 582개 기업들이 건물위생관리업무 수행활동을 하던 중 1997년 외환위기를 극복하기 위해 IMF의 권고에 따라 대폭적인 규제완화를 추진한 결과 건물위생관리업을 규율하던 공중위생법을 폐지하고 1999년 2월 8일 제정된 공중위생관리법은 공중이 이용하는 영업의 위생관리 등에 관한 사항을 규정함으로써 위생수준을 향상시켜 국민의 건강증진에 기여할 목적으로 제정되었는데 규제 완화 차원에서 기존 영업신고 업종에서 시 · 군 · 구청에 영업을 통보하는 통보업종으로 변경하고 시설 및 설비기준인 사무실 33㎡ 면적 제한과 창고 16.5㎡ 보유, 일부 측정기 보유 등을 폐지하였다.

1999년부터 2002년까지 통보제 기간 동안에 1,363개 기업이 영업통보를 하였으며, 727개 기업이 폐업하고 636개 기업이 영업활동을 지속하던 중 통보제도에 대한 여러 가지 부작용으로 인하여 2002년 8월 26일 법률개정을 통해 신고업종으로 다시 전환되었다.

1987년 이후 건물위생관리업을 경영하기 위하여 영업 신고한 업체는 31,464개 업체이고 17,238개 업체가 영업활동 부진 등 다양한 사유로 폐업하였으며 2017년 6월 30일 현재 기준으로 14,226업체가 시 · 군 · 구청에 건물위생관리업의 영업신고 이후 활발한 영업활동을 전개하고 있다.

2. 건물위생관리서비스 시장규모 현황

조달청 통계자료에 의하면 국내 건물청소(건물위생관리서비스)서비스 시장규모는 <표 48>과 같이 5조 3천억원에 달하고 있다. 건물종합관리 분야의 서비스업종 중 가장 큰 시장규모를 가지고 있으며 종사자 및 기업의 수도 다른 건물관리서비스 업종보다 많은 것으로 조사되고 있다.

<표 48> 건물위생관리서비스 시장규모

구 분	시장규모	기업 수	종사자 수	관련단체
건물위생관리 서비스	5조3천억	12,380	50만	(사)한국건물위생관리협회
시설관리 서비스	3조	4,000	20만	(사)한국건축물유지관리협회
시설경비 서비스	4조	3,816	40만	(사)한국경비협회
방역소독 서비스	1조	4,800	10만	(사)한국방역협회
계	13조3천억	68,196	130만	(사)한국건축물관리연합회

(자료 : 조달청(2012), 행정자료 인용 및 재구성)

3. 건물청소업의 관계법령 및 제도현황

1) 건물청소업의 관계법령

건물청소업 관계법령이란 건물청소업에 직접 또는 간접으로 영향을 미치는 법률, 시행령과 시생규칙 및 지방의회 조례 등을 말한다.

건물청소 관계법령 개념과 건물청소 기본법 개념은 매우 상이하다. 기본법은 건물청소 전반에 걸쳐 계통적으로 규정함으로서 다른 관계법령에 비하여 특별법의 지위를 가지고 건물청소에 관하여 타 법령보다 우선적으로 적용하는 법률을 말한다. 건물청소 기본법은 유감스럽게도 현재까지 존재하지 않아 관계법령에 의존하여 규율되고 있으므로 향후 건물청소기본법의 제정이 크게 요구되고 있다.

건물청소 관계법령은 아니나 관계법령의 상위법으로서 대한민국 헌법 제10조는 '모든 국민은 인간으로서의 존엄과 가치를 가지며, 행복을 추구할 권리를 가진다.' 로 규정하고 있다. 국가는 개인이 가지는 불가침의 기본적 인권을 확인하고 이를 보장할 의무를 진다고는 규정하고 있으며 제34조, 제35조, 제36조에 규정되어 있는 인간다운 생활과 건강하고 쾌적한 환경에서의 생활 및 보건에 관하여 국가의 보호를 받을 권리가 있다고 규정하고 있어, 청소를 통한 국민의 보건 위생환경 조성의 중요성을 강조하고 국가의 책무로 상정하고 있다.

건물청소업 주요 관계법령에는 청소에 직접 영향을 미치는 법령과 간접적으로 영향을 미치는 관계법령이 있다. 공중위생관리법, 폐기물관리법, 자원의 절약 및 관리에 관한 법률 등이 전자에 속하고 청소업체의 경영관리에 미치는 중소기업기본법, 소상공인 보호 및 지원에 관한 법률, 중소기업제품 구매촉진 및 판로지원에 관한 법률, 조세제한특례법 등이 후자에 해당된다. 이를 개별적으로 살펴보면 다음과 같다.

(1) 공중위생관리법

공중위생관리법은 1986년 5월 10일 국민보건을 위한 위생수준을 향상시켜 공공복리증진에 기여함을 목적으로 제정되었다. 공중이용 영업의 위생관리 등에 관한 사항을 규정함으로써 위생수준을 향상시켜 국민의 건강증진에 기여함'을 목적으로 제정되었다. 건물청소업의 시군구 신고제도를 규정하고 있으며 청소업 신규개설자, 사업장이 없는 대표자, 사업장 승계자. 사업장 책임자 등에 대한 법정 의무위생교육제도를 규정하고 있다.

또한 다수인이 사용하거나 이용하는 건축물 또는 시설물의 소유자와 점유자 및 관리자는 공중위생관리법에 다라 위생관리를 해야 하고, 공중이용시설의 소유자 등은 쾌적한 실내 환경의 관리를 위하여 실내공기 정화 청소를 해야 함을 규정하고 있다. 공중위생관리법은 청소업의 기본법은 아니나 청소업 관계법 중 가장 기본법에 가까운 법률이라 인식된다. 청소업의 기본법의 제정이 청소업의 창조적 발전을 위하여 요구되고 있다.

(2) 폐기물관리법

폐기물관리법에서는 폐기물(쓰레기, 재, 분뇨, 폐유, 폐산, 폐알카리성, 사체 등으로 사람의 생활, 사업 활동에 필요하지 아니하게된 물질)을 적정하게 처리하여 자연환경, 생활환경 등 환경 보전과 국민생활의 질적 향상에 이바지할 목적으로 제정되었다.

폐기물관리법에서는 폐기물 처리 기준과 방법과 생활폐기물 배출자(생활폐기물을 배출하는 토지 건물의 소유자, 점유자, 관리자)의 의무를 규정하고 있다.

(3) 공중화장실 등에 관한 법률(약칭 공중화장실법)

이 법은 공중화장실 등의 설치·이용 및 위생적 관리에 관한 사항을 규정함으로써 국민의 위생상의 편의와 복지증진에 이바지함을 목적으로 제정되었다.

“공중화장실”이란 공중(公衆)이 이용하도록 제공하기 위하여 국가, 지방자치단체, 법인 또는 개인이 설치하는 화장실을 말한다. 청소와 관련하여 공중화장실법에서 정하고 있는 주요 내용은 다음과 같다.

다음 각 호의 어느 하나에 해당하는 장소 또는 시설에 설치하는 공중화장실, 개방화장실, 이동화장실, 간이화장실 및 유료화장실(이하 "공중화장실등"이라 한다)에 대하여는 다른 법률보다 우선하여 이 법을 적용한다.

- 「자연공원법」 제2조제1호에 따른 자연공원
- 「관광진흥법」 제2조제6호·제7호·제10호에 따른 관광지·관광단지 및 지원시설 중 특별자치도, 시·군 또는 구(구는 자치구를 말하며, 이하 "시·군·구"라 한다)의 조례로 정하는 규모의 시설
- 「여객자동차 운수사업법」 제2조제5호에 따른 여객자동차터미널
- 「유통산업발전법」 제2조제3호·제5호·제7호·제8호에 따른 대규모점포·임시시장·상점가·전문상가단지
- 「도시공원 및 녹지 등에 관한 법률」 제2조제3호에 따른 도시공원
- 「도로법」 제2조제2호가목에 따른 휴게시설
- 「철도산업발전 기본법」 제3조제2호가목에 따른 철도시설 중 역시설
- 「도시철도법」 제2조제3호가목에 따른 도시철도시설 중 역사 및 역 시설
- 「항만법」 제2조제1호에 따른 항만의 여객이용시설 등으로서 시·군·구의 조례로 정하는 시설
- 「유선 및 도선사업법」 제2조제3호에 따른 유선장 및 도선장
- 「석유 및 석유대체연료 사업법」 제2조제6호에 따른 석유판매업을 하는 주유소
- 「액화석유가스의 안전관리 및 사업법」 제2조제4호에 따른 액화석유가스 충전사업을 하는 충전소
- 「체육시설의 설치·이용에 관한 법률」 제2조제1호에 따른 체육시설
- 「공항시설법」 제2조제7호에 따른 공항시설
- 「공연법」 제2조제4호에 따른 공연장
- 국가나 지방자치단체가 설치한 공용 또는 공공용 시설로서 대통령령으로 정하는 시설
- 그 밖에 많은 사람이 이용하는 법인 또는 개인 소유의 시설로서 대통령령으로 정하는 규모 이상의 시설

중앙행정기관의 장 또는 지방자치단체의 장은 제3조에 따른 장소 또는 시설에 공중화장실을 설치하거나, 해당 장소 또는 시설을 소유하거나 관리하는 자에게 공중화장실의 설치를 명할 수 있다.

공중화장실등은 남녀화장실을 구분하여야 하며, 여성화장실의 대변기 수는 남성화장실의 대·소변기 수의 합 이상이 되도록 설치하여야 한다. 다만, 행정안전부령으로 정하는 경우에는 그러하지 아니하다.

대통령령으로 정하는 장소 또는 시설에 설치하는 공중화장실등의 경우에는 여성화장실의 대변기 수가 남성화장실 대·소변기 수의 1.5배 이상이 되도록 설치하여야 한다.
시장·군수·구청장은 대통령령으로 정하는 설치기준에 따라 공중화장실등에 장애인·노인·임산부 등이 사용할 수 있는 변기를 설치하여야 하며, 필요하다고 인정하면 주위환경과 조화되는 화단, 휴식시설, 판매시설 등의 시설을 설치하게 할 수 있다. 이 경우 장애인·노인·임산부 등이 사용할 수 있는 변기의 설치에 관하여는 「장애인·노인·임산부 등의 편의증진 보장에 관한 법률」 제8조를 준용한다.
공중화장실등에서 발생하는 오수 및 분뇨는 「하수도법」에 따라 처리한다.
제1항부터 제4항까지에서 규정한 사항 외에 공중화장실등의 설치기준에 관하여 필요한 사항은 대통령령으로 정한다.
공중화장실이 설치된 장소 또는 시설을 소유·관리하는 자는 행정안전부령으로 정하는 바에 따라 공중화장실을 관리하는 사람(이하 "공중화장실 관리인"이라 한다)을 지정하여 관리하여야 한다.
공중화장실 관리인은 공중화장실과 그 주변의 청결을 위하여 공중화장실 관리기준을 준수하여야 한다. 공중화장실의 관리에 관한 기준은 대통령령으로 정한다. 관리인으로 지정하기전에 공중화장실 위생관리 교육을 이수해야 한다. 또는 지정 후 10일 이내에 위생교육을 이수해야 한다. 시장·군수·구청장은 공중화장실등에 대하여 제7조·제7조의2 및 제8조에 따라 유지·관리되고 있는지를 확인하기 위하여 연 1회의 정기점검을 하고 필요시 수시점검을 하여야 한다.
시장·군수·구청장은 공중화장실등을 설치·관리하는 자가 제7조·제7조의2의 설치기준이나 제8조의 관리기준에 관한 규정을 위반한다고 인정하는 경우에는 시설의 개선명령, 폐쇄명령, 철거명령 등 필요한 조치를 할 수 있다.
공중화장실등을 이용하는 사람은 다음 각 호의 행위를 하여서는 아니 된다.
1. 공중화장실등에 낙서를 하는 행위
2. 공중화장실등의 기물(器物)을 훼손하는 행위
3. 영리 목적의 광고물을 표시하거나 설치하는 행위
4. 그 밖에 공중화장실 등에 오물을 방치하는 행위 등 위생적인 화장실 이용을 방해하는 행위로서 시·군·구의 조례로 정하는 사항

화장실과 관련된 사업을 경영하는 자, 화장실과 관련된 학술 및 연구 분야에 종사하는 사람, 그 밖에 대통령령으로 정하는 자는 화장실에 관한 조사·연구, 기술개발, 화장실 문화의 건전한 발전을 도모하기 위하여 한국화장실협회(이하 "협회"라 한다)를 설립할 수 있다.
협회는 행정안전부장관의 설립인가를 받아 주된 사무소의 소재지에서 설립등기를 함으로써 성립한다. 협회는 법인으로 한다.
협회의 사업에 필요한 경비는 화장실 사업자 등 회원이 납부하는 회비와 사업 수익금 등으로 충당하며, 국가 및 지방자치단체는 경비의 일부를 예산의 범위에서 지원할 수 있다.
협회의 업무 및 정관 등에 필요한 사항은 대통령령으로 정한다.
협회에 관하여 이 법에 규정된 것 외에는 「민법」 중 사단법인에 관한 규정을 준용한다.
시장·군수·구청장은 해당 지방자치단체가 설치한 공중화장실의 관리업무를 해당 지방자치단체의 조례로 정하는 바에 따라 단체·개인 등에게 위탁할 수 있다.
이 법에 따른 명령에 규정된 것 외에 공중화장실 등의 유지·관리에 필요한 사항은 해당 지방자치단체의 조례로 정한다.

(4) 중소기업기본법

중소기업기본법은 중소기업이 나아갈 방향과 중소기업을 육성하기 위한 시책의 기본적인 사항을 규정하여 창의적이고 자주적인 중소기업의 성장을 지원하고 나아가 산업구조를 고도화하고 국민경제를 균형 있게 발전시키는 것을 목적으로 제정되어 같은 법 시행령 제3조 제1항 제1호 가목 규정에 의한 별표 1, 별표 3에 건물위생관리업의 현재 중소기업 범위는 중기업은 평균매출액 600억원 이하, 소기업은 평균매출액 30억원 이하로 기준을 정하고 있다.

(5) 소상공인 보호 및 지원에 관한 법률

소상공인법(약칭)은 소상공인의 자유로운 기업 활동을 촉진하고 경영안정과 성장을 도모하여 소상공인의 사회적 · 경제적 지위 향상과 국민경제의 균형 있는 발전에 이바지함을 목적으로 제정되었으며, 이 법의 소상공인은 「중소기업기본법」 제2조 제2항에 따른 소기업(小企業) 중 첫째, 상시 근로자 수가 10명 미만일 것 둘째, 업종별 상시 근로자 수 등이 대통령령으로 정하는 기준에 해당할 것의 요건을 모두 갖춘 자를 말하므로 같은 법 시행령 제2조 제1항 제2목 규정에 건물위생관리업의 소상공인은 상사근로자 5명 미만으로 정하고 있다.

(6) 중소기업제품 구매촉진 및 판로지원에 관한 법률

판로지원법은 중소기업 제품의 구매를 촉진하고 판로를 지원함으로써 중소기업의 경쟁력 향상과 경영 안정에 이바지함을 목적으로 제정되었으며, 제6조 제1항의 규정에 따라 중소벤처기업부장관이 중소기업자 간 경쟁제품 지정에 대한 규정에 따라 건물위생관리업은 세부품목번호 7611150101, 세부품명 건물청소서비스로 지정되어 있다.

(7) 조세제한특례법

조세제한특례법은 조세(租稅)의 감면 또는 중과(重課) 등 조세특례와 이의 제한에 관한 사항을 규정하여 과세(課稅)의 공평을 기하고 조세정책을 효율적으로 수행함으로써 국민경제의 건전한 발전에 이바지함을 목적으로 제정되었으며, 법 제106조 제1항 4의 2호에 따라 건물위생관리업은 현재 노인복지주택, 공동주택 중 국민주택과 수도권을 제외한 135제곱미터 이하인 공동주택의 건물위생관리업무 수행활동에 대한 부가가치세를 2017년 12월 31일까지 면제를 받고 있다.

2) 건물청소업 관련 제도 현황

건물청소업에 직접 또는 간접적으로 영향을 미치는 건물청소업 관련 제도를 살펴보면 다음과 같다.

(1) 한국건물위생관리협회 건물위생관리업 표준도급비 산출제도

건물위생관리업 표준도급비 산출표는 한국건물위생관리협회가 1988년 11월 7일에 업종의 정부노임단가 적용을 위해 재무부 국고국에 건물위생관리업에 대한 정부노임단가 적용에 관한 질의결과 "정부노임단가기준은 원가계산에 의한 예정가격 작성 시 공사부문 및 제조부문에 적용할 노무비의 기준금액으로 건물위생관리업에 직접적용은 곤란하나 유사한 직종의 단가를 참고하여 준용할 수 있다."는 회신공문(재무부 회제125-3136. 1998. 11. 21)에 근거하여 1990년도부터 제조부문의 작업반장 및 단순노무종사원을 적용하여 매년 건물위생관리업의 표준도급비 산출표를 작성하여 발표하고 있다.

현재는 기획재정부 계약예규의 예정가격 작성기준과 국가를 당사자로 하는 계약에 관한 법률 시행규칙 제7조 및 통계법 제17조에 의해 중소기업중앙회가 매년 발표한 제조부분 직종별 임금(일당)에 의거하여 작업반장 및 단순노무종사원을 적용하여 평균 조사노임(일급)은 1일 8시간과 주 40시간을 적용하고 근로기준법 제55조에 의한 유급휴가일을 포함하여 월 26일(209시간)을 기준으로 하여 월 급여제도로 전환하여 산출하고 있다. 〈표 49〉는 건물위생관리업 표준도급비 산출기준표이다.

〈표 49〉 건물위생관리업 표준도급비 산출기준표(사단법인 한국건물위생관리협회)

(단위 : 월/인당)

<table>
<tr><th colspan="3">구분 \ 직급</th><th>공중위생관리책임자</th><th>건물위생관리원</th><th>비 고</th></tr>
<tr><td rowspan="9">인건비</td><td colspan="2" rowspan="2">기본급</td><td colspan="2">중소기업 중앙회 발표
제조부분 직종별 임금(일당)</td><td rowspan="2">근로기준법 제43조 및 용역근로자 근로조건 보호지침(기획재정부 · 행정안전부 · 고용노동부 공동)</td></tr>
<tr><td>작업반장 적용</td><td>단순노무종사원 적용</td></tr>
<tr><td rowspan="4">제수당</td><td>연장근로수당</td><td colspan="2">시급 × 150% 적용</td><td>근로기준법 제56조</td></tr>
<tr><td>휴일근로수당</td><td colspan="2">일급 × 150% 적용</td><td>근로기준법 제56조</td></tr>
<tr><td>연차수당</td><td colspan="2">일급 × 15일분 ÷ 12월</td><td>근로기준법 제60조</td></tr>
<tr><td>특별작업수당</td><td colspan="2">기본급 × 15%</td><td>외곽, 장비운전 등 남성 추가업무량</td></tr>
<tr><td colspan="2">상여금</td><td colspan="2">기본급에 400% 적용</td><td>원가계산에 의한 예정가격 작성준칙</td></tr>
<tr><td colspan="2">퇴직충당금</td><td colspan="2">수령액 × 근무년수</td><td>근로기준법 제34조 및 근로자퇴직급여 보장법</td></tr>
<tr><td colspan="2">소 계</td><td></td><td></td><td></td></tr>
</table>

재료비	품 명	(소모되는 수량 × 금액) 또는 총 도급비의 20% 정도	
복리후생비	산재보험	보수총액의 17 / 1,000	산업재해보상보험법 제4조
	국민연금	보수총액의 45 / 1,000	국민연금법 제88조
	건강보험	보수총액의 30.35 / 1,000	국민건강보험법 제69조, 제73조 및 시행령 제36조
	노인장기요양보험	건강보험료의 6.55 / 100	노인장기요양보험법 제9조
	고용보험	보수총액의 15 / 1,000 - 실업급여 : 0.65%(노 · 사 동일 적용) - 직업능력개발사업 0.85%(사업주 적용)	고용보험법 제6조
	임금채권보장보험	보수총액의 0.8 / 1,000(전 업종 공통)	임금채권보장보험법 제9조
	석면피해구제분담금	보수총액의 0.04 / 1,000	석면피해구제법 제31조
	피복비	1년 2착(동 · 하복) 및 외곽작업요원의 방한복 1착	
	작업화	1년 2회 지급	
	식비지원금	1식 5,000원씩 지원	
	교통비	1일 3,000원씩 20일분	
	체력단련비	1년 2회 지급	
소 계			
경비	지방소득세 종업원분	인건비의 5 / 1,000	지방세법 제84조의 3
	장애인고용분담금	월평균 상시 100인 이상인 사업체는 납부의무대상임.	장애인고용촉진 및 직업재활법 제28조
	교육비	실 위생교육비	공중위생관리법 제17조
	기계장비감가상각비	기계장비금액 / 사용년수	법인세법 시행령 제17조
	보증보험 수수료	년간 계약금액(10%)에 대한 이행증권수수료 년 2% 적용	원가계산에 의한 예정가격작성준칙
소 계			
일반관리비		인건비 + 재료비 + 복기후생비 + 경비 (제6조 제1항 제4호에 의거) × 9%	국가를 당사자로 하는 계약에 관한 법률시행규칙 제8조 제1항 제13조
공과잡비 및 기업이윤		산출금액의 10%	국가를 당사자로 하는 계약에 관한 법률시행규칙 제8조 제2항 제4조
소 계			

(자료 : 사단법인 한국건물위생관리협회, 표준도급비 산출기준자료철, www.kabm.org 정보센터.)

(2) 위생교육제도

위생교육은 공중위생관리법 제17조 및 시행규칙 제23조에 의거하여 실시되는 법정교육으로 보건복지부의 지정으로 한국건물위생관리협회가 실시하고 있다.

이 교육은 1987년 5월 9일 공중위생법이 시행됨에 따라 1987년 4월 25일 당시 보건사회부로부터 교육 및 위생기술교육 위탁기관으로 지정받아 매년 공중위생영업자와 각 사업장책임자에 대한 교육을 실시하였다.

1999년 2월 8일 공중위생관리법 제정으로 신규개설자 및 승계자 그리고 법령위반자들만 위생교육을 받았으나 2002년 공중위생관리에 대한 중요성이 인식되고 월드컵대회의 성공적인 개최 등을 위하여 공중위생관리법 제17조 제1항이 개정되어 전국업체 대표자는 매년 위생교육을 실시하게 되었다. 그러나 우리업계의 강력한 요청에 따라 2006년 법 개정을 통해 사업장별로 공중위생관리책임자를 지정하고 위생교육을 받도록 개정되었으며 2008년 6월 30일 공중위생관리법 제17조 제4항 및 같은 법 시행규칙 제23조 제6항에 의거하여 위생교육실시 단체 지정을 받아 현재 시행되고 있다.

교육대상은 신규개설자 및 승계자와 사업장별로 지정된 공중위생관리책임자와 사업장이 없는 대표자이며 매년 3시간의 교육시간을 이수하여야 하고, 교육내용은 다음과 같다.

① 공중위생에 관한 사항으로 공중위생관리법령 및 공중위생법령의 해설과 운용
② 공중위생시책에 관한 사항
③ 공중위생관련 행정지도와 영업자 책무에 관한 사항
④ 소양교육(소비자분쟁조정 서비스 개선 및 청결에 관한 사항 등)
⑤ 기술교육
⑥ 기타 교육과 관련하여 필요한 사항

건물위생관리업 위생교육 실시현황 자료는 〈표 50〉과 같다(참고로 행정안접부에서 공중화장실 등에 관한 법률에 따라 시행하는 공중화장실관리인 위생교육 프로그램도 있으나 아직까지 법에 정한 교육은 체계적으로 이루어지지 않고 있다).

〈표 50〉 건물위생관리업 위생교육 실시현황

	2011년	2012년	2013년	2014년	2015년	2016년
신규 및 승계자	1,865	1,903	2,025	2,280	2,175	2,434
공중위생 관리책임자	9,098	10,061	10,670	11,344	12,772	13,494
합 계	10,963	11,964	12,695	13,624	14,947	15,928

(자료 : 한국건물위생관리협회 2012년도 제29차~2017년도 제34차 정기총회자료)

(3) 위생서비스 수준 평가제도

위생서비스수준의 평가의 목적은 공중위생관리법 제13조에 공중위생영업소의 위생관리 수준을 제고하여 서비스의 질적 향상을 도모하고 국민건강과 삶의 질 향상에 기여하고자 실시하는 제도는 다음과 같다.

① 평가대상은 공중위생관리법에 의한 공중위생영업소
② 평가방법은 업소를 방문하여 평가도구표에 의한 현지조사 및 평가 실시
③ 평가방향은 위생서비스평가를 실시

평가결과에 따른 등급을 부여하고 평가 결과가 우수한 업소에는 우수업소 로고를 수여하여, 영업자가 자율적으로 서비스 수준을 향상시킬 수 있도록 유도하고 있지만 우리 건물위생관리업은 2010년에 시범실시를 통해 실효성에 문제가 있어 잠정적으로 중단된 상태이다.

(4) 건축물클리닝 서비스 KS 인증제도

KS 인증제도는 산업표준화법에 따라 국가가 제정한 한국산업표준 수준 이상의 서비스를 제공하는 사업장에 대해 심사를 통하여 KS 마크를 표시할 수 있도록 하는 국가인증제도이다.

건축물클리닝 서비스 KS 인증제도는 다음의 목적을 달성하기 위하여 실시되고 있다.

① 건물위생관리업의 활동과 관련한 서비스의 품질과 효율성 향상
② 거래 및 서비스제공 과정의 투명성을 촉진하고 고객에 대한 보호와 공공의 안정성 확보
③ 국가, 기업 및 공공단체 등이 서비스 수행 품질을 확인하는 절차 등을 생략하여 비용 및 시간 절약으로 국내 산업발전과 경제발전에 기여 목적

건축물클리닝 서비스 KS 인증제도는 의무적으로 실시하는 강제인증제도가 아니며 임의 인증제도이다. 청소서비스 분야의 클리닝서비스 KS인증취득 업체 현황은 〈표 51〉과 같다.

(5) 국가직무능력표준(NCS) 제도

국가직무능력표준(National Competency Standards)이란 산업현장에서 직무를 수행하기 위해 요구되는 지식 · 기술 · 태도 등의 내용을 국가가 체계화한 것으로 NCS 표준 및 활용패키지는 일 · 교육 · 훈련 · 자격 간 미스매치 해결 및 스펙보다 능력이 중시되는

〈표 51〉 건축물 클리닝 서비스 분야 인증취득 현황

회사명	사업소	인증번호	인증일
아이서비스(주)	서울아산병원 미화사업소	09-S-0025	2009.12.16
㈜아스타아이비에스	본사	09-S-0026	2009.12.30
주)우리피앤에스	우리은행 본점	10-S-0024	2010.12.08
동원건설산업㈜	한국투자증권 본사빌딩	11-S-0004	2011.07.27
(주)쓰리에스포유	㈜농심 본사	12-S-0002	2012.08.08
㈜금원기업	㈜포스코 포항제철소	12-S-0005	2012.11.28
현대엔지니어링(주)	현대자동차 양재사옥	16-S-0233	2016.03.16

(자료 : 한국표준협회 http://www.ksa.or.kr/intro.jsp)

능력중심사회 구현을 위해 NCS 개선사업으로서 NCS 학습은 교육 · 훈련 · 자격의 기본이 되고 실제 산업현장에서 활용되는 지식 · 기술·태도를 중심으로 교육훈련 분야를 국가적 차원에서 표준화를 마련하는 것을 의미한다.

① 표준의 특성은 한사람의 근로자가 해당 작업 내에서 소관업무를 성공적으로 수행하기 위하여 요구되는 실질적인 수행능력을 의미하고 해당 직무를 수행하기 위한 모든 종류의 수행을 능력을 포괄하여 제시하며 모듈(module)형태의 구성과 산업계 단체가 주도적으로 참여하여 개발하였다.

② 표준의 활용영역은 산업현장의 직무 수요를 체계적으로 분석하여 제시함으로써 일 – 교육 – 훈련 – 자격을 연결하는 고리이며 교육기관의 교육과정, 직업능력개발 훈련기준 및 교재개발 등에 활용되어 산업수요 맞춤형 인력양성에 기여하고 근로자를 대상으로 경력개발경로개발, 직무기술서, 채용배치 승진 등 자기개발도구로 활용가능하다.

③ 구성에 따른 능력단위는 분류체계의 세 분류를 의미하고, 원칙상 3분류 단위에서 표준이 개발되며 분류체계에서 하위단위로서 국가직무능력표준의 기본 구성요소이고 능력단위 분류번호, 능력단위 정의, 능력단위 요소(수행준거, 지식 · 기술 · 태도), 적용범위 및 작업 상황, 평가지침, 직업기초능력으로 구성한다.

④ 수준체계는 산업현장의 직무수준을 체계화한 것이며, '산업현장 – 교육훈련 – 자격' 연계, 평생학습능력 성취단계를 제시, 자격의 수준체계 구성에서 활용하고 개발 시 8단계의 수준체계에 따라 능력단위 및 능력단위요소별 수준을 평정하여 제시한다.

⑤ 건물위생관리업의 표준 및 활용패키지 직무인 '환경미화'는 건축·시설물의 청결유

지, 마감재의 내구연한 증대, 쾌적한 환경조성, 보건위생수준향상을 위하여 청소계획수립, 청소활동, 성과 측정과 평가, 사후관리 등의 활동을 수행하는 일이다.

⑥ 건물위생관리업의 능력단위 : 청소현장의 현황파악, 청소계획수립, 청소활동수행, 비상상황 대비대응, 청소장비운용, 청소약품운용, 청소활동 사후관리로 구성하고 있다. NCS 직무분야별 분류는 〈표 52〉와 같다.

〈표 52〉 NCS 직무분야별 분류표

<table>
<tr><th>대분류</th><th colspan="6">경비 · 청소</th></tr>
<tr><th>중분류</th><td colspan="2">경비</td><td colspan="4">청소 · 세탁</td></tr>
<tr><th>소분류</th><td colspan="2">경비 · 경호</td><td colspan="2">청소</td><td colspan="2">세탁</td></tr>
<tr><th>세분류</th><td>보안</td><td>경호</td><td>환경미화</td><td>가사지원</td><td>세탁</td><td>수선</td></tr>
</table>

(자료 : 한국산업인력공단)

(6) 경영혁신형 중소기업(MAIN Biz) 인증제도

경영혁신형 중소기업(메인비즈 MAIN Biz) 인증은 경영혁신활동을 통해 새로운 성장동력을 갖춘 중소기업을 발굴하고 우수기업으로 육성 및 경영혁신을 촉진하기 위해 중소기업기술혁신촉진법 제15조2에 의거하여 중소기업청장이 선정한 경영혁신형 중소기업을 말하는데 인증은 벤처기업 인증, 이노비즈 인증과 다르게 기술력을 평가하기보다는 기업의 경영성과가 탁월한 기업을 평가하여 인증하는 제도로 기업경영에 도움이 되는 제도이지만 인증절차가 까다롭기 때문에 다양한 실무경험을 보유하고 있는 전문가의 도움이 필요하다.

① 인증 신청조건은 업력 3년 이상의 중소기업이 신청 가능하며, 개인사업자가 법인으로 전환한 경우에는 업력 산정에 포함되는 조건을 갖출 경우에는 기업 업력으로 인정될 수 있다. 다만 불건전업종(게임, 도박, 주류, 숙박업 등)과 연체 및 국세체납, 파산, 회생절차개시, 어음교환소 거래정지 처분 기업, 부채비율 1,000% 이상 기업 등은 신청할 수 없다.

② 신청방법은 신청 조건에 해당되는 중소기업은 온라인을 통해 기업정보를 등록한 뒤 온라인 자가진단과 현장평가신청 후 경영혁신능력, 신용보증등급 평가를 통과하게 되면 메인비즈 확인서를 발급받는다.

③ 인증을 받은 중소기업은 다양한 부분에서 혜택이 있으며 이는 신용보증 부분보증

비율 85% 적용, 신용보증료 0.1% 차감, SGI 서울보증보험 우대 한도 적용 및 보증보험 요율 10% 우대 적용, 5대 금융기관(국민, 기업, 우리, 하나, 농협)과 협약을 통한 지원, 각종 중소기업 기술개발사업 평가시 지원 자격부여 또는 가점 부여, 해외규격인증 획득 지원사업, 수출유망 중소기업 지정시 가점 부여, 병역지정업체 추천 시 우대(10점), 광고료 지원(TV, 라디오 70%) 등이 있다.

4. 건물위생관리(청소)직 임금근로자 규모현황

건물위생관리원은 건물청소원, 건물미화원 등으로 호칭되며 건물위생관리업의 업무활동을 계획하거나 직접 수행하여 건물위생관리업무를 생산하고 제공하는 사람이다. 건물위생관리원은 건물위생관리업무 대상물인 건물의 마감재에 따라 관리방법을 선정하고 사용약품을 선택해야 하며 장비를 선정하여 사용할 수 있는 건물위생관리업무의 기술과 전문성을 반드시 갖추어야 한다.

건물위생관리업무를 총괄하는 건물위생관리 사업장책임자(소장, 감독, 반장, 현장 대리인 등)에 대하여 공중위생관리법에는 건물위생관리 전문기업은 사업장별로 공중위생관리책임자를 반드시 지정하고, 지정된 사람은 매년 3시간의 위생교육을 의무적으로 이수하고 건물위생관리원에게 전달교육을 실시하도록 규정되어 있다. 건물위생관리(청소)직 임금근로자 규모 현황은 〈표 53〉과 같다.

〈표 53〉 건물위생관리(청소)직 임금현황

(13년도 상반기) (단위 : 명)

	건물위생관리원 관련 직종			
자 료	산업 및 직업별 고용구조조사(2009.9)		지역고용조사 (2013년 상반기)	
직업분류	청소원(1131)		청소원 및 환경미화원(941)	
상용직	192,000	(50.6)	202,000	(30.5)
임시직	156,000	(41.1)	364,000	(54.9)
일용직	32,000	(8.3)	97,000	(14.6)
전 체	380,000	(100)	663,000	(100)

주) 산업 및 직업별 고용구조조사는 고용직업분류 세분류 1131에 해당하며, 지역고 용조사는 표준직업분류 소분류 941에 해당(자료 : 한국고용정보원, 산업 및 직업별 고용구조조사, 2009 원자료, 통계청, 지역고용조사, 2013 상반기 원자료)

5. 건물청소업 관련 단체현황

1) 한국건물위생관리협회

한국건물위생관리협회 15) (Korea Association of Building Maintenance : KABM) 는 1971년 11월 7일에 창립총회를 개최하였으며 1984년 11월 8일 보건사회부로부터 민법 제32조에 의거하여 제108호로 사단법인 허가를 취득한 이후 14차의 정관개정을 통해 '공중위생관리법의 규정에 의한 건축물과 시설물 등의 청결유지와 실내 공기정화를 위한 지식보급 및 기술의 향상과 증진을 도모하며 건물위생관리업의 건전한 육성과 발전을 위한 제반 사업을 수행함으로서 국민의 자산 가치유지 및 증대 그리고 국민보건위생 향상에 기여함을 목적으로 한다'로 변경되었다.

1975년 4월 협회의 숙원사업인 협회인가는 여건변화로 중단되었으며 보건사회부령의 오물처리시행규칙에 건물청소업자자격 관련 조항을 어렵게 신설하여 건물청소업자 등록을 실시하였으나 대부분 업체가 자격미달로 등록을 못하였다. 1982년 독립기념관 건립 기금 110만원을 모금하였고 전국건물청소업체총회 개최, 1983년 KBS 만남의 광장 대청소와 쓰레기통 설치, 1993년 대전세계박람회 대회장 청소 컨소시엄 참여와 세계건물관리연맹과 WHO(세계보건기구)의 실내환경측정 공동연구국 선정에 따른 연구 및 보고서를 제출였다. 2006년 제16차 세계건물관리연맹 대한민국 서울총회는 '건강한 빌딩, 건강한 사람'이란 주제로 개최하여 22개 국 954명이 참여하였다. 아시아건물관리연맹 창설을 주도하여 연맹 사무국과 2009년에는 제2차 아시아건물관리연맹 서울총회는 '건물위생관리산업의 현재와 미래 그리고 서비스평가제도'라는 주제로 12개 국 872명이 참석하였으며 2017년 제6회 서울총회는 "청소가 새로운 세상을 만들어 갑니다." 라는 주제로 4개국 423명이 참석하는 등 국내유일의 건물위생관리업 단체로 창립 46년을 맞이하였다.

2) 세계건물관리연맹

세계건물관리연맹(World Federation of Building Service Contractors : WFBSC)16) 은 세계 각국의 건물위생관리업에 대한 인식의 변화와 세계 회원국의 회원들에 대한 자아의식, 전문지식과 직업능력 개발 및 정보교류와 친목도모에 헌신을 통하여 건물위생관리업의 발전과 각 지역과 국가별 목표를 지원하기 위하여 1979년 스위스에서 창립총회를 개최한 이후 각 대륙을 순회를 원칙으로 2년마다 세계총회를 개최하는데 2006년에

15) 사단법인 한국건물위생관리협회, 홈페이지 www.kabm.org
16) 세계건물관리연맹, 홈페이지 www.wfbsc.org

제16차 대한민국 서울총회는 20개국에서 954명(대표자 676명 동반자 278명)이 참석하여 가장 성대하게 개최하였으며 2017년에 제22차 세계총회는 독일 베를린에서 개최하였으며 세계총회 개최현황은 〈표 51〉과 같고, 사업목적은 다음과 같다.

① 전문 건설업 용역 업체의 규모, 범위, 역할 및 가치에 대한 세계적인 인정을 추진
② 글로벌 교육 및 포럼을 통해 전문지식전문적인 역량을 향상
③ 전 세계적으로 우리 산업계의 유사성과 차이점에 대한 회원들의 인지도를 제고
④ 준회원인 제조업체들과 세계건물관리연맹 회원국의 회원에게 전문 직업적이고 사교적인 관계를 보편화 및 유지
⑤ 세계건물관리연맹 목표인 정회원과 준회원들의 기대를 효과적으로 만족시키기 위한 지원과 전문직 임원 자원을 활용

회원국 회원들을 위한 활동으로 다양한 교육프로그램, 국제무역 박람회, 흥미로운 사회프로그램 등과 현재 및 미래에 대한 세계연맹의 프로그램 및 활동에 대한 방향 및 리더십을 제공하는 다양한 장소에서 전략적 이사회의 정기적인 회의를 개최하고 세계 각국에 대한 최신정보를 담고 있는 월간지(International Dimensions)를 발행하고 있다. 사무국은 미국 아이오아주 시카고에 소재하고 있으며 회원국은 2017년 현재 호주, 영국, 벨기에, 미국, 아르헨티나, 브라질, 캐나다, 프랑스, 독일, 한국, 일본, 네덜란드, 뉴질랜드, 대만, 멕시코, 중국 상해 등이다.

〈표 54〉 세계건물관리연맹 세계총회 개최현황

차수	개최년도	주 제	개최국 및 도시	참가국	참가인원
1	1979	발전을 위한 파트너십	스위스 베른	22	200
2	1980	영업 전략에 따른 시장 확대	미국 마이애미	23	371
3	1982	변화하는 경제 변동하는 빌딩관리 시장	일본 도쿄 및 교토	13	828
4	1983	미래는 지금	네덜란드 암스테르담	17	306
5	1984	달성 목표	호주 시드니	18	337
6	1986	신기술 구현, 품질 관리, 직원 교육 및 경영 개혁 및 변화에 대응하는 기업	파리 프랑스	22	750
7	1988	건물 관리 산업 : 먼저 사람	브라질 리오 데 자네이로	28	576
8	1990	마케팅 방법 그리고 관리 : 성공의 열쇠	영국 버밍엄	24	450

차수	개최 년도	주 제	개최국 및 도시	참가국	참가 인원
9	1992	오늘이나 내일이나 미래의 문을 여는 21 세기에 도전	일본 요코하마	22	919
10	1994	인간 그리고 지구	뉴질랜드 퀸스 타운	14	570
11	1996	혁신	미국 올랜도	19	728
12	1998	미래의 설계	네덜란드 암스테르담 프랑스 오피 오리스	18	515
13	2000	토탈 서비스 : 변화와 혁신 속에서 만들어 낸 고객과 신뢰 구축	호주 시드니	18	569
14	2002	미래를 건설하다	영국(스코틀랜드) 에딘버러	18	550
15	2004	업계와 사람	캐나다 몬트리올	14	400
16	2006	건강한 건물, 건강한 사람들	대한민국 서울	20	676
17	2008	지속 가능성 : 최첨단 분야 개척과 새로운 사업 추진	아르헨티나 부에노스 아이레스	18	220
18	2011	지속 가능한 산업 육성 : 지구 환경 보호 /인재 개발/수익성의 추구	뉴질랜드 오클랜드	16	210
19	2012	물, 지속 가능한 청소의 중요성	브라질 쿠 리치 바	16	877
20	2014	빅 애플, 큰 아이디어	뉴욕, 미국	19	500
21	2016	문화를 뽑는 ~ 풍요로운 삶을 창조하는 빌딩 관리 및 건물 청소	일본 도쿄	21	700
22	2017	디지털 세상에서의 청소/프로세스, 사람, 기술	독일 베를린	43	540

(자료 : 세계건물관리연맹(WFBSC) 연혁자료)

3) 아시아건물관리연맹

아시아건물관리연맹(Asia Building Maintenance Association : ABMA)은 아시아지역의 건물위생관리 산업의 성장과 발전을 위한 기술보급과 사람들과의 정보교류를 통해 건물의 소유자와 사용자들에게 보다 편안하고 안전한 생활환경을 지속적으로 제공한다. 또한 전문성을 기반으로 업계에 필요한 인재들을 양성하고 업무능력을 향상시키는 전문지식의 확산과 건물관리시스템 구축을 목표로 2006년 10월 19일 대한민국 서울에서 일본, 한국, 대만, 싱가포르, 중국 대표들이 참석하여 창립총회를 개최하였다. 제1차 총회는 2007년 일본 치바, 제2차 총회는 2009년 대한민국 서울, 2011년 제3차 총회는 중화민국 타이베이, 2014년 제4차 총회는 중국 상하이, 2015년 제5차 총회는 일본 홋카이도 삿포로, 2017년 제6차 총회는 대한민국 서울에서 개최하였다. 아시아건물관리연맹 아시아총회 개최현황은 〈표 55〉와 같으며 사무국은 대한민국 서울에 소재하고 있으며 회원국은 2017년 현재 한국, 일본, 중화민국(대만), 중국 상해, 싱가포르, 인도네시아, 베트남, 몽골 등 이다.

〈표 55〉 아시아건물관리연맹 아시아총회 개최현황

차수	개최 년도	주제	개최국 및 도시	참가국	참가 인원
1	2007	기술 (비결)과 품질(정성)에서 미래를 잡아	일본 치바시	6	700
2	2009	건물위생관리산업의 현재와 미래 그리고 서비스평가제도	대한민국 서울	12	872
3	2011	자산의 지석 기술의 개발 동향에 관한 국제 포럼	중화민국 타이베이	4	200
4	2014	건축물의 일상적인 유지 관리 및 안전한 운영 방식 연구	중국 상하이	4	210
5	2015	인재	일본 홋가이도 삿포로	8	270
6	2017	청소가 새로운 세상을 만들어 갑니다.	대한민국 서울	4	423

(자료 : 아시아건물관리연맹 (ABMA) 연혁자료)

6. 외국의 건물위생관리업 현황[17)]

1) 일 본

일본은 '건축물의 위생적 환경의 확보에 관한 법률'(일명 건축물위생법)은 많은 사람들이 이용하는 특정 건축물의 위생적 환경의 확보를 목적으로 1970년에 제정되었다. 이 법률에서는 위생적 환경의 확보의 관점에서 건축물환경위생 관리기준이 정해져 있어 특정 건축물에 해당하는 경우 건축물 소유자 등과 건축물유지관리 주체도 이 기준을 준수해야 한다. 또한 건물위생관리 전문기업은 도도부 · 현 · 지사에 등록을 하도록 규정되어 있다.

1980년에는 건축물의 유지관리 기술도 고도화·업무의 효율화되면서 건물관리 기업에 대한 유지관리업무 위탁 비율이 높아졌기 때문에, 건물관리업의 서비스품질 향상을 도

17) 이재훈(2018), 전게 논문 인용

모하는 것을 목적으로 건물관리업을 8개 등록업종으로 자격자의 배치 및 종사자 교육 실시 등 일정한 등록 기준을 충족하여야 주요내용은 다음과 같다.

① **청소관리업무의 정의** : 청소관리업무는 바닥뿐만 아니라 벽면과 문, 집기 · 비품 등 굴곡진 면에도 신경을 쓰고 업무공간의 특성에 따라 균형 잡힌 미관 · 위생을 유지하는 업무이다. 건물의 용도에 따라 청소관리의 내용이 달라지며 최근에는 바닥재, 벽재, 금속 재료, 석재 등 매우 다양한 소재가 사용되고 있어 마감재의 특성에 맞는 청소관리가 이루어지고 있다.

최근 청소관리방법은 사후청소에서 예방청소로 바꾸어 졌으며 건물에 흙 등 오염물질이 반입되지 않고 더러워지기 전에 처리하여 정상적으로 미관 · 위생을 유지하는 청소 방법이다. 세척작업을 배제한 드라이 방식은 현대의 빌딩에 적합한 청소 방법으로 최근의 청소관리업무는 간단한 청소작업 형태가 아니라 전문적인 지식과 관리능력이 요구되는 전문적인 관리업무이다.

② **등록 업종의 종류** : 1호 등록 / 건축물 청소업, 2호 등록 / 건축물 공기환경 측정사업, 3호 등록 / 건축물 공기조화용 덕트청소업, 4호 등록 / 건축물 음료수 수질 검사업, 5호 등록 / 건축물 식수 저수조 청소업, 6호 등록 / 건축물 배수관 청소업, 7호 등록 / 건축물 쥐 곤충 등 방제사업, 8호 등록/건축물 환경위생종합관리업으로 구분되어져 있다.

③ **등록 신청 구비서류** : 법인의 상호, 주소, 대표자 명, 작업에 사용 기계기구의 개요를 기재한 서류, 감독의 성명과 증명서류, 연수의 실시상황의 서류, 작업에 사용되는 기계 또는 설비의 유지 관리방법을 기재한 서류 등이다.

④ **청소관리업무 종사자** : 약 110만 명이며 국가자격제도인 빌딩크리닝기능사 자격자는 6만 여명 을 보유한 관계로 전문직업인으로 국민 모두가 인정하는 성장과 발전하고 있다.

⑤ **전국건물관리협회** : 1966년 1월 24일 설립되었으며 건축물의 쾌적한 환경 확보라는 사회적 요청에 부응한 공익 단체로 내각부가 인정한 공익사단 법인으로 건축물위생법에 근거한 등록업자의 단체로서 후생노동대신의 지정을 받은 업계의 자질향상을 위한 기능검정의 검증 업무수행과 건물관리에 관한 각 종업무의 조사 · 연구와 전문적인 정보를 제공하고, 지식의 보급 등 각종 사업을 실시하고 있다.

일본의 등록업체 현황은 〈표 56〉이며, 시장규모를 알라보기 위한 매년 총매출액 현황은 [그림 19]이고, 사업장 수와 회원 수의 추이는 [그림 20], 종업원 수의 추이는 [그림 21]과 같다.

〈표 56〉 일본등록업체 현황

(단위 : 업체 수)

년도	청소업	공기환경 측정업	공기정화 청소업	수질 청소업	저수조 청소업	배수관 청소업	방제업	종합 관리업	일반 관리업	경비업
1981	209	263		250	1,954		374		585	3,210
1982	508	401		329	3,144		960		964	3,516
1983	724	481		367	3,524		1,116		1,100	3,550
1984	834	493		385	3,716		1,180		1,138	3,757
1985	935	512		424	3,955		1,202		1,180	4,009
1986	1,106	523		449	4,241		1,300		1,260	4,282
1987	1,220	530		477	4,391		1,336		1,308	4,586
1988	1,305	552		496	4,541		1,379		1,409	4,896
1989	1,350	570		508	4,682		1,407		1,428	5,428
1990	1,367	554		510	4,604		1,398		1,454	5,633
1991	1,380	583		521	4,615		1,406		1,427	6,045
1992	1,439	597		540	4,742		1,415		1,494	6,578
1993	1,522	620		561	4,911		1,439		1,518	7,062
1994	1,636	656		588	5,072		1,491		1,588	7,627
1995	1,770	703		596	5,251		1,570		1,653	8,154
1996	1,990	731		604	5,373		1,660		1,726	8,669
1997	2,007	733		618	5,506		1,741		1,793	9,122
1998	2,282	788		637	5,954		1,918		1,944	9,350
1999	2,391	787		644	5,948		1,966		1,999	9,722
2000	2,562	797		645	6,027		1,992		2,023	9,900
2001	2,910	887		696	6,711		2,252		2,287	9,452
2002	3,133	942	54	699	7,017	290	2,344	42	2,258	9,463
2003	3,338	984	87	698	7,209	576	2,438	221	2,087	9,131
2004	3,382	997	101	682	7,202	725	2,470	521	1,760	9,247
2005	3,415	1,002	113	650	7,054	858	2,447	1,206	1,001	9,266
2006	3,433	1,000	125	638	6,966	930	2,451	1,540	642	9,065
2007	3,579	1,018	134	637	7,075	1,011	2,518	1,960		8,996
2008	3,622	1,038	154	628	7,103	1,037	2,536	2,107		8,924
2009	3,746	1,048	129	634	7,194	1,044	2,607	2,159		8,998
2010	3,707	1,008	121	621	7,046	1,061	2,578	2,129		9,010
2011	3,776	1,016	134	621	7,105	1,130	2,662	2,218		9,058
2012	3,798	1,009	141	616	7,079	1,154	2,666	2,235		9,091
2013	3,815	1,017	145	614	7,149	1,192	2,708	2,254		9,133

(자료 : 일본 전국빌딩관리협회)

[그림 19] 매년 총매출액 현황

(단위 : 좌측 억엔, 우측 %)

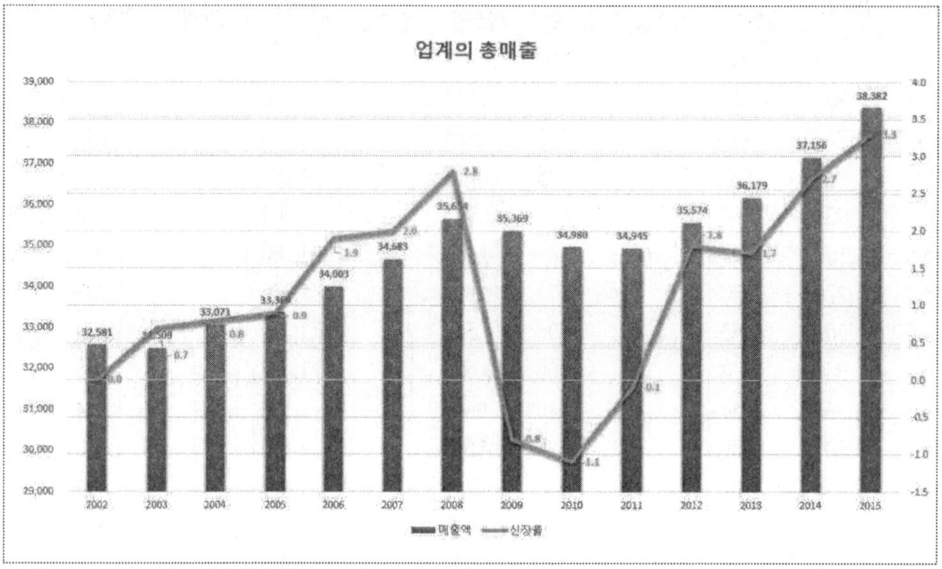

(자료 : 일본 전국빌딩관리협회 실태조사보고서 추계)

[그림 20] 사업장수와 회원 수의 추이

(단위 : 좌측 사업장, 우측 회원 수)

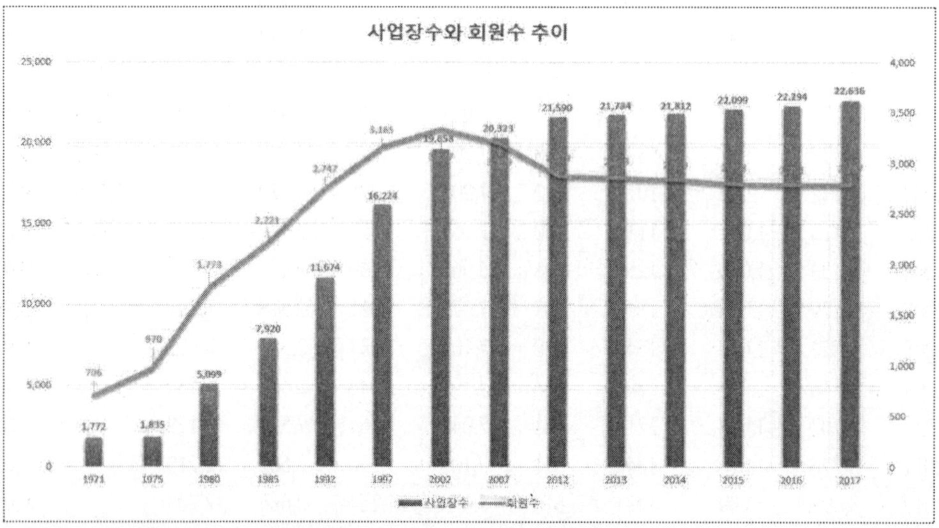

(자료 : 사업장수 : 일본 후생노동성 발표 '노재보험수지통계')
(회원수 : 일본 전국건물관리협회 발표. 2017. 11월말 시점)

[그림 21] 종업원 수의 추이

(단위 : 명)

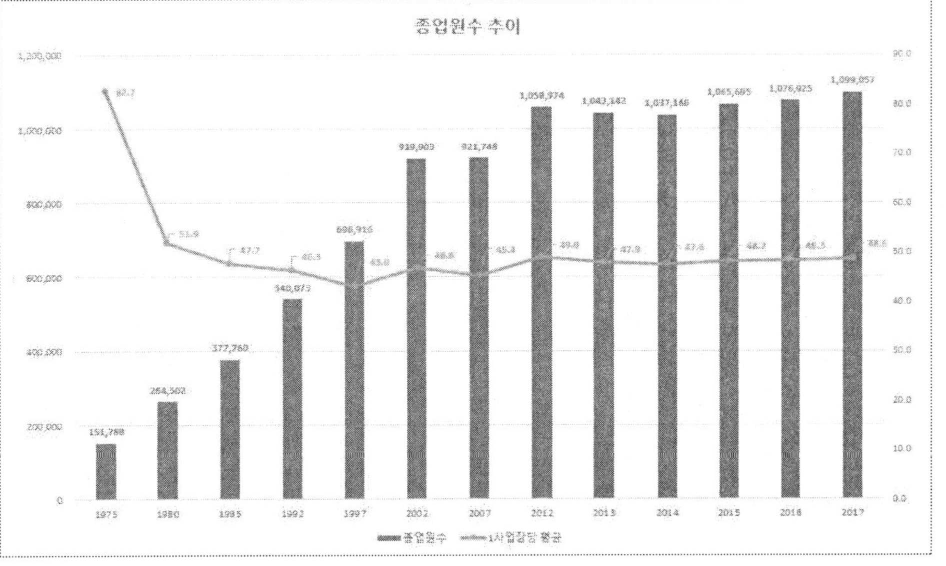

(자료 : 후생노동성 발표 '노재보험수지총계')

2) 미 국

미국은 연방국가로 각 주(州)가 광범위한 자치권을 가지고 있기 때문에 통일된 법률체계가 없고 연방법과 각 주의 법률로 이원성을 가지고 있으며, 건물관리에 대한 개념은 부동산 투자개념으로 인식되고 있다. 건물관리는 환경과 위생분야에 관련한 규제와 지침사항으로 집행되거나 실행되며 교육 등은 각 분야별로 발달되어진 협회에서 진행하고 있는 것으로 파악되었다.

미국의 건물위생관리 서비스 산업은 약 100만명을 고용하고, 년 매출액은 520억 달러 규모의 큰 시장으로 매우 경쟁이 치열하고, 4만 4,000개의 프랜차이즈 점을 포함해서 주로 소규모로 운영하는 765,000여개 사업자 및 업체로 구성되어 있고 회사 규모는 파트타임 사원을 고용하는 작은 업체에서 연간 매출 240억 달러의 ABM Industries과 연간 매출 210억 달러의 Service Master Clean 등 거대한 기업들도 있다. 미국의 건물위생관리 서비스업무의 수요예측은 살펴보면 향후 연평균 3.1% 증가하여 2019년에는 651억 달러에 이르고 건물위생관리 업무에 필요한 장비와 용품들의 수요예측은 2019년까지 2.2%의 연평균 성장하여 71억 달러에 달할 것으로 예측하고 있다.[18]

---

18) Contract Cleaning Services(US Market & Forecast), Freedonia Group, 2015.12
Janitorial Equipment and Supplies(US Market & Forecast) Freedonia Group, 2015.

건물위생관리 서비스를 이용하는 주된 동기는 비용과 시간 절약이며 건설 지출, 가처분 소득, 사무소 증가 등이 수요를 뒷받침할 것으로 전망되고 있지만 이 시장은 계속 성장하고 있으며, 치열한 가격경쟁이 예상되고 서비스 이용은 증가할 것으로 조사 · 분석되었다.

3) 중 국

중국의 건물위생관리업은 중화인민공화국물권법(中华人民共和国物权法)과 물업관리조례(物业管理条例 中华人民共和国国务院 第379号令), 물업관리기업자질관리판법(物业管理企业资质管理办法)과 재정부의 물업관리기업재무관리규정(财政部 : 物业管理企业财务管理规定)에 의하여 영업활동을 수행하는데 주요내용을 살펴보면 목적은 물업관리 활동에 대한 감독 관리를 강화하고, 물업관리 시장질서를 규범화하여 물업관리 서비스 수준을 제고하여 물업관리 서비스기업의 자격신청 및 관리에 대해 규정하고 있으며 중국 물업서비스기업에 대한 자격등급은 1급, 2급, 3등급으로 구분하고 물업서비스기업의 자격등급 기준은 〈표 57〉과 같다.

〈표 57〉 중국 물업서비스기업의 자격등급 기준

등급	증명서 발급 및 관리	서비스업 진출 조건
1등급	국무원 건설담당 부서	1. 등록 자본 인민폐 500만 위안 이상
		2. 부동산관리 전문 인력과 공사, 관리, 경제 등 관련 전공 전문경영인과 기술자는 30명 미만이어야 한다. 중급 직급 이상의 직책을 가진 사람은 20명 미만이고, 공사재무 등 업무담당자는 중급이상의 직책을 가지고 있다.
		3. 부동산관리 전문인력은 국가 관련 규정에 따라 직업 자격증을 취득한다.
		4. 두가지 유형 이상의 부동산관리를 관리하고, 각종 부동산을 관리하는 평형의 건축물의 건폐율을 100% 이하로 나눈다. - 다층 주택 200만㎡, - 고위 주택 100만㎡ - 독립식 주택(별장)15만㎡ - 오피스텔, 공업플랜트, 기타 부동산 50만㎡.
		5. 서비스 품질, 서비스 요금 등 기업관리 제도와 표준을 엄격하게 집행하고 기업신용 파일시스템을 구축해 경영실적을 우수하게 관리한다.

등급	증명서 발급 및 관리	서비스업 진출 조건
2 등급	성시자치구 정부, 성 직할시 부동산 경리부	1. 등록 자본 인민폐 300만 위안 이상
		2. 부동산관리 전문인력과 공사, 관리, 경제 등 관련 전공 전문관리직과 기술자는 20명 미만이어야 한다. 중급 직급 이상의 직책을 가진 사람은 10명 미만이고, 공사재무 등 업무담당자는 중급 이상 직급을 가지고 있다.
		3. 부동산관리 전문인력은 국가 관련 규정에 따라 직업 자격증을 취득한다.
		4. 두가지 유형 이상의 부동산 관리를 관리하고, 각종 부동산을 관리하는 평형의 건축물의 건폐율을 100%이하로 나눈다. - 다층 주택 100만㎡ - 고위 주택 50만㎡ - 독립식 주택(별장)8만㎡ - 사무실, 공업공장, 기타 부동산 공장 20만㎡.
		5. 서비스 품질, 서비스 요금 등 기업관리 제도와 표준을 엄격하게 집행하고 기업신용 파일 시스템을 구축해 경영 실적을 양호하게 관리한다.
3 등급	성시자치구 정부, 성 직할시 부동산 경리부	1. 등록 자본 인민폐 50만 위안 이상
		2. 부동산 관리 전문 인력과 공사, 관리, 경제 등 관련 전공 전문경영인과 기술자는 10명 미만이다. 중급직급 이상의 직책을 가진 사람은 5명 미만이고, 공사재무 등 업무 담당자는 중급 이상의 직책을 가지고 있다.
		3. 부동산관리 전문인력은 국가 관련 규정에 따라 직업 자격증을 취득한다.
		4. 부동산 관리를 의뢰하는 부동산 관리 프로젝트
		5. 서비스 품질, 서비스 요금 등 기업관리 제도와 표준을 엄격하게 집행해 기업 신용 파일 시스템을 구축한다.

(자료 : 물업관리기업자질관리판법 제3조 물업복무기업자질등급분위)
(物业管理企业资质管理办法 第三条 物业服务企业资质等级分为)

중국에는 4개의 직할시(直轄市)와 22개의 성(省), 5개의 자치구(自治區)로 중국물업관리협회의 가입 회원은 2,200개 업체이며 전국 또는 기타 지역의 업체현황을 파악하지 못하였다.

4) 대 만

대만의 건물위생관리업을 1995년 6월말에 제정한 아파트건물관리조례(公寓大廈管理條例)에서 건물관리업무가 시작된 이후 활성화를 통하여 공공 서비스, 보존, 청결, 생활서비스 및 임대 관리를 위한 완전한 표준 작업 및 작업 절차와 각종 표준 작업으로 현재 대만에 설립된 아파트와 빌딩관리 기업은 총 600여 개로 구성되어 있으며 아파트건물관리서비스관리인법(公寓大廈管理服務人管理辦法)은 건물관리 회사가 건물 및 부지의 유지 보수에 종사할 수 있도록 규정되어 있으나 현재는 소비자가 이를 적극 이용하지 않아 일부 운영자들만이 이 업무를 수행하고 있다.

1998년 6월부터 각 지방자치단체와 건물관리공단은 다음과 같은 일을 한다.

① 건물관리위원회와 각 주요 사업자들의 중화민국관리사무소를 관리한다.
② 건물관리업자들의 전문지식 및 경영 노하우를 제고한다.
③ 국내의 건축물 관리와 관련된 역량을 강화하여 건축물관리의 수준을 향상시켜 건축물 관리의 수준을 향상시킬 수 있도록 힘쓰고 있다.

건물관리공단은 다음과 같은 일을 한다.

① 그 동안 법치 환경구축, 전문성 강화, 업계 이미지 제고 등을 위해 노력하고 있다.
② 대만 환경에 적합한 건물관리업 전공을 통하여 이론과 지식을 발전시켜 실무적인 노하우를 축적한 결과 다양한 책들을 편찬하고 실습 및 세미나, 국내외 견학 및 교육 훈련을 진행하고 있다.
③ 현재 4명의 박사와 3명이 박사학위 취득을 준비하고 있으며, 석사학위 소지자는 10여명이나 된다.

대만의 건물관리업자들의 영업방식은 대부분 위임 또는 하도급으로 서비스를 제공하고 있으며 소수는 대리 또는 자문방식으로 고객을 대리하는 서비스를 제공하고 있다.

5) 시사점

건물위생관리업의 전통적인 쓸고 닦는 개념을 뛰어넘어 사용자 및 이용자의 생활공간의 청결성과 쾌적성 등의 확보를 통한 국민보건위생수준 향상을 위한 건물위생관리서비스 개념으로 확장을 이룬 것은 건물위생관리 전문기업들이 지대한 공헌을 하였다. 또한 외국의 사례를 연구한 결과는 일반적인 건물종합관리 형태의 영업활동에서 전문화된 개별 서비스로 특성화된 단일품목으로 특수장비 및 약품을 사용한 고급형 맞춤 서비스를 제공하고 있다.

일본의 경우 청소관리업무는 청소업(清掃業)과 소제업(掃除業)으로 분류하고 청소업은 건축물위생법에 의해 등록업으로 지정된 건물의 청소관리업무를 수행하고, 소제업의 경우에는 자유업으로 2만여 개인사업자들 집과 점포 및 사무실 등의 청소업무를 대행하고 있으며 미국의 경우에는 오래전부터 대표적인 프랜차이즈업종으로 자리를 잡고 성장 발전해 오고 있다.

오늘날 건물위생관리업은 단순노무가 아닌 전문적인 노하우와 기술을 토대로 건물위생관리 서비스를 제공하는 업무로 건축물 및 시설물의 증가에 따른 모든 생활공간이 업무에 해당되므로 건물위생관리산업에 대한 시장성은 확실하게 담보되어 있다. 또한 맞벌이부부들의 증가로 가사업무의 공백상태로 국내에서도 건물위생관리업의 영업범위가 주택시장으로까지 확대되는 현상이 나타나고 있으나 건물위생관리업의 창업은 쉬운 반면 영업시장은 무한경쟁과 각종 첨단장비, 전문화, 세분화, 고도의 서비스 등이 성공을 결정하는 하드웨어와 소프트웨어적 요인으로 작용하고 있다.

우리나라 건물위생관리업의 성장과 발전을 위해 무경험자와 소자본 창업을 지원하는 전문교육기관의 지정 및 운영을 통해 준비된 창업과 선진국과 같은 운영방식으로 업무의 세분화 및 전문화 그리고 노동의 유연성을 위한 파트타임제도 도입 등이 절실히 필요하다고 사료된다. 외국 건물위생관리업과 비교표는 〈표 58〉과 같다.

〈표 58〉 외국 건물위생관리업 비교표

국가	구분	내용
대한민국	관계법령	공중위생관리법
	업체수	12,380개사
	종사자 수	약 50만 명
	매출액	5조3천억 원
	기타	건물위생관리기본법 제정 추진
일본	관계법령	건축물의 위생적 환경의 확보에 관한 법률
	업체 수	6,069개 사(청소업 3,815개 사, 종합관리업 2,254개 사)
	종사자 수	110만 명
	매출액	38,382억 엔(약 37조7천억 원)
	기타	국가자격제도 : 빌딩클리닝기능사 6만 명 취득
미국	관계법령	각 주의 환경과 위생분야 규제와 지침
	업체 수	765,000여 업체와 4만4천 개 프랜차이즈점
	종사자 수	100만 명
	매출액	520억 달러(약 56조7천억 원)
	기타	연평균 3.1% 증가하여 2019년 651억 달러로 예상
중국	관계법령	물업관리기업자질관리판법
	업체 수	4개 직할시, 22개 성, 5개 자치구 1,2,3자격등급 구분
	종사자 수	미 파악
	매출액	미 파악
	기타	중국물업관리협회 회원은 2,200개 업체
대만	관계법령	아파트건물관리조례
	업체 수	7,400개 사
	종사자 수	15만 명
	매출액	375억 대만달러(약 1조4천억 원)
	기타	지방자치단체와 건물관리공단 지원

제11장	건물청소업의 현황조사
제12장	건물청소업 운영관리 실태 분석
제13장	건물청소업 운영관리 문제점과 개선방안 및 발전방안

제1절 청소업의 창업 및 폐업 실태

1961년에 우리나라 최초로 건물위생관리업이 자유업으로 시작하여 1986년 공중위생법이 제정됨에 따라 법률적인 업종으로써 국민보건을 위한 위생 수준을 향상시켜 공공복리의 증진에 기여하기 위해 시설 및 설비를 갖추어 시·군·구청에 영업신고를 하는 신고업으로 1,009개 기업이 영업신고 이후 427개 기업이 폐업을 하였다. 그 후 582개 기업들이 건물위생관리업무 수행활동을 하던 중 1997년 외환위기를 극복하기 위해 IMF의 권고에 따라 대폭적인 규제 완화를 추진한 결과 건물위생관리업을 규율하던 공중위생법을 폐지하고 1999년 2월 8일 제정된 공중위생관리법은 공중이 이용하는 영업의 위생관리 등에 관한 사항을 규정함으로써 위생수준을 향상시켜 국민의 건강증진에 기여할 목적으로 제정되었는데 규제 완화 차원에서 기존 영업신고 업종에서 시·군·구청에 영업을 통보하는 통보업종으로 변경하고 시설 및 설비기준인 사무실 33㎥ 면적 제한과 창고 16.5㎥ 보유, 일부 측정기 보유 등을 폐지하였다.

1999년부터 2002년까지 통보제 기간 동안에 1,363개 기업이 영업통보를 하였으며 727개 기업이 폐업하고 636개 기업이 영업활동을 지속하던 중 통보제도에 대한 여러가지 부작용으로 인하여 2002년 8월 26일 법률개정을 통해 신고업종으로 다시 전환되었다.

1987년 이후 건물위생관리업을 경영하기 위하여 영업 신고한 업체는 31,464개 업체이고 17,238개 업체가 영업활동 부진 등 다양한 사유로 폐업하였으며 2017년 6월 30일 현재 12,380개사가 시·군·구청에 건물위생관리업의 영업신고 후 활발한 영업활동을 수행하고 있다.

제2절 건물사용자 건물위생관리의 서비스 만족도 실태

참고문헌을 중심으로 건물위생관리의 서비스 만족도에 관하여 조사하고 분석해 본 결과 시설경비 서비스 분야보다는 낮으나 시설관리 서비스 보다 다소 높은 것으로 분석되고 있다. 그러나 전체 서비스 만족도 100%에 비하여 78.74%를 기록함으로서 전체적으로 만족도가 높지 않은 것으로 분석되고, 개선이 요구되는 건물위생관리의 서비스 수준이라 판단된다. 건물위생관리의 서비스 만족도 조사결과분석 자료는 〈표 59〉와 같다.

〈표 59〉 건물위생관리의 서비스 만족도 조사결과 분석자료

구 분	A빌딩	B빌딩	C빌딩	D빌딩	평균
건물위생관리 서비스	79.35	81.68	77.74	76.20	78.74

(자료 : 국가기술표준원, 시설관리 서비스 표준화연구, 2005, p.50.)

제3절 건물위생관리업 서비스의 인당 양적 생산성 실태

한국건물위생관리 협회 참고자료에 의하면 건물위생관리 서비스의 양적 생산성은 인당 평균 제곱미터로 분석되었는데 분석결과는 〈표 60〉과 같다.

〈표 60〉 건물위생관리 서비스의 양적 생산성

(단위 : ㎡)

	사무실	백화점	병원	호텔	학교 및 연구단지	역사 및 공장	비 고
책임자	16,530	16,530	16,530	16,530			관리면적
남성	4,960 ~ 6,611	4,960 ~ 6,611	4,960 ~ 6,611	4,960 ~ 6,611	6,611 ~ 8,265	6,61 ~ 8,265	외곽,작업 지원면적
여성	991	826	826	826	1,322	1,322	작업면적

(자료 : 한국건물위생관리협회 홈페이지 참조 www.kabm.org)

제4절 건축물종합관리 서비스 분야별 비용 실태

연구문헌을 통해 건물위생관리 서비스와 시설관리 서비스 및 시설경비 서비스 소요비용 실태를 분석하면 〈표 61〉과 같다.

〈표 61〉 건축물종합관리 서비스 분야별 소요비용 비고

구분	위생관리 서비스	시설관리 서비스	시설경비 서비스	주차관리 서비스	기타
비율(%)	18.4	63.8	13.6	4	0.2

(자료: 김명호(2017), 오피스빌딩 시설관리 서비스의 양적 생산성 영향요인 및 향상방안 연구, 박사학위 논문, 2017, p.49.)

제5절 청소종사자 교육관리 실태

청소는 기술과 전문성을 요구하는 서비스 분야이므로 이에 종사하는 청소인력은 반드시 청소교육과 훈련을 통하여 기술능력과 전문성을 확보하여야 한다. 그러나 조사 결과를 보면, 이를 위한 사내 교육기관이 특별하게 상시 설치되어 교육 및 훈련을 수행하는 업체는 극히 소수에 불과한 것으로 조사되고 있다. 또한 청소교육을 전담할 청소학원은 전국에 걸쳐 3곳에 불과하여 전국에 산재하고 있는 청소업체의 종사교육을 전반적으로 지원할 수 없다. 공중위생관리법에 따라 실시되는 한국건물위생관리 협회의 승계자, 업체 대표 및 책임자 위생교육 역시 3시간 교육 프로그램으로 운영하고 있어 형식적인 교육에 불과한 실정이다. 따라서 청소종사자는 현장에서 등 너머로 청소요령을 배워 청소작업에 투입되고 있는 실정이다.

제도원 대학의 청소교육 실태를 조사해 본 결과, 2002년도 전북과학대학에서 건물관리과를 개설하고 약 6년간 건물자산환경관리론의 교과서로 위생환경관리 교육을 실시한

것과 2003년도에 극동대학교 대학원에 건물자산관리학 전공 박사과정과 석사과정을 개설하고 건물자산환경관리론 교과서를 통하여 현재까지 위생환경관리 교육을 실시하고 있는 정도이다. 이와 같은 청소업체의 체계적인 청소교육 부재와 소수의 청소학원 및 제도권 대학의 청소교육만으로는 청소의 특성상 반드시 요구되는 청소기술력과 전문성 확보는 요원할 것으로 판단된다. 이는 국내 청소업의 큰 문제로 인식된다.

제6절 청소서비스 품질 표준화 실태

청소는 양질의 청소서비스를 생산하는 작업이다. 그러므로 양질을 증명하는 품질문제가 표준화되어야 한다. 이를 위해서는 청소의 품질 수준 기준이 제도적으로 마련되어야 하고 청소결과 청소품질 기준을 반드시 초과해야만 양질의 청소서비스로 인정되고, 청소서비스 수요자인 건물 사용자가 만족하게 된다.

국내 청소업체를 대상으로 청소품질 수준을 지키기 위한 청소서비스 품질 수준 기준표 보유실태를 조사해 본 결과 대부분의 청소업체가 이를 보유하지 않은 체 청소작업에 임하고 있으며, 청소품질 검증은 고사하고 청소작업 후 자체 검사조차 생략한 체 육안검사만으로 청소결과 품질을 문제없는 것으로 간주하고 있는 실정이다.

2008년 국가기술표준원에서 건축물크리닝서비스 KS인증제도를 마련하고 KS S-1012 건축물클리닝 서비스 인증 표준에 따라 청소업체의 청소서비스 품질을 인증심사하고 있으나 청소업체의 비협조로 약 13년이 경과한 2021년 9월말 현재 7개 업체만이 청소서비스 품질 인증을 받은 상태에 있다. 따라서 극소수 청소업체를 제외한 대분분의 청소업체가 일정한 청소품질 기준도 없이 청소요역 계약조건에 부합하는 청소인력으로 단순노동과 기능을 청소를 시작하고, 청소작업의 끝이라는 일상적인 청소관행 속에 오늘도 청소작업에 임하고 있는 실정이다.

결론적으로 청소서비스의 품질문제가 청소의 큰 문제점으로 보이며, 이에 대한 개선이 시급이 요구되고 있다. 건축물클리닝 서비스 KS인증업체는 〈표 62〉와 같다.

〈표 62〉 건축물클리닝 서비스 KS인증업체

아이서비스(주)	서울아산병원 미화사업소	09-S-0025	2009.12.16
㈜아스타아이비에스	본사	09-S-0026	2009.12.30
주)우리피앤에스	우리은행 본점	10-S-0024	2010.12.08
동원건설산업㈜	한국투자증권 본사빌딩	11-S-0004	2011.07.27
(주)쓰리에스포유	㈜농심 본사	12-S-0002	2012.08.08
㈜금원기업	㈜포스코 포항제철소	12-S-0005	2012.11.28
현대엔지니어링(주)	현대자동차 양재사옥	16-S-0233	2016.03.16

(자료 : 한국표준협회, http://www.ksa.or.kr/intro.jsp)

제7절 건물청소업체 경영관리 실태

전국에 산재하고 있는 청소업체 중 자본금 5억을 상회하는 청소업체는 2020년 12월 31일 현재 33개 업체뿐으로 대부분의 청소업체가 자본금 1억 전후의 자본금으로 건물청소업을 경영하고 있는 실정이다. 따라서 청소용역을 수주하면 청소업체가 창업되고, 수주 청소용역계약이 종료되면 곧바로 폐업하는 업체가 대부분을 차지하고 있어 기술개발이나 청소 노하우 축적을 위한 연구개발(R&D)은 엄두도 못 내고 있는 실정에 있다.

제8절 청소용역 입찰 및 수주영업 실태

청소용역입찰은 국가를 당사자로 하는 법률에 따라 일반경쟁 입찰로 이루어지며 정부 또는 공공기관의 청소용역은 조달청 전자 입찰로 이루어지고 있으나, 최근에는 정부정책에 따라 공공기관이 자체 조직 또는 자회사 설립을 통해 직영 관리하는 경향을 보이므로 조달청 입찰 건수는 대폭 줄어들었고, 자체 발주 건수가 늘어나고 있다.

그러나 문제는 입찰에 참여하는 대부분의 청소업체가 지나친 과당경쟁과 함께 덤핑가격으로 입찰에 임하고 있어 수지측면에서 일부업체의 경우 적자를 면치 못하고 있는 실정이다. 이 또한 해결이 요구되는 청소업의 문제로 인식된다.

제9절 청소의 전문적 관리 실태

청소업은 전술한 바와 같이 전문업이고 기술을 요하는 업종이나 청소업체의 사정과 영세성으로 인하여 청소 교육훈련이 체계적으로 이루어지고 있지 아니하여 전문적 청소관리가 이루어지지 못하고 있는 실정이다. 따라서 청소종사자는 단순 노동력에 의하여 주먹구구식(rule of thumb method)으로 상식과 관행 및 경험 등에 의존하여 청소작업을 대부분 수행하고 있다.

청소관리는 반드시 전문적 관리에 의하여 수행되어야 함으로 주먹구구식 청소관행은 반드시 지양되어야 한다. 해결이 필요한 청소업의 문제로 지적되고 있다.

제10절 청소매뉴얼 보유 실태

청소서비스 품질유지와 개량을 위하여 보유 및 활용이 요구되는 청소 매뉴얼의 보유실태를 조사해 본 결과, 청소업체 중 겨우 28%에 해당하는 업체만이 이를 보유하고 활용하고 있어 전체적으로 청소서비스 품질유지와 개량은 요원해 보인다. 이는 해결이 요구되는 청소업의 문제로 인식된다.

제11장	건물청소업의 현황조사
제12장	건물청소업 운영관리 실태 분석
제13장	건물청소업 운영관리 문제점과 개선방안 및 발전방안

제1절 청소업 운영관리의 문제점

1. 법령과 제도 및 정부정책의 문제점

건물위생관리업 관계법령과 제도의 미비, 현행 입찰 및 1년 단위 계약제도, 단기계약에 따른 건물위생관리 서비스 품질의 저하, 관계법령 미비와 관계부처의 비효율적인 관리시스템, 건물위생관리서비스 관련 사각지대에 대한 대책이 미흡 등이 문제점으로 분석되었다.

2. 건물소유자 · 점유자 · 관리자의 문제점

전문적인 기술력 및 노하우 보유에 대한 평가 전무, 건물위생관리서비스 품질보다 단가 위주로 평가를 실시, 정당한 서비스비용의 지불이 최저가 입찰 및 계약으로 적정한 기업이윤의 미보장과 근로자 인건비를 최저임금으로 책정, 낮은 단가를 지급하면서 고급 품질을 요구하는 경향으로 서비스의 저 만족도, 건물위생관리업의 서비스에 대한 인식부족 심각 등이 문제점으로 분석되었다.

3. 건물위생관리 전문기업의 문제점

건물위생관리업의 영세성과 비전문성 및 기술력 부족, 건물위생관리업무에 대한 표준서비스 매뉴얼의 부재, 건물위생관리업무에 대한 전문성 부족, 경험에 의한 관리로 효율적인 운영관리시스템 부재, 시장변화에 대한 대처방안 부족, 전문가 양성 및 신기술의 연구개발 의지 및 능력결여, 건물 이용자 및 사용자 서비스에 대한 불만족, 최저임금 근로자의 채용 및 보유에 따른 서비스품질 저하, 민간시장의 최저입찰 또는 덤핑수주로 인한 적자누적, 건물위생관리서비스의 차별화와 생산성 및 경쟁력 부족, 근로자의 자질향상 및 전문화 교육에 대한 의지 부족 등이 문제점으로 분석되었다.

4. 청소근로자의 문제점

근무인력의 대부분이 고령자들로 타 업종에 비교하여 평균나이가 매우 높다. 사업장의 형태에 따라서 약간의 차이는 있지만 전체적으로 매우 열악한 근무환경, 업무 수행능력과 고객 만족도에 대한 관심 부족, 근로자의 최저임금 및 높은 이직율, 자기개발과 능력부족 그리고 전문화에 대한 의지 부족, 보건안전에 대한 인식 및 준수의식 부족 등이 문제점으로 분석되었다.

5. 청소이론 연구 부족 및 청소기술개발 미흡의 문제점

연구 부족으로 청소의 사물과 현상 및 문제를 통일적으로 설명하고, 해법이나 대안을 제시하는 청소의 개념지식, 방법지식 및 활동지식 이론의 부재와 청소의 전문화를 통한 양질의 청소서비스를 가장 경제적인 방법으로 안전하게, 효율적으로, 적합하게, 효과적으로 생산할 청소기술 연구의 부실이 청소업 경영관리 실태 분석결과의 문제점으로 지적되고 있다.

제2절 청소업 발전 저해요인 분석

1. 건물위생관리기본법의 부재

현재 건물위생관리업에 대하여 일부 규정하고 있는 공중위생관리법은 숙박업, 이용업, 미용업, 목욕업, 세탁업 등 공중이 이용하는 영업의 보건위생 상태를 규율하는 법률로서 건물위생관리업무에 대하여 일부사항만을 규정하고 있을 뿐 근본적으로 규율하는 명시조항이 없다. 따라서 국내 건물위생관리에 관한 건물위생관리기본법의 부재로 누구나 시 · 군 · 구청에 신고만으로 시장진입이 가능하여 본래의 건물위생관리업의 목적을 달성할 수 없는 구조 상태에 있다. 이와 같은 기본법의 부재가 건물위생관리업의 발전을 저해하고 있는 것으로 조사되었다.

2. 건물위생관리전문가 자격제도 부재

건물위생관리는 과학적이고 기술적인 관리방법으로 건물위생관리업무 활동을 수행하는 건물위생관리 근로자는 건물위생관리에 대한 기술적인 관리방법에 대하여 일정한 교육과 소정의 시험을 통하여 전문자격을 취득하여 건물위생관리업무 활동을 수행하여야 한다. 그러나 현실적으로 건물위생관리 전문자격제도가 없으며 아무나 건물위생관리를 수행하고 있어 고객의 불만을 사고 있다. 이와 같은 건물위생관리 전문자격제도의 부재가 건물위생관리업의 발전에 저해요인으로 지적되었다.

3. 입찰을 통한 단기계약제도

국가를 당사자로 하는 계약에 관한 법률이나 지방자치단체를 당사자로 하는 계약에 관한 법률에 따라 대부분 건물위생관리용역 계약기간을 1년으로 한정하고 있고, 설혹 낙찰되어 건물위생관리용역 계약을 체결한다고 하여도 건물위생관리 사업장 인수 후 업무파악이 끝나면 또다시 다른 전문업체에게 사업장을 인계해야 하는 관계로 연구나 투자의 기회조차 가지지 못하는 단기계약제도가 건물위생관리업의 발전을 저해하고 있는 것으로 조사되었다.

4. 건물위생관리업의 허가 또는 등록제도 부재

건물위생관리기본법이 아니면서 건물위생관리업을 규율하는 공중위생관리법은 업을 영위하기 위해서는 해당 시 · 군 · 구청에 영업을 신고함으로서 업무를 수행할 수 있도록 명시되어 있을 뿐 자격을 갖춘 전문가의 보유와 사업장의 확보하고 있는 전문기업은 자격 유무와 관계없이 국내에서 건물위생관리업을 영위할 수 있도록 개방되어 있다. 이를 해결하기 위해서는 전문적인 기술이 담보되어야 하는데도 국내 건물위생관리서비스 시장에서는 아무런 자격이 없는 군소업체들이 난립하여 서비스품질을 저하시키고 있어 이로 인하여 건물위생관리업의 신뢰도를 실추시키고 있는 것으로 조사되었다.

5. 정부의 세제 및 금융지원 미흡

정부는 국민경제의 중추적인 역할을 담당하는 중소기업의 육성 발전을 도모하기 위하여 성장단계별 및 지원목적별로 경쟁력 제고를 위해 중소기업기본법과 조세제한특례법에 따른 조세지원제도와 다양한 금융 및 정책자금을 지원하고 있으나, 대부분 중소기업인 건물위생관리 전문기업들에게는 각종 세제혜택이 미미하고 금융 및 정책자금 지원은 제외된 것으로 조사되었다.

6. 영세한 중소업체의 난립 등

건물위생관리업은 공중위생관리법 제3조에 의해 최소한의 시설 및 설비를 갖추어 시·군·구청에 신고하도록 규정되어 있어 현재 전국에 약 12,380개 업체가 영업신고를 하였으며 약 98%이상의 신고업체가 중소기업기본법에 규정된 년 매출 600억 이하인 중소기업으로 급변하는 국제정세 속에 시장개방정책에 따라 외국 대형업체들의 국내시장 진출에 대비 및 경쟁력 강화를 위해 건물위생관리업의 중·대형화가 필요한 것으로 조사되었다.

7. 건물위생관리서비스 품질 표준화 미흡

표준화를 위해 국가기술표준원의 한국표준(KS)인 건축물 크리닝 서비스(KS S-1012) 등의 표준화 인증제도가 시행되고 있으나, 산업표준화법 제25조 규정된 인증제품 등의 우선구매가 전혀 이루어지지 않아 건물위생관리 기업들의 표준화 인증이 필요한 것으로 조사되었다.

8. 건물위생관리업의 서비스품질 검증제도 부실

공중위생관리법 제13조의 위생서비스수준의 평가와 제14조의 위생관리등급 공표에 대한 규정에 따라 시장·군수·구청장이 보건복지부령이 정하는 바에 따라 위생서비스 평가를 실시하고 그 결과에 따른 위생관리등급을 통보하고 이를 공표하도록 규정되어 있으나, 건물위생관리업은 2010년 시범실시 후에 실효성에 문제가 있어 시행을 보류하고 있다.

일본의 경우 건물관리에 대하여 전문기관에 서비스품질 검증 및 인증을 실시하고 있어 우리나라도 법률적인 품질검증제도 의무화가 절실히 필요한 것으로 조사되었다.

9. 낮은 진입장벽

1999년 공중위생관리법 제정과 함께 영업을 하고자 하는 사람은 누구나 시·군·구청에 통보 만하면 영업을 할 수 있도록 규제가 완화되어 건물위생관리 기업이 폭발적으로 증가하는 등 각종 부작용이 발생하여 2002년 신고제로 변경되었으나, 여전히 시설 및 설비기준의 최소화 등으로 낮은 진입장벽이 건물위생관리업의 발전을 저해하는 것으로 조사되었다.

10. 건물위생관리서비스 종사자의 비정규직, 저임금 그리고 열악한 근무환경

전국 12,380개사 업체에서 약 50만명 이상으로 추산되는 종사자는 연령 및 경력과 무관하게 최저임금에 의해 임금이 결정되는 등 열악한 근무환경이 건물위생관리업의 발전을 저해하는 것으로 조사되었다.

11. 청소서비스 종사자 청소기술 교육훈련 부실

전국 청소현장에서 종사하는 청소교육의 실태를 살펴보면 청소기술 교육훈련이 전반적으로 체계적으로 이루어지지 않고 있는 것으로 조사되고 있다.

12. 청소기술 연구개발(R&D) 미흡

청소업체 대부분이 영세성으로 인하여 청소기술교육을 위한 연구개발이 매우 미흡한 것으로 조사되고 있다.

제3절 건물위생관리업 문제점 개선 및 청소업의 발전방안

건물위생관리업의 발전을 위한 개선방안은 건물위생관리업무 수행활동을 통하여 서비스를 생산 및 제공하여 관리대상물의 이용 및 사용자들에게 고객만족을 지속적으로 유지해야 한다. 따라서 정부의 법과 제도적인 지원으로 건물위생관리업과 관련 산업의 발전과 기술적이고 전문적인 방법으로 관리대상물의 물리적인 보존과 사용 및 경제적 가치의 유지와 보존 그리고 양질의 서비스를 생산 및 제공하기 위해서 그리고 청소업의 발전을 위하여 다음과 같은 개선 및 발전 방안이 과감하게 도입될 필요성이 있는 것으로 인식된다.

① 건물위생관리업의 중요성 인식과 가치에 대한 평가제도가 포함된 기본법 제정과 전문가 양성을 전문교육실시 의무화 및 전문자격제도 도입 그리고 현행 신고제를 폐기하고 허가 또는 등록제 전환 방안 도입이 필요하다.

② 조달청 및 민간 주요발주처는 1년 이하 단기계약제도는 과감히 폐지하고 종합심사 낙찰제도 및 장기계속계약제도의 전환방안이 요구되고 있다.

③ 경험 위주의 관리가 아닌 과학적 운영과 체계적인 운영관리를 위한 학문적인 지원을 위해 제도권 대학에 청소학과신설 등 정책적 지원 방안이 필요하다.

④ 청소 전문기업의 영세성을 극복하기 위하여 중·대형화 추진 방안이 요구되고 있다.

⑤ 건물위생관리 기술선진화를 위하여 청소기술 연구개발에 정책적 투자가 요구되고 있다.

⑥ 건물위생관리업무 표준화 및 효율적 운영관리시스템 도입이 요구되고 있다.

⑦ 기업경영의 합리화를 위하여 청소서비스 품질의 차별화 및 생산성 향상을 위한 경쟁력 강화 방아이 요구되고 있다.

⑧ 기업 스스로 덤핑수주 및 적자 수주영업의 과감한 배척이 요구되고 있다.

⑨ 근로자의 고용안정 및 적정한 임금의 보장 정책이 요구되고 있다.

⑩ 청소종사자의 청소기술 전문화 교육 방안이 도입되어야 하고 정기적인 청소교육훈련이 체계적으로 이루어져야 한다.

⑪ 위험피해 최소화를 위해 공제사업 및 화재 및 영업배상보험 등 의무 가입이 요구되고 있다.

⑫ 청소서비스 발전 기본법 제정이 시급히 요구되고 있다.

제VI편

청소현장 청소교육의 문제점과 필요성 및 공중화장실 위생교육

제VI편 청소현장 청소교육의 문제점과 필요성 및 공중화장실 위생교육 편에서는 2개의 장을 두고, 제14장에서 우리나라 청소현장의 문제점의 저변에는 청소기술교육의 부재로 인하여 청소기술의 향상 없이 주먹구구식 청소관행이 자리 잡고 있다. 이로 인하여 나타나는 여러 가지 문제점을 청소현장 실태조사를 통하여 분석하고 청소교육의 필요성과 이를 위한 청소교육강사의 양성과 역할을 강조하고 있다.

제15장에서는 청소교육 대상 중 가장 중요한 공중화장실을 선정하고, 이에 대한 위생교육 내용을 수록하고 있다. 공중화장실 위생교육은 화장실 등에 관한 법률에서 규정하고 있는 공중화장실관리인에 대한 의무교육으로서 공중화장실관리인의 자격과 역할 교육, 공중화장실 시설관리교육, 공중화장실 관계법령교육, 공중화장실 수질오염 등 환경관리 교육내용을 포함하고 있다.

제14장	청소현장 청소교육의 문제점과 필요성
제15장	공중화장실 위생교육

제1절 청소현장 청소교육의 문제점

청소현장을 방문조사하거나 참고문헌을 중심으로 조사해 보면 다음과 같은 청소현장 청소교육의 문제점을 발견할 수 있다.

1. 청소서비스 가치 인식의 오류

청소는 건축물의 환경을 청결하고 깨끗하게 조성하고, 위생적으로 유지하여 미세먼지를 제거한다. 또한 각종 쓰레기와 때 및 더러움 등의 오염물질을 제거하여 사람의 생명과 건강을 보호하고, 쾌적한 환경조성을 통하여 건물사용자의 업무 생산성을 높일 뿐만 아니라 자산의 경제가치를 높이는 기능과 역할을 담당하고 있으므로 청소의 가치는 아무리 강조해도 지나치지 않는다. 그러나 일부 청소종사자 중에는 청소는 아무나 누구나 단순한 기능과 노동력만으로 할 수 있는 하찮은 일로 치부하는 청소가치 인식의 오류를 범하는 경향을 보이고 있는데, 이는 교육을 통한 개선이 요구되고 있다.

2. 청소서비스의 소비자 만족도 하락

청소현장 중에는 청소교육 훈련에 의하여 양성한 청소기술력 청소보다 주먹구구식 방법으로 청소하는 관행이 있어 양질의 고품질 청소서비스를 생산하지 못하고 저품질의 청소서비스를 생산하고 제공하는 현상이 있다.

국내 업무용 빌딩 입주자나 사용자를 대상으로 우리나라 건물 청소서비스 품질 만족도를 설문조사해 본 결과, 전체 평균 만족도는 78.74%로 조사되고 청소전반에 걸친 청소서비스 만족도는 100%에 미달하는 수준을 보이고 있다. 현실적으로 청소서비스에 대한 건물사용자의 불만이 21.26%에 달하고 있음을 알 수 있다. 따라서 청소현장에서는 청소교육의 문제점으로 인하여 결과 되는 청소품질의 문제가 하나의 개선 과제로 대두되고 있다(국가기술표준원(2005), 시설관리서비스 표준화연구, p.50).

3. 청소기술의 미흡 및 주먹구구식 청소작업 관행 상존

청소전문교육의 부실로 인하여 청소기술이 전문화되지 못하고 저수준 상태에 있어 과학적 청소활동이 기술적으로 이루어지지 못하고 있는 실정이다. 이는 대부분의 현장에서 청소종사들의 경험과 상식에 의존한 주먹구구식 청소관행에 의하여 청소작업이 이루어지고 있다는 것을 뜻한다.

4. 청소교육 필요성의 인식부족

국내 청소현장의 청소종사자를 대상으로 청소현장의 청소교육 현황과 실태를 조사하고 실증 분석해 본 결과, 일부 현장을 제외한 대부분의 현장에는 아직도 청소교육의 부실과 미흡으로 인하여 청소종사자 대부분이 청소의 필요성에 대하여 매우 낮은 인식도를 보여주고 있으며, 청소의 순기능과 긍정적 작용에 대하여 자기 확신이 결여되어 있는 것으로 판단된다.

뿐만 아니라 청소교육의 부실과 미흡으로 대부분의 청소종사자는 청소기술과 전문성에 대하여 체계적인 청소지식과 청소기술 및 청소태도가 매우 부족하고 미흡한 상태에 있는 것으로 판단된다. 따라서 대부분의 청소현장 종사자는 자기 경험과 상식 및 직관 등에 의한 주먹구구식(rule of thumb) 청소방법에 의존하여 청소작업을 수행하고 있어 저품질의 청소서비스를 생산·제공하고 있으며, 저품질의 청소서비스로 인하여 건물사용자의 청소 만족도가 겨우 78.74% 수준에 머물고 있다.

5. 청소교육기관과 청소교육 전문강사의 부족 및 청소기술교육의 부실

청소교육을 담당하는 청소교육기관 등의 실태를 조사해 보면, 제도권 청소교육기관으로는 세 곳의 청소학원과 한곳의 평생교육원 그리고 한 곳의 한국건물위생관리협회가 청소법정 교육을 담당하고 있다. 또한 극동대학교 글로벌대학원 건물자산관리학과에서 건물자산환경관리론을 통하여 한 학기 동안 청소이론과 실무에 대하여 교육하고 있을 뿐이다.

비 제도권 교육기관에서는 청소업체에서 자체 교육 팀을 구성하여 청소교육을 비정기적으로 실시하고 있으며 홈 클리닝체인단체에서 간헐적으로 홈 클리닝 교육을 실시하고 있을 뿐이다.

청소전문 교육강사 역시 극히 소수에 불과하며 전국 전체 청소현장의 청소종사자들을 상대로 청소교육을 실시하는 경우 이를 담당할 청소교육강사가 태부족 상태에 있다.

6. 청소인력의 전문성 부족에 의한 청소직업의 사회적 인정 및 경제적 대우 부족

청소현장 종사자를 대상으로 연봉을 조사하고 실증 분석한 결과, 청소서비스 정규직원의 평균 연봉은 2,000~2,500만원 수준이다. 또한 임금에 대한 경제적 만족도는 매우 불만족이 35.0%, 다소 불만족이 39.0% 수준을 유지하고 있어 청소서비스 분야의 임금 수준에 대한 만족도가 높지 않은 것으로 조사되고 있다.

7. 청소업무 표준화 저조

청소서비스에 대한 업무 표준화 수준을 실증 조사해 본 결과, 매우 미흡 12.1%, 다소 미흡 19.7%, 보통 35.8%, 다소 양호 26.0%, 매우양호 6.4%로 조사되고 있다. 다소양호 이상의 수준은 겨우 32.4%에 불과하여 대부분의 현장에서는 청소서비스업무 표준화가 매우 미흡한 것으로 조사되고 있으며, 67.6%에 해당하는 청소업체에서는 청소품질 매뉴얼이 준비되어 있지 않았거나 미흡하여 주먹구구식 청소관행으로 청소작업을 하고 있는 것으로 추정된다.

8. 청소직업 안정성 저하

전체 조사대상자 중 직업안정성에 대하여 다소 양호 또는 매우 양호하다고 응답한 응답률이 겨우 30.1%에 불과하여 대부분의 청소현장 종사자는 정규직화 하는 정부정책에도 불구하고 청소직업 안정이 불안한 상태에 있는 것으로 조사되고 있다.

9. 청소종사자 근무환경 열악

청소현장 종사자가 청소현장에서 근무하기 위하여 머무는 장소는 지하실에 위치하고 있는 대기실 정도이다. 청소종사자는 대기실 환경이 비교적 열악하고 아침 일찍 출근하여 집중적으로 쓰레기 수거 및 오염원 제거 등의 청소작업을 수행해야 하므로 청소작업장 환경이나 근무 조건은 매우 열악한 것으로 조사되고 있다.

10. 청소서비스의 고비용 저품질 생산구조

청소서비스는 청소현장에서 청소종사자들의 청소작업에 의하여 생산되고, 건물사용자에 제공된다. 또한 건물사용자는 청소교육의 문제점으로 제공받는 청소서비스를 소비함으로써 건물을 사용수익하게 된다. 그러나 청소서비스 현장에서는 고비용 저품질 서비스 생산구조를 가지고 있어, 건물 사용자는 고비용의 건물임대료와 관리비를 지급하고 있음에도 불구하고 저품질의 청소서비스를 소비하고 있는 실정에 있다.

11. 청소서비스의 양적 · 질적 생산성 저조

〈이재훈(2018), 건물위생관리업의 현황과 발전요인에 관한 연구, 극동대학교 대학원 박사학위 논문, p.50〉에 의하면 청소교육의 문제점으로 사무실 용도 빌딩의 청소서비스 양적 생산성은 남성 환경미화원이 담당하는 청소면적은 일일 5,785.5제곱미터이나, 여성 환경미화원의 경우 991제곱미터로 조사되고 있다. 미국과 일본의 서비스 생산성(7,920제곱미터/일)에 비하여 매우 미흡한 생산성을 보여 주고 있다. 또한 청소서비스의 양적 생산성이 남성과 여성 환경미화원 간에 크게 다른 이유는 청소담당 업무의 내용과 청소하는 장소 및 청소의 성격 차이의 결과로 추정된다.

결론적으로 고비용 서비스 생산구조에도 불구하고 생산 · 공급되는 청소서비스의 품질이 저품질로 나타나 문제로 지적되고 있다.

제2절 청소현장 청소교육의 문제점 개선방향

청소는 과학이고 기술이며 전문성을 요하는 환경미화 전문직이다. 따라서 청소는 청소종사자의 청소경험과 상식 및 직관 등에 의한 주먹구구식 청소방법(rule of thumb method)으로 청소작업을 수행하는 경우, 건물소유자와 사용자가 요구하는 양질의 청소서비스를 생산 · 공급할 수 없다.

왜냐하면 청소는 과학이고 기술이기 때문에 청소전문교육을 받지 않은 상태에서 청소작업종사자가 검증되지 않은 자기 청소경험과 상식 및 직관에 의하여 청소하는 경우 고품질의 청소서비스를 생산·공급할 수 없기 때문이다. 따라서 청소종사자가 건물소유자나 사용자가 건물의 소유와 사용 만족에 필요한 고품질의 청소서비스를 생산하려면 청소종사자가 청소이론과 실무에 대하여 전문가 수준으로 이해하고 수행할 있도록 청소전문교육을 해야 한다.

청소서비스업의 현황조사와 실태분석을 통하여 나타난 청소현장의 개선해야 하는 문제점을 정리하고, 이의 개선 방향을 제시하면 다음과 같다.

1. 청소가치 인식오류의 개선방향

전술한 바와 같이 청소는 청소서비스를 통하여 사람의 생명·건강을 보호하고 심리적 상태를 안정시킨다. 또한 범죄를 예방하고 건물사용자의 업무 생산성을 향상시키고, 자산의 경제적 가치를 증가시키는 매우 가치 있는 기능과 역할을 수행하므로 청소는 매우 가치 있는 인간의 활동이자 행동으로 평가된다.

그러나 일부 지각없는 사람들이 청소의 순기능과 역할을 망각하고 아무 가치가 없는 것으로 치부하며, 청소는 단순한 노동력으로도 누구나 아무나 할 수 있는 것으로서 천한 작업 정도로 인식하고 있다. 이는 참으로 부끄러운 행태가 아닐 수 없으며, 청소교육을 통하여 바로잡는 개선이 필요하다.

2. 청소의 필요성과 중요성 인식부족 개선방향

앞에서 논의한 바와 같이 청소는 매우 중요하고 필요한 인간의 행동이며, 매우 가치가 있고 바람직한 활동의 결과물이다. 그러나 유감스럽게도 청소의 필요성과 중요성에 대한 인식이 부족한데, 이는 청소교육을 통하여 바로 잡아야 한다.

3. 주먹구구식 청소작업 관행의 개선방향

청소교육의 부실로 청소종사자들의 청소기술 수준이 일부 청소현장의 경우 매우 저수준에 있어 과학적이고 기술적인 방법으로 청소활동을 수행하지 못하고 청소종사자의 상식과 경험에 따라 청소작업을 수행하는 이른바 주먹구구식 청소관행이 청소현장에서 흔히 찾아 볼 수 있다. 청소교육을 통하여 청소종사자들을 교육하여 청소종사자의 기술을 과학화하고 기술화하여 개선해야 한다.

4. 청소교육강사 양성 촉진 및 청소기술교육 개선방향

청소교육의 부실과 부재는 청소교육기관과 청소교육강사의 부족이 전적으로 기인하고 있다. 따라서 청소교육기관의 육성과 청소교육강사를 교육을 통하여 양성하고 청소교육의 장에 임하게 강력하게 촉진해야 하며, 이를 통하여 청소기술교육이 정기적으로 실시되어야 한다.

5. 청소서비스의 저품질 및 청소서비스 소비자 고객불만 개선방향

청소교육을 통하여 청소종사자들을 청소전문가로 양성하여 고품질의 청소서비스를 생산하게 개선하고, 이를 건축물의 소유자나 입주자 및 사용자들에게 제공하여 입주고객을 만족하게 개선해야 한다.

제3절 청소기술교육의 필요성

앞에서 논의한 바와 같이 국내 청소현장 실태 분석결과, 청소교육의 문제점으로 인하여 주먹구구식 청소관행, 고객만족도 저하, 양적 · 질적 생산성 저하 등 여러 가지 문제점이 대두되고 있다. 한마디로 청소현장의 문제점을 요약 정리하면 청소교육의 부재 또는 부실로 귀결되고 있다. 따라서 청소교육의 필요성이 다음과 같다.

① 청소교육은 청소종사자의 청소기술 전문화로 청소서비스의 양적 · 질적 생산성 향상에 크게 기여한다.

② 청소교육은 청소서비스를 가장 경제적 방법으로, 안전하게, 효율적으로, 적합하게, 효과적으로 생산하여 저비용 고효율의 청소서비스 생산구조로 청소서비스 생산을 가능하게 한다.

③ 청소교육은 양질의 서비스 생산과 함께 청소종사의 태도와 자세를 서비스 모드로 바꾸어 주고 윤리의식과 친절도를 높여 고객을 만족하게 하고 기쁘게 한다.

④ 청소교육은 주먹구구식 청소 관행을 개선하고 기술중심의 청소작업이 가능하게 한다.

⑤ 청소의 가치와 철학을 청소작업을 통하여 구현함으로서 밝은 사회와 이미지 높은

품격 있는 국가 건설에 이바지 한다.

⑥ 청소교육은 저품질의 청소서비스를 고품질의 청소서비스 품질로 향상시킬 수 있다.

제4절 청소교육강사 양성의 필요성

청소현장에서 발견되는 건물사용자 불만의 원인은 청소서비스의 저품질에 있으며, 저품질의 청소서비스는 청소교육의 부재 또는 미흡에 전적으로 기인하고, 청소교육의 부재 또는 미흡은 청소현장에 청소교육 전문 강사가 부재하거나 태부족하기 때문이다. 따라서 청소교육강사를 양성하고 배출해야 한다.

제Ⅴ편에서 논의한 바와 같이 건물청소업의 현황조사와 운영관리실태 분석결과를 도출한 청소현장의 주요 청소문제점을 요약 정리하면 청소전문성 결여와 청소서비스의 품질 및 고객만족도 저하, 청소교육강사 부족 및 청소교육훈련 부실, 주먹구구식 청소작업 관행, 청소가치 인식의 오류 및 청소필요성과 중요성 인식 부족, 청소교육체계 미흡 및 청소교육기관 부족 등으로 나타나고 있다.

1. 청소교육강사 양성 필요성의 논거

전술한 바와 같이 청소교육강사의 부족과 청소교육 미흡 등으로 부터 야기되는 청소서비스에 대한 소비자의 불만을 개선하기 위하여 청소교육강사가 필요하다.

청소교육강사의 양성 필요성의 논거는 다음과 같다.

1) 청소가치의 인식 오류 개선

청소는 청소종사자의 청소활동을 통하여 인간의 생명과 건강을 보호하고 사람의 마음을 평온하게 하며 범죄와 안전사고를 예방하고 건물사용자의 업무생산성을 높이며, 자산의 경제가치를 높이는 기능과 역할을 담당하며 건축물의 소재 도시의 이미지와 나라의 국격을 높이는 작용을 하고 있다. 따라서 청소는 매우 높은 가치를 가지고 있다.

그러나 유감스럽게도 일반인의 마음속에는 청소는 아무나 누구나 노동력으로 하는 천한 직업 정도로 생각하고, 청소의 가치를 인식하지 못하는 경향을 보이고 있다. 청소교육강사가 청소교육을 통하여 이를 개선할 필요가 있다.

2) 청소의 필요성과 중요성 인식 부족 개선

청소의 중요성과 필요성은 아무리 강조해도 지나치지 않는다. 그럼에도 불구하고 청소의 중요성과 필요성에 대한 인식 부족 경향이 자주 만나 볼 수 있다. 청소교육강사가 교육을 통하여 이를 개선해야할 필요가 있다.

3) 청소현장 청소종사자의 청소기술 전문화

청소는 기술이며 과학이기 때문에 현대 건물 사용자의 청소요구 수준을 충족하여 만족하게 하려면 청소교육 훈련을 정기적, 체계적으로 받아야 한다. 따라서 청소현장 종사자에 대한 청소교육 훈련을 위하여 청소교육강사의 양성과 배출이 필요하다.

4) 주먹구구식 청소관행 개선

대부분의 청소현장에는 청소조직과 청소감독은 있으나 청소교육 훈련을 체계적으로 담당할 청소교육 담당자가 거의 없다. 그러므로 대부분의 청소현장에는 자기 상식과 경험에 따라 청소작업을 수행하고 있다. 이로 인하여 청소서비스가 저품질화 되어 건물입주자의 불만을 사고 있다.

따라서 청소강사 양성을 통하여 1차적으로 청소현장 청소교육 사내 강사를 양성 배출하고, 2차적으로 청소현장 종사자 또는 청소업 희망자에게 청소이론과 실무를 교육훈련하여 주먹구구식 청소관행을 개선하고, 청소종사자를 청소작업 전문가로 양성하여 사와 청소전문 강사를 양성해야 한다.

청소작업을 통하여 건물사용자의 만족에 요구되는 고품질의 청소서비스를 생산 · 제공하려면 적어도 청소에 임하는 청소종사자가 청소의 가치를 이해하고 자신이 수행하는 청소작업이 건물사용자의 환경보건 위생측면에서 생명과 건강을 보호한다는 청소의 순기능과 긍정적 작용에 대하여 자기 확신으로 정신 무장하도록 청소의 이론을 교육하고 청소실무를 훈련시켜야 한다. 이를 위해서 청소교육강사가 양성, 배출되어야 한다.

5) 청소서비스 품질수준의 고품질화

청소교육과 훈련을 받지 않은 상태의 청소종사자는 자기 청소경험과 상식 및 직관에 의하여 청소작업에 임할 수밖에 없다. 즉 주먹구구식 청소방법으로 청소작업을 할 수밖에 없다.

주먹구구식 청소방법에 의한 청소작업의 경우에는 청소품질 목표를 설정할 필요가 없으며 청소절차를 무시해도 되고, 청소대상 마감재의 종류와 특성 파악과 이에 따른 청소방법을 선택할 필요가 없으며, 선택한 청소방법에 따라 적합한 청소세제나 청소장비를 선택하고 사용할 필요가 없기 때문에 대체로 저품질의 청소서비스를 생산·제공할 수밖에 없다. 따라서 저품질의 청소서비스를 고품질화하기 위하여 청소교육강사의 양성이 필요하다.

6) 건물소유자 및 사용자의 업무생산성 향상 지원

건물사용자가 사용하는 건물을 사용목적에 부합하게 건물을 사용하려면 적어도 청결해야 하고 위생적인 환경이 지속적으로 유지되어야 한다.

시설관리를 통하여 실내 온도를 적정하게 유지하고 에너지가 공급되며 조명이 적당하고 공용시설이 정상적으로 작동되고 있으며, 경비보안 관리를 통하여 안전이 보장된다 하더라도 건물 내외 환경이 불결하고 비위생적인 경우에는 건물사용자는 주관적으로 기분이 나빠지고, 질병의 감염이 우려되기 때문에 건물사용자가 안심하고 건물을 사용할 수 없게 되며 수행하는 업무의 생산성의 유지는커녕 제고될 수 없다. 따라서 건물사용자의 건물사용에 적합한 청결하고 위생적인 건물환경을 조성하여, 건물사용자의 업무생산성 향상과 제고를 지원하기 위하여 청소교육강사의 양성이 필요하다.

7) 건물사용자의 청소서비스 만족도 향상

앞에서 언급한 바와 같이 청소서비스 만족도는 78.74%에 불과하다. 그러므로 청소서비스 소비자인 건물사용자 고객이 청소서비스에 만족하게 하려면 청소종사사자가 양질의 청소서비스를 생산·제공해야 한다. 이를 위하여 청소교육강사의 양성이 필요하다.

2. 청소교육강사 양성의 방법론

1) 청소교육강사의 개념

청소교육강사(cleaning lecturer)라 함은 일정한 조건에 따라 모인 학습자들에게 청소의 이론과 실무를 교육하고 훈련하는 사람을 말한다.

강사(lecturer)의 사전적 의미는 학교의 촉탁을 받아 강의를 하는 교원이나(시간강사나 전임 강사 구별이 있음) 모임에서 강의를 맡은 사람 또는 학원에서 수업을 맡은 사람을 의미한다. 또한 강사란 가르쳐 인도하는 사람으로서 스스로 배우고 익히며 연구하여 자산부터 가르치고 상대를 인도하는 스승을 말한다. 따라서 청소교육강사란 학원이나 단체 또는 관리주체, 청소현장 등의 촉탁을 받아 청소의 이론과 실무를 스스로 익히고 연구하여 학습자들에게 교수하여 가르치는 사람을 말한다.

다음절에서 설명하는 내용은 〈한종문(2016), 이것이 강의다, 매그로우컨설팅그룹〉을 참고하여 작성되었음을 표기해 둔다.

2) 청소교육강사의 역할

청소교육강사는 청소교육 참가자인 학습자들에게 교육을 통하여 청소의 이론을 이해하도록 하고 청소실무 수행방법을 숙지하게 하며, 훈련을 통하여 청소작업을 스스로의 기능과 육체적으로 수행하여 청소서비스를 직접 생산하는 청소전문가를 양성하고 배출하는 자를 말한다. 따라서 청소교육강사는 청소교육과 훈련을 통하여 청소학습자에게 청소의 개념을 이해하게하고 청소방법을 숙지시키며 학습자 스스로 청소작업을 수행할 수 있도록 청소이론과 실무를 전수시키는 기능과 역할을 담당하고 있다. 그러므로 청소교육강사는 청소교육과 훈련을 위하여 매우 중요한 기능과 역할을 담당하고 있다.

3) 청소교육강사의 책무

청소교육을 촉탁 받아 청소의 이론과 실무교육을 담당하는 청소교육강사는 수강자나 학습자가 정해진 청소교육 내용에 대하여 청소이론을 이해하고 청소방법을 숙지하게 하여 스스로 청소작업을 통하여 바람직한 청소서비스를 생산할 수 있도록 교육 및 훈련해야하는 책임과 의무가 있다. 따라서 청소교육강사는 청소에 대한 이론을 충분히 이해하고 청소방법을 숙지하고 있어야 하며, 강사 스스로 청소작업을 효율적으로 수행하여 바람직한 청소서비스를 직접 생산할 줄 알아야 한다. 왜냐하면 청소는 과학이며 전문기술인 동시에 응용과학 분야이기 때문에 청소교육 학습자로 하여금 청소이론을 충분히 이해하고, 이를 토대로 청소작업을 바람직하게 수행할 수 있도록 가이드 해야 하기 때문이다.

가정에서 가정주부들에 의하여 수행하는 일상적인 가정 청소(daily home cleaning)는 그 간의 집 안 밖의 청소를 담당하는 가정주부가 가지고 있는 청소경험과 방소매체를 통하여 전해들은 청소정보와 상식에 따라 청소작업을 수행하는 것으로 충분하나, 전문적인 가정청소(special home cleaning)는 가정청소 전문업자가 가정청소 대상물과 청소작업 현장의 현황을 파악하고 청소계획을 수립하여 선정한 청소방법에 따라 적합한 청소작업 인력을 배치하고 적합한 청소약품과 세제 및 청소장비 도구를 선택하여 청소작업과정에서 발생할 수 있는 돌발 비상상황 대비하면서 청소작업을 효율적으로 수행하여 고객이 요구하는 청소서비스 니즈(needs)를 반드시 충족하도록 해야 하기 때문에 일상적 가정 청소와 전문적 가정 청소에 큰 차이가 존재하고 있다.

또한 대형빌딩이나 건축시설물 청소는 일상적인 가정청소 수준으로는 도저히 감당할 수 없으며, 심지어 가정청소 전문가 수준으로도 커버하기 어려운 면이 많기 때문에 청소교육강사는 대형빌딩과 건축시설물 청소 및 전문적 가정청소 등 모든 분야에 대하여 과학적이고 전문적으로 청소작업을 수행하는데 필요한 청소개념지식과 청소방법지식 및 청소활동지식을 두로 갖추고 청소교육 훈련에 임해야 하는 책임과 의무가 있다.

4) 청소교육강사의 소관업무

청소강사가 청소교육을 실시하여 청소교육의 목적을 효과적으로 달성하려면 다음과 같은 청소교육강사의 소관업무를 파악하고 청소교육에 임해야 한다. 왜냐하면 청소교육강사가 적어도 다음에 해당 하는 청소교육강사의 업무를 정확하게 파악하고 계획을 세워 청소교육에 임해야만 비로소 청소 학습자가 청소의 개념을 이해하고 청소방법을 숙지하여 스스로 청소활동을 기능적, 전문적으로 수행할 수 있기 때문이다. 다시 말하면 청소교육을 통하여 청소목적을 효과적으로 달성할 수 있기 때문이다.

청소교육강사는 적어도 다음에서 소개하는 청소교육강사의 소관업무에 대하여 파악하고 확인하여 교육계획을 수립하고 교안을 작성하여 청소교육을 실시해야 하며, 교육 후에는 교육 결과에 대하여 반드시 평가해야 하고, 평가결과를 통하여 나타난 교육상의 문제점이나 개선 사항 등을 feed back하여 다음 청소교육에 반영해야 한다. 청소교육강사의 소관업무는 다음과 같다.

(1) 수강자 현황파악

강사는 강의를 실시하기 전에 수강자의 수와 수준, 연령과 성별, 학력, 경력, 수강자의 교육이수 목적 등을 소상하게 파악해야 한다. 왜냐 하면 강사가 교육의 효과를 효과적으로 달상하기 위해서는 수강자의 현황을 소상하게 파악해야만 이를 토대로 교육계획을 수립할 수 있고 교육을 효과적으로 실시할 수 있기 때문이다.

수강자가 청소의 이론과 실무에 대하여 초보적 수준에 있는 수강자라면 초보자에 맞는 강의 교안을 작성해야 하고 강의 수준도 보다 쉽게 진행해야 하며, 초보자 눈높이에서 청소이론과 실무실습을 낮은 단계에서 실시해야 한다. 그러나 청소교육에 임하는 수강자가 청소이론과 실무에 대하여 높은 수준을 가진 사람에게는 수강자 수준 보다 한 차원 높은 청소이론과 실무기술을 전수해야만 교육의 효과를 효율적으로 달성할 수 있다.

교육현장에 임하는 교육이수자는 일반적으로 남여, 나이, 학력, 경력, 청소기술 수준 등의 측면에서 동일한 수준을 유지하는 경우가 거의 없으며, 천차만별의 수준을 가지고 있거나 다양한 사회경험과 학력을 소지하고 있어 청소교육의 이해가 다 다를 수 있으며 교육결과가 천차만별로 나타날 수 있다. 따라서 청소교육강사는 강의 계획을 수립하기 전에 수강자의 현황을 수강자 현황파악 체크리스트를 사전에 준비 하고, 이를 통하여 수강자 현황을 소상하게 파악하여 강의 계획 수립과 청소교육에 참고해야 한다.

(2) 교육장소의 위치와 교육시설 및 교육환경 확인

청소교육강사는 교육계획을 수립하기 전에 위촉기관의 청소교육 담당자와의 확인을 통하여 교육장의 위치가 어디에 있으며, 도달 소요시간과 교통편, 접근 방법 등에 대하여 사전에 파악하고 있어야 한다. 또한 교육장의 교육 매개 수단인 교육도구 시설에는 어떤 종류가 있으며 청소이론교육과 실무훈련에 사용해야 하는 청소장비와 약품 세제 및 마감재의 종류 별 샘플에 대하여 소상하게 사전에 파악해야 한다.

뿐만 아니라 교육장에 비치하고 있는 빔프로젝트나 전자테이블, 노트북, TV형 칠판, 스크린, 보드형태의 칠판과 기록 도구 등 각각의 교육매체 사용법과 상태 등에 대하여 사전 파악이 필요하다. 특히 청소실습을 위하여 필요한 청소 장비와 약품(청소세제 포함) 및 청소도구 등이 준비되어 있는지와 이들에 대한 사용법과 작동방법에 대하여 사전 파악이 필수적이다.

청소교육이 청소현장에서 이루어지는 출장 교육의 경우에는 예상하건데 일부 청소교육 위탁기관을 제외하고는 대부분 교육시설과 환경이 매우 열악할 것으로 추정된다. 그러나 학원과 학교 및 기업에서 이루어지는 집합교육의 경우에는 비교적 일정한 교육매체를 갖추고 있을 것으로 예상되어 교육시설과 환경이 양호할 것으로 판단된다.

청소교육은 대부분 청소현장에서 off - line교육 형태로 이루어지는 경우가 허다함으로 간단한 샤인 보드와 청소장비, 청소약품 및 마감재의 종류별 샘플 등만 준비되는 경우 청소현장 교육은 소기의 청소목적을 달성할 수 있을 것으로 예상되고 있다. 그러나 청소교육의 현장에서 현실적으로 대두하고 있는 교육환경의 문제는 청소현장 사정상 참가 인원의 수가 적고, 청소현장 종사자가 소속하고 있는 기업의 경영자가 청소교육의 필요성을 크게 느끼지 못하고 있는 현실이다. 이는 현장근무 청소종사자 역시 휴식시간에 실시하는 받아야 하는 청소교육을 기피하는 경향과 청소업체 경영자나 청소종사자가 스스로 청소전문가로 착각하고 있어 자만심과 오만함으로 인하여 청소현장 교육 참가율이 낮을 뿐만 아니라 교육효과 역시 기대하기 어렵다는 문제점이 있다.

그러나 정부의 국비지원으로 이루어지는 청소교육(㉻ 홈클리닝 교육)의 경우에는 청소교육 참가율이 높을 뿐만 아니라 학습에 대한 관심이 높아 비교적 교육효과도 높게 긍정적으로 나타날 것으로 조사되고 있다.

(3) 청소교육계획 수립

청소교육강사는 청소교육에 참여할 수강자에 대한 현황파악과 교육장의 위치와 교육시설 및 교육환경에 대하여 확인 한 후에는 교육계획을 수립해야 한다.

청소교육계획은 청소교육을 효과적으로 달성하기 위한 계획으로서 다음사항이 포함되어야 한다.

① **청소교육과정명** : 청소교육은 교육 실시기관이나 의뢰하는 기관 단체 등이 미리 정해 둔 교육목적을 어떤 교육 과정을 통하여 달성하고자하는 계획적, 의도적 행위임으로 과정 명을 가지고 있다. 따라서 청소교육강사는 의뢰 또는 위촉 받은 청소교육을 위하여 수립하는 청소교육계획에는 의뢰 또는 위촉 교육기관이 정해 둔 교육과정 명칭을 인용하여 교육 계획을 수립해야 한다.

② **청소교육 내용** : 청소교육계획에는 반드시 어떤 내용에 대하여 교수할 것인지에 대하여 개략적으로 요약·서술해야 하고, 구체적인 내용은 교안으로 작성하여 첨부해야 한다.

③ **청소교육 목표 설정** : 청소교육 계획수립에는 교육을 통하여 달성하고자 하는 교육목표를 구체적으로 설정해야 한다. 왜냐하면 청소교육은 관념적 교육이 아니라 구체적이고 실질적으로 수강자가 교육을 통하여 청소의 개념을 이해하고 청소방법을 숙지해야 하며 청소작업을 수강자 스스로 수행하여 바람직한 청소서비스를 생산하도록 교육해야 하는 청소교육 목표를 구체적으로 설정해야 한다.

④ **청소교육 대상 확정 및 교육수준 설정** : 청소교육을 실시하기 위하여 사전에 수립하는 청소교육계획에는 청소교육을 받은 교육대상을 확정해야 하고, 확정한 수강자 현황을 파악하여야 하며, 파악한 수강자 수준에 맞는 교육 수준을 설정해야 한다. 교육수준은 가장 낮은 단계 교육수준을 1로 하고 최고 높은 단계 교육수준을 5로 설정하여 수강대상자 수준에 맞게 교육수준을 조정하여야 한다.

⑤ **청소교육 장소** : 교육원이나 학교, 학원 등에서 수강자를 모집하여 실시하는 모집 청소교육의 경우에는 교육장소와 교육에 이용하는 교육매체상의 시설에는 문제가 없다. 그러나 의뢰 또는 위촉받아 청소교육을 실시하는 출장 청소교육의 경우에는 교육장소와 교육시설이 다르게 되므로 청소교육강사는 사전에 출장 교육장소와 그 교육장의 교육시설을 점검하여 실시하는 교육에 효과적으로 대응하고 활용할 수 있도록 노력해야 한다. 특히 교육장소가 원거리에 있는 지방에 위치하고 있는 경우에는 접근하는 교통수단과 소요시간 등을 사전에 파악하여 교육시간 전에 교육장에 도착하여 이용하는 교육 매체들을 점검하고, 이용 상 문제가 없는지에 대하여 사전에 확인해야 한다.

⑥ **청소교육 일시 및 시수** : 청소교육이 확정되면 실시하는 교육일과 시간대를 확인하고, 교육시간 수(시수)을 확인하여 교육계획서에 반영해야 한다.

⑦ **청소교육 방법** : 청소교육 방법에 대하여 사전에 의뢰 또는 위탁교육기관과 사전에 협의하여 오라인(on-line) 또는 오프라인(off-line) 방식의 교육을 실시할 것인지에 대하여 사전에 결정하고 교육계획서에 반영해야 한다.

⑧ **청소교육결과 평가방법** : 청소교육을 실시한 후에는 반드시 평가하고 교육의 결과를 확인해야 한다. 평가방법에는 객관식 시험, 평가자 질문방법, 서술형 시험, 구두발표, 문제해결 시나리오 등의 평가방법 중 어떤 평가방법을 사용할 것인지에 대하여 결정하고 교육계획에 반영해야 한다.

⑨ **청소교육 예산** : 청소교육은 유료로 이루어지는 교육서비스이므로 자체교육에는 사내강사를 이용하여 실시함으로 별도의 교육예산이 필요 없으나, 의뢰 또는 위탁교육의 경우에는 강사료 등 교육비용이 발생하게 된다. 따라서 매 교육과정 별로 교육예산을 수립하고 교육계획에 반영해야 한다.

⑩ **청소교육 사후관리** : 청소교육이 종료하면 교육결과를 포함하여 문제점을 도출하고, 피드백 해야 하는 사항과 개선 사항 및 행정처리 사항 등에 대하여 사전에 계획하고 이를 교육계획에 반영해야 한다.

(4) 청소강의교안 작성 및 숙지

청소교육강사는 청소현장의 현황을 화악하고, 이를 토대로 교육계획을 수립한 연후에는 교육교안을 작성하고, 이를 PPT화하고 숙지해야 한다.

교안작성 로드맵은 다음과 같다.

① **첫 페이지 교육과정 표지 부착** : 교육표지에는 교육과정명과 교육일시 및 교육기관과 강사의 성명을 부기하여 수강자가 첫눈에 강사가 무엇에 대하여 강의할 것인지에 대하여 알아 볼 수 있도록 간명하고 심플하게 작성한다.

② **목차설정** : 강의할 주된 내용별로 대목차를 정하고, 대목차를 중심으로 목차를 정하고 목차표를 첨부한다.

③ **교육목표 구체적 설정** : 교육은 교육의 목적을 달성하기 위하여 실시하는 과정이므로 교육목적을 달성할 수 있도록 하기 위하여 세부적인 교육목표를 설정해야 한다. 교육목표는 간략하고 쉽게 이해할 수 있도록 설정한다.

④ **교육내용 개요서 작성** : 교안작성에 있어서 교육강사는 교육목표가 설정되고 나면 교육내용의 개요란을 만들어 이를 박스 처리하여 전체 내용에 대한 개요를 사전에 수강자가 인지하도록 한다.

⑤ **키워드 설명** : 교육내용에 대한 개요서 다음에는 교육본문을 대표하는 핵심용어인 키워드를 설명하도록 키워드 설명문을 작성해야 한다.

⑥ **본문 설명** : 청소교육의 경우 청소교육의 내용을 청소개념지식과 청소방법지식 및 청소행동지식으로 구분하여 체계적으로 설명할 수 있도록 청소교육보 내용을 교안화 한다.

⑦ **전체 교육내용 요약정리** : 지금까지 강의한 내용을 압축하여 요약·정리하여 강사가 다시 한 번 수강자가 배운 내용을 충분하게 이해하도록 전체 교육내용을 요약·정리한다.

⑧ **배운 내용 응용 또는 적용사례 소개** : 청소교육은 응용과학분야이고 실제 사용하는 지식이므로 응용사례와 적용사례를 수강자에게 알려주어야 한다.

⑨ **평가대비 질문사항 끝 페이지 수록** : 수강자가 강의한 내용에 대하여 이해하거나 숙지하고 있는지에 대하여 그리고 사후에 평가에 대비하기 위하여 사전 확인 차원에서 질문사항을 나열하고 이를 대비하도록 해야 한다.

(5) 청소이론강의 및 실무 훈련 실시

청소교육강사는 교안이 작성되고 나면 교육계획에 따라 교육을 실시해야 한다. 청소교육은 청소작업 실무중심의 기술분야이기 때문에 청소의 개념과 청소방법에 대한 이론은 약 30% 정도로 책정하여 강의하고, 나머지 약 70%에 해당하는 청소작업 실무는 청소교육강사가 먼저 시범을 보이고 난 후에 수강자가 따라 하도록 하고, 틀리는 동작과 작업과정을 그 때 그 때 교정하여 훈련시키도록 해야 한다.

(6) 청소교육 결과평가 및 피드백

교육강사는 교육이 종료 후에는 반드시 평가를 실시해야 하고, 그 결과를 다음교육과정에 반영해야 한다.

교육강사는 평가방법을 정하고 정해진 평가방법에 따라 시험지를 설계 제작하여 두고, 자체 청소교육의 경우에는 자체 교육계획에 따라 평가하게 하고, 청소교육을 의뢰 또는 위탁 받은 경우에는 의뢰 또는 위탁 교육기관의 평가계획에 따라 평가하고 평가결과를 보고해야 한다.

5) 청소교육강사의 양성 방법

(1) 청소교육강사 양성의 중요성

청소는 과학이고 기술이기 때문에 청소교육 훈련 없이 청소종사자 스스로 과학적 방법으로 청소할 수 없으며, 기술적으로 청소작업을 수행할 수 없다. 왜냐 하면 청소는 과학적 원리와 기술을 이용하여 청소계획을 수립하고 건물 마감재의 종류와 특성에 따라 청소 방법을 선정해야 한다. 또한 선정한 청소방법에 따라 청소방법에 적합한 청소인력을 선발하고 투입해야 하며, 청소대상 마감재의 청소방법에 따라 적합한 청소장비와 청소약품 세제를 선정하여 청소계획과 청소작업 일정에 따라 청소작업을 수행해야 한다.

또한 청소종사자가 생산한 청소서비스가 고객의 욕구를 충족하여 고객을 만족하게 해야 하기 때문에 청소종사자는 반드시 과학적 원리와 과학적 청소기술을 바탕으로 청소작업을 수행해야 하므로, 청소종사자에 대한 청소이론과 청소실무교육의 필요성은 아무리 강조해도 지나치지지 아니하다.

그러므로 요구되는 청소교육을 효과적으로 담당할 청소교육강사의 양성은 시급한 과제로 인식되고 있으며, 이와 같은 청소교육강사의 양성과제는 청소현장과 청소서비스 시장에서 현실적으로 발생하고 있는 문제점의 개선을 위하여 의미 있는 과제로서 매우 중요한 의의를 가지고 있다.

(2) 청소교육강사 양성의 로드맵

교육을 통하여 청소교육 전문강사를 양성하고자 하는 목표와 방향 다음과 같다.

① 청소의 개념을 올바르게 이해하도록 한다.
② 청소대상별 청소방법을 숙지하게 한다.
③ 청소활동의 생산성과 품질을 제고하는 기술과 전문성 및 교육방법을 전수받게 한다.
④ 청소현장 청소종사자나 향후 청소현장 종사 희망자 또는 청소서비스업을 창업 및 경영하고자 의욕 하는 청소교육 수강자들에게 전문적이고 기술적인 청소교육을 실시하여 능력 있는 청소현장 종사자 및 청소서비스업 창업자와 경영자를 양성·배출하게 하는데 있다.

청소교육 전문강사 양성의 로드맵을 개념도로 정리하면 다음의 〈표 63〉과 같다.

〈표 63〉 청소교육 전문강사 양성 로드맵 개념도(예시)

청소교육강사 희망자 모집 → 청소교육강사 요구능력과 자격교육 실시 → 청소교육강사 교육과정 수료 및 평가시험 실시 → 청소교육강사 교육과정 수료증 및 자격증 수여 → 청소교육강사 등록대장 기재 → 청소교육강사 양성 및 배출

(3) 청소교육강사 양성 및 배출방법

청소교육을 담당할 청소강사의 양성은 말과 같이 간단한 작업은 아니다. 그것도 몇 주의 단기 교육만으로 청소교육을 담당할 청소교육강사의 양성과 배출은 쉽지 않은 일이다. 그럼에도 불구하고 시대적으로 청소종사자와 청소서비스를 업으로 하는 청소서비스업 창업자를 위하여 요구되는 청소교육을 실시하기 위하여 청소교육 전문 강사의 양성과 배출은 불가피하고, 청소교육강사의 양성은 현실적으로 요구되고 있다.

청소교육강사 양성배출 방법으로는 다음의 4가지 방법을 상정할 수 있다.

① 일정한 교육과정 수료에 의한 청소교육강사 양성방법
② 청소교육강사 자격시험 통과에 의한 강사 양성 방법
③ 일정한 교육과정 수료와 수료자가 이수한 시험과목에 일정한 점수 이상의 점수로 강사자격평가시험 통과에 의한 강사 양성방법
④ 일정 규모 이상의 청소현장에서 일정한 근무 경력조건에 해당되는 경우 청소강사 자격을 인정하는 이른바 근무 경력에 의한 청소강사 양성방법

청소교육강사 양성 방법에 대한 구체적인 내용을 논의하면 다음과 같다.

① **청소교육강사 교육과정 수료에 의한 청소교육강사 양성방법** : 일정한 청소교육기관이 미리 정해 둔 청소강사 양성과정표에 따라 향후 청소교육강사로서 반드시 이해하고 수행해야 하는 과목과 이수해야 하는 시수를 정해두고, 이를 교육받게 하여 교육과정을 수료하는 자에게 교육수료증을 수여하여 청소교육강사를 양성하는 방법이다. 이와 같은 청소교육 양성방법은 교육기관이 사회적으로 인정받는 제도권 대학이나 비영리 법인이 청소현장과 청소서비스 시장에서 과정수료에 대한 인정받을 만한 일정한 청소교육 과정을 설정하고, 청소교육을 전문적으로 실시하는 경우에는 교육과정을 수료하고 양성된 청소강사를 인정할 수 있으나, 교육기관이 부실하거나 인정받지 못할 경우에는 배출되는 청소교육강사 역시 인정받지 못할 것으로 판단된다. 청소강사 양성을 위한 교육과정의 이수과목과 이수시수는 다음의 〈표 64〉와 같다.

② **청소교육강사 자격시험에 의한 청소교육강사 양성방법** : 이 방법은 청소교육강사 자격 시험기관이 사전에 신문이나 미디어 매체에 공고하고 응시한자 중에서 13과목을 사지 선다형 객관식으로 자격시험을 설계하여 자격시험을 일정한 장소에서 실시하고, 과목당 60점 과락 없이 통과한자 중 평균점수가 80점 이상인자를 합격자로 발표하고 청소교육강사 합격증을 수여하여 강사를 양성하는 방법이다.

〈표 64〉 강사 양성과정 교육이수 과목 및 시수(예시)

이수과목	시 수
청소교육강사의 요구능력과 자격	10
교육 일반이론의 이해	10
청소교육 강의 기술	20
청소의 개념과 청소서비스의 이해	10
청소대상 현황파악능력	20
청소계획의 수립능력	20
청소활동 수행능력	30
청소품질의 검증능력	10
청소활동과정 돌발사고 대응대비능력	10
청소약품 운용능력	20
청소장비 운용능력	30
청소활동 사후관리능력	10
청소관계법령과 제도의 이해	10
계 13개 과목	210시간

이 방법 역시 자격시험을 주관하는 기관이 사회적으로 권위를 인정받는 교육기관 또는 청소관련 비영리 사단 법인이나 비영리 재단법인인 경우에는 자격시험을 통과한 자는 청소교육강사로서 인정받을 수 있으나, 시험 주관기관이 사회적으로 권위가 없거나 신뢰가 없는 기관인 경우에는 자격시험에 비록 합격하였다 하드라도 청소교육강사로서 인정받기가 쉽지 않다. 자격시험과목과 배당 점수는 다음의 〈표 65〉와 같다.

③ **청소교육과정 수료와 평가시험 합격에 의한 청소교육강사 양성방법** : 이 방법은 일정한 교육기관이 일정한 청소교육강사 이수 과목을 개설하고 교육시킨 후에 교육한 과목에 대하여 사지 선다형 개관식 시험을 보게 하고, 일정한 시험통과 기준에 합격한 자를 청소 교육이수증과 청소교육강사자격증을 수여하여 청소교육강사를 양성하게 하는 방법이다. 이 방법 역시 청소교육기관이 사회적으로 인정하는 교육기관이어야 하고 자격시험 역시 엄정하게 관리되어야 한다. 왜냐 하면 청소교육이수자와 자격시험 합격자는 청소이론을 이해하고 청소실무를 스스로 수행할 수 있어야하기 때문이며, 교육과정 이수자와 청소강사자격 합격자를 청소현장에 투입하였을 때 바람직한 청소서비스를 생산할 수 있어야하기 때문이다.

〈표 65〉 청소교육강사 자격시험 과목과 점수표(%) (예시)

이수과목	시 수
청소교육강사의 요구능력과 자격	25점
교육 일반이론의 이해	25점
청소교육 강의 기술	25점
청소의 개념과 청소서비스의 이해	25점
청소대상 현황파악능력	25점
청소계획의 수립능력	25점
청소활동 수행능력	25점
청소품질의 검증능력	25점
청소활동과정 돌발사고 대응대비능력	25점
청소약품 운용능력	25점
청소장비 운용능력	25점
청소활동 사후관리능력	25점
청소관계법령과 제도의 이해	25점
계 13개 과목	325점

④ **청소현장 근무 경력에 의한 청소교육강사 양성방법** : 연건평 3,300제곱미터 또는 10층 이상의 규모를 가지고 있는 청소현장에서 10년 이상 청소작업을 수행한 자의 근무 경력을 심사하여 확인되는 경우 청소업체에서 청소교육강사를 인정하여 청소강사로 배출하는 방법이다.

(4) 청소교육강사 양성방법의 선택

청소교육강사를 양성하고자 희망하는 법인이나 기관에서는 초기단계에서 강사교육과정의 수료와 평가시험 결과, 일정 점수 이상의 점수(과목당 60점미만 과락 없이 평균점수 80점 이상)을 취득조건을 충족하는 경우에 강사 등록대장에 등재하고, 청소교육강사 자격증을 수여히여 강사로 양성 배출함이 타당해 보인디.

그러나 수료생의 수가 증가하고 강사 희망자가 가시적으로 많을 경우에는 민간 자격을 관계기관에 등록하고 소정의 청소교육강사 자격시험을 실시하여 일정 점수를 취득한 자에게 청소교육강사의 자격을 인정해 주는 방법도 고려해 볼 만 하다.

제14장	청소현장 청소교육의 문제점과 필요성

제15장 공중화장실 위생교육[19)]

제1절 위생교육의 중요성과 필요성

1. 위생교육의 중요성

화장실은 인간의 생명활동과 사회생활을 위하여 필요로 하는 매우 중요한 위생시설이다. 왜냐하면 화장실은 인간의 생명활동의 하나인 생리적 배설을 처리하는 필수시설이기 때문이다. 특히 공중화장실은 인간이 독립적으로 거주하는 주거시설을 떠나 사회생활을 영위하는 동안 발생하는 생리적 문제를 불가피하게 처리해 주는 장소이자 시설이기 때문에 인간의 생명활동과 사회생활에 있어서 매우 중요한 위생처리시설임이 분명하다. 그러므로 공중화장실은 능력 있는 전문가에 의하여 청결하고 위생적으로 관리되어야 한다.

또한 공중화장실은 인간의 배설물을 처리하는 장소이기 때문에 쉽게 오염되거나 바이러스, 박테리아 등 병원균에 노출되기 쉬운 장소이자 시설이기 때문에 청결을 유지해야 하고 정기적인 방역소독을 통하여 위생적으로 관리해야 한다. 이를 위하여 정부는 2004년도에 '공중화장실 등에 관한 법률'을 제정하고, 이를 통하여 청소 및 소독의 주기를 설정하며 공중화장실의 기본 시설과 편의 시설 및 비품의 종류와 기준을 법과 제도를 통하여 규정하고 있다.

뿐만 아니라 정부(행정안전부)는 공중화장실 유지관리를 체계적으로 관리하고 유지하도록 공중화장실 설치자로 하여금 공중화장실 관리인을 지명하고, 필요한 교육제도를 마련하여 공중화장실관리에 필요한 기술과 지식을 교육시키기 위하여 위생교육 이수를 의무적으로 이수하도록 법으로 규정하고 있다.

다시 말하면 공중화장실 등에 관한법률(이하 공중화장실법)에서는 공중화장실 관리인

---

19) 김일효, 김소연, 김승우(2020), 공중화장실관리인위생교육개론 인용 및 일부 수정

이 담당하는 공중화장실을 전문적이며 체계적으로 관리하여 양질의 공중화장실관리 서비스를 창출하여 공중화장실 이용자를 만족하도록 유도하기 위하여 공중화장실관리에 필요한 전문적 지식과 능력을 함양하기 위하여 공중화장실 관리인 위생교육제도를 마련하였다. 또한 공중화장실의 시설관리 방법과 공중화장실법의 내용 및 제도에 대하여 학습하도록 제도화하고 있다.

정부는 공중화장실 관리인 위생교육을 통하여 환경위생교육과 공중화장실 관리인의 자격기준 및 역할 등에 대하여 일정한 교육방법으로 사전, 사후 교육을 이수하도록 강제하고 있다. 따라서 공중이 사회생활 과정에서 불가피하게 이용해야 하는 공중화장실을 체계적으로 관리하기 위하여 요구되는 과학적 관리와 기술적 관리의 지식과 기술을 위생교육을 통하여 습득하도록 제도화하고 있다.

공중이 사회생활 과정에서 불가피하게 이용해야 하는 공중화장실을 체계적으로 관리하기 위하여 요구되는 과학적 관리와 기술적 관리의 지식과 기술을 위생교육을 통하여 습득하도록 제도화하고 있다. 그러므로 공중화장실 관리인 위생교육은 공중화장실관리 서비스를 통하여 이용자를 만족하도록 양질의 공중화장실관리 서비스 창출을 위하여 매우 중요한 교육제도라 할 수 있다.

그러나 이와 같은 공중화장실 관리인의 위생교육의 중요성에도 불구하고 현실적으로는 공중화장실관리인 위생교육이 교육기관과 시설 등의 부재와 교재, 프로그램 등의 교육 소프트웨어 준비부족으로 교육과목 중 환경위생교육에 해당하는 청소부문을 제외하고는 공공중화장실 관리인의 위생교육은 정상적으로 실시되지 못하고 있는 실정이다.

2. 위생교육의 필요성

공중화장실은 사회생활을 영위하는 사람의 생리적 현상을 사람의 품위를 유지하면서 위생적이고 쾌적하며 안전하게 처리해야 하는 장소이기 때문에 공중화장실은 전문가에 의하여 체계적으로 관리해야 한다. 따라서 공중화장실 전문가 양성을 위하여 공중화장실관리인 위생교육은 매우 필요한 교육이다. 공중화장실 관리인 위생교육의 구체적인 필요성은 다음과 같다.

① 공중화장실 관리인 교육은 관리인의 공중화장실 운영관리를 위한 운영관리 능력제고를 위하여 필요하다.
② 공중화장실 관리인 교육은 공중화장실 시설관리를 위한 기술과 지식습득을 위하여 필요하다.
③ 공중화장실 관리인 교육은 공중화장실 환경위생관리를 위한 기술과 지식습득을 위

하여 필요하다.

④ 공중화장실 관리인 교육은 공중화장실 안전관리을 위한 기술과 지식습득을 위하여 필요하다.

제2절 위생교육의 개념

1. 위생교육 개념의 정의

공중화장실법에서 말하는 공중화장실 관리인 위생교육이라 함은 공중화장실관리 운용관리를 책임지고 운영해야 하는 관리인을 대상으로 실시하는 의무교육으로서 공중화장실의 환경을 정비하여 공중화장실 이용자의 건강을 유지·증진시키는데 필요한 공중화장실 시설관리와 공중화장실법령 해설과 운용, 공중화장실 관리인의 자격기준과 역할 그리고 수질오염관리, 청소, 소독 등 환경위생관리 교육을 말한다.

2. 위생교육의 목적

공중화장실 관리인에게 위생교육을 실시하는 목적으로 공중화장실은 불특정 다수가 생리적 배설물을 처리하는 장소임으로 매우 오염되기 쉬운 환경인데다가 오물로 인한 병균, 바이러스, 박테리아 등이 서식하기 쉬운 환경이기 때문에 자칫 잘못 관리하는 경우 공주화장실 이용자의 건강유지는 고사하고 이용자의 건강에 문제가 발생할 수 있기 때문에 위생교육을 통하여 공중화장실관리를 전문화할 필요가 있다. 따라서 공중화장실 관리인의 위생교육 실시목적은 공중화장실 관리를 책임지고 있는 공중화장실 관리인을 공중화장실관리의 전문화 하는데 목적이 있다.

3. 위생교육의 내용 및 법적 근거

공중화장실 관리인 위생교육은 법정 의무교육이다. 따라서 공중화장실 관리인 위생교육은 공중화장실법령과 지방자치단체 의회의 조례 및 위생교육 지침에 따라 실시되고 있다. 공중화장실 관리인 위생교육을 법적으로 뒷받침하고 있는 법적 근거는 다음과 같다.

1) 공중화장실 등에 관한 법률 제8조에서 공중화장실이 설치된 장소 또는 시설을 소유 관리하는 자는 행정안전부령이 정하는 바에 따라 공중화장실을 관리하는 사람(이하 공중화장실 관리인)을 지정하여 관리하도록 규정하고 있다.
2) 공중화장실법 시행령 제7조 제1항에서 공중화장실 관리인을 두어 위생적으로 관리하고 입구에 관리인의 연락처를 게시하도록 규정하고 있다.
3) 공중화장실법 시행규칙 제5조 제1항에서 공중화장실법 제8조 제1항에 따라 공중화장실이 설치된 장소 또는 시설의 소유 관리하는 자는 위생 및 시설관리, 수질오염예방 등에 관한 교육(이하 위생교육)을 받은 사람을 공중화장실 관리인으로 지정하여야 한다.
   ① 동 규칙 제5조 제2항에서 제1항의 규정에도 불구하고 공중화장실이 설치된 장소 또는 시설의 소유·관리하는 자는 공중화장실 관리인으로 지정한 사람에 대하여 10일 이내에 위생교육을 받도록 하는 경우에는 위생교육을 받지 않은 사람을 공중화장실 관리인으로 지정할 수 있다.
   ② 동 시행규칙 제5조 제3항에서 위생교육의 내용 및 방법, 그 밖에 위생교육에 필요한 사항은 행정안전부장관이 정하여 고시할 수 있다(공중화장실 관리인 위생교육 지침으로 고시되었음)
   ③ 동 시행규칙 제6조에서 시장, 군수, 구청장은 조례로 정하는바에 따라 제5조에 따른 공중화장실관리인을 3년마다 1회 이상 공중화장실관리에 필요한 교육을 실시해야 한다. 다만 시장, 군수, 구청장은 공중화장실의 위생적 관리를 위하여 특별히 필요하다고 인정하면 교육을 실시할 수 있다.
4) 서울특별시 강남구 공중화장실 등의 설치 및 관리조례 제7조에서 구청장은 공중화장실 등에 관한 법률 시행규칙 제6조에 따라 공중화장실 관리인(이하 관리인)에 대한 교육을 효율적으로 실시하기 위하여 연간 교육계획을 수립하고 교육을 실시해야 한다. 구청장이 관리인에 대한 교육실시가 어려울 경우에는 화장실 관련 전문단체와 연계하여 실시할 수 있다.
5) 행전안전부에서는 공중화장실 관리인 위생교육 지침을 고시하고 다음과 같이 공중화장실 관리인 교육을 고시하고 있다.
   ① 공중화장실 관리인 위생교육(시행규칙 제5조와 제6조 및 공중화장실관리인 위생교육에 관한 지침(행정안전부 고시 제2018-80호)에서는 위생교육의 내용과 교육방법, 그 밖에 필요한 사항을 정하여 고시하고 있다.

② 동 고시에 따르면 교육의 내용은 공중화장실 제도에 관한 일반사항으로서 공중화장실법령의 해설과 운용, 관리인의 자격기준과 역할 그리고 공중화장실 시설관리, 수질오염예방 등 위생관리, 기타 공중화장실 유지 · 관리와 관련하여 필요한 사항 등으로 규정하고 있다.

③ 시장, 군수, 구청장은 효율적인 공중화장실 관리를 위하여 위생교육 계획을 수립해야 하고, 매 3년마다 1회 이상 화장실관리에 관한 교육을 실시하여야 하며, 필요하다고 인정하면 교육을 실시할 수 있다. 또한 화장실관련 단체와 연계하여 교육을 위탁 실시할 수 있다. 행정안전부령으로 고시한 관리인 위생교육의 구체적인 내용은 다음과 같다.

(1) 교육내용

시장 · 군수 · 구청장은 다음 각 호의 내용을 중심으로 위생교육을 실시하여야 한다.

① 공중화장실 제도에 관한 일반사항
　가. 공중화장실 법령의 해설과 운용
　나. 관리인 자격기준과 역할
② 시설관리, 수질오염예방 등 위생교육에 관한 사항
③ 기타 공중화장실 유지·관리와 관련하여 필요한 사항

(2) 교육방법

① 시장 · 군수 · 구청장은 공중화장실 관리인의 편의를 위하여 온라인 교육을 실시하되 필요시 오프라인 교육을 할 수 있다.

② 제1항 후단에 따라 오프라인 교육을 실시하는 경우 강사는 관계공무원, 공중화장실 관련단체 및 전문가 등으로 구성하여야 한다.

③ 제1항에 따라 위생교육을 실시하는 경우 피교육인이 온라인 교육자료를 시청하거나 오프라인 교육을 수강한 것을 위생교육을 받은 것으로 본다.

(3) 교육자료

행정안전부 장관 또는 지방자치단체의장은 제2조의 내용이 포함된 온라인 또는 오프라인 교육 자료를 제작하여 피교육자에게 배부할 수 있다.

(4) 시장, 군수, 구청장

직접 교육을 실시하거나 화장실 관련단체와 연계하여 위탁교육을 실시할 수 있다.

제3절 공중화장실의 개념

1. 공중화장실의 의미

공중화장실관리 개념을 이해하기 위해서는 공중화장실관리 개념의 중심용어인 화장실에 대하여 그 의미와 중요성을 살펴 이해할 필요가 있다. 화장실의 사전적 의미는 변소를 가리키는 말로서 대소변을 볼 수 있도록 만들어 놓은 곳을 말하며 뒷간, 측간, 해우소로도 불리어 지고 있다.

또한 화장실은 화장품을 얼굴에 바르거나 얼굴을 매만지는데 필요한 시설과 도구를 갖춘 방을 말한다. 서양에서는 화장실을 일반적으로 Toilet, Water closet(W.C)으로 호칭하고 있으며 수세식 화장실을 Water closet(W.C)로 부르고 있다. 이 밖에도 Water closet(W.C), Toilet, Lavatory 용어의 의미를 피하기 위하여 욕실과 변소로 함께 사용하는 Bathroom, Washroom으로 호칭하기도 한다.

또한 호텔의 화장실을 Restroom으로 호칭하고 있으며, 남성용 화장실 및 여성용 화장실을 Men's room, Ladie's room, Gentlemen, Ladies 등으로 호칭하고 있다. Men's room, Ladie's room, Gentlemen, Ladies 남성용 여성용 화장실용어는 화장실안내 게시물 용어로도 사용되고 있다.

또한 화장실은 정방(淨房), 북수간, 변소(便所), 측간(側間), 뒷간, 해우소 등으로 불리어져 왔다.[20] 화장실의 유사명칭에는 앞에서 논의한 화장실 명칭 외에 정방, 청측, 측실, 측청, 혼측, 회치장, 변방, 정랑 등이 있으며, 화장실의 종류에는 크게 개인 화장실(Private Toilet)과 공중 화장실(Public Toilet) 2가지 종류로 분류할 수 있다.

개인 화장실은 사적인 공간으로서 주택 또는 객실의 화장실을 말하며, 공중화장실은 불특정 다수의 공중이 이용할하는 화장실을 말하는 것으로 이에는 철도역 공중화장실, 지하철역 공중화장실, 고속도로 휴게소 화장실 등과 같이 공중이 제한 없이 전면적으로 이용할 수 있는 일반 공중화장실(General Public Toilet)과 학교나 연구소 공중화장실, 기숙사 화장실 등과 같이 제한된 공중이 이용할 수 있는 공중화장실(Semio-Public

---

20) 뒷간은 화장실의 경상도 지방 사투리이고 측간은 전라도 지방 사투리이며 해우소는 불교 절간의 화장실을 의미한다. 정방은 몸속을 깨끗하게 하는 공간을 의미하고 측간은 옆에 있는 공간을 말한다. 북수간은 뒷물을 하는 공간을 말하고 측간은 옆에 있는 공간을 의미한다. 해우소는 생리적인 걱정뿐만 아니라 마음의 근심가지 해결하는 공간으로 해석되고 있다.

Toilet) 등 2종류의 공중화장실 종류가 있다.[21)]

공중화장실법에서는 공중화장실 개념을 공중이 이용하도록 국가, 지방자치단체, 법인 또는 개인이 설치하는 화장실을 공중화장실로 정의하고 있다(공중화장실법 제2조 제1항).

공중화장실의 주무부처는 행정안전부(생활안전정책과)로서 공중화장실 정책을 담당하고 있으며, 지방자치단체 시 · 군 · 구에서는 청소행정과(청소행정팀)이 공중화장실 관리 및 감독책임을 지고 있다.

공중화장실은 불특정 다수가 이용하는 장소이므로 체계적이고 위생적인 관리가 필요하다. 왜냐 하면 공중화장실은 공중이 생리욕구 현상을 위생적으로 청결하며 쾌적하고 편리하게 처리해야하기 위한 장소이기 때문이다. 따라서 공중화장실 관리인은 이용자가 개인적인 생리적인 문제를 적절하게 처리할 수 있도록 하기 위하여 공중화장실의 시설을 정기적으로 점검 · 보수 · 유지하고 청소와 방역소독을 공중화장실법의 관리 기준에 따라 일상적으로 실시하여야 한다. 이를 통하여 양질의 공중화장실의 시설관리 서비스와 환경위생관리 서비스 및 안전관리 서비스를 생산하고, 이를 공중화장실 이용자에게 실시간 제공하여야 한다. 이를 통하여 이용자에게 공중화장실 이용에 필요한 위생상의 편의와 복지증진에 이바지하도록 노력해야 한다.

2. 공중화장실의 범위

앞에서 논의한 바와 같이 공중화장실은 공중화장실법에 따라 국가, 지방자치단체, 법인 또는 개인이 공중이 이용하도록 장소와 시설의 소유자가 설치한 화장실을 말한다. 또한 공중화장실법에서 정하고 있는 공중화장실은 공중이 이용할 수 있는 화장실을 말하는 것으로 개방화장실, 이동화장실, 간이화장실, 유료화장실을 제외한 화장실만을 말한다.

따라서 공중화장실은 국가, 지방자치 단체, 법인 또는 개인이 공중이 이용하도록 공중화장실법에 따라 설치한 화장실만을 의미한다. 공중화장실법제3조에서 규정하고 있는 공중화장실의 범위에는 27개 유형이 있으며 구체적인 공중화실의 범위는 다음 〈표 66〉과 같다.

---

21) 이은주(2016), 공중화장실 개선요소가 이용자 만족에 미치는 영향 연구, p.7

〈표 66〉 공중화장실의 범위

(1) 자연공업법의 자연공원 화장실
(2) 관광진흥법의 관광지, 관광단지 화장실
(3) 여객자동차 운수사업법의 여객자동차 터미널 화장실
(4) 유통산업발전법의 대규모 점포, 임시시장, 상점가, 전문상가단지 화장실
(5) 도시공원 및 녹지 등에 관한 법률의 도시공원 화장실
(6) 도로법의 휴게소 화장실
(7) 철도산업발전 기본법의 역 시설 화장실
(8) 도시철도법의 역사 및 역 시설 화장실
(9) 항만법의 항만 여객이용시설 화장실
(10) 유선 및 도선사업법의 유선장 및 도선장 화장실
(11) 석유 및 석유 대체연료 사업법의 주유소 화장실
(12) 액화석유가스의 안전관리 및 사업법의 충전소 화장실
(13) 제육시설의 안선관리 빛 사업법의 제육시설 화장실
(14) 공항시설법의 공항시설 화장실
(15) 공연법의 공연장 화장실
(16) 국가 또는 지방자치단체가 설치한 공용 또는 공공용시설로서 대통령령이 정하는 시설의 화장실
 ① 국가 및 지방자치단체의 청사와 그 부대시설의 화장실
 ② 문화 및 집회시설(전시장, 동・식물원)의 화장실
 ③ 의료시설(병원, 격리 병원)의 화장실
 ④ 교육연구시설(학교, 교육원, 연구소, 도서관)의 화장실
 ⑤ 노유자 시설(사회복지시설, 노유자 복지시설)의 화장실
 ⑥ 수련시설(생활권 수련시설, 자연권 수련 시설)의 화장실
 ⑦ 묘지관련 시설(화장시설, 봉안당, 묘지와 자연장지에 부수되는 건축물)의 화장실
 ⑧ 장례시설(장례식장)의 화장실
 ⑨ 건축법 별표1의 1종 근린 생활 시설, 2종 근린 생활 시설, 업무 시설 중 바닥면적의 합이 2천 제곱미터 이상인 건축물의 화장실(다만 오피스텔의 경우 사무구획에 해당되는 부분의 바닥면적은 바닥면적의 합산대상에서 제외한다)
 ⑩ 문화 및 집회시설, 의료시설, 교육연구시설, 노유자 시설, 수련시설은 시설로 사용되는 부분의 바닥면적의 합이 1천 제곱미터 이상인 건축물의 화장실
(17) 그 밖에 많은 사람이 이용하는 법인 또는 개인소유의 시설로서 대통령령이 정하는 규모 이상의 시설 화장실
 ① 건축법 별표1의 1종 근린 생활 시설, 2종 근린 생활 시설, 업무 시설 중 바닥면적의 합이 2천 제곱미터 이상인 건축물의 화장실(다만, 오피스텔의 경우 사무구획에 해당되는 부분의 바닥면적은 바닥면적의 합산대상에서 제외한다)
 ② 문화 및 집회시설, 의료시설, 교육연구시설, 노 유자 시설, 수련시설은 시설로 사용 되는 부분의 바닥면적의 합이 1천 제곱미터 이상인 건축물의 화장실

3. 공중화장실 설치의 목적

국가, 지방자치 단체, 법인 또는 개인이 공중화장실을 설치하는 목적에는 1차적 목적과 2차적 목적이 있다. 공중화장실 설치의 1차적 목적은 공중화장실을 이용하는 사람들에게 위생상의 편의와 복지를 제공하는데 있다.

이와 같은 공중화장실 설치의 1차적 목적은 공중화장실 설치를 통하여 공중 위생상의 환경질서와 인간의 존엄과 품위를 유지하면서 사회생활을 영위하도록 지원하고, 인간의 가장 기본요소인 배설의 생리적 욕구(physiological needs)를 인간다운 품위를 지키면서 처리할 수 있도록 역할을 담당한다. 이와 같은 관점에서 공중화장실은 생리적인 욕구처리의 장소를 넘어 문화 공간이자 편의 공간으로서 휴식과 독서의 장으로서도 활용되고 있어, 점차적으로 화장실 문화 환경으로의 변화가 필요해 보인다.

또한 공중화장실 설치의 2차적 목적은 공중화장실을 청결하고 위생적이며 쾌적하고 안전하게 이용할 수 있도록 공중화장실 환경과 분위기를 조성하여 한 나라 국민들의 공중화장실 사회문화 수준을 표상한다. 또한 한 도시의 이미지를 조성하여 종국적으로 사회생활, 문화 수준과 선진국가의 이미지를 제고하고 인프라를 구축하여 나라의 품격을 제고하는데 있다.

그러므로 국가와 지방자치단체, 법인 또는 개인 등 공중화장실 설치 및 운영자는 공중화장실 설치의 1차적 목적 외에 2차적 목적의 달성을 위하여 공중화장실법에서 정하고 있는 기본시설과 편의 시설 및 기타 부대시설을 설치하고 관리 기준에 적합하게 관리해야 한다.

4. 공중화장실의 사회문화적 가치와 기능

공중이 제한 없이 이용할 수 있는 일반 공중화장실은 개별 화장실과는 달리 사회 문화적 가치와 특별한 기능을 담당하고 있다. 이를 설명하면 다음과 같다.

1) 사회문화적 가치

공중화장실이 지니고 있는 사회문화적 가치란 사회문화적 의의나 중요성(가치)을 말하는 것으로 이에는 협의의 사회문화적 가치와 광의의 사회문화적 가치 등 2종류의 사회 문화적 가치를 지니고 있다.

공중화장실의 협의의 사회문화적 가치란 쾌적하고 위생적이며 편리하고 안전한 공중화장실 생활공간을 조성하여 인간의 사회생활에서 이루어지는 인간의 삶과 생활과 일의 영위과정에서 필연적으로 발생하는 배설의 생리적 욕구를 인간다운 품위를 유지한 가운데 은밀하게 위생적이고 쾌적하며 편리하고 안전하게 처리할 수 있도록 장소와 시설을 제공하여 이용자의 위생상의 편의와 복지 증진에 이바지하는 가치를 말한다.

광의의 공중화장실의 사회문화적 가치는 깨끗하고 청결하며 위생적인 공중화장실환경 조성을 통하여 공중화장실의 사회·문화적 가치를 창출하고 나라의 품격을 높이며 위치하고 있는 도시와 부속하고 있는 건물이나 시설의 이미지를 제고하는데 있다. 공중화장실은 그 나라의 문화 수준을 가름 하는 척도로서 설비측면에서 그 나라의 건축기술 수준과 장애인, 어린이, 노약자, 임산부 등 약자를 배려하는 인간애와 가치관을 보여주고 있다. 시대와 사회가 발전함에 따라 공중화장실은 배설의 생리적 요구를 충족하는 장소를 넘어 문화 공간이자 독서와 휴식의 공간으로서 그리고 하나의 편의 시설로서 그 가치를 인정받고 있다.

또한 공중화장실 관리 상태가 공중화장실의 문화수준을 평가하는 척도이고, 국가의 이미지를 제고하고 판단하는 바로메타가 되기 때문에 공중화장실은 개인적으로나 국가 및 도시, 공중화장실을 부속한 건축물이나 시설의 얼굴로서 대단한 의미와 중요성을 가지고 있다.

2) 공중화장실의 사회적 기능

공중화장실의 사회적 기능이라 함은 공중화장실의 사회적 작용이나 활용을 의미한다. 공중화장실의 사회적 기능은 대체로 다음과 같이 이해되고 있다.

① 공중화장실은 불특정 다수에게 생리적 욕구인 대소변 및 생리적 위생처리를 을 위생적으로 처리 할 수 있도록 장소와 시설을 제공하여 사회적 질서유지와 위생상의 환경문제를 해결한다.

② 공중화장실은 관리정도에 따라 화장실 문화를 창출하고, 그 나라 국가의 품격을 높이기도 하며 표상하기도 한다. 또한 공중화장실은 한 도시의 얼굴의 역할을 수행하기도 하고 이미지 평가의 바로메타가 된다. 뿐만 아니라 공중화장실은 그 나라 사회의 문화 수준을 가름 하는 문화수준의 척도로 기능하고 작용한다.

③ 공중화장실은 사회문화의 利器(이기)로 기능하고, 편의 시설 및 위생시설이지 문화 시설 또는 휴게시설로서 기능한다.

④ 공중화장실은 부속한 건축물이나 시설의 사용도 및 이용도를 높이고 전체 건축물 및 시설의 사용 용도를 지원하고 가치를 제고하게 한다.

⑤ 공중화장실은 위생적인 욕구 해결을 통하여 인간의 삶과 생활과 일의 지속적인 영

위와 생산성 향상을 지원한다.

⑥ 공중화장실은 대소변 및 생리적 위생적 처리를 통하여 인간의 건강유지와 생명활동이 가능하도록 지원한다.

5. 공중화장실과 부속 건축물 또는 시설간의 상관관계

공중화장실은 독립적으로 건축하여 존재하는 화장실 외에는 주로 특정 건축물이나 시설에 부속하여 존재하면서 건축물이나 시설의 사용 용도를 지원하는 기능을 담당하고 있다. 따라서 공중화장실은 건축공학적으로 공중화장실이 속한 건축물이나 시설의 사용자와 이용자의 생리적 현상을 위생적으로 처리하는 기능을 담당하고 있어, 부속한 건축물이나 시설의 용도에 따른 사용과 수익 활동을 지원하고 있다.

다시 말하면 화장실이 속한 건축물이나 시설의 주된 용도대로 사용수익 활동을 생리적 위생처리와 화장처리를 통하여 사용수익 할 수 있도록 지원하여 건축물이나 시설의 사용가치와 수익 가치를 창출하고 있다.

또한 공중화장실을 부속하고 있는 건축물이나 시설에는 관리주체와 종사자가 부속한 화장실은 전체 건축물관리 차원의 계획과 비용 및 노력으로 종합관리하기 때문에 공중화장실의 이용자의 요구에 부합하는 시설관리 서비스와 환경위생관리 서비스, 그리고 안전관리 서비스가 생산 · 제공된다.

그러므로 주된 건축물이나 시설의 사용가치와 수익가치 유지 및 제고를 위해서는 반드시 사람의 생리현상의 위생처리 공간과 기능이 필요하기 때문에 공중화장실은 주된 건물이나 시설의 용도를 완성시키는 역할을 담당하고 있으며, 공중화장실을 부속한 건축물이나 시설에서는 전체적으로 건축물이나 시설물의 관리를 통하여 공중화장실 이용자의 욕구를 충족하기 위한 서비스를 생산 · 제공하고 있다. 따라서 주된 건축물이나 시설과 화장실 상호간에는 매우 밀접한 상관관계가 성립된다고 볼 수 있다.

건축물이나 시설은 인간의 사용목적과 수익목적 및 처분목적으로 기획 · 설계 · 시공하여 인간의 삶과 생활과 일의 기반으로서 29가지 용도로 사용되고 있다. 이와 같이 건축물이 29개 용도로 사용될 때 공중화장실은 주된 건물의 사용용도와 수익용도를 지원하는 필수적인 부속시설의 용도를 담당하고 있다.

건축물은 앞에서 논의한 바와 같이 건축의 목적대로 사용 수익하기 위해서는 업무 공간, 이동 공간, 전기 기계설비 공간, 저수 및 배수 공간, 위생처리 공간, 관리 공간, 업무 공간, 현관 로비 공간 등이 필요하다. 또한 화장실은 업무나 생활을 영위하는 사람의 위생처리 공간으로서 주된 건축물과 화장실은 상호 영향을 주고받는 밀접한 상관관계를 가지고 있다. 그러므로 화장실은 부속한 건축물이나 시설의 사용과 수익활동을 지원하고 공중화장실을 부속한 건축물이나 시설의 용도를 완성하게 하는 매우 중요한 영향을 주고받고 있다.

6. 공중화장실의 요구환경과 필요조건

공중화장실 이용자의 화장실 이용에 있어서 불편과 불만을 방지, 쾌적하고 위생적이며 안전하고 편리하게 공중화장실 이용을 보장하기 위해서는 다음과 같은 편리한 환경, 위생적인 환경, 안전한 환경 그리고 쾌적한 환경을 조성되어야 하고 환경별 필요조건을 언제나 충족하고 있어야 한다. 공중화장실 이용에 요구되는 공중화장실 환경과 환경별 필요조건은 다음과 같다.

1) 편리하고 쾌적한 환경

공중화장실 이용에 필요한 첫번째 환경은 편리하고 쾌적한 환경이다. 공중화장실 이용자가 공중화장실 이용에 있어서 공중화장실 환경이 주관적으로 몸과 마음에 맞아 기분이 좋은 상태를 의미하는 쾌적과 화장실 이용에 있어서 이용하기 편리하고 이용하기가 쉬운 뜻의 편리는 공중화장실 시설관리를 통하여 제공하는 시설관리를 통하여 이루어지며, 편리하고 쾌적한 환경을 유지하기 위해서는 다음과 같은 필요조건이 요구된다.

① 화장실 시설물은 고장이 없어야 하고 고장 난 경우에는 원상 복구하여 화장실 시설물은 언제나 기능과 성능이 정상적으로 유지되어야 한다.
② 대변기와 소변기 및 세면대의 수가 이용자의 수에 비하여 충분해야 한다(대기시간이 없어야 한다).
③ 화장실 입구에 공중화장실의 안내 표지(화장실 안내 국제표준 표시규격 적용)가 부착되어 있어야 하고, 화장실 칸막이 출입문에 남녀 화장실 구분 표지가 부착되어 있어야 하고, 사용 여부를 알리는 표시장치가 부착되어 있어야 한다.
④ 화장실 이용에 필요한 비누, 화장지, 1회용 휴지 등 비품 등이 비치되어 있어야 한다.
⑤ 장애인, 노인, 임산부, 영유아 등이 불편 없이 대소변을 해결할 수 있는 시설이 갖추어져야 한다.
⑥ 정기적인 점검과 보수가 이루어 져야 한다.
⑦ 도장(도색, 페인트 작업)은 연1회 이상 실시해야 한다.
⑧ 수시로 점검하고, 고장난 부분과 훼손된 부분은 원상복구하고 정비 · 보수해야 한다.
⑨ 관리카드를 비치하고 공중화장실 현황과 관리 현황을 기록하고 유지해야 한다.

⑩ 화장실 안내 표지판은 잘 보이는 곳에 게시해야 한다.
⑪ 대변기 칸막이 안에는 휴지통을 두지 말아야 한다. 다만 장애인, 노인, 임산부 등이 사용할 수 있는 변기가 설치되어 있거나 영유아용 기저귀 교환대가 설치되어 있는 경우에는 쓰레기통을 둘 수 있다.
⑫ 여성용 대변기 칸막이 안에는 위생용품 수거함을 두어야 한다.
⑬ 공중화장실 시설물을 정기적으로 점검하고 유지 보수한다.
⑭ 화장실 이용을 위하여 비치되는 비치 물(비누, 화장지 등)을 항상 비치하고 수시로 점검하여 부족 시 보충해야 한다.
⑮ 대통령령으로 정하는 일정 규모 이상의 공중화장실 등에 설치된 세면대 사용한 물은 중수처리과정을 거쳐 다시 사용할 수 있다. 이 경우 수도법 및 하수도법에서 정하고 있는 수질 기준에 맞도록 관리한다.
⑯ 구청장은 공중화장실 관리인을 시행규칙 제6조에 따라 연간 교육계획을 수립하고 교육을 실시해야 한다. 직접 실시하기 어려운 경우에는 화장실 전문단체와 연계하여 교육을 실시해야 한다(강남구 화장실 관리 조례 제7조).
⑰ 공중화장실 관리자는 이용자의 편의를 도모하기 위하여 화장지(또는 화장지 자동판매기 설치), 세정제, 방향제, 탈취제 및 소독 약품을 비치해야 한다. 다만 지역여건상 비치가 곤란할 경우에는 예외로 할 수 있다(조례 제8조).
⑱ 공중화장실의 효율적인 유지·관리를 위하여 필요한 경우에는 시설을 관리하는 그 업무의 일부 또는 전부를 시설을 관리할 수 있는 자에게 위탁할 수 있으며, 수탁자에게 예산이 허용하는 범위 내에서 유지·관리비용을 보조할 수 있다(강남구 공중화장실 조례 제6조).
⑲ 수시로 시설을 점검(중랑구 조례/월 1회 이상 수시로 점검)하여 파손, 훼손된 시설은 즉시 정비하고 도색이 필요한 경우에는 연1회 이상 도색하여야 한다(조례 제9조).
⑳ 공중화장실을 설치, 관리하는 자는 관리대장(별지 1호 서식)을 비치하여야 하며, 시설의 유지관리 상황과 정비 상황 등을 기록하여야 한다(강남구 조례 제10조).
㉑ 남성용 화장실 여성용 화장실에는 기저귀 교환대가 설치되어 있어야 하고, 여성용 화장실에는 위생 처리물 보관함이 준비되어 있어야 한다.
㉒ 남녀 화장실 대 소변기는 수세식으로 설치되어야 한다.
㉓ 공중화장실 관리인은 공중화장실을 위생적으로 관리해야 하고, 화장실 입구에 관리인의 연락처를 게시해야 한다.
㉔ 수시로 시설을 점검(중랑구 조례/월 1회 이상 수시로 점검)하여 파손, 훼손된 시설은 즉시 정비하고 도색이 필요한 경우에는 연1회 이상 도색하여야 한다(조례 제9조).

㉕ 대통령령으로 정하는 일정 규모 이상의 공중화장실 등에 설치된 세면대 사용한 물은 중수처리과정을 거쳐 다시 사용할 수 있다. 이 경우 수도법 및 하수도법에서 정하고 있는 수질 기준에 맞도록 관리한다.

2) 청결하고 위생적인 환경

청결하고 위생적인 환경이란 지저분한 것을 제거해 맑고 깨끗함의 청결과 건강의 유지 증진을 위하여 질병의 예방이나 치료에 힘쓰는 위생을 위한 환경으로서, 이는 공중화장실 환경위생관리를 제공되며 공중화장실이 청결하고 위생적인 환경유지를 위해서는 다음과 같은 필요조건이 요구된다.

① 일일 3회 이상 청소를 실시해야 한다.
② 4월과 9월 사이에는 주 3회 이상 소독을 실시하고 10월부터 다음해 3월까지는 주 1회 이상 소독을 실시해야 한다.
③ 정기적인 소독 방역 활동을 통하여 파리, 모기 등 해충이 없어야 한다.
④ 대소변의 처리가 위생적으로 신속하게 처리되어야 한다.
⑤ 장애인, 노인, 임산부, 영유아 등의 대소변 위생처리에 문제가 없어야 한다.
⑥ 실내 공기질 검사를 관련법에 따라 정기적으로 실시하고 검사필증을 일정기간 보관해야 한다.
⑦ 청소 후 발생하는 강 알카리성 폐수는 환경법에 따라 물로 희석하여 위생적으로 처리해야 한다.
⑧ 화장실 내외 화장실 시설물이 정리 정돈 되어야 있어야 한다.
⑨ 화장실 내 외부에 낙서가 없어야 하고 광고물 부착 사례가 없어야 한다.
⑩ 실내 공기가 청정해야 한다.
⑫ 심한 소음이 없어야 하고 악취가 나지 않아야 한다.
⑬ 적당한 온도와 습도 및 조도가 적정하게 유지되어야 한다.
⑭ 환기가 잘 이루어져야하고 실내 공기가 깨끗해야 한다.
⑮ 청결상태가 항상 유지되어야 한다.
⑯ 악취, 담배 냄새 등이 없어야 한다.
⑰ 실내 공기질 검사를 관련법에 따라 매월 정기적으로 실시해야 한다.
⑱ 공중화장실은 항상 깨끗하고 쾌적하며 위생적이고 청결하게 유지해야 한다.
⑲ 공중화장실 내외를 금연구역으로 지정하고 흡연을 통제해야 한다.
⑳ 배수구 등의 부식을 방지하기 위하여 소독을 실시해야 한다.
㉑ 청소 또는 보수를 위하여 남성관리인이 여성화장실을, 여성관리인이 남성화장실을

출입하는 경우에는 화장실 입구에 청소 또는 보수중임을 알리는 안내표지판을 두어 이용자가 알 수 있도록 해야 한다.

㉒ 화장실 주변의 청결을 위해 특별자치시, 특별자치도, 시군구구의 조례로 정하는 사항을 이행하여야 한다.

㉓ 정기적으로 온습도 및 조도를 점검하고 개선해야 한다.

㉔ 정기적으로 공중화장실내의 실내 공기 질을 점검하고 개선해야 한다.

㉕ 정기적으로 이용자의 만족도를 조사하고 개선해야 한다.

㉖ 이용자의 불만 · 불편사항을 접수하고 처리해야 한다.

㉗ 화장실 이용을 위하여 필은 깨끗해야 하고 배수가 잘 이루어 져야 한다.

㉘ 공중화장실 관리자는 이용자의 편의를 도모하기 위하여 화장지(또는 화장지 자동판매기 설치), 세정제, 방향제, 탈취제 및 소독 약품을 비치해야 한다. 다만 지역 여건상 비치가 곤란할 경우에는 예외로 할 수 있다(강남구 조례 제8조).

3) 안전한 환경

안전한 환경은 위험이 없는 환경을 말하며, 재산상 또는 신체 건강상 피해가 없는 상태를 말한다. 이와 같은 공중화장실의 안전한 환경은 공중화장실 안전관리를 통하여 이루어지는 것으로 다음과 같은 필요조건을 충족해야만 안전한 환경이 유지될 수 있다.

① 몰래카메라 설치 등을 통하여 성범죄, 도난, 화재예방 관리가 정상적으로 이루어져야 하고 화장실 이용 질서가 유지되어야 한다.

② 공중화장실 관리자는 정기적 순찰과 수시 순찰을 실시하고 순찰결과를 기록 · 유지해야 한다.

③ 화장실 이용시 넘어지거나 다치지 않도록 하기 위하여 바닥에 물기나 결빙을 제거 또는 방지해야 한다.

④ 관리 책임자의 성명과 연락처 등이 적혀 있는 명패가 화장실 입구에 부착되어 있어야 하고 문제 발생시 언제나 연락할 수 있어야 한다.

⑤ 남녀 화장실에는 4면의 칸막이가 설치되어 있어야 하고, 남성용 소변기에는 프라이버시가 지켜질 수 있도록 좌 우 칸막이가 설치되어야 한다.

⑥ 공중화장실 관리 주체는 안전사고 발생 시 발생할 수 있는 손해보상에 대비하여 화장실 영업 책임 보험이나 손해보험 등에 가입해 있어야 한다.

⑦ 화장실 이용자에게 화장실 이용시 유의할 안전수칙이나 주의사항을 화장실 입구에 게시해야 한다.

⑧ 수시 또는 정기적으로 도난, 화재, 성범죄, 질서 문란 등을 예방하기 위하여 순찰을 실시하고 개선한다.

제4절 공중화장실관리

1. 공중화장실관리의 의의

공중화장실 이용자가 생리적 욕구를 처리하기 위하여 불가피하게 이용하는 공중화장실은 편리하고 쾌적한 환경과 위생적인 환경 및 안전한 환경이 조성되어야한다. 왜냐하면 공중화장실 설치목적인 위생상의 편의 제공과 복지 증진을 도모해 주어야하기 때문이다. 특히 쾌적하고 편리하며 위생적이고 안전하게 생리적 욕구를 충족하기 위해서는 청결한 청소상태와 위생관리상태, 시설물의 양호한 유지관리, 소모품의 적절한 배치 및 보충, 냄새관리, 양호한 급수 및 배수, 질시 및 인진유지, 직징한 실내조명, 양호한 환경관리, 청정한 실내공기 관리, 대기시간관리 등 11개 항목 등의 필요적 요소가 요구되기 때문에 공중화장실의 관리가 요구된다.

이 절에서 논의하고자 하는 공중화장실관리라 함은 공중화장실관리 주체가 관리대상 공중화장실시설물에 대하여 공중화장실 시설관리와 환경위생관리 및 안전관리 활동을 통하여 공중화장실 시설물의 기능을 보전한다. 또한 이용자의 안전과 편의를 높이기 위하여 일상점검을 정비하며, 소상된 부분은 원상 보구하여 시간의 경과와 사용상의 잘못에 의하여 요구되는 보수·교체 보강중심의 시설관리활동과 청결과 위생관리 중심의 환경위생관리활동 및 화재, 도난, 성범죄 예방중심의 안전관리 활동을 말한다.

2. 공중화장실관리의 주요 업무

공중화장실 관리의 주요 업무에는 공중화장실을 구성하고 있는 건축 기본 시설 편의시설 및 기타 부대시설의 유지관리와 영선 중심의 시설관리 업무, 소독·방역 및 청소, 실내 공기질 관리, 조도, 소음, 냄새관리, 수질오염예방 중심의 환경위생 관리업무 그리고 성범죄 예방, 도난방지, 이용자 피해보상, 화재예방 중심의 안전관리 업무 등 3가지 업무가 존재하고 있다. 이를 구체적으로 설명하면 다음과 같다.

공중화장실 시설관리의 주요 업무에는 공중화장실을 구성하고 있는 건축시설과 위생설비 및 전기·기계설비 등의 점검 보수, 고장수리 및 정비, 시설과 설비의 기능과 성능의 원상복구 업무 등이 있다.

공중화장실의 환경위생보건관리의 주요 업무에는 청소와 방역소독, 수질오염예방 그리고 파리, 모기 등 해충을 박멸하고 바이러스, 박테리아, 병원균 침입을 차단하며 예방하여 공중화장실을 위생보건 공간 및 환경 조성업무와 공중화장실 이용에 필요한 온도, 습도, 조도, 소음, 악취와 냄새, 낙서 등을 관리하고 비품의 정리정돈 등을 통하여 쾌적한 공중화장실 실내 공간을 연출함으로서 이용자가 생리적 현상을 쾌적하게 처리하도록 하는데 필요한 환경위생관리 업무 등이 있다.

공중장실의 안전관리의 주요 업무에는 성범죄, 도난사고, 화재 등의 예방, 이용자의 화장실 사건사고로 인한 피해보상 등을 체계적으로 관리하여 이용자가 생리적 현상을 안전하게 처리하는 업무 등이 있다.

3. 공중화장실관리의 주체

공주화장실 관리주체라 함은 공중화장실 소유권과 관계법령에 의한 관리 권한을 바탕으로 공중화장실 관리권을 가지고 있는 국가, 지방자치단체, 법인 또는 개인을 말한다. 넓은 의미의 관리 주체에는 공중화장실을 설치 운영하는 관리 주체에 의하여 지정된 공중화장실 관리인도 포함된다.

4. 공중화장실의 관리방식

공중화장실법에 의하여 설치·운영되고 있는 공중화장실은 설치하고 있거나 운영을 위탁한 경우를 제외하고는 국가, 지방자치단체, 법인 또는 개인이 자체운영방식으로 운영하고 있다. 그러나 대부분의 경우에는 시설관리 업체나 청소업체 또는 개인에게 공중화장실청소 관리용역을 발주하여 위탁관리방식으로 관리하고 있다.

5. 공중화장실의 관리기준

공중화장실법에 의하여 설치 및 운영되고 있는 공중화장실은 쾌적한 환경조성과 국내외 관광객 수용태세 개선 및 한국 이미지 제고, 그리고 화장실 이용 문화 발전과 이용자의 편의와 위생적인 이용을 위하여 시설물의 유지관리와 청소소독 등을 전문적으로 실시해야 한다.

공중화장실법과 지방자치단체의 조례 등에서 정하고 있는 법정 공중화장실 관리 기준과 건축법, 전기사업법, 환경법 등 건축물 유지관리 관계법령에서 정하고 있는 공중화장실관리 법정관리 기준에 따라 관리해야 한다. 관리 기준에 관한 내용은 제3장 공중화장실 기본법령 해설편을 참고하기 바란다.

제5절 공중화장실관리 서비스개념의 고찰

1. 공중화장실관리 서비스의 의의

공중화장실 설치 및 관리자는 공중화장실을 항상 깨끗하고 위생적으로 유지·관리해야 하며, 이용자의 편의를 도모하고 최적의 유지관리 상태를 유지하기 위하여 노력해야 한다(강남구 공동주택 조례 제4조). 이를 통하여 주민(이용자)의 위생편의와 복리증진을 도모해 주어야 한다. 이를 위해서는 공중화장실을 관리하여 공중화장실관리 서비스 즉, 양질의 시설관리 서비스와 환경위생관리 서비스, 그리고 안전관리 서비스를 창출하고 이를 이용자에세 적절하세 제공하여 이용자로 하여금 공중화장실 이용 편의를 제공하고 복지증진을 도모해 주어야 한다. 이와 같이 편의와 복지를 증진하기 위한 공동화장실관리 서비스는 매우 중요한 의의를 가지고 있다.

공중화장실 관리서비스(Public Toilet Management Service)라 함은 공중화장실 이용자의 생리적 욕구문제를 쾌적하고 청결하며 위생적으로 처리하는데 필요한 공중화장실 시설관리 서비스와 환경위생관리 서비스 및 안전관리 서비스 등을 말한다. 다시 말하면 공중화장실관리 서비스란 공중화장실 이용자가 이용자의 생리적인 문제를 해결하기 위하여 제공되는 서비스로서 공중화장실의 관리를 통하여 이용자의 문제해결을 쾌적하고 편리하며 위생적으로 해결할 수 있도록 제공하는 관리적 봉사를 말한다.

공중화장실관리 서비스 개념을 정의하기 위해서는 문헌적 접근방법을 통하여 참고 문헌을 살펴볼 필요가 있다. 서비스(service)의 사전적 의미는 생산이나 소비에 필요한 노무를 제공함으로 정의하고 있다. 또한 서비스는 보수를 바라지 아니하고 남을 위하여 봉사함으로 해석하고 있다. 경제학에서는 서비스를 용역이라 하고, 유형재인 제품과 구별한다. 아담스미스(A. Smith)는 서비스를 비생산적 노동 또는 비물질적 재화로 정의하였다.

미국마켓팅학회(America Marketing Association)에서 주장하는 활동론적 서비스의 개념은 판매목적으로 제공되거나 상품판매에서서 제공되는 모든 활동, 편익, 만족이라 정의하였다. 그 예로 호텔 서비스, 이미용 서비스, 운송 서비스 등을 들고 있다.

서비스 개념에 대한 속성론적 견해를 가지고 있는 라스멜(Rathmell)은 서비스를 시장에서 판매하는 무형의 상품으로 정의하고 있다. 또한 봉사론적 견해를 가지고 있는 레빗(Levitt)은 서비스를 인간의 인간에 대한 봉사로 정의하고 있다. 그리고 인간관계론적

입장에서 주장하는 서비스의 개념은 고객의 문제를 풀어주는 것으로 정의하고 있다.

이상에서 논의한 서비스 개념에 대한 정의와 견해 및 의미를 바탕으로 공중화장실관리 서비스를 재해석하면 공중화장관리 서비스(Public Toilet Management Service)라 함은 '공중화장실 이용자의 생리적 문제를 풀어주기 위한 인간이 인간에 대한 봉사로서 보수를 바라지 아니하고 남을 위하여 필요한 노무를 제공함'으로 정의할 수 있다. 다시 말하면 공중화장실 관리서비스란 공중화장실 이용자가 이용자의 문제를 해결하기 위하여 제공되는 서비스로서 공중화장실의 관리를 통하여 이용자의 문제해결에 쾌적하고 편리하며 위생적으로 해결할 수 있도록 제공하는 관리적 봉사를 말한다.

2. 공중화장실관리 서비스의 종류와 내용

공중화장실 관리를 통하여 공중화장실 이용자에게 제공되는 공중화장실 관리서비스의 종류에는 화장실 시설관리 서비스, 공중화장실 위생보건관리 서비스, 공중화장실 안전관리 서비스, 공중화장실 환경관리 서비스 등이 있다. 공중화장실관리 서비스의 종류별 내용은 다음과 같다.

1) 공중화장실 시설관리 서비스

공중화장실 시설관리 서비스(Public Toilet Facilities Service)라 함은 공중화장실의 이용목적을 쾌적하고 위생적이며 안전하게 달성할 수 있도록 공중화장실 기본시설물의 유지관리와 편의시설 운영관리를 통하여 제공하는 물적 관리 서비스이다. 이를 구체적으로 설명하면 다음과 같은 시설관리 서비스의 종류가 있다.

① 공중화장실 건축시설 점검 및 보수, 영선서비스
② 건축설비 점검 및 정비서비스
③ 전열 조명서비스
④ 급수 및 배수서비스
⑤ 냉난방 서비스
⑥ 실내공기 정화서비스
⑦ 환기서비스

2) 공중화장실 환경위생관리 서비스

공중화장실 환경위생관리 서비스(Public Toilet Environmental Sanitation Service)라

함은 바이러스 박테리아, 병균이나 건강을 해하는 파리모기 등 해충을 박멸하거 청소를 통한 청결 유지로 공중화장실을 이용하는 사람에게 생명 건강을 보호하는 서비스를 말한다. 또한 공중화장실 환경위생관리 서비스라 함은 화장실을 둘러싸고 있는 오물, 오수, 환경오염을 제거하여 쾌적하게 화장실을 이용하는데 필요한 서비스를 말한다.

공중화장실 환경 위생 관리를 통하여 제공되는 환경위생관리 서비스의 종류에는 다음과 같은 서비스가 있다.

① 청소서비스
② 방역 · 소독서비스
③ 수질오염 관리서비스
④ 대소변 배설물 위생처리 서비스
⑤ 금연관리 서비스
⑥ 소음, 진동, 악취, 냄새 관리서비스
⑦ 청소 폐수, 오물, 오수, 쓰레기 배출서비스
⑧ 낙서, 광고물 예방서비스
⑨ 화장실 안내서비스
⑩ 남녀 화장실 표시 및 사용여부 표시서비스
⑪ 실내 공기질 검사서비스
⑫ 실내 공기청정도 관리서비스
⑬ 화분, 그림 부착 등 화장실 실내 환경미화 서비스
⑭ 비누, 화장지 등 공중화장실 비품(모품) 제공서비스
⑮ 이용자 만족도관리 서비스
⑯ 이용자 불편사항 접수 및 처리서비스

3) 공중화장실 안전관리 서비스

공중화장실 안전관리 서비스(Public Toilet Safety Service)라 함은 안전하게 공중화장실을 이용하는 데 필요한 서비스를 말한다. 공중화장실 안전관리 서비스에는 다음과 같은 서비스의 종류가 있다.

① 경비 순찰서비스
② 몰래카메라 설치 점검 및 성범죄 예방서비스
③ 화장실 내 질서유지 서비스
④ 이용자 피해 손실 보상서비스

⑤ 민원 접수 및 처리서비스
⑥ 화재, 도난 방지서비스
⑦ 사건 사고 안전관리 서비스
⑧ 공중화장실 안내서비스

3. 공중화장실관리 서비스의 특성

공중화장실 관리서비스는 공중화장실 이용자가 공중화장실 이용에 반드시 필요한 서비스로서 다음과 같은 특성을 가지고 있다.

1) 무형성 서비스

무형성 서비스(Intangibility Service)는 공중화장관리를 통하여 생산 · 제공하는 공중화장실 관리서비스이다. 즉 시설관리 서비스와 위생보건관리 서비스, 환경관리 서비스 및 안전관리 서비스는 형태가 없어 볼 수도 만질 수도 없는 서비스의 특성을 가지고 있다.

형태가 없기 때문에 공중화장실 서비스 소비자가 주관적으로 평가하기가 쉽지 아니하고 객관적으로 볼 수도 만질 수도 없다. 다만 상상하거나 느낌이나 생각으로 공중화장실 관리가 양호하다 또는 아니다 등으로 평가가 가능할 다름이다.

공중화장실 서비스는 공중화장실을 개방하고 운영하는 시간동안 동일한 공중화장실 서비스를 생산하고 제공하고 있으나, 공중화장실 이용자는 1회용 서비스 소비자 이므로 이용자가 공중화장실을 이용하는 동안에 공중화장실관리 서비스에 의하여 개인의 생리적 문제를 보이거나 만질 수 없는 공중화장실 관리서비스에 의하여 쾌적하고 위생적으로 처리하여 생리적 만족을 느낄 수는 있을 따름이다. 결과적으로 공중화장실 서비스는 형태가 없는 무형성의 특성을 가지고 있다.

2) 이질성 서비스

공중화장실 관리 서비스는 이질성 서비스(Heterogeneity Service)의 특별한 성질을 가지고 있다. 왜냐 하면 공중화장실 관리를 통하여 생산, 제공하는 공중화장실 관리 서비스는 동일한 공중화장실 서비스를 생산하고 제공하고 있으나, 공중화장실 이용자는 이용하는 시간대에 공주화장실관리 상태에서 서비스를 접하고 소비하기 때문에 공중화장실 이용자가 느끼는 서비스 만족도는 다를 수 있다. 이는 전적으로 서비스 이질성의 특별한 성질 때문이다.

왜냐하면 공중화장실 관리 서비스 생산과 제공과정이나 유통 소비과정서 여러 가지

가변적 요소가 많이 존재하기 때문이다. 예컨대 화장실 청소가 조금 전에 완료되어 청결서비스가 생산되어 제공되었었으나, 이용자자의 이용 방금 전에 타인에 의하여 불결한 상태가 만들어 졌을 경우 현재 이용자의 공중화장실 서비스 품질은 다르게 느껴질 수 있다.

또한 공중화장실관리 서비스의 생산자의 기술이나 자세 및 태도 등에 의하여 만들어지는 서비스는 양과 질이 다를 수 있으며, 소비자 역시 문화수준과 심리상태에 따라 소비하는 공중화장실 관리서비스의 만족도 또한 다를 수 있다.

뿐만 아니라 이용 상태에 있는 공중화장실 내의 상황 변화(같은 시간대에 과다 이용)에 따라서 생산제공(인도)되는 공중화장실의 시설관리 서비스나 위생보건 서비스의 질이 달라 질 수 있기 때문에 생산 · 제공되는 공중화장실 관리서비스에 대한 소비자의 느낌이나 만족 정도는 다르게 인식될 수 있다. 이는 전적으로 공중화장실 관리서비스의 이질성의 특별한 성질 때문이다.

3) 소멸성 서비스

공중화장실관리 서비스는 소비 즉시 소멸하는 소멸성 서비스(Perishability Service)의 특별한 성질을 가지고 있다. 소비되지 않은 공중화장실관리 서비스는 창고에 재고로 보관할 수도 없으며 살아지는 성질을 가지고 있다. 따라서 제품과 서비스는 차이가 큰데, 이를 정리하면 다음 〈표 67〉과 같다.

〈표 67〉 제품과 공중화장실 관리 서비스의 차이점 비교

제 품	서비스
유형성	무형성
동질성	이질성
생산과 유통이 소비와 분리	생산과 제공이 소비와 동시 진행
물건	활동과 과정(공정)
주가치, 공장에서 생산	주 가치, 생산자-소비자 상호작용에서 생산
고객 생산과정 불참	고객(소비자) 생산과정에 참여
재고보관 가능	재고보관 불가능
소유권 이전 가능	소유권 이전 불가능
기계적 생산	인간적/기계적 생산

(자료 : 시설관리 서비스 표준화 연구(2005), 국가기술표준원, p.10 인용 및 재구성)

4) 비분리성 서비스

제품은 생산 후 유통과정을 거쳐 나중에 소비되는 경향이 있으나, 서비스는 생산 · 유통 · 소비가 동시에 일어나기 때문에 서비스는 생산 · 소비와 분리할 수 없는 비분리성 서비스(Inseparability Service)의 특별한 성질을 가지고 있다.

또한 서비스의 경우에는 서비스 소비자가 서비스 생산에 참여하는 경우가 많기 때문에 생산자와 소비자가 만드는 분위기에 따라서 서비스의 내용이나 품질이 다를 수 있으며, 상황에 따라서도 서비스 생산량도 증감할 수 있다. 그러므로 서비스 생산량이나 품질을 계획적으로 그리고 집중적으로 생산 · 제공할 수 없다. 또한 서비스 특성상 고객과 생산자가 동시에 생산 · 소비하기 때문에 서비스를 생산하는 생산자는 신중하게 서비스 생산에 적합한 사람을 선발 배치할 필요가 있다.

서비스 생산자는 고객의 입장에서 서비스를 생산하고 제공하여 고객(이용자)이 만족할 수 있도록 해야 하기 때문에, 이에 대한 필요한 교육을 받아야 한다.

5) 기타 부수적 서비스

공중화장실관리를 통하여 생산 · 제공되는 공중화장실 관리서비스 즉, 공중화장실 시서관리 서비스와 위생보건관리 서비스, 환경관리 서비스, 안전관리 서비스 등은 본질적 특성인 이질성 비분리성, 무형성, 소멸성 특성 외에 다음과 같은 부수적인 특별한 성질을 가지고 있다.

① 공중화장실관리 서비스는 기계적 서비스(Engineering Service)와 인간적 서비스(Human bing Service)의 종합 생산의 성질을 가지고 있다. 제품의 생산 경우에는 설비나 기계에 의하여 주로 생산되나, 공중화장실관리 서비스는 기계와 설비 및 사람에 의하여 종합적으로 생산되는 성질이 있다. 공중화장실관리 서비스 중 시설관리서비스와 환경적 서비스는 기계적 설비에 의하여 주로 생산 · 제공되는 서비스이나, 위생보건서비스는 사람의 손에 의하여 주로 생산 · 제공되는 인간적 서비스 생산의 성질이 강하다.

② 공중화장실관리 서비스는 서비스 소비자의 문화수준이나 경제적 형편 또는 심리적 육체적 건강상태에 따라 공중화장실관리 서비스 이용자의 만족도는 달라질 수 있다. 공중화장실을 이용하는 이용자의 문화수준의 높고 낮음, 경제적 상황이 좋고 나쁨, 심리적 육체적 건강 상태의 좋고 나쁨 정도에 따라서 현재 이용하는 화장실의 관리서비스에 대하여 불만이나 만족을 표시할 수 있다. 따라서 공중화장실관리자는 고객(이용자)의 수준을 중간 정도에 두고 만족할 수 있는 공중화장실 관리서

비스를 제공해야 할 것으로 인식된다.

③ 공중화장실 관리서비스는 생산 · 제공되는 시간대나 상황에 따라서 서비스 품질이 다르게 생산될 수 있다. 왜냐 하면 공중화장실관리 서비스 생산주체의 서비스 생산 시간대나 상황(생산설비의 기능과 성능)에 따라서 품질이 동일하지 아니하게 생산 · 제공될 수 있기 때문이다. 또한 서비스 생산자의 기술이나 태도 자세에 따라 다를 수 있기 때문에, 생산 · 제공되는 서비스 품질이 동일하지 않기 때문이다. 그러므로 고객이 동일하게 만족할 수 있도록 공중화장실관리 서비스 품질서비스 품질 표준화가 필요하다.

④ 공중화장실 관리서비스는 물건이 아니라 행위나 활동 또는 제공 과정의 성질을 가지고 있다. 공중화장실관리 서비스는 서비스 생산의 어떤 행위나 활동 또는 제공 과정을 통하여 소비자가 서비스를 소비하기 때문이다.

⑤ 공중화장실관리 서비스는 이용자의 입장에서서 주관적으로 품질만족도가 결정된다.

⑥ 제품의 혁신은 재료나 과정기술에 민감하나, 공중화장실 관리서비스는 이용자의 제안이나 건의 도는 불만 표시의 정보에 따라 혁신될 수 있다.

⑦ 서비스의 일반성질은 생산계획이 불확실하나 공중화장실 관리서비스는 이용자의 입장에서 만족할 수 있는 서비스 수준을 어느 정도 예측이 가능하기 때문에 의도적이고 계획 생산이 일정 부분 가능하다.

⑧ 일반서비스는 유통기간이 짧으나 공중화장실 관리서비스는 비교적 유통(제공과정)이 긴 편이다. 예컨대 고속도로 휴게소 화장실의 경우에는 하루 24시간 동안 계속 제공되는 서비스이므로 유통기간이 긴 편이다. 그러나 시간대에 따라 제공되는 공중화장실관리 서비스 품질은 다르게 제공될 수 있는 특성도 있다.

⑨ 공중화장실관리 서비스는 의료서비스나 교육서비스와 다른 성질을 가지고 있다. 왜냐 하면 의료서비스나 교육서비스는 의사와 환자가, 교수와 학생이 같은 공간에서 대면 또는 원격으로 의료서비스와 교육서비스를 동시에 생산하고 소비하는 구조이나 공중화장실 관리서비스의 경우에는 주로 서비스 생산자가 미리 만들어 놓은 공중화장실 시설관리 서비스, 위생보건관리 서비스, 환경관리 서비스, 안전관리 서비스 등을 서비스를 소비자가 각각 다른 시간대에 소비하는 패턴이므로 의료서비스나 교육서비스 등과 다른 서비스의 성질을 가지고 있다. 즉 공중화장실 관리서비스는 같은 서비스의 개념을 가지고 있는 서비스라 할지라도 다른 성질을 가진 서비스이다. 왜냐 하면 공중화장실관리 서비스는 생산자 단독으로 만들어 지는 서비스이기 때문이다.

⑩ 일반서비스의 유통경로는 매우 짧으나, 공중화장실 관리서비스는 유통경로가 비교적 매우 길다. 왜냐하면 공중화장실 이용을 원하는 사람이 이용시간대가 각각 다

르기 때문에 서비스 제공 시간대가 길 수 밖에 없는 서비스 유통구조를 가지고 있기 때문이다.

⑪ 공중화장실관리 서비스는 소유권은 없으나 서비스 브랜드를 가질 수 있다.

⑫ 공중화장실관리 서비스는 제품의 평가와는 달리 이용 즉시 그 품질의 평가가 이루어진다.

⑬ 공중화장실관리 서비스는 서비스 유료화와 무료화에 따라서 이용자의 만족도가 달라질 수 있다.

4. 공중화장실관리 서비스의 목적

공중화장실 관리 주체가 공중화장실 관리를 통하여 달성하고자 하는 방향이나 목표는 공중화장실관리를 통하여 개인의 생리적 현상 처리에 필요한 양질의 시설관리 서비스와 위생관리 서비스, 환경관리 서비스 및 안전관리 서비스를 생산·제공하여 공중화장실 이용자를 만족하게 하는데 있다.

공중화장실 이용자는 휴게나 오락 목적으로 공중화장실을 이용하는 것이 아니라 생리적 현상을 지체 없이 위생적이고 편리하게 해결할 목적으로 공중화장실을 방문하고 이용한 것이기 때문에 이용자의 생리적 현상을 쾌적하고 편리하며 위생적으로 처리하여 심리적 또는 육체적으로 만족하게 하여야 한다.

따라서 공중화장실 이용자의 만족을 도출하기 위해서는 공중화장실 관리서비스인 시설관리 서비스, 위생보건관리 서비스, 환경관리 서비스, 안전관리 서비스를 생산하고 적절하게 제공해야 한다. 이를 위해서는 공중화장실 관리기본법과 관계법령에서 정하고 있는 관리 기준을 준수해야 하며, 공중화장실 관리 품질인증 규격인 공중화장실관리 서비스 프로세스와 기반 구조 및 공중화장실관리 서비스 3종의 품질 문서인 공중화장실관리 서비스 품질 매뉴얼과 절차서 및 지침서 등을 준비하고, 이를 공중화장실 관리에 적극적으로 활용해야 한다.

5. 공중화장실관리 서비스의 생산 및 제공방법

공중화장실 이용에 필요한 시설관리 서비스와 위생관리 서비스, 환경관리 서비스, 안전관리 서비스는 관리 주체와 관리인이 직접 관리를 수행하는 직영관리 방식에 의하여 생산·제공할 수 있으나, 대게의 경우 전문가에 위탁하여 생리적 현상을 처리하는데 필요한 공중화장실관리 서비스를 생산·제공하는 위탁관리방법 등이 있다.

6. 공중화장실관리 서비스의 기대효과

공중화장실 관리를 통하여 생산·제공하는 공중화장실 관리서비스로 인하여 국가 및 지방자치단체와 관리인 및 이용자는 다음과 같은 공중화장실 관리효과를 기대할 수 있다.

1) 국가 및 지방자치단체의 기대효과

공중화장실의 정책개발과 수급계획 수립 및 감독을 책임지고 있는 국가와 지방자치 단체는 공중화장실 정책 및 수급계획 및 감독을 통하여 다음과 같은 효과를 기대할 수 있다.

① 국가의 품격을 높인다.
② 사회문화 수준을 제고한다.
③ 도시의 이미지를 향상 시킨다.
④ 국민에게 위생적인 편의와 복지를 제공한다.

2) 공중화장실 설치 및 운영자의 기대효과

공중화장실관리 서비스를 생산·제공하는 공중화장실 설치 및 운영자는 다음과 같은 효과를 기대할 수 있다.

① 관리인은 공중화장실 관리서비스 생산과 제공을 통하여 인간에 대한 위생적인 봉사의 보람을 느낄 수 있다.
② 사용가치와 수익 가치를 증가 시켜 주된 건축물이나 시설물의 경제적 가치를 제고 시킨다.
③ 주된 건물의 사용용도를 완전하게 한다.

3) 공중화장실 이용자의 기대 효과

공중화장실 이용자는 제공 받는 공중화장실 관리서비스를 통하여 다음과 같은 효과를 기대할 수 있다.

① 이용자는 위생적이고 쾌적하며 쾌적하고 안전하게 생리적 현상을 해결할 수 있다.
② 이용자는 이를 통하여 생명 유지와 건강 증진을 도모할 수 있다.
③ 이용자는 이를 통하여 삶의 질은 높아지고, 생활이 안정적으로 유지되며, 일(업무)의 영위를 계속할 수 있으며 의 생산성을 향상시킬 수 있다.
④ 이용자(고객) 보호가 이루어진다.

제6절 공중화장실 기본법령 교육

1. 공중화장실 기본법령의 의의

정부와 지방자치단체는 법과 조례를 통하여 공중화장실 설치와 운영관리를 규정하고, 사람의 생리적 현상을 위생적으로 해결하기 위하여 필요한 위생상의 편의와 복지서비스를 제공하도록 명시하고 있다. 그러므로 공중화장실관리는 공중화장실 기본법령에 의하여 설치 및 운영 관리되는 법정관리 제도이다.

공중화장실 기본법령에는 공중화장실 등에 관한 법률과 같은 법 시행령, 같은 법 시행규칙 그리고 공중화장실 설치 및 관에 관한 지방자치단체의 조례 등이 있다.

2. 공중화장실 기본법령의 종류

공중화장실 기본법의 종류에는 공중화장실 등에 관한 법률, 같은 법 시행령, 같은 법 시행규칙 그리고 시·군·구 지방자치단체 의회가 제정하고 시행하고 있는 공중화장실의 설치 및 관리조례 등이 있다. 공중화장실관리와 관계되는 기본법의 주요 내용은 공중화장실 설치 및 관리의 기준이 되고 제도가 되므로, 이에 대하여 소상하게 파악하고 공중화장실 설치 및 관리에 운용해야 한다.

3. 공중화장실 등에 관한 법률의 고찰

공중화장실 기본법 중 상위 개념의 기본법인 공중화장실법은 전문 21개조와 부칙 2개조로 구성되어 있으며, 2004년 1월 29일에 제정되어 몇 번의 개정을 거쳐 시행되고 있다. 주무 부처는 행정안전부(생활공간 정책과)이며, 공중화장실관리 관련 주요 내용은 다음과 같다.

1) 목적(법 제1조)

공중화장실법 제1조에서 이 법의 목적으로 “공중화장실 등의 설치 이용 및 위생적인 관리를 통하여 국민의 위생상의 편의와 복지증진에 이바지함”으로 규정하고 있다.

2) 공중화장실 용어의 정의(법 제2조)

법 제2조에서 공중화장실을 공중이 이용하도록 국가, 지방자치단체, 법인 또는 개인이 설치하는 화장실로 정의하고 있다.

공중화장실은 불특정 다수의 공중이 이용할 수 있는 화장실을 말하는 것으로 개방화장실, 이동화장실, 간이 화장실, 유료 화장실을 제외한 화장실을 말한다.

3) 공중화장실의 범위 및 종류(법 제3조, 시행령 제3조)

공중화장실의 범위에 대하여 법 제3조에서 다음에 해당하는 장소 또는 시설에 설치하는 공중화장실의 범위를 다음과 같이 규정하고 있다.

공중화장실의 범위는 공중화장실법 제3조와 같은 법 시행령 제3조에서 규정하고 있으며, 공중화장실법 제3조와 같은 법 시행령 제3조를 기준으로 공중화장실 범위를 분류하면 공중화장실은 27개 범위로 분류할 수 있다. 공중화장실의 범위와 종류는 다음과 같다.

(1) 자연공업법의 자연공원 화장실
(2) 관광진흥법의 관광지, 관광단지 화장실
(3) 여객자동차 운수사업법의 여객자동차 터미널 화장실
(4) 유통산업발전법의 대규모 점포, 임시시장, 상점가, 전문상가단지 화장실
(5) 도시공원 및 녹지 등에 관한 법률의 도시공원 화장실
(6) 도로법의 휴게소 화장실
(7) 철도산업발전 기본법의 역시설 화장실
(8) 도시철도법의 역사 및 역시설 화장실
(9) 항만법의 항만 여객이용시설 화장실
(10) 유선 및 도선사업법의 유선장 및 도선장 화장실
(11) 석유 및 석유 대체연료 사업법의 주유소 화장실
(12) 액화석유가스의 안전관리 및 사업법의 충전소 화장실
(13) 체육시설의 안전관리 및 사업법의 체육시설 화장실
(14) 공항시설법의 공항시설 화장실
(15) 공연법의 공연장 화장실
(16) 국가 또는 지방자치단체가 설치한 공용 또는 공공용시설로서 대통령령이 정하는 시설의 화장실
  ① 국가 및 지방자치단체의 청사와 그 부대시설의 화장실

② 문화 및 집회시설(전시장, 동 식물원)의 화장실
③ 의료시설(병원, 격리 병원)의 화장실
④ 교육연구시설(학교, 교육원, 연구소, 도서관)의 화장실
⑤ 노유자시설(사회복지시설, 노유자 복지시설)의 화장실
⑥ 수련시설(생활권 수련시설, 자연권 수련시설)의 화장실
⑦ 묘지관련 시설(화장시설, 봉안당, 묘지와 자연장지에 부수되는 건축물)의 화장실
⑧ 장례시설(장례식장)의 화장실
⑨ 건축법 별표1의 1종 근린생활시설, 2종 근린생활시설, 업무시설 중 바닥면적의 합이 2천 제곱미터 이상인 건축물의 화장실(다만 오피스텔의 경우 사무구획에 해당되는 부분의 바닥면적은 바닥면적의 합산대상에서 제외한다)
⑩ 문화 및 집회시설, 의료시설, 교육연구시설, 노유자시설, 수련시설은 시설로 사용되는 부분의 바닥면적의 합이 1천 제곱미터 이상인 건축물의 화장실

(17) 그 밖에 많은 사람이 이용하는 법인 또는 개인소유의 시설로서 대통령령이 정하는 규모 이상의 시설 화장실
① 건축법 별표1의 1종 근린생활시설, 2종 근린생활시설, 업무시설 중 바닥면적의 합이 2천 제곱미터 이상인 건축물의 화장실(다만, 오피스텔의 경우 사무구획에 해당되는 부분의 바닥면적은 바닥면적의 합산대상에서 제외한다)
② 문화 및 집회시설, 의료시설, 교육연구시설, 노유자시설, 수련시설은 시설로 사용 되는 부분의 바닥면적의 합이 1천 제곱미터 이상인 건축물의 화장실

4) 공중화장실 기본시설의 설치기준(법제7조 및 제7조의2)

공중화장실 기본시설의 설치기준은 공중화장장실법과 같은 법시행령에서 각각 규정하고 있다. 이를 나누어 공중화장실법 제7조와 제7조의 2에서는 다음과 같이 공중화장실 설치기준을 제시하고 있다.

(1) 남녀화장실로 구분하여 설치해야 한다.
(2) 여성화장실의 대변기 수는 남성화장실 대변기 및 소변기 합의 수 이상으로 설치해야 하며, 대통령령으로 정하는 공중화장실의 경우에는 여성화장실 대변기 수는 남성화장실 대소변기 수의 1.5배 이상으로 한다(다만, 행정안전부령으로 따로 정하는 경우 예외임).
(3) 장애인, 노인 임산부 등의 사용할 수 있는 변기를 설치해야 한다(장애인, 노인, 임사산부 등의 편의증진 보장에 관한 법률 제8조). 필요한 경우 주변과 조화되는 화단, 휴게시설, 판매시설을 설치하게 할 수 있다.

(4) 화장실 등에서 발생하는 오수 및 분뇨는 하수도법에 다라 처리한다.
(5) 이상 1항~4항까지에서 규정한 사항 외에 공중화장실 등에 관한 설치기준은 공중화장실법 시행령으로 정한다.
(6) 공중화장실법 시행령으로 정하는 설치기준에 따라 어린이용 대소변기를 설치해야 한다.
(7) 공중화장실법 시행령으로 정하는 설치기준에 따라 남성 및 여성화장실에 영유아용 기저귀 교환대를 설치해야 한다.

5) 공중화장실법 시행령의 공중화장실 설치기준(시행령 제6조 제3항 및 제6조의2)

(1) 소변기 위쪽에는 이용편의를 위한 선반을 설치할 수 있다.
(2) 남성화장실에는 소변기의 가림막을 설치해야 한다.
(3) 대소변기는 수세식으로 설치하여야 한다. 다만「수도법」제3조제30호에 따른 절수설비의 설치, 상·하수도시설의 미비 또는 수질오염 등의 이유로 인하여 수세식 화장실을 설치하기 어려운 경우에는 그러하지 아니하다.
(4) 대변기 칸막이 안에는 세정장치, 휴지걸이, 옷걸이 등을 설치해야 하고, 눈에 잘 띄는 곳에 소지품을 올려놓을 수 있는 선반 등을 설치할 수 있다.
(5) 대변기 칸 출입문은 안여닫이로 하고, 출입문의 아랫부분은 환기 등을 위하여 바닥에서 10센티미터 이상 20센티미터 이하의 빈 공간을 두어야 한다. 다만 화장실 구조 등을 고려하여 불가피한 경우에는 출입문을 안여닫이로 하지 않을 수 있다.
(6) 대변기 칸 출입문에는 화장실 사용여부와 변기의 종류를 알 수 있도록 인식장치를 설치하여야 한다.
(7) 출입구는 남자용과 여자용이 구분되도록 따로 설치해야 하며, 복도나 도로 등을 통행하는 사람 등에게 화장실 내부가 직접 보이지 않도록 설치해야 한다.
(8) 동파방지를 위한 난방시설, 환풍시설 및 세면기 등의 화장실 편의시설을 설치하여야 한다. 다만 전기시설이 미비 되어 있는 경우에는 그러하지 아니하다.
(9) 세면대에는 선반 및 옷걸이 등 편의장치를 설치하거나 물비누, 일회용 휴지 및 휴지통 등 편의용품을 갖춰 둘 수 있다.
(10) 공중이 이용하기 편리한 장소에 설치하고, 공중화장실임을 쉽게 알아볼 수 있도록 안내표지판을 설치하여야 한다.
(11) 급수시설을 설치할 경우 상수도를 사용하는 경우를 제외하고는 그 수질이「먹는물관리법」제5조에 따른 수질기준에 적합하여야 한다.
(12) 동양식 변기와 서양식 변기는 이용자의 편의를 고려하여 설치장소의 여건에 따라 적절하게 조정하여 설치할 수 있다.

(13) 대변기 칸막이안에는 영유아를 동반한 사람의 이용편의를 위하여 영유아용 변기, 거치대, 보조의자 등을 갖춘 영유아 보조화장실을 설치할 수 있다.

(14) 남자화장실과 여자화장실에 어린이용 대소변기(남자화장실의 일반인용 소변기가 바닥부착형의 일반인 · 어린이 겸용인 경우는 제외한다)와 세면대를 각각 1개 이상 설치하여야 한다. 다만 행정안전부령으로 정하는 공중화장실 등의 경우에는 그러하지 아니하다.

(15) 어린이용 대변기를 서양식 변기로 설치하는 경우에는 어린이전용 변기를 설치하되, 일반인용 변기를 이용하여 어린이겸용으로 사용하고자 할 때에는 변기좌석 덮개 안쪽에 어린이가 사용하기에 편리하도록 별도의 어린이전용 변기좌석을 설치하여야 한다.

(16) 어린이용 소변기를 벽걸이형으로 설치하는 경우에는 소변기의 벽체 배수구를 어린이가 사용하기에 불편하지 않도록 낮은 높이로 설치하여야 한다.

(17) 어린이용 세면대는 어린이가 사용하기에 불편하지 않도록 낮은 높이로 설치하거나 높낮이가 조절되는 것으로 설치하여야 한다.

(18) 다음 각 목에 해당되는 장소 또는 시설에 설치하는 공중화장실에는 화장실 이용객의 통행 및 왕래에 불편이 없는 규모로 남성화장실과 여성화장실별로 각각 1개 이상의 영유아용 기저귀교환대를 설치하여야 한다. 다만 같은 건물 안에 남성이 이용할 수 있도록 영유아용 기저귀교환대가 화장실 이외의 장소에 설치되어 있는 경우에는 남성화장실에 영유아용 기저귀교환대 설치 의무를 면제하고, 여성이 이용할 수 있도록 영유아용 기저귀교환대가 화장실 이외의 장소에 설치되어 있는 경우에는 여성화장실에 영유아용 기저귀교환대 설치 의무를 면제한다.

① 「도로법」 제2조제2호 가목에 따른 휴게시설
② 「철도산업발전 기본법」 제3조제1호에 따른 철도의 역
③ 「도시철도법」 제2조제2호에 따른 도시철도의 역
④ 「공항시설법」 제2조제7호에 따른 공항시설
⑤ 「건축법 시행령」 별표1 제5호에 따른 문화 및 집회시설, 같은 표 제9호에 따른 의료시설 중 종합병원, 같은 표 제10호 바목에 따른 도서관, 같은 표 제14호 가목에 따른 공공업무시설 및 같은 표 제27호에 따른 관광 휴게시설

(비고) 가. 위 표에서 정하고 있는 사항 외에 필요한 공중화장실등의 설치기준은 시 · 군 · 구의 조례로 정할 수 있다.

나. 위 표에서 "동양식 변기"라 함은 쪼그려 앉아서 용변을 보는 변기를 말하고, "서양식 변기"라 함은 걸터앉아서 용변을 보는 변기를 말한다.

다. 법 제2조제2호에 따른 개방화장실에 대해서는 제3호의2 및 제8호를, 법 제2조 제3호에 따른 이동화장실에 대해서는 제3호의2 · 제5호 및 제8호를, 법 제2조 제4호에 따른 간이화장실에 대해서는 제3호의2 및 제5호를 각각 적용하지 않는다.

6) 공중화장실 관리인 지정 및 관리기준 준수(법 제8조)

법제 8조에서 공중화장실 관리인을 지정하여야 하고 관리인은 공중화장실 관리기준을 준수하여 관리하도록 규정하고 있다. 공중화장실 관리기준은 공중화장실법 시행령에서 정하도록 규정하고 있다.

7) 세면대 사용한 물의 재활용(법 제7조의3)

대통령령으로 정하는 일정규모이상의 공중화장실에 설치한 세면대에서 사용한 물은 용수를 절약하기 위해서 중수처리과정을 거쳐 다시 사용할 수 있다. 이 경우 하수도법에 따라 중수도 수질기준에 맞아야 한다.

8) 시설 점검(법 제12조)

시장, 군수, 구청장은 공중화장실에 대하여 공중화장실법에 따라 유지·관리하고 있는지를 확인하기 위하여 연 1회의 정기 점검을 실시하고 필요시 수시점검을 하여야 한다.

9) 개선 명령(법 제13조)

시장, 군수, 구청장은 공중화장실을 설치 및 관리하는 자가 설치기준이나 관리기준에 관한 규정을 위반하고 있다고 인정되는 경우에는 시설의 개선명령, 폐쇄명령, 철거명령 등 필요한 조치를 취할 수 있다.

10) 금지행위(법 제14조)

공중화장실을 이용하는 사람은 다음 행위를 할 수 없다.

(1) 낙서하는 행위
(2) 기물을 훼손하는 행위
(3) 영리목적의 광고물을 표시하거나 설치하는 행위
(4) 오물을 방치하는 행위
(5) 위생적인 화장실 이용을 방해하는 행위
(6) 시군구의 조례로 정하는 행위

11) 민간 위탁(법 제17조)

시장, 군수, 구청장은 해당 지방자치 단체가 설치한 공중화장실의 관리업무를 해당 지방자치 단체의 조례로 정하는 바에 따라 단체 또는 개인에게 위탁할 수 있다.

12) 보고 등(법 제19조)

행정안전부 장관, 시장, 군수, 구청장은 행정안전부령으로 정하는 바에 따라 공중화장실을 설치 관리하는 자에게 이 법의 시행에 필요한 범위 내에서 보고를 하게 하거나 자료를 제출하게 할 수 있다.

13) 과태료(법 제21조)

다음 사항에 위반한자는 100만 원이하의 과태료를 부과한다.

(1) 공중화장실 설치 명령 위반자
(2) 설치기준 및 관리 기준 위반자
(3) 개선명령 불이행자
(4) 보고 또는 자료제출 요구에 위반한자

4. 공중화장실 등에 관한 법률시행령의 고찰

공중화장실법에서 위임된 사항과 그 시행에 관하여 필요한 사항을 규정함을 목적으로 하는 공중화장실법 시행령은 전문 13조 부칙 제1조로 구성되어 있으며, 2018년 12월 18일자로 시행되고 있다. 공중화장실관리 주요 관련 사항을 검토하면 다음과 같다.

1) 세면대에서 사용한 물의 재활용(시행령 제6조의3)

세면대에서 사용한 물의 재활용은 4기 이상의 세면대(같은 건물 안에 있는 모든 화장실의 세면대 합산)가 설치되어 있는 다음 각 호의 시설 또는 장소에 있는 화장실에 적용한다.

(1) 공용시설 또는 공공용 시설
(2) 자연공원법의 자연공원 화장실
(3) 여객자동차 운수사업법의 여객자동차 터미널 화장실
(4) 도시공원 및 녹지 등에 관한 법률에 따른 도시공원 화장실
(5) 도로법에 따른 휴게시설 화장실
(6) 철도산업 발전기본법에 따른 철도역의 화장실
(7) 도시철도법에 따른 도시철도역의 화장실
(8) 공항 시설법에 따른 공항시설 화장실
(9) 공연법에 따른 공연장 화장실

2) 공중화장실관리 통합관리 기준(시행령 제7조 및 시군구의 조례)

시행령 제7조에서 공중화장실관리와 매우 중요한 기준인 관리 기준을 다음과 같이 제시하고 있다(시행령의 관리 기준은 1항에서 6항까지 규정하고 있으나, 하위개념의 지방자치 단체 조례에서 세부 관리기준을 제시하고 있어, 이를 통합한 통합 공중화장실 관리기준은 다음과 같다).

(1) 관리인을 두어 위생적으로 관리하고 입구에 관리인의 연락처를 게시할 것(공중화장실은 항상 깨끗하고 쾌적하며 위생적이고 청결하게 유지해야 한다.)
(2) 악취의 발산과 파리, 모기 등 해로운 벌레의 발생 번식을 방지하기 위하여 공중화장실 내부 및 외부를 4월부터 9월까지는 주 3회 이상, 10월부터 다음해 3월까지는 주 1회 이상 소독을 실시할 것
(3) 대변기 칸막이 안에는 휴지통을 두지 말 것(다만, 장애인, 노인, 임산부 등이 사용하는 변기가 설치되어 있거나 영유아용 기저귀 교환대가 설치되어 있는 경우에는 휴지통을 설치할 수 있다.)
(4) 여성용 대변기 칸막인 안에는 위생용품을 수거할 수 있는 수거함을 둘 것(다만, 어린이만 사용하는 등 이용자의 특성상 위생용품 수거가 필요 없는 경우에는 위생용품 수거함을 두지 아니할 수 있다.)
(5) 청소 또는 보수를 위하여 남성관리인이 여성화장실을, 여성관리인이 남성화장실을 출입하는 경우에는 화장실 입구에 청소 또는 보수중임을 알리는 안내 표지판을 두어 이용자가 알 수 있도록 할 것
(6) 그 밖에 공중화장실과 그 주변의 청결을 위해 특별자치시, 특별자치도, 시·군·구의 조례로 정하는 관리기준은 다음과 같다.
   ① 일일 3회 이상 청소를 실시해야 한다.
   ② 공중화장실 내외를 금연구역으로 지정하고 흡연을 통제해야 한다.
   ③ 도장(페인트 작업)은 연 1회 이상 실시한다.
   ④ 배수구 등의 부식을 방지하기 위하여 소독을 실시한다.
   ⑤ 관리카드를 비치하고 공중화장실 현황과 관리현황을 기록한다.
   ⑥ 화장실 안내 표지판을 잘 보이는 곳에 게시한다.
   ⑦ 일상적으로 점검·보수해야 한다.
   ⑧ 정기적으로 온·습도 및 조도를 점검하고 개선한다.
   ⑨ 정기적으로 공중화장실내의 실내 공기질을 점검한다.
   ⑩ 정기적으로 이용자의 만족도를 조사하고 개선한다.
   ⑪ 이용자의 불만사항을 접수하고 처리한다.

⑫ 공중화장실 시설물을 정기적으로 점검하고 유지 · 보수한다.

⑬ 수시 또는 정기적으로 도난, 화재, 성범죄, 담배냄새, 질서 문란 등을 예방하기 위하여 순찰을 실시하고 개선한다.

⑭ 화장실 이용을 위하여 비치되는 비치물(비누, 화장지 등)을 항상 비치하고 수시로 점검하여 개선 조치한다.

⑮ 대통령령으로 정하는 일정규모 이상의 공중화장실 등에 설치된 세면대에서 사용한 물은 중수처리과정을 거쳐 다시 사용할 수 있다. 이 경우 수도법 및 하수도법에서 정하고 있는 수질 기준에 맞도록 관리한다.

⑯ 구청장은 공중화장실 관리인을 시행규칙 제6조에 따라 연간교육계획을 수립하고 교육을 실시해야 한다. 직접 실시하기 어려운 경우에는 화장실 전문단체와 연계하여 교육을 실시해야 한다(강남구 화장실 관리 조례 제7조).

⑰ 공중화장실 관리자는 이용자의 편의를 도모하기 위하여 화장지(또는 화장지 자동판매기 설치), 세정제, 방향제(탈취제) 및 소독약품을 비치해야 한다(다만, 지역 여건상 비치가 곤란할 경우에는 예외로 할 수 있다, 조례 제8조)

⑱ 공중화장실의 효율적인 유지 · 관리를 위하여 필요한 경우에는 시설을 관리하는 그 업무의 일부 또는 전부를 시설을 관리할 수 있는 자에게 위탁할 수 있으며, 수탁자에게 예산이 허용하는 범위 내에서 유지 · 관리비용을 보조할 수 있다(강남구 공중화장실 조례 제6조).

⑲ 공중화장실을 설치, 관리하는 자는 관리대장(별지 1호 서식)을 비치하여야 하며, 시설의 유지관리 상황과 정비 상황 등을 기록하여야 한다(강남구 조례 제10조).

⑳ 전체적인 화장실 수준 향상을 위하여 매년 아름다운 화장실 경진대회를 실시하고 참여할 수 있다(강남구 조례 제18조, 청소행정과 청소행정팀).

㉑ 공중화장실 설치 · 운영자는 정기적으로 공중화장실 관리 현황보고서를 작성하고 제출해야 한다(공중화장실법 시행규칙 별지 서식).

㉒ 공중화장실에 편의 시설(공중화장실법 시행규칙 별표)을 법의 규정대로 설치하고, 운영 · 관리해야 한다.

가. 세면시설(반, 어린이용)
나. 냉방시설
다. 난방시설
라. 환풍시설
마. 조명시설
바. 변기사용 중 인식장치

사. 여성화장실 에티켓벨
아. 청소도구함
자. 선반(대변기 및 소변기 위)
차. 손 건조기
カ. 탈취제(방향제)

㉓ 공중화장실 운영관리는 자체운영관리하거나 위탁 관리할 수 있다.
㉔ 관리인은 시설을 정기적으로 점검하고, 점검일지를 작성 · 유지해야 한다.

5. 공중화장실법 시행규칙의 고찰

공중화장실법과 시행령에서 위임된 사항과 그 시행에 관하여 필요한 사항을 규정함을 목적으로 하는 시행규칙은 전문 10개조와 부칙 1개조로 구성되어 있으며, 2019년 9월 5일자로 시행되고 있다 공중화장실관리 관련 주요 내용은 다음과 같다.

1) 공중화장실 관리인의 지정(시행규칙 제5조)

공중화장실법에 따라 공중화장실이 설치된 장소 또는 시설물 소유 관리하는 자는 위생 및 시설관리 수질오염 등에 관한 교육(이하 위생교육)을 받은 사람을 공중화장실 관리인으로 지정하여야 한다.

공중화장실 관리인이 위생교육을 이수하지 아니한 자는 지정된 날로부터 10일 이내에 위생교육을 받아야 한다. 10일 이내에 위생교육을 받도록 하는 경우에는 위생교육을 받지 아니한 자도 관리인으로 지정될 수 있다.

2) 공중화장실 관리인 위생교육(시행규칙 제5조와 제6조 및 공중화장실관리인 위생교육에 관한 지침(행정안전부 고시 제2018-80호)

시행규칙 제5조에서 행정안전부령으로 위생교육의 내용과 교육방법, 그 밖에 필요한 사항을 정하여 고시하고 있다. 동 고시에 따르면 교육내용은 공중화장실 제도에 관한 일반사항으로서 공중화장실법령의 해설과 운용 및 관리인의 자격기준과 역한, 시설관리, 수질오염예방, 기타 공중화장실 유지 · 관리와 관련하여 필요한 사항 등으로 규정하고 있다.

공중화장실 관리인 위생교육은 3년마다 1회 이상 화장실관리에 관한 교육을 실시하고 특별히 필요하다고 인정하면 교육을 실시할 수 있다. 행정안전부령으로 고시한 공중화장실 관리인 교육내용은 다음과 같다.

(1) 교육내용

시장, 군수, 구청장은 다음 각 호의 내용을 중심으로 위생교육을 실시하여야 한다.

① 공중화장실 제도에 관한 일반사항
② 공중화장실 법령의 해설과 운용
③ 관리인 자격기준과 역할
④ 시설관리, 수질오염예방 등 위생교육에 관한 사항
⑤ 기타 공중화장실 유지·관리와 관련하여 필요한 사항

(2) 교육방법

① 시장, 군수, 구청장은 공중화장실 관리인의 편의를 위하여 온라인 교육을 실시하되 필요시 오프라인 교육을 할 수 있다.
② 제1항 후단에 따라 오프라인 교육을 실시하는 경우 강사는 관계공무원, 공중화장실 관련단체 및 전문가 등으로 구성하여야 한다.
③ 제1항에 따라 위생교육을 실시하는 경우 피 교육인이 온라인 교육 자료를 시청하거나 오프라인 교육을 수강한 경우에는 위생교육을 받은 것으로 본다.

(3) 교육자료

행정안전부 장관 또는 지방자치단체의 장은 제2조의 내용이 포함된 온라인 또는 오프라인 교육 자료를 제작하여 피교육자에게 배부할 수 있다.

3) 시설점검의 확인 및 시정조치 권고(시행규칙 제7조)

특별시장, 광역시장 또는 도지사는 연 1회 이상 관할 구역 안의 공중화장실의 설치, 유지 및 관리 상태를 점검하고, 그 결과를 관할 지방자치단체에 통보하여 시정을 권고할 수 있다.

4) 국제행사 개최시 보고(시행규칙 제8조)

시장, 군수, 구청장은 국제행사 개최 시 필요한 경우 공중화장실 설치, 관리자에게 공중화장실 및 편의 시설 현황, 공중화장실 운영관리 현황 등을 별지 서식에 따라 보고하게 할 수 있다. 별지서식의 내용은 〈표 68〉과 같다.

<표 68> 공중화장실 등 관리현황 보고서

공중화장실 등 관리현황 보고서

문서번호 : 년 월 일

수 신 : 시장 · 군수 · 구청장

발 신 : (시설명)

(관리자) (서명 또는 인)

1. 일반현황

<table>
<tr><td>소재지</td><td colspan="3"></td><td>전화번호</td><td colspan="4"></td></tr>
<tr><td rowspan="2">대지면적</td><td>별동</td><td>㎡</td><td rowspan="2">건축
연면적</td><td>별동</td><td>㎡</td><td rowspan="2">주용도</td><td rowspan="2"></td></tr>
<tr><td>부속
건축물</td><td>㎡</td><td>부속
건축물</td><td>㎡</td></tr>
<tr><td>층수</td><td colspan="3">지하 : 층/지상 : 층</td><td colspan="2">준공일</td><td colspan="2"></td></tr>
<tr><td>설치(소유)자</td><td colspan="7"></td></tr>
</table>

2. 화장실 및 편의시설 현황

가. 시설현황

<table>
<tr><td>내 용</td><td colspan="14">세 부 내 역</td></tr>
<tr><td rowspan="7">화 장 실 설 치 내 역</td><td rowspan="3">구분</td><td rowspan="3">개소수</td><td rowspan="3">개소당 면적 (㎡)</td><td colspan="7">변기수(개)</td><td colspan="2">화 장 실 유 형(개)</td><td colspan="2">대 변 기 유 형(개)</td></tr>
<tr><td rowspan="2">계</td><td colspan="2">일 반</td><td colspan="2">장애인등</td><td colspan="2">어린이용</td><td rowspan="2">수세식</td><td rowspan="2">재래식</td><td rowspan="2">동양식</td><td rowspan="2">서양식</td></tr>
<tr><td>대변기</td><td>소변기</td><td>대변기</td><td>소변기</td><td>대변기</td><td>소변기</td></tr>
<tr><td>계</td><td></td><td></td><td></td><td></td><td></td><td></td><td></td><td></td><td></td><td></td><td></td><td></td><td></td></tr>
<tr><td>남</td><td></td><td></td><td></td><td></td><td></td><td></td><td></td><td></td><td></td><td></td><td></td><td></td><td></td></tr>
<tr><td>여</td><td></td><td></td><td></td><td></td><td></td><td></td><td></td><td></td><td></td><td></td><td></td><td></td><td></td></tr>
<tr><td colspan="14">- 대변기 칸막이 규격(동양식 : ㎝ × ㎝, 서양식 : ㎝ × ㎝)
- 소변기 설치종류(벽부착형/바닥부착형)
- 자동절수기, 절수시설, 절수용탱크 설치여부</td></tr>
</table>

210㎜×297㎜(일반용지 60g/㎡(재활용품))

내용	세부내역								
편의시설 설치내역	구분	세면시설		냉방 시설	난방 시설	환풍 시설	조명 시설	변기종류 · 사용중 인식장치	에티켓벨 (여성화장실)
		일반	어린이용						
	설치								
	미설치								

내용	구분	청소도구함		선반		손 건조기	탈취제 (방향제)	기타
편의시설 설치내역		내부	외부	대변기	소변기			
	설치							
	미설치							

※ 설치계획이 있는 경우 설치계획을 작성

나. 운영관리현황

구분	내용
시설운영관리	자체운영관리, 위탁관리 ○ 위탁관리의 경우 관리업체명 :
청 소	청소주기 : 일 1회, 일 3회, 주 2회, 기타(　　)
관리인	유 · 무 : 교육이수 여부 :
점검일지 작성여부	유 · 무 : 점검주기 :

6. 서울특별시 강남구 공중화장실 등의 설치 및 관리조례의 고찰

공중화장실법 동 시행령 동 시행규칙에서 위임된 사항과 그 시행에 필요한 사항을 규정함을 목적으로 하는 지방 자치단체 조례(편의상 서울시 25개 구 중에서 강남구 조례만을 중심으로 공중화장실관리 규정을 고찰하고 있음)에서 공중화장실관리 관련 내용을 검토해 보면 그 내용은 다음과 같다.

1) 공중화장실 설치자 및 관리자의 책무(제4조)

공중화장실을 설치하고 관리하는 공중화장실을 항상 깨끗하고 위생적으로 유지·관리해야 하며, 이용자에게 편의를 도모할 수 있도록 편의용품의 비치와 최적의 시설상태를 유지하도록 노력해야 한다.

2) 시설의 설치기준(제5조)

공중화장실법 시행령 별표규정에서 정한 이외의 공중화장실 설치기준은 다음과 같다.

(1) 바닥에 경수로를 두거나 배수로 등을 설치하여 배수가 잘되도록 한다.
(2) 바닥과 내벽에는 타일을 붙이거나 방수에 필요한 조치를 하여야 한다.
(3) 필요시, 화장실 내에 청소도구함, 관리 시설 등을 둘 수 있다.
(4) 그 밖에 다양한 주제의 화장실 공간이 연출될 수 있도록 손 건조 비품, 그림, 사진, 화분 등을 설치할 수 있다.
(5) 장애인 화장실의 설치기준은 "장애인 노인 임산부 등의 편의 증진에 관한 법률시행규칙" 제2조 제1항 규정을 준수해야 한다.

3) 위탁관리(제6조)

강남구청장이 설치한 공중화장실의 효율적인 유지관리를 위하여, 그 업무의 일부 또는 전부를 시설을 관리할 수 있는 자에게 위탁할 수 있다.

4) 관리인의 교육(제7조)

구청장은 "공중화장실법 시행규칙" 제6조에 따라 공중화장실 관리인에 대한 교육을 효율적으로 실시하기 위하여 연간 교육계획을 수립하고 교육을 실시해야 한다.

강남구청에서 직접 교육실시가 어려울 경우에는 화장실 관련 전문단체와 연계하여 실시할 수 있다.

5) 편의 용품의 비치 및 제공(제8조)

공중화장실을 설치 관리하는 자는 이용자의 편의를 도모하기 위하여 다음 각 호의 화장실 편의 용품을 비치하고 제공하여야 한다(다만, 지역의 여건상 편의 용품 비치가 곤란한 경우에는 예외로 할 수 있다).

(1) 화장지(또는 화장지 자동판매기 설치)
(2) 세정제
(3) 방향제
(4) 탈취제 및 소독약품

6) 공중화장실 유지관리(제8조)

공중화장실을 설치 관리하는 자는 공중화장실을 항상 깨끗하고 위생적으로 관리하기 위하여 다음 각 호와 같이 관리해야 한다.

(1) 1일 3회 이상 청소해야 한다.
(2) 대소변기 및 배수구 등에는 요석 등으로 인한 부식방지를 위하여 주기적인 소독을 실시하여야 한다.
(3) 수시로 시설을 점검하여 파손 훼손된 시설은 즉시 정비하고 도색이 필요한 화장실의 경우 에는 연1회 이상 도색을 해야 한다.

7) 관리대장의 비치(제10조)

공중화장실을 설치·관리하는 자는 제1호 서식에 따른 관리대장을 비치하여야 하며 시설의 유지관리 상황과 정비상황을 기록하여야 한다. 별지 제1호 서식은 〈표 69〉와 같다.

8) 아름다운 화장실 경진대회(제18조)

강남구 구청장은 관내 전체적인 공중화장실 수준향상을 위하여 노력하여야 하며 매년 아름다운 공중화장실 경진대회를 실시할 수 있다. 심사결과 아름다운 공중화장실로 선정되는 경우에는 아름다운 화장실 상징 표찰을 수여한다.

〈표 69〉 시설의 유지관리 상황과 정비상황

<table>
<tr><td colspan="4">전 경 사 진</td></tr>
</table>

<table>
<tr><td colspan="2">소 재 지</td><td colspan="2"></td><td colspan="2">화장실 명칭</td><td colspan="2"></td></tr>
<tr><td colspan="2">지 역 구 분</td><td></td><td rowspan="3">설치년도</td><td rowspan="3"></td><td rowspan="3">관리책임공무원</td><td>소 속</td><td></td></tr>
<tr><td rowspan="2">설치 및 관리주체</td><td>설치주체</td><td></td><td>직 급</td><td></td></tr>
<tr><td>관리주체</td><td></td><td>성 명</td><td></td></tr>
<tr><td colspan="2">관 리 인</td><td colspan="4">(전화번호 :)</td><td>월평균 이용인원</td><td></td></tr>
</table>

<table>
<tr><td rowspan="3">규 모</td><td rowspan="2">부지(㎡)</td><td rowspan="2">화장실 면적(㎡)</td><td colspan="3">대변기 수</td><td colspan="2">소변기 수</td><td colspan="2">대변기 유형</td><td colspan="2">사용료</td></tr>
<tr><td>남</td><td>여</td><td>장애인</td><td>성인용</td><td>유아용</td><td>동양식</td><td>서양식</td><td>유료</td><td>무료</td></tr>
<tr><td></td><td></td><td></td><td></td><td></td><td></td><td></td><td></td><td></td><td></td><td></td></tr>
<tr><td rowspan="3">편의시설 내역</td><td rowspan="2">세면시설</td><td rowspan="2">난방시설</td><td rowspan="2">냉방시설</td><td rowspan="2">환풍기</td><td rowspan="2">화장지(자동판매기)</td><td rowspan="2">비누</td><td rowspan="2">수건(에어타올)</td><td rowspan="2">탈취제(방향제)</td><td colspan="2">청소도구함</td><td rowspan="2">기 타</td></tr>
<tr><td>내부</td><td>외부</td></tr>
<tr><td></td><td></td><td></td><td></td><td></td><td></td><td></td><td></td><td></td><td></td><td></td></tr>
</table>

<table>
<tr><td rowspan="2">시설관리 내역</td><td>년월일</td><td>관리사항</td><td>금액(천원)</td><td>년월일</td><td>관리사항</td><td>금 액(천원)</td><td>년월일</td><td>관리사항</td><td>금액(천원)</td></tr>
<tr><td></td><td></td><td></td><td></td><td></td><td></td><td></td><td></td><td></td></tr>
</table>

제7절 공중화장실 관리인의 자격기준과 역할 교육

1. 공중화장실 관리인의 자격기준

1) 공중화장실 관리인의 개념

공중화장실 관리인(Public Toilet Management Manager)이라 함은 공중화장실 등에 관한 법률에 따라 공중화장실을 설치한 장소 또는 소유·관리하는 자인국가, 지방자치단체 법인 또는 개인으로부터 공중화장실 관리인으로 지정받은 자를 말한다.

공중화장실관리는 공중화장실 대부분이 주된 건축물 또는 시설에 부속한 상태에서 운영되는 경우가 대부분이므로 건축물 또는 시설의 종합관리 위탁관리 업체의 현장관리소장 또는 청소 위탁관리업체의 소장 또는 시설관리 책임자가 대체로 부속한 공중화장실의 관리인으로 위임되는 경우가 있으나, 공중화장실법의 공중화장실 관리인 지정의 입법취지나 정신으로 볼 때 공중화장실법에서 말하는 공중화장실 관리인이 아니다.

왜냐하면 공중화장실법의 입법 취지와 공중화장실 관리인 지정의 목적은 공중화장실 장소 또는 시설의 소유·관리하는 자인 공중화장실 설치권자가 부속 또는 설치한 공중화장실 관리를 전적으로 수행할 수 없기 때문에 특정인을 지정하여 공중화장실 관리권을 위임하여 지정받은 공중화장실 관리인으로 하여금 책임을 지고 관리하라는 것이기 때문이다. 또한 지정받은 공중화장실 관리인은 공중화장실의 시설관리와 환경위생관리 및 안전관리를 총괄관리하게 함으로서 공중화장실 이용자에게 위생상의 편의 제공과 복지 증진을 도모하여 이용자로 하여금 쾌적하고 편리하며 위생적으로 안전하게 화장실을 이용하도록 공중화장실 관리권을 위임했기 때문이다.

따라서 공중화장실을 소유·관리하고 있는 공중화장실 설치자로부터 관리인으로 지정받지 않은 공중화장실을 부속하고 있는 건축물 또는 시설의 위탁관리업체의 관리소장 또는 청소 위탁관리업체의 책임자는 공중화장실법에서 말하는 공중화장실 관리인으로 해석할 수 없다.

특히 공중화장실을 일상 청소하는 청소원이나 소독을 담당하는 소독원 그리고 공중화장실 시설물을 유지·관리하는 시설관리자나 안전관리자를 공중화장실 관리인이라 칭할 수 없으며, 공중화장실 관리인의 보조자에 불과하다. 왜냐하면 공중화장실 청소원이나 방역 소독원 그리고 시설관리자와 안전관리자는 공중화장실 설치자로부터 관리인으로 지명 받은 자가 아니며, 공중화장실 관리인이 갖추어야 하는 위생교육을 받지 않아 자격이 없는 자 이기 때문이다.

2) 공중화장실 관리인의 법적 지위

공중화장실 관리인은 자체 운영관리 방식의 경우에는 공중화장실 설치자로부터 관리인을 지정받은 자를 말하고, 위탁관리 방식의 경우에는 형식적으로 외견상 공중화장실을 부속하고 있는 건축물 또는 시설의 위탁관리업체의 소장이 공중화장실의 관리인으로 행동하는 것으로 보인다. 그러나 실제로는 공중화장실을 부속하고 있는 건축물 또는 시설의 장소 또는 시설의 소유자가 위탁관리업체의 관리소장으로 하여금 공중화장실 관리를 책임지고 관리하도록 위탁관리 조직의 구성원 중 특정인(통상 청소반장 또는 청소감독)을 공중화장실 관리인으로 간접 지명하게 하여 간접적으로 지명받은 자를 공중화장실 관리인이라 호칭될 수 있다.

결론적으로 공중화장실 관리인은 공중화장실 설치자로부터 공중화장실 관리권을 수여받은 자로서 대리인과 유사한 법적 지위를 가지는 사무관리자라 할 수 있다. 따라서 엄격하게 해석하면 공중화장실 관리인의 법적 지위는 민법의 대리인과는 다소 상이한 사무관리자의 볍적 지위를 가진 자라 할 수 있다.

3) 공중화장실 관리인의 책임과 의무

공중화장실 관리인의 책임은 공중화장실 설치인의 방침에 따라 공중화장실을 성실하게 관리해야 하는 책임과 의무가 있다. 따라서 공중화장실 관리인은 관리하는 공중화장실의 기본 시설과 편의 시설물의 기능을 보전하고, 이용자의 안전과 편의를 높이며, 고장 난 부분은 원상복구하고, 시간의 경과 또는 이용자의 사용 잘못에 따라 요구되는 보수 · 교체 · 보강 등을 실시하여야 한다.

또한 항상 청결상태를 유지해야 하고, 악취가 나지 않도록 냄새관리와 먼지 등 실내공기청정도를 유지하기 위하여 실내 환기에 힘써야 한다. 뿐만 아니라 위생상의 문제가 발생하지 않도록 방역소독을 공중화장실법의 관리기준에 따라 실시하여 환경위생관리를 철저히 수행해야 하고, 몰래가메리 단속 등 성범죄 예방에 노력해야 한다. 또한 공중화장실 관리인은 공중화장실법에서 정하고 있는 비누, 화장지 등 비품(소모품 포함)을 충분하게 비치하고 부족분에 대해서는 항상 보충하도록 노력해야 한다.

결론적으로 공중화장실 관리인은 공중장실을 청결하고 위생적으로 관리하여 공중이용자로 하여금 생리적 욕구를 쾌적하고 편리하며 안전한 이용을 통하여 충족하게 함으로서 만족하게 해야 하는 책임과 의무가 있다.

뿐만 아니라 이용자의 불편사항을 접수하고 신속하게 해결해야 하며, 이용자 만족도를 지속적으로 관리해야 하는 책임과 의무가 있다. 그러므로 공중화장실 관리인은 공중화장실 운영관리 업무와 시설관리 업무 및 환경위생관리 업무와 안전관리 업무 등에 대하여 이해하고 감독할 수 있는 능력을 구비해야 한다.

4) 공중화장실 관리인의 주요업무

공중화장장실 관리인이 책임과 의무를 충실하게 수행하기 위해서는 다음과 같은 공중화장실관리 주요업무를 이해하고 효율적으로 그리고 전문적으로 공중화장실을 관리해야 한다. 공중화장실 관리인이 수행해야 하는 주요업무는 다음과 같다.

① **공중화장실 운영관리업무** : 공중화장실 관리인의 주요업무에는 공중화장실 운영관리업무가 있다. 불특정 다수가 이용하는 공중화장실은 사람의 생리적 배설문제를 해결하는 장소로서 공공시설이다. 따라서 공중화장실 기능과 역할을 수행할 수 있도록 시설을 유지하고 공중화장실 운영을 관리하여 공중화장실 이용에 필요한 시설관리 서비스와 환경위생관리 서비스 및 안전관리 서비스를 생산 · 제공해야 한다.

② **공중화장실 관리종사자 감독업무** : 공중화장실 관리인은 공중화장실 설치자를 대리하여 공중화장실 관리종사자에 대하여 선량한 주의 의무를 다해야 한다. 또한 공중화장실관리 종사자가 수행하는 공중화장실 관리업무를 감독하여야 한다.

③ **공중화장실 운영현황 보고업무** : 공중화장실 관리인은 정기적으로 공중화장실 설치자와 관할 행정청에 공중화장실 운영현황에 대하여 보고해야 하는 의무를 가지고 있다.

④ **공중화장실 기본시설과 편의시설 및 기타 부대시설의 유지관리업무** : 공중화장실 관리인은 공중화장실의 기본시설과 편의시설 및 기타 부대시설에 대하여 정상적으로 보존하고 기능이 장기적으로 유지할 수 있도록 점검, 보수, 정비, 개량, 교체, 보강 등의 유지관리업무를 수행해야 한다. 즉 시간의 경과나 이용자의 잘못으로 고장 난 부분은 원상복구하고, 이용자의 편의와 안전을 높이기 위하여 정기적으로 점검 보수해야 한다.

⑤ **청소, 방역소독, 실내 공기질 관리 등 환경위생 관리업무** : 공중화장실 관리인은 공중화장실을 청결하고 위생적으로 유지하기 위하여 청소와 소독을 공중화장실법에 정하고 있는 그 이상으로 실시해야 하고 소음, 악취, 실내 공기질 관리를 철저

히 실행해야 한다.

⑥ **도난방지, 화재예방, 성범죄 예방, 질서유지 등 안전관리업무** : 공중화장실 관리인은 도난방지, 성범죄 예방, 화재 예방 등 안전관리업무를 수행하여야 한다.

⑦ **공중화장실 이용자 불편사항 접수처리 및 이용자 만족도 관리업무** : 공중화장실은 사용대가 없이 공중에게 이용 목적으로 제공하는 공공재(유로 공중화장실 제외)이므로 이용자의 만족 여부를 정기적으로 점검하고, 이용자의 만족도가 항상 유지되도록 해야 한다.

5) 공중화장실관리인의 자격기준 필요조건

공중화장실이 되고자 하는 자는 일정한 자격을 가지고 있어야 한다. 공중화장실의 자격기준 필요조건은 다음과 같다.

① 위생교육을 이수한자이어야 한다(공중화장실 위생교육은 공중화장실법에서 정하고 있는 법정교육으로서 반드시 공중화장실 관리인으로 지정받기 전 또는 지정 후 10일 이내에 공중화장실법에서 정하고 있는 위생교육을 이수한자 이어야 한다).

② 공중화장실법 제8조 제1항에 따라 공중화장실이 설치된 장소 또는 시설을 소유 관리하는 자로부터 해당 공중화장실 관리인으로 지정받은 자이어야 한다.

③ 공중화장실의 시설관리와 환경위생관리 및 안전관리 업무를 이해하고 총괄관리 능력을 가지고 있어야 한다.

④ 공중화장실 청소관리 또는 소독 및 시설관리 경력이 최소 5년 이상인 자이이어야 한다.

2. 공중화장실 관리인의 역할

공중화장실 관리인은 공중화장실 설치자로부터 설치한 공중화장실 설치자를 대리하여 총괄 관리하는 자이므로 공중화장실 관리업무를 전반적으로 이해하고 관리·감독하여 이용자의 욕구에 부합하는 양질의 공중화장실 시설관리 서비스, 공중화장실 환경위생관리 서비스 공중화장실 안전관리 서비스 등을 생산·제공해야 한다.

즉 공중화장실 시설관리 활동을 통하여 공중화장실 시설물 유지관리 서비스, 냉난방 서비스, 실내공기 환기서비스, 조명서비스 용수공급 및 배수서비스 등을 공급하고 환경위생관리 활동을 통하여 청소서비스, 소독·방역서비스, 냄새관리서비스 등을 생산·공급하며 안전관리 활동을 통하여 도난방지 서비스, 화재예방 서비스, 성범죄 예방서비스를 각각 제공하게 된다.

이 밖에도 공중화장실 관리인은 관리조직을 구축하고 종사자를 선발 배치하며 운영관리 규칙을 제정하며, 이용자 만족도 관리를 수행하는 등 매우 다양한 역할을 수행하고 있다. 공중화장실 관리인의 역할을 정리하면 다음과 같다.

① **공중화장실 운영자 역할** : 공중화장실 관리인은 설치자의 지정에 의하여 공중화장실을 관리하는 자이므로 공중화장실 관리인은 공중화장실 운영자 역할을 수행해야 한다.

② **종사자 감독자 역할** : 공중화장실은 공중화장실 업무를 수행하는 종사자에 대하여 감독하는 위치에 있다. 따라서 공중화장실 관리인은 감독자의 역할을 수행해야 한다.

③ **보고자 역할** : 공중화장실 관리인은 정기적으로 공중화장실 설치자 및 관할 행정청에 공중화장실 운영현황에 대하여 보고해야 하는 책무가 있다. 따라서 공중화장실 관리인은 보고자 역할을 수행해야 한다.

④ **이용자 만족도 지원 및 불편사항 개선자 역할** : 공중화장실 관리인은 공중화장실 이용자의 만족도 유지와 개선의 책임이 있다. 따라서 공중화장실 관리인은 공중화장실 이용자 만족도 지원역할을 수행해야 한다.

⑤ **안전관리자 역할** : 공중화장실 관리인은 관리하고 있는 공중화장실 내에서 도난방지, 화재 예방, 성범죄 예방 등의 사건사고가 발생하지 않도록 해야 한다. 따라서 공중화장실 관리인은 시설안전, 종사자 안전 및 이용자 안전관리자의 역할을 수행해야 한다.

⑥ **대리인 유사 사무관리자 역할** : 공중화장실 관리인은 공중화장실 설치자에 의하여 공중화장실 관리인으로 지정된 자이다. 따라서 설치자로부터 위임받은 대리권자는 아니나 대리자 유사 사무관리자 역할을 수행해야 한다.

⑦ **공중화장실관리 업무 종사자 지원자 역할** : 공중화장실 관리인은 공중화장실 청소 종사자와 소독 종사자 및 시설관리와 환경위생관리자 그리고 안전관리 종사자의 업무가 효율적으로 수행될 수 있도록 지원하는 공중화장실 업무종사자 지원자 역할을 수행해야 한다.

제8절 공중화장실 시설관리 교육

1. 공중화장실 시설관리의 개념

공중화장실 시설관리라 함은 공중화장실법에서 정하고 있는 공중화장실 시설물인 공중화장실 기본시설과 편의시설 및 부대시설의 기능을 보전하고, 이용자의 편의와 안전을 높이기 위하여 일상점검으로 정비하고 손상된 부분은 원상회복하며, 사용자의 잘못 또는 시간의 경과에 따라 요구되는 보수 · 개량 · 교체 · 정비 · 보강활동을 말한다.

2. 공중화장실 시설관리의 법적 근거

공중화장실 관리인은 공중화장실 운영관리를 포함하여 공중화장실 시설유지관리와 수질관리를 포함한 환경위생관리 및 화재예방, 방범, 성범죄예방 등 공중화장실 안전관리 업무를 수행하여야 한다. 시설관리의 대상에는 공중화장실 기본시설과 편의시설 및 기타 부대시설 등이 있다. 공중화장실 시설관리 대상인 기본시설과 편의시설 및 부대시설은 공중화장실법 제7조와 제7조의2 그리고 공중화장실법 시행령 제6조 및 공중화장실법 시행규칙 제4조와 별지서식 공중화장실 등 관리현황 보고서 그리고 서울시 강남구 공중화장실(시군구 조례와 유사함) 등의 설치 및 관리조례 제5조에서 공중화장실 기본시설과 편의 시설 및 기타 부대시설 설치기준에 대하여 규정하고 있다.

3. 공중화장실 시설관리의 대상

공중화장실 시설관리 법적 근거에 따라 공중화장실 시설관리 대상의 종류를 분류하면 공중화장실 기본시설과 편의시설 및 기타 부대시설 등이 있다. 이를 구체적으로 정리하면 다음과 같다.

1) 남자화장실 기본시설

① 대변기(일반, 어린이용, 장애인용)
② 소변기(일반, 어린이용, 장애인용)

③ 기저귀 교환대
④ 비상벨
⑤ 거울
⑥ 대변기 칸막이 및 출입문
⑦ 자동절수기, 절수시설, 절수용 탱크

2) 여자화장실 기본시설

① 대변기(일반, 어린이용, 장애인용)
② 소변기(일반, 어린이용, 장애인용)
③ 기저귀 교환대
④ 비상벨
⑤ 거울
⑥ 여성위생 처리함
⑦ 대 · 소변실 칸막이 및 출입문

3) 공중화장실 편의시설

① 세면시설(일반, 어린이용)
② 냉방시설
③ 난방시설
④ 환풍시설
⑤ 조명시설
⑥ 변기사용 중 인식장치
⑦ 에티켓벨(여성화장실)
⑧ 청소도구함(내 · 외부)
⑨ 선반(대 · 소변기)
⑩ 손 건조기
⑪ 탈취제(방향제)

4) 공중화장실 부대시설

① 화단
② 쓰레기 통(외부)
③ 공중화장실 안내간판

④ 휴식시설
⑤ 판매시설
⑥ 환경조화 화단
⑦ 실내 그림
⑧ 실내 화분
⑨ 남자화장실 소변기 칸막이 및 선반
⑩ 남 · 녀 대변실 내 옷걸이 등

4. 공중화장실 시설관리의 일반원칙

1) 점검 · 보수 및 최적의 상태 유지

공중화장실 관리인은 위탁관리의 경우 위탁관리 회사 시설관리 소장 및 각 팀장과 협조하여 부속하고 있는 공중화장실 시설을 포함하여 관리대상 시설물을 정기적으로 점검하고, 정비 · 보수하여 항상 최적의 상태로 유지해야 한다.

그러나 자체 운영관리의 경우에는 공중화장실 관리인의 책임으로 공중화장실 시설을 포함하여 관리대상 시설물을 정기적으로 점검하고 정비 · 보수하여 항상 최적의 상태로 유지해야 한다.

2) 에너지 효율화 및 만족도 유지

건축물 및 시설물 관리책임자는 에너지 효율과 건물 사용만 만족도 양면을 함께 고려하여 에너지의 효율화와 사용자 만족도 양면을 모두 충족해야 한다.

3) 시설관리 관계법령에 따른 실내 공기질 관리

건축물 또는 시설물 관리책임자는 관련 법령과 각종 규정이 정하는 범위 내에서 실내 온도, 습도, 소음, 악취, 실내공기 청정도 등을 관리해야 한다.

4) 시설물 영업배상 책임보험 및 화재보험 등 가입

시설관리로 인하여 발생할 수 있는 각종 위험을 제3자(손해보험사)에게 전가하기 위하여 건축물 또는 시설물의 소유자와 협의를 통하여 건축주 또는 시설물 소유자 등으로 하여금 화재보험, 손해보험, 영업배상 책임보험 등에 가입하게 하여 시설관리 주체가 피보험자 지위를 확보하도록 해야 한다. 또한 시설관리 분야의 영업배상 보험은 시설관리 주체가 직접 가입하고 이를 관리해야 한다.

5) 안전관리자 임명

시설관리 책임자는 현장 안전관리자를 임명하고, 현장 내의 위험을 사전에 예방하게 해야 하며, 안전사고가 발생하지 않도록 안전관리에 만전을 기해야 한다.

6) 전문적 관리

현장 관리소장과 각 팀의 책임자는 선량한 관리자로서 주의 의무를 다해야 한다. 또한 관리대상 건축물 또는 시설물의 가치나 효용을 훼손하지 말아야 하며, 예방적 조치를 강구하여 화장실을 포함한 각종 건축 시설물의 기능을 보장하고 충분하게 발휘할 수 있도록 전문적으로 관리하여 사용자로 하여금 그 사용에 있어서 만족하게 해야 한다.

7) 점검계획 수립 및 점검실시

자체 운영관리의 경우 공중화장실 관리인은 위탁회사 관리소장의 협조를 받아 관리대상 건축시설물을 일정한 점검계획에 따라 점검하고, 고장 난 부분은 건축주 또는 시설물 소유자에게 보고하고 승인받아 원상 복구하고 보수 · 정비하여야 한다.

그러나 위탁관리의 경우 위탁회사 관리소장은 중화장실 시설물을 포함하여 관리대상 시설물을 정기적으로 점검하고 정비 · 보수하여 항상 최적의 상태로 유지해야 한다.

5. 공중화장실 시설물의 점검 및 보수

1) 점검 및 보수의 의의

위탁관리의 경우 위탁회사 각 팀장은 팀별 관리대상 시설물에 대하여 점검계획을 수립하고 이에 따라 일상점검 정기점검을 실시하고 점검결과를 점검대장에 기록하고 유지해야 한다.

또한 점검결과에 따라 시설관리 서비스 품질의 유지 · 보전에 필요한 경우 보수, 정비, 개량, 교체계획을 수립하고 건축주 또는 시설물 소유자의 승인을 받아 정비, 보수, 개량, 교체작업을 실시해야 한다. 그리고 계절별로 요구되는 특별 점검계획을 수립하고 예상되는 혹한, 혹서, 풍수해, 폭설 등에 대비하여 사전점검을 실시하고 대비책을 미리 강구해 두어야 한다.

또한 위탁관리의 경우 건축팀장은 공중화장실 도장상태를 매년 점검하고 도색작업을 실시해야 한다.

2) 점검사항 및 점검주기

공중화장실 일상점검을 부속하고 있는 건축물의 건축물 내·외장과 주요 설비의 일상점검 주기, 공중화장실 기본시설과 편의시설 및 비품의 점검주기는 다음과 같다.

(1) 공중화장실 부속 건축물의 외장 일상 점검사항 및 점검주기

구 분	점검업무 및 세부내용	점검주기 일상 1개월
지붕 옥상 아스팔트 방수	배수로, 루프드레인 주변 막힘 방수층 갈라짐, 막힘	○ ○
시트 방수	들뜸, 벗겨짐, 배수로 주변 오염	○
금속판 지붕	변형, 손상, 벗겨짐, 탈락	○
출입구 및 철물류	변형, 손상, 도장 방청, 벗겨짐	○
외벽 콘크리트 PC, ALC패널	설치상태	○
몰탈 도장	벗겨짐 갈라짐	○
타일 종류	균열, 깨짐, 벗겨짐	○
새시, 유리	갈라짐, 깨짐	○

(2) 공중화장실 부속 건축물의 내장 일상 점검사항 및 점검주기

구 분	점검업무 및 세부내용	점검주기 일상 1개월
배수로 트랩	설치상태	○
벽체 마감재	설치상태	○
대변실 칸막이 출입문	설치상태	○
창호 및 개구부	변형작동 불량	○

구 분	점검업무 및 세부내용	점검주기 일상 1개월
목재 창호류	변형사용상태	○
비닐, 타일 바닥재	들뜸, 균열, 오염, 탈락, 쪼개짐, 마모	○
벽체 몰탈 도장	균열, 들뜸	○
벽체 도장	흠집, 들뜸, 오염, 변색	○
천정 마감재	오염, 처짐, 흠집, 변색	○

(3) 공중화장실 기본시설 일상 점검사항 및 점검주기

구 분	점검업무 및 세부내용	점검주기 일상 1개월
남여 대소변기	유지상태	○
여성화장실 귀저기 교환대	유지상태	○
세면대	유지상태	○
거울	유지상태	○
비상벨	유지 및 기능상태	○
대변실 칸막이	유지상태	○

(4) 공중화장실 편의 시설 일상 점검사항 및 점검주기

구 분	점검업무 및 세부내용	점검주기 일상 1개월
난방시설	성능 및 작동상태 적정 온도 유지상태	○ ○
냉방시설	성능 및 작동상태 적정 온도 유지상태	○ ○
세면시설	기능 및 유지상태	○
음용수 공급시설	기능 및 유지상태	○
환풍시설	성능 및 작동상태	○
배수시설	기능 및 유지상태	○
조명시설	기능 및 유지상태	○
방송설비	기능 및 유지상태	○

구 분	점검업무 및 세부내용	점검주기 일상 1개월
변기 종류 및 사용인식 장치	기능 및 유지상태	○
에티켓벨(여성화장실)	기능 및 유지상태	○
청소도구함(내부, 외부)	기능 및 유지상태	○
대소변기 선반	기능 및 유지상태	○
손 건조기	기능 및 유지상태	○
남여화장실 인식 장치	기능 및 유지상태	○
휴식시설	기능 및 유지상태	○
판매시설	기능 및 유지상태	○
환경조화 화딘	기능 및 유지상대	○
휴지통(변기 외부)	기능 및 유지상태	○

(5) 공중화장실 비품 일상 점검사항 및 점검주기

구 분	점검업무 및 세부내용	점검주기 일상 1개월
비누(물비누 포함)	비치상태	○
화장지(1회용 포함)	비치상태	○
샴푸	비치상태	○
방향제(탈취제)	비치상태	○
손 소독제	비치상태	○

(6) 환경위생 일상 점검사항 및 점검주기

구 분	점검업무 및 세부내용	점검주기 일상 1개월
청소	청결 및 쓰레기, 정리정돈 상태	○
소독	실시여부 및 위생상태	○
소음	소음상태	○
악취, 냄새	냄새상태	○

구 분	점검업무 및 세부내용	점검주기 일상 1개월
낙서, 광고물	낙서상태, 공고물 부착상태	○
소변기, 대변기 오물	청소상태	○
배수구	기능상태	○
실내 공기환경	먼지, 온도, 습도 조도, 환기	○
흡연 금지 안내문	부착상태	○

(7) 안전관리 일상 점검사항 및 점검주기

구 분	점검업무 및 세부내용	점검주기 일상 1개월
소화기	비치 및 관리상태	○
화재 피난 안내문	부착상태	○
도난방지, 소지품 주의 경고문	부착상태	○
몰래 카메라	설치여부	○

6. 공중화장실 각종 설비의 고장과 응급대책

1) 급배수 및 위생설비 고장과 응급대책

항 목	고장상태	응급대책
위생설비	대소변기 흐름 불량	- 고형물 원인인 경우 전기크리너로 압풀
	대변기에 물이 샐 때 (Low-Tank방식) (압력밸브 방식)	- 볼탭 패킹 마모 패킹교체 - 볼탭 연결부위 조정 - 볼탭 이끼 청소 - 전문업자에게 수리 의뢰
	대변기 물이 없음	- 물탱크 내부 보조 급수관이 빠져있는 경우 보조 급수관을 오버플로우관에 끼워 넣는다.
	세면기 둘레 누수 대변기 Low-Tank 둘레 누수	- 패킹 교환 - 연결관과 지수관 접착면 조정

항 목	고장상태	응급대책
위생설비	세면기 배수흐름 불량	- 볼탭을 빼내어 청소
	수세식 변기의 물 흐름 불량	- 지수전 조절 - 먼지제거 및 청소
급 수	천정, 바닥, 벽 누수	- 급배수관 조사 후 물 사용금지 및 보수조치
배수 통기	오수, 잡배수변에서 냄새	- 철제 뚜껑과 弁(변)사이 이물질 제거 및 청소
	배수관 냄새	- 물을 흘러 보낸다.
정화조	정화조 냄새	- 박테리어 정화능력, 산기장치 등 점검 후 전문업자에게 의뢰
	정화조 오물 찌꺼기	- 청소 후 제거

2) 환기설비 고장과 응급대책

항 목	고장상태	응급대책
공기조화기	실내온도 분포 차이	- 흡출구의 공기 흡출방향 조절
	가습 불량	- 가습 노즐 점검 및 청소 - 가습기 작동상태 조절 - 가습기 고장 시 전문업자에 의뢰
	이상음 발생	- 전문업자에게 보수 의뢰
환풍기	작동 불량	- 전기 연결선 확인, 원인 불명 시 전문업자에게 보수 의뢰

7. 공중화장실 시설안전관리

공중화장실을 부속하고 있는 건축물 또는 시설물의 관리소장은 건축물 또는 시설물의 성격과 규모 및 설비의 특성에 따라 관련법에서 정하고 있는 법정 안전관리자를 선임하고 공중화장실 설치 및 운영자와 관계기관에 보고하여야 한다.

1) 안전관리자의 종류

① 산업안전보건법에 의한 안전관리자

② 소방법에 의한 안전관리자(소방기술자, 방화관리자) 및 위험물 취급자

③ 고압가스안전관리법에 의한 안전관리 책임자
④ 수도법에 의한 수도시설관리자
⑤ 전기사업법에 의한 전기안전관리 담당자
⑥ 승기기 제조 및 관리법에 의한 자체 검사자
⑦ 폐기물관리법에 의한 기술관리인
⑧ 에너지이용합리화법에 의한 에너지관리자 및 검사대상기기 조정자
⑨ 관련법의 제정 및 개정으로 인하여 신규로 요구되는 시설물 안전 관리자

2) 시설안전 관리자의 책무

① 시설물 안전관리 계획의 작성
② 시설물 안전사고 예방보수 및 정비계획의 수립
③ 시설물의 정기 또는 수시 안전검사
④ 시설물 방화계획 수립 및 자위 소방대 구축
⑤ 시설물 안전관리 업무의 수행
⑥ 시설물 안전관리 및 안전사고 예방조치
⑦ 안전관리자의 고의 또는 중대한 과실에 의한 안전사고 피해보상 책임
⑧ 안전관리교육 계획 수립 및 실시
⑨ 시설물 개보수 또는 인테리어 공사 시 안전관리 감독
⑩ 안전사고 예방시설의 설치 건의 및 설치
⑪ 안전사고 발생시 사고 수습 및 원상복구
⑫ 안전사고 경위조사 및 보고
⑬ 피해보상 보험가입 및 관리
⑭ 시설물 안전사고 피해보상처리
⑮ 기타 시설물 안전관리에 관한 사항

8. 건물시설물의 법정검사

1) 법정검사의 개념

시설물의 법정검사라 함은 시설관리 관계법령에 따라 의무적으로 받아야 하는 검사를 말한다.

2) 법정검사의 종류

공중화장실 관리인은 시설물의 법정검사를 건축물 또는 시설물 소유자의 비용으로 수검하고, 그 결과를 공중화장실 설치 및 운영자와 관리소장에게 각각 보고해야 한다. 관련법에 따라 검사를 받아야 하는 검사의 종류는 〈표 70〉과 같다.

〈표 70〉 관련법에 따라 검사를 받아야 하는 검사의 종류

<table>
<tr><th>법정 검사의 종류</th><th colspan="2">주 기</th><th>관계법령</th><th>관련 조문</th></tr>
<tr><td rowspan="2">건축물정기안전점검</td><td colspan="2">A · B · C등급 반기에 1회 이상(1, 2종시설물)</td><td rowspan="2">시설물의 안전 및 유지관리에 관한 특별법 시행령</td><td rowspan="2">제8조 제2항
제10조 제1항
제28조 제2항</td></tr>
<tr><td colspan="2">D · E등급 1년에 3회 이상 (1, 2종시설물)</td></tr>
<tr><td rowspan="3">건축물정밀안전점검</td><td>4년에 1회 이상(A등급 건축물)</td><td>3년에 1회 이상(A등급 건축물 외 시설물)</td><td rowspan="3">시설물의 안전 및 유지관리에 관한 특별법 시행령</td><td rowspan="3">제8조 제2항
제10조 제1항
제28조 제2항</td></tr>
<tr><td>3년에 1회 이상 (B · C등급 건축물)</td><td>2년에 1회 이상 (B · C등급 건축물 외 시설물)</td></tr>
<tr><td>2년에 1회 이상 (D · E등급 건축물)</td><td>1년에 1회 이상 (D · E등급 건축물 외 시설물)</td></tr>
<tr><td rowspan="3">건축물정밀안전진단</td><td colspan="2">A등급 6년에 1회 이상 (1, 2종시설물)</td><td rowspan="3">시설물의 안전 및 유지관리에 관한 특별법 시행령</td><td rowspan="3">제8조 제2항
제10조 제1항
제28조 제2항</td></tr>
<tr><td colspan="2">B · C등급 5년에 1회 이상 (1, 2종시설물)</td></tr>
<tr><td colspan="2">D · E등급 4년에 1회 이상 (1, 2종시설물)</td></tr>
<tr><td>건축물 성능평가</td><td colspan="2">5년에 1회 이상</td><td>시설물의 안전 및 유지관리에 관한 특별법 시행령</td><td>제8조 제2항
제10조 제1항
제28조 제2항</td></tr>
<tr><td>소방시설 등의 작동기능점검 종합정밀점검</td><td colspan="2">연 1회 이상</td><td>화재예방, 소방시설의 설치 유지 및 안전관리에 관한 법률 시행규칙</td><td>제18조 1항</td></tr>
</table>

특정가스 정기점검	1회/년	도시가스법 시행규칙	제25조 3항
냉동제조 시설 정기검사	1회/2년	고압가스 안전관리법 시행규칙	제30조 2항
냉동제조 시설 수시검사	허가관청 또는 신고관청이 가스로 인한 사고의 예방이나 그 밖에 가스안전을 위해서 필요하다고 인정하는 때	고압가스 안전관리법 시행규칙	제31조 1항
급수관의 상태검사	1회/2년	수도법 시행규칙	제23조 1항
공공하수도 운영·관리 실태점검	1회/년	하수도법	제69조의2 3항
실내공기 질 측정 (미세먼지 PM-10, PM-2.5, 이산화탄소, 폼알데하이드, 총부유세균, 일산화탄소)	1회/년	실내공기질 관리법 시행규칙	제11조 3항
실내공기 질 측정 (이산화질소, 라돈, 총휘발성 유기화합물, 곰팡이)	1회/2년	실내공기질 관리법 시행규칙	제11조 3항
전기, 발전기 정기검사	1회/2~4년	전기사업법 시행규칙	제32조 1항
승강기 정기검사	1회/2년	승강기 안전관리법	제32조 1항
승강기 정밀 안전검사	1회/3년	승강기 안전관리법	제32조 3항
주차설비(기계식) 정기검사	1회/2년	주차장법	제19조의 9항

9. 공중화장실 시설관리 서비스

공중화장실을 부속하고 있는 건축물 또는 시설의 사용자가 최적의 상태에서 쾌적하고 편리하며 안전하게 사용하는데 요구되는 시설관리 서비스의 종류와 내용은 다음과 같다.

1) 냉난방 서비스

① 냉난방 시설의 운영은 계절별 기후 조건에 따라 실내온도의 유지는 정부권장 난방

상한 18℃와 냉방 상한 26℃이나, 사용자의 쾌적한 실내 공간 사용을 위하여 적절하게 조정하여 운영할 수 있다.

② 냉난방 실시기간은 다음과 같다.
- 냉방 기간 6월~9월(외기 온도 25℃ 이상)
- 난방기간 11월~3월(외기 온도 10℃ 이하)

③ 냉난방 운영시간은 다음과 같다.
- 사무실(평일) : 오전 08:00부터 오후 06:00까지 운영한다.
- 사무실(휴일) : 건축물 또는 시설물 소유자의 요청에 운영한다.
- 공중화장실 : 평일 및 휴일 불문하고 24시간 운영한다.

④ 냉난방 공급시간과 운영기준을 자체적으로 수립하고 정상적으로 유지한다.
⑤ 냉난방 서비스 품질기준을 유지해야 한다.
⑥ 냉난방 공급서비스에 대하여 기록하고 유지한다.

2) 위생 및 급수공급 서비스

① 급수는 24시간 공급을 원칙으로 한다.
② 온수는 사무실 평일 기준으로 근무 시간대에 공급하되 공중화장실은 24시간 공급을 원칙으로 한다. 단수 등의 사정으로 급수공급을 중단할 때에는 사용자에게 미리 고지해야 한다.
③ 화장실의 위생설비가 정상적으로 작동되고, 청결상태가 유지되도록 계획을 수립하고 점검해야 하며 고장방지에 노력해야 한다.

3) 전열 및 조명 서비스

① 전기는 공중화장실 사무실 등을 포함하여 24시간 공급을 원칙으로 한다.
② 사무실용도 조명은 근무 시간외는 소등하여야 한다.
③ 공중화장실 조명은 24시간 공급하여야 한다.
④ 전열 조명 설비는 항시 점등 또는 소등할 수 있어야 하며, 비상상황일 때에도 관련법에서 규정하고 있는 바와 같이 공급해야 한다.

4) 방재 서비스

시설물 안전 관리자는 공중화장실을 포함하여 각 시설의 안전을 확보하기 위하여 소방 시설 및 소화기 등을 점검하고, 이상이 있는 경우 즉시 수리하여 정상적으로 작동하도록 조치해야 하며, 안전사고를 예방하기 위하여 각종 시설물의 위험을 예방적 차원에서 관리하여야 한다.

5) 공용시설 관리 서비스

① 건축물의 로비, 복도, 화장실, 승강기, 계단, 출입문 등 공동의 안전과 편의를 위해 공용의 시설을 정상적으로 이용할 수 있도록 관리해야 한다.
② 소방법 및 건축법 등에서 규정하고 있는 기준을 준수하고 용도대로 사용할 수 있도록 운영기준을 수립하여 안전하게 관리해야 한다.
③ 각 공용시설의 공중화장실 안내 그림표지, 엘리베이터 안내표지 등 공공시설 안내 그림 표지는 KS A 0901(공공안내 그림 표지판) 기준에 따라 부착하고 관리해야 한다.

6) 실내 환경유지 서비스

① 위탁관리의 경우 기계팀에서는 환경위생관리 규정에 따라 공중화장실의 온도, 습도, 조도, 기류, 청정도 등을 정상적으로 유지하여 사용자가 쾌적하게 사용할 수 있도록 노력해야 한다.
② 공중화장실 실내 환경유지를 위하여 실내 공기질 측정 등을 실시하고 기록하여 유지한다.
③ 공중화장실 실내 환경시설을 정기적으로 점검하고 유지 · 보수한다.

제9절 공중화장실 수질오염관리 교육

1. 공중화장실 수질오염관리의 개념

공중화장실 이용자의 대소변 처리나 세면 및 청소는 물을 사용하여 이루지지고 있다. 따라서 공중화장실에는 생활폐수가 발생하기 쉬운 장소로서 위해물질이 유입되어 수질을 악화시키고 사람의 건강이나 환경에 피해를 줄 수 있어 공중화장실에서 사용하는 물의 관리가 매우 중요한 공중화장실 관리의 과제가 된다.

수질오염관리라 함은 공중화장실에서 사용하는 물에 대소변 처리과정이나 세면 또는 청소과정에서 발생하는 생활폐수를 정화처리 없이 방류하여 사람의 건강이나 주변 토양을 오염시키는 것을 방지하는 활동을 말한다.

특히 공중화장실의 경우 세면대 4기 이상이 설치되어 있는 공중화장실의 경우 사용한 물을 중수도 과정을 거쳐 재사용해야하기 때문에 재사용되는 물의 수질관리 또한 매우 중요한 공중화장실관리의 과제가 된다.

따라서 공중화장실의 수질오염관리란 대소변 처리나 세면 및 청소작업에 사용된 물을 오물 및 폐수처리 시설 등을 통해 배출되는 과정에서 오염물질을 제거 정화하여 사람의 건강 또는 환경오염을 방지하는 활동으로 정의할 수 있다.

2. 공중화장실 수질오염관리의 책임 범위

공중화장실이 설치되어 있는 건물의 경우에는 상수에서 저수조까지는 공급자(수도사업소)가 책임지나, 저수자로부터 각 사용자에게 공급되는 과정까지의 수질에 대해서는 관리 주체가 책임을 부담하게 된다. 그러므로 저수조와 배관, 옥상 물탱크 등 급수시설을 항상 청결하고 위생적으로 유지·관리하는 것이 수질오염 방지책의 하나라 할 수 있다.

3. 공중화장실 수질오염원의 종류

공중화장실에서 사용하는 물은 급수와 배수과정에서 오염원이 침투하거 섞여 들어가 오염되기 쉽다.

급수과정에서의 오염은 저수조의 청소와 소독을 정기적으로 실시하지 않거나 배수관리 노후화되어 있는 경우에는 오염원이 쉽게 침투할 수 있으며, 사용한 물을 정화의 과정을 거치지 아니하거나 청소 후 모인 폐수를 충분한 물로 희석하지 아니하고 방류하는 경우에는 수질오염과 토양오염이 원인이 된다. 정부가 물환경보전법을 통하여 규정하고 있는 수질오염 물질은 〈표 71〉과 같다.

4. 공중화장실 수질오염관리 방법

특히 저수조에 빗물이 스며들지 않도록 해야 하며, 정기적인 청소와 소독이 필수적이다. 배수과정에서 수질오염을 관리하기 위해서는 세면과정과 청소과정에서 강알카리성 약품을 과다하게 사용하지 말아야 한다.

〈표 71〉 수질오염 물질(제3조 관련)

1) 구리와 그 화합물	31) 6가크롬 화합물
2) 납과 그 화합물	32) 테트라클로로에틸렌
3) 니켈과 그 화합물	33) 트리클로로에틸렌
4) 총 대장균군	34) 폴리클로리네이티드바이페닐
5) 망간과 그 화합물	35) 벤젠
6) 바륨화합물	36) 사염화탄소
7) 부유물질	37) 디클로로메탄
8) 비소와 그 화합물	38) 1, 1-디클로로에틸렌
9) 산과 알칼리류	39) 1, 2-디클로로에탄
10) 색소	40) 클로로포름
11) 세제류	41) 생태독성물질(물벼룩에 대한 독성을 나타내는 물질만 해당한다)
12) 셀레늄과 그 화합물	
13) 수은과 그 화합물	42) 1,4-다이옥산
14) 시안화합물	43) 디에틸헥실프탈레이트(DEHP)
15) 아연과 그 화합물	44) 염화비닐
16) 염소화합물	45) 아크릴로니트릴
17) 유기물질	46) 브로모포름
18) 유류(동·식물성을 포함한다)	47) 퍼클로레이트
19) 인화합물	48) 아크릴아미드
20) 주석과 그 화합물	49) 나프탈렌
21) 질소화합물	50) 폼알데하이드
22) 철과 그 화합물	51) 에피클로로하이드린
23) 카드뮴과 그 화합물	52) 톨루엔
24) 크롬과 그 화합물	53) 자일렌
25) 불소화합물	54) 스티렌
26) 페놀류	55) 비스(2-에틸헥실)아디페이트
27) 페놀	56) 안티몬
28) 펜타클로로페놀	57) 과불화옥탄산(PFOA)
29) 황과 그 화합물	58) 과불화옥탄술폰산(PFOS)
30) 유기인 화합물	59) 과불화헥산술폰산(PFHxS)

특히 세면대가 4기 이상인 공중화장실의 경우, 사용한 물을 중수하여 재사용하는 경우에는 수질 검사를 실시하고 수질 기준에 부합하는 물만 재사용해야 한다. 공중화장실 수질오염관리의 방법은 다음과 같다.

① 정기적 저수조 및 옥상 물탱크의 정기적 청소와 소독을 실시한다.
② 공중화장실 대소변 처리용 물의 정화처리 및 방류한다.
③ 청소 후 발생한 폐수는 반드시 10배의 물로 희석하여 배수구에 방류한다.
④ 사용 후 중수 처리하여 사용할 물은 수질을 검사한다.
⑤ 급수설비의 노후상태를 정기적으로 점검한다.
⑥ 배수구의 정기적인 청소와 소독을 실시한다.
⑦ 수질오염 물질 침투장지를 한다.
⑧ 과도한 청소약품(세제 포함) 사용하지 말아야 한다.

제10절 공중화장실 위생관리교육

1. 위생관리의 개념

공중화장실 위생관리(Public Toilet Sanitation Management)라 함은 바이러스 박테리아, 병균이나 건강을 해치는 파리, 모기 등 해충을 박멸하거나 청소를 통한 청결 유지로 공중화장실을 이용하는 사람에게 생명과 건강을 보호하는 활동을 말한다.

공중화장실 환경위생관리라 함은 화장실을 둘러싸고 있는 오물, 오수, 수질오염을 관리하여 쾌적하게 화장실을 이용하는데 필요한 활동을 말한다. 또한 공중화장실 이용자를 보호하기 위하여 각종 질병이나 전염병을 예방하고 질병을 매개하는 해충의 구서와 소독 및 먼지의 청소를 실시하여 건물내외를 위생적 환경으로 조성하는 서비스 또는 청소와 소독 및 실내 환경관리를 통하여 사람의 건강 유지나 증강을 위하여 질병을 예방하는 청소와 소독 및 실내 공기질 관리 등을 말한다.

소독의 의미는 전염병이 퍼지는 것을 예방하기 위하여 병원균 및 미생물의 생활을 파괴, 멸살시켜 증식력을 억제하는 살균법 또는 물건에 묻어 있는 병원균을 약품, 열, 빛 따위루 죽이는 일을 말하고 청소의 의미는 깨끗이 쓸고 닦음, 또는 먼지, 쓰레기, 오물, 더러운 때 등을 수거하고 제거하여 건물 내외의 청결을 유지하는 활동을 말한다. 공중화장실 환경 위생관리 활동 중 중요한 활동에는 청소 방역소독 및 수질 오염관리 활동 등이 있다. 이 장에는 공중화장실 환경위생에 절대적으로 영향을 미치는 청소와 소독 및 수질오염관리에 대하여 설명하기로 한다.

2. 위생관리업무의 종류

공중화장실 위생관리 주요 업무는 다음과 같다.

① 공중화장실 청소업무
② 공중화장실 방역 · 소독업무

3. 공중화장실 청소관리

1) 청소 일반개념의 정의

공중화장실 청소의 이론과 실무를 이해하고 수행하기 위해서는 일반청소의 개념부터 이해할 필요가 있다. 왜냐 하면 청소의 일반개념의 이론이 공중화장실 청소의 기초가 되기 때문이다. 따라서 이 절에서는 일반청소 개념부터 설명하기로 한다.

청소의 사전적 정의는 '깨끗이 쓸고 닦음, 또는 더러운 것을 없애어 깨끗이 함'으로 정의하고 있다. 또한 청소의 개념에는 전통적 청소개념과 현대적 청소개념이 있다. 전자는 쓰레기, 때, 먼지 등의 오염원을 제거하거나 주변 환경을 정리정돈하는 환경위생관리 개념의 청소를 말한다. 후자는 전통적 청소개념에다가 청소대상 건축마감재의 색상과 기능 및 물리적 내용연수를 장기적으로 유지 · 보존하는 건축마감재 유지관리 청소개념을 통합한 광의의 청소개념을 말한다.

학문적으로 청소개념을 '건물의 내 · 외부를 더럽히는 먼지, 오물, 때, 쓰레기 등의 오염원의 예방과 제거 및 정리정돈, 그리고 건물 내 · 외부의 미관성과 청결성 및 보건위생성의 유지 및 개량과 건물마감재의 색상과 기능의 장기화를 목적으로 하는 건물환경 위생관리 활동과 건축마감재 유지관리 작업(Building Cleaning and Maintenance)'으로 정의하고 있다.

또한 종전의 청소개념은 전통적 청소개념으로서 단순히 오염원의 예방과 제거 및 정리정돈 중심의 청소개념이었으나, 오늘날의 청소개념은 건축물마감재의 기능과 색상을 장기적으로 유지 · 보존하는데 청소의 중심을 두고 있는 건축마감재 유지관리(Building Maintenance) 청소개념으로 변화되고 있음으로 전통적 청소개념에다가 현대적 청소개념을 통합한 청소개념으로 이해하고 있다.

한국산업인력공단, 환경미화(국가직무능력표준, NCS)의 청소개념을 살펴보면 2017년도에 한국산업인력공단에서 청소의 교육교재로 발간한 《환경미화》(대표집필자 : 김일효)에서는 청소개념을 환경미화와 동일개념으로 이해, 인식하고 다음과 같이 청소개념을 정의하고 있다.

환경미화(청소)란 '건축시설물의 청결 유지, 마감재의 내구연한 증대, 쾌적한 환경조성, 보건위생향상을 위하여 청소계획의 수립, 청소활동, 성과측정 평가, 사후관리를 수행하는 일'로 정의하고 있다.

뿐만 아니라 국가기술표준원, 건축물클리닝 서비스 산업표준(KS S-1012)에서 청소개념을 '더럽거나 어지러운 것을 장비, 약품을 이용하여 흡착, 탈색 등의 방법으로 깨끗하게 하는 행위나 작업'으로 정의하고 있다.

2) 공중화장실 청소의 개념

공중화장실 청소란 공중화장실 내외를 깨끗이 쓸고 닦음 또는 더러운 것을 없애어 깨끗이 함을 말한다. 전통적 청소개념은 쓰레기, 먼지, 때 등의 오염원을 제거하거나 주변환경을 정리정돈하는 활동을 말하고, 현대적 청소개념은 전통적 청소개념을 포함하여 청소대상 마감재의 색상과 기능 및 물리적 내용 연수를 장기적으로 유지·보존하는 활동을 의미한다. 청소서비스는 청소활동을 통하여 생산하여 소비자에게 제공하는 서비스를 말하는 것으로 이에는 청결성 서비스, 위생성 서비스, 보건성 서비스, 미관성 서비스 등이 있다.

3) 공중화장실 청소의 대상

화장실 청소대상이란 청소를 실시해야 하는 목적물을 말하는 것으로 이에는 세면대 및 벽면, 소변기 및 벽면, 대변기 및 부스, 화장실 바닥, 소모품, 기타 시설물(물비누 공급기, 화장지 공급기, 타월 공급기, 화장지 홀드, 쓰레기 통, 기저귀 교환대, 화단, 실내화단 내 시설물, 손 건조기, 출입문, 환기시설, 천장, 벽 마감재, 화장실 안내표지, 배수구) 등이 있다.

4) 공중화장실 청소품질기준

청소작업을 통하여 달성해야 하는 일정한 청소서비스 수준을 말한다. 청소작업 결과 청소대상물별로 확보해야하는 청결상태를 말한다. 공중화장실의 청소품질 기준은 〈표 72〉와 같다.

5) 공중화장실 청소일반기준

공중화장실은 불특정 다수가 빈번하게 사용하는 곳이므로 오염되기 쉬운 곳이다. 따라서 공중화장실은 청결하고 깨끗하며 위생적으로 관리해야 한다.

〈표 72〉 공중화장실 청소품질 기준

수세식 변기	· 수세식 변기손잡이, 아래쪽에 설치된 수세밸브와 좌변기 또는 소변기에 연결된 물 투하 파이프는 먼지와 얼룩이 없어야 한다. · 설치잔류물, 높은 곳에 설치된 물통과 같은 것은 청결하게 보여야 한다. 작은 얼룩이나 약간의 얇은 먼지는 있을 수 있다. · 요석이 보이지 않아야 한다.
샤워장	· 샤워장은 3가지 항목으로 나누어진다. - 샤워설비 - 샤워기/배수구를 포함한 젖은 바닥 - 샤워장 벽 상기 전 항목들은 먼지나 얼룩이 없어야 한다. · 비고 만일 세면기 안쪽이 피부 때나 비누찌꺼기 같은 앙금으로 오염되어 있다면, 표면으로 흐르는 물 흐름으로 확인한다. 만일 세면기를 올바로 세척하였다면, 물은 배수구의 벽을 따라 엷은 막을 형성하며 흐른다. 만일 세면기를 제대로 세척하지 않았다며, 물이 벽을 따라 아래쪽을 향하여 떨어지면서 울퉁불퉁한 흐름을 형성하며 흐른다.
타월 공급기	· 먼지와 얼룩이 없어야 한다. · 비고 어떤 타월 공급기는 플라스틱 재질로 되어 있어서 마찰에 의해 정전기가 발생할 수 있다. 만일 이러한 공급기에 약간의 먼지가 보인다면 결함으로 간주한다.
물비누 공급기	· 먼지와 얼룩이 없어야 한다. · 공급기에는 물비누가 충분히 채워져 있어야 한다.
화장지 공급기	· 먼지와 얼룩이 없어야 한다. · 공급기에는 화장지가 충분히 채워져 있어야 한다.
화장지 홀더	· 먼지와 얼룩이 없어야 한다. · 홀더에는 화장지가 충분히 채워져 있어야 한다.
쓰레기통	· 쓰레기는 비워져 있을 것, 약간의 쓰레기(㉠ 사람이 사용한 한두장 정도의 휴지)는 있을 수 있다. · 쓰레기통 안쪽에 결점이 있는 것은 인정되나, 앙금이나 붙어 있는 쓰레기는 없어야 한다. 또한 쓰레기통 뚜껑에 대해서도 동일하다. 만일 쓰레기가 비닐봉지에 담겨 버려져 있다면 앞에서와 같이 적용한다. · 쓰레기통 뚜껑의 바깥쪽일지라도 먼지나 얼룩은 없어야 한다. 약간의 얼룩점은 뚜껑 바깥쪽에 있을 수 있다.
기저귀 교환대	· 먼지와 얼룩이 없어야 한다.

공중화장실 관리인은 공중화장실의 청결과 위생유지를 위하여 다음과 같은 청소 일반 기준을 설정하고 이행해야 한다.

① 공중화장실 설치자는 공중화장실 관리인을 지정하여 관리해야 한다.
② 청소는 1일 3회 이상 일상청소를 실시해야 하고, 주 1회 이상 특별청소를 실시해야 한다.
③ 청결과 위생을 위하여 4월부터 9월 사이에는 주 3회 이상 소독을 실시하고, 11월부터 다음해 3월 사이에는 주 1회 이상 소독을 실시해야 한다.
④ 공중화장실 청소는 화장실 일상청소 10단계 프로세스에 따라 수행해야 한다.
⑤ 높은 곳에서 낮은 곳으로 청소한다.
⑥ 깨끗한 곳으로부터 더러운 곳으로 청소한다.
⑦ 화장실 외관 청소로부터 냄새의 원인이 되는 세균을 박멸한다.
⑧ 일상청소와 주간청소를 구분하여 실시한다.
⑨ 청소결과에 대하여 점검 체크리스트에 따라 점검한다.
⑩ 청소결과 업무일지를 작성하고 유지한다.
⑪ 청소장비를 적절하게 사용하여 청소한다.
⑫ 청소약품 사용법에 따라 청소 약품을 사용해야 한다.
⑬ 청소미화원은 복장을 단정히 하고, 청소에 임해야 한다.
⑭ 청소원은 공중화장실 청소에 있어 청소품질 기준을 준수해야 한다.

6) 공중화장실의 일상청소

공중화장실 관리인은 공중화장실 일상청소를 공중화장실 청소 10단계 프로세스에 따라 청소를 실시해야 한다.

(1) 제1단계 : 청소작업 준비 및 큰 쓰레기 줍기

① 해당일 청소일정 및 목표를 확인한다.
② 청소작업복을 갈아입는다.
③ 청소도구 장비 및 약품은 확인하여 청소카트를 정렬한다.
④ 청소작업 및 약품 안전 수칙을 숙지한다.
⑤ 청소 중 알림 표지판을 해당 청소화장실 입구에 세우고, 청소작업 중에는 이용자의 출입을 통제하여 다른 화장실 이용을 안내한다.
⑥ 공중화장실 내외의 큰 쓰레기를 줍고 카트 쓰레기 백에 수거하여 분리 배출한다.
⑦ 화장실 입구쪽에 위치한 쓰레기통 쓰레기를 카트 쓰레기 백에 비우고, 크루(Crew)

희석액으로 안과 밖을 닦는다. 만일 플라스틱 또는 비닐 덮개가 씌워져 있다면 상태를 점검한 뒤 오염되거나 훼손되어 있는 경우 새것으로 교체한다. 또한 여성 화장실 위생처리 보관함의 내용물을 위생적으로 수거하고 처리한다.

⑧ 천장 또는 벽면에 거미줄이 있는 경우, 솔 또는 대걸레로 제거한다.

⑨ 바닥에 버림 껌이 있는 경우, 도구(헤라)를 이용하여 제거하고 솔에 세제를 묻혀 잘 닦아 제거한다.

(2) 제2단계 : 세면대 및 주변 벽 청소하기

① 크루(Clew)를 이용하여 세면대와 수도꼭지, 물마개 아래 등을 깨끗이 닦는다. 주변의 벽 얼룩은 GP포워드 희색액을 사용하여 주변 벽면을 청소한다.

② 세면대 수도꼭지 및 주변을 주변 남은 물기를 제거한다.

③ 오브플로어(물 넘침 구멍)은 솔을 집어넣어 청소한다.

④ 마른 걸레로 물기를 닦는다.

⑤ 배수파이프는 반드시 마른 걸레로 닦고 누수를 확인해야 하며, 필요시 재봉틀 기름을 발라 둔다.

⑥ 세제로 거울을 닦고 마른 걸레로 마감한다. 거울의 물방울과 세제를 제거하기 위해서는 그렌스(Glance) 같은 세제를 사용할 필요 없이 거울에 물을 몇 방울 튀긴 뒤 페이퍼 타올을 이용하여 닦아 낸다(페이퍼 타올이 손 타올 보다 훨씬 효과적임). 깨끗한 유리전용 타올(이지타올)이 없는 경우 손 타올 보다 페이퍼 타올이 효과적이다. 위에서부터 아래로, 더러운 곳에서 부터 깨끗한 곳으로 청소한다.

(3) 제3단계 : 소변기 및 주변 벽 청소하기

① 소변기 내부에 크루 희석액을 1~2회 뿌려 준 뒤 보울맙 세트를 사용하여 구석 구석 저어 준다. 특히 소변기 p트랩 아래 부분은 미생물 서식으로 인하여 악취 발생처이므로 매일 깨끗하게 닦아 낸다. 그리고 크루 희석액을 뿌린 손 타올을 사용하여 정수 판넬에서 부터 아래로 변기 외부를 닦는다. 전체를 세제와 물걸레를 이용하여 청소하고 링 부위 요석을 제거한다.

② 찰탈식 트랩 및 소변기 접시를 청소하고 접시에 끼어 있는 요석을 제거한다.

③ 트랩 내부 솔을 넣어 안쪽까지 닥아 청소하고 끼어 있는 요석을 제거한다.

④ 소변기 주위 및 주변 벽면을 세제(GP포워드 희석액) 및 스폰지를 이용하여 청소한다.

⑤ 볼트캡 주위 남은 소변을 청소한다.

⑥ 소변기 및 벽면의 남은 물기 및 세제를 제거하고 마른 걸레로 마무리 청소한다.

(4) 제4단계 : 대변기 및 부스 청소하기

① 변기 내부에 크루 희석액을 1~2회 뿌려 준 뒤 보울맙 세트를 사용하여 구석 구석 저어 준다. 이어서 동양식, 서양식 변기 링 부위를 청소한다.
② 트랩부위 안쪽까지 청소하고 트랩 속 요석을 제거한다.
③ 마른걸레로 남은 세제 및 물기를 제거한다.
④ 주변 벽면 세제 및 스폰지로 청소하고, 볼트캡 마른 걸레로 물기 제거한다.
⑤ 바닥에 남은 세제 및 물기를 마른 걸레로 제거한다.
⑥ 대변기 전체와 부스 벽 양면을 마른 걸레로 물기를 제거하고, 특히 동양식 변기 주변의 물기를 철저하게 제거한다.

(5) 제5단계 : 화장실 바닥 청소하기

① 빗자루를 이용하여 바닥의 먼지나 쓰레기 및 오염원을 쓸고, 특히 변기 아래를 주의하여 세심하게 쓸어 내고 쓰레받기를 이용하여 오물을 제거한다.
② 전체 바닥을 S자를 그리면서 젖은 마포질 한다. 이때 크루 희석액을 조금 바닥에 뿌리고 젖은 걸레로 마포질 한다.
③ 먼지 등 오염원을 물로 씻어 낸다.
④ 마른 걸레로 바닥에 남은 세제와 물기를 제거한다.

(6) 제6단계 : 손잡이 및 선반청소

① 화장실 내외 손잡이는 살균소독제 살포 후 마른 걸레로 닦아주고, 선반은 세제를 이용하여 마른 걸레로 청소한다.
② 여자화장실 내의 기저귀 교환대, 위생처리 보관함 등을 살균소독제를 살포하고 손타올(손걸레)로 청소한다.

(7) 제7단계 : 화장실 기타 내외 벽면 및 파티션 청소하기

① 크루 희석재를 뿌린 후 손걸레로 청소하고, 남은 벽면 세제 및 물기를 제거한다.
② 광고물이나 낙서가 있는 경우, 이를 도구나 세제를 이용하여 제거한다.

(8) 제8단계 : 소모품 공급기 및 기타 표시물 청소하기

① 남녀 화장실, 화장실 사용 중 여부 알림 표지물 및 안내판 등을 청소한다.
② 화장지 공급기, 손 건조기, 물비누 공급기 등의 먼지를 제거하고 마른 걸레로 닦는다.

(9) 제9단계 : 소모품 보충하기

① 소모품을 점검한다.
② 부족한 페이퍼 타올이나 화장지, 비누, 핸드크리너 등은 보충한다.
③ 화장지가 소량 남아 있는 경우에는 새것으로 교체하고 빼낸 화장지 롤은 그 위에 올려놓는다. 적당량이 남아 있는 경우에는 화장지의 끝을 삼각형 모양으로 접어 이용자로 하여금 새것 같이 느끼도록 한다.

(10) 제10단계 : 청소결과 확인 및 점검하기

① 청소결과 점검 체크리스트 및 청소품질 기준표에 따라 청소품질을 점검한다.
② 미흡한 부분이 있는 경우에는 보완 작업하여 청소품질 수준을 유지한다.
③ 청소도구를 수거한다. 소모성 비치품 보충 여부 및 소모품 박스 잠김 여부도 확인한다.
④ 청소 점검결과를 당일 청소점검 기록판 및 업무일지에 기록하고 유지한다.

7) 공중화장실의 주간청소

1주 1회 주간청소를 실시한다. 주간 청소는 변기 중심으로 청소하되 모든 변기에 고게더를 사용하여 대청소한다.

① **변기의 청소** : 모든 변기 내부에 고게더를 일정량 부어 놓고, 10단계 일상청소법에 따라 청소작업를 수행한다.
② **변기하단의 청소** : 1주일에 한번 크루 희석액을 사용하여 눈에 보이지 않은 변기하단을 청소하되 위에서부터 아래로 청소한다.
③ **모든 평면위의 먼지 제거** : 정전기용 먼지 털이개를 사용하거나 페이퍼 타올을 사용하여 묵은 먼지가 쌓이지 않도록 청소 한다.

8) 공중화장실 청소의 약품사용법

공중화장실 관리인은 화장실 청소미화원에게 청소약품의 종류별 사용법을 교육하고 약품으로 인하여 안전사고가 나지 않도록 약품의 종류와 용도, 사용법 및 주의할 사항을 교육한 후에 약품을 사용하도록 감독해야 한다. 공중화장실에 주로 사용하는 약품의 종류와 용 및 사용법은 〈표 72〉와 같다.

〈표 72〉 공중화장실에 주로 사용하는 약품의 종류와 용 및 사용법

약품성격	명칭	용도	사용법
살균제	바이렉스 256	벽, 바닥 등단단한 표면 세척 또는 살균	희석액을 손타올이나 젖은 마포에 묻혀 사용한다. (희석율 256:1)
	고게더	소변기 양변기 내부 강력 살균제 녹, 얼룩, 때 제거	변기안에 직접 붓거나 전용 변기솔에 묻혀 살균, 세척 부분 골고루 젖어 준다. (희석율 : 원액 사용)
세척제	그렌스	화장실 설치물 코팅, 손지문 기름때 부분 제거 다목적 사용	분무기에 희석액을 분사한다. (희석율 40:1)
	크루	인산 함유 세척제 물 사용 화장실 석회질, 물 때 제거	희석액을 분무기에 넣어 청소 부위에 분사한다. (희석율 40:1)
	GP포워드	페인트 칠한 벽면, 금속, 프라스틱 면 세척	지정된 분무기에 넣어 사용한다. (희석율 400:1)
	다목적 오점 제거제	찌든 때, 오래된 오염 포도 쥬스, 커피, 포도주, 초콜릿, 기름 때 제거	얼룩이 있는 부위직접 묻히거나 마른 손타올로 꾹꾹 찍어 낸다. (희석율 : 원액 사용)

9) 공중화장실 청소작업 안전관리

(1) 청소약품 유해물질 안전관리

① 청소약품에는 다량의 화학 유해물질이 함유되고 있어 운반, 취급, 사용시 물질안전 보건자료(MSDS)에 따라 취급요령, 응급조치요령 등 위생안전교육을 실시해야 한다.

② 해당 청소약품 사용시 반드시 보안경, 고무장갑 등 개인 보호장구를 착용하고 취급해야 한다.

③ 해당 청소약품 사용시 사용설명서대로 희석하여 사용해야 한다.

④ 청소작업 후 청소기기에 모인 청소폐수는 강알카리성 폐수로서 독소가 함유되어

있어 충분하게 물로 희석하여 방류하고, 방류결과를 청소업무일지에 기록하여 보관해야 한다.

(2) 전기사용 청소장비 안전관리

① 젖은 손으로 청소장비 전원을 연결하지 않는다.

② 전기 청소장비 사용시 돌발적 사고가 발생한 경우에는 전원을 차단하고 장비사용을 중단해야 하며, 책임자에게 보고하여 응급조치를 받아야 한다.

(3) 고가사다리 이용 청소작업 안전관리

① 높은 곳(주로 천장청소) 청소를 위하여 고가사다리를 이용하는 경우에는 반드시 2인 1조가 되어 청소작업을 실시해야 한다.

② 고가사다리 이용 청소작업이 종료 할 때까지 고가사다리를 손으로 잡아 움직이지 않도록 고정 해야 한다.

③ 청소작업 종료 후에는 고가사다리를 2인 1조로 운반하되 운반 중 다른 물건과 추돌하지 않도록 주의한다.

(4) 겨울철 결빙으로 인한 전도사고 안전관리

① 청소 후 남은 물을 화장실 입구 또는 화장실 안내 버리는 경우 온도 차이로 결빙되어 있어 화장실 이용자가 전도되는 사고가 발생하지 않도록 청소 후 남은 반드시 배수구를 통하여 방류해야 하나.

② 결빙으로 인하여 전도 사고가 발생할 경우, 뇌진탕, 골절 등의 사고가 발생할 수 있으므로 즉시 119의 협조를 얻어 병원 응급실로 후송하고 치료받도록 해야 한다.

(5) 청소작업 현장 약품, 장비도구 등 사전 정리정돈 안전관리

① 청소작업 전에 반드시 청소장비 도구와 약품 기타 준비물 등을 정리정돈부터 해야 한다.

② 청소작업 완료시 청소장비와 도구 및 청소약품은 보간 창고 또는 장소에 원위치 시키고 다음에 사용할 수 있도록 정비 또는 보관해야 한다.

(6) 자연재해 안전관리

① 일기예보를 항상 청취하여 폭설, 폭우, 태풍 등의 정보를 입수한다.

② 입수한 일기예보에 따라 폭설, 폭후, 태풍 등으로 인하여 피해가 발생하지 않도록 미리 대비하다.

10) 공중화장실 청소원 용모 및 복장관리

(1) 용모 및 복장단정

공중화장실 청소원(미화원)은 청소서비스 생산자로서 이용자에게 만족을 제공하는 위생관리자이므로 얼굴과 머리스타일 등의 용모와 근무복(유니폼), 신발, 장신구 착용상태 등의 복장을 단정하게 해야 한다.

(2) 복장 용모단정 프로세스

미화원 출근 → 출근 등록 → 강의실에서 근무복 착용 → 미화원 복장 및 용모 자체 점검 → 미화원 청소작업 일정표 확인 → 청소카트 정렬 → 청소작업 시작 및 완료 → 공중화장실 관리인 청소결과 점검 및 시정조치 → 미화원 청소결과 보완 → 공중화장실 관리인 청소점검 결과 기록 및 유지

(3) 청소원(미화원) 복장단정 기준

근무복	지급한 계절별 유니폼을 항상 청결하고 깨끗하게 착용하고 유지한다.
머리스타일	남 : 짧고 단정한 머리, 이마와 귀가 보여야 한다. 여 : 긴 머리는 묶어 머리망을 착용, 귀가 보여야 한다.
얼 굴	남 : 수염 깔끔하게 깎고 정리된 상태여야 한다. 여 : 자연스런 호장으로 단정한 상태여야 한다.
손	남 : 손톱은 짧게 깎고 청결한 상태여야 한다. 여 : 손톱은 적당한 길에 투명색 또는 분홍색 계통의 자연스런 색상 매니큐어를 바른 청결한 상태여야 한다.
신 발	남 : 검정색 작업화, 구두 또는 흰색 신발을 착용한다. 여 : 베이지 색 작업화 또는 흰색 운동화를 착용한다.
손목시계	화려하지 않은 일반적인 시계를 착용해야 한다.
공중화장실 사원증	목걸이 형태로 항시 패용해야 한다.
메모지, 펜	항시 준비하고, 휴대한다.
미화 매뉴얼	상황 대처용으로 항시 휴대한다.
양 말	신발 색에 맞추어 신는다.

장신구	남 : 반지, 시계 외에는 착용하지 않는다. 여 : 귀걸이, 목걸이, 반지, 시계 외에는 착용하지 않는다.
고무장갑	작업 시에만 착용하고, 로비나 이용자 앞에서는 착용을 금지한다.
앞치마 및 개인 소품	착용을 금지한다.
언 어	표준말 사용하고 조용하게 말한다.
표정 및 태도	밝은 표정과 친절한 태도를 유지한다.

4. 공중화장실 방역소독 관리

1) 방역소독의 개념

방역소독이라 함은 공중화장실에서 전염병이 퍼지는 것을 예방하기 위하여 병원균 및 미생물의 생활을 파괴, 멸살시켜 증식력을 억제하는 살균 또는 물건에 묻어 있는 병원균을 약품, 열, 빛 따위로 박멸하는 것을 말한다.

2) 방역소독의 대상

공중화장실에서 실시하는 방역소독의 대상에는 위생해충, 바이러스, 병원체, 박테리아 등이 있다. 여기서 말하는 위생해충이란 사람에게 바이러스 박테리아, 병원균을 옮기어 사람의 건강과 생명을 해치는 벌레로서 이에는 파리, 모기, 바퀴벌레, 쥐 등을 말하고 병원체란 병을 옮기는 매개체로서 이에는 세균, 바이러스, 기생충, 진균, Ricktsia 등을 말한다. 또한 박테리아(Bacteria)란 식물에 속하는 미세한 단세포 식물을 말함 땅속, 물속, 공기속, 생물체 속 등에 널리 분포하여 종류가 많음 다른것에 기생하여 발효나 부패를 일으키고 病原(병원)이 되는 것을 말하며 바이러스(Virus)란 보통의 현미경으로 볼 수 없을 정도의 미생물, 유행성 감기, 코로나 19, 천연두 따위의 병원체을 의미한다.

3) 공중화장실 설치자 및 공중화장실 관리인의 방역 소독 책임

(1) 공중화장실 설치자의 방역소독 책임

공중화장실 설치자(국가, 지방자치단체, 법인, 개인)는 공중화장실법이 규정하고 있는 기본시설 기준에 따라 공중화장실의 시설물을 설치 및 비치하고 화장실 운영방침과 계획을 수립하여 공중화장실 시설물을 관리하며 공중화장실법의 관리기준에 따라 적절하게 소독을 실시하여 화장실 이용자에게 위생상의 편의를 제공하고 복지증진에 이바지해야 하는 최종 책임을 진다.

이를 위하여 공중화장실 설치자는 공중화장실관리인을 임명하고, 임명된 공중화장실 관리인으로 하여금 공중화장실 환경위생관리를 효과적으로 수행할 수 있도록 공중화장실 위생품질방침을 정하고 인력, 장비, 예산 등을 지원해야 한다. 또한 공중화장실 설치자는 공중화장실관리인을 적절하게 감독 지휘하여 공중화장실 위생관리에 최선을 다하게 하고, 양질의 공중화장실 위생관리 서비스를 통하여 이용자를 전염병의 감염으로부터 보호해야 한다. 또한 공중화장실 설치자는 공중화장실이 설치자가 소유한 건축물이나 시설물에 부속되어 있는 경우에는 해당 건축물과 시설물의 유지관리 조직 및 그 구성원에게 공중화장실관리인의 화장실의 환경위생관리를 지원할 수 있도록 협력시스템을 갖추도록 해야 한다.

설치한 공중화장실이 독립적으로 존재하는 경우에는 임명한 공중화장실 관리인으로 하여금 환경위생관리를 통하여 이용자의 건강과 생명을 보호할 수 있도록 적절한 소독을 실시하도록 해야 한다.

(2) 공중화장실 관리인의 방역소독 책임

공중화장실 자체운영을 책임을 지는 공중화장실 관리인은 공중화장실 설치자가 정한 공중화장실 환경위생관리 서비스 품질 방침에 따라 공중화장실관리 서비스 지침과 계획을 수립한다. 또한 공중화장실법에서 정하고 있는 관리기준에 따라 공중화장실 이용자가 위생상의 편의와 복지를 통하여 만족할 수 있도록 공중화장실 환경위생관리 업무를 철저하게 수행해야 한다.

운영하고 있는 공중화장실이 공중화장실 설치자의 소유 건축물이나 시설물에 부속되어 있는 경우에는 설치자의 협조를 받아 그 건축물 또는 시설물의 위탁관리 조직의 관리소장과 시설관리 팀장 및 환경위생관리 팀장 그리고 안전관리 팀장의 협조를 받아 공중화장실의 환경위생관리 업무를 체계적으로 수행해야 한다.

설치한 화장실이 독립적으로 존재하고 자체 운영·관리하는 경우에는 공중화장실 관리인의 책임으로 환경위생관리업체를 용역으로 고용하여 운영하는 공중화장실의 환경위생관리 조치하여 양질의 환경위생관리 서비스를 적절하게 생산하고, 이를 통하여 이용자의 건강과 생명을 보호해야 한다.

(3) 공중화장실 부속 건축물 또는 시설물의 위탁관리업체 관리소장의 방역소독 책임

공중화장실을 부속하고 있는 건축물 또는 시설물을 위탁관리 계약에 의하여 위탁관리하는 경우에는 해당 건축물 또는 시설물 소유자의 공중화장실 환경위생관리 서비스 품질 방침과 공중화장실 관리인의 공중화장실 환경위생관리 서비스지침과 계획 및 공중화장실법 관리 기준에 따라 위탁관리 조직의 환경위생관리팀장을 지휘하여 부속한 공중화장실의 소독을 중심으로 환경위생관리 업무를 철저히 수행하여야 한다.

4) 공중화장실 소독의 주기

감염병 예방법에는 소독대상 시설에 따라 소독횟수 기준을 정하고 이에 따라 소독을 실시하도록 정하고 있다. 그러나 공중화장실법에서는 이와는 별도로 공중화장실법 시행령에서 월별 기간에다라 4월부터 9월 사이에는 주 3회 이상, 10원부터 다음해 3월까지는 주 1회 이상 소독을 실시하도록 규정하고 있다.

5) 방역소독의 일반 기준

① 악취의 발산과 파리, 모기 등 해로운 벌레의 발생 번식 및 감염병 바이러스 전파를 차단하기 위하여 4월에서부터 9월까지는 1주 3회 이상 방역 소독을 실시하고, 10월부터 다음해 3월까지 기간에는 1주 1회 이상 소독을 실시한다.

② 소독약제는 살충제 및 살균제를 중심으로 소독한다.

③ 살균, 살충, 구서 등의 방역소독에 사용하는 상품화된 약품은 전염병 예방용 살균, 살충제 등의 허가(신고)에 관한 규정에 따라 식품의약품안전청장의 허가를 받은 제품을 용법, 용량에 따라 한전하게 사용해야 한다.

④ 방역소독은 전염병 예방법에 따라 방역소독업체로 허가받은 업체 및 그 소속 종사자가 실시해야 한다.

⑤ 방역소독 작업자는 전염병 예방법에 따라 안전 장갑, 안면 보안구, 마스크, 방역복, 안전화 등 보호 및 안전장구를 갖춘 후에 소독 작업을 실시해야 한다.

⑥ 소독결과는 기록으로 유지한다.

⑦ 소독작업 전후 및 과정의 주의 사항을 철저히 준수한다.

⑧ 소독작업 전에 소독작업 안전, 약품사용법, 소독장비 사용법, 응급사항 조치방법 등에 대하여 교육을 사전에 받아야 한다.

⑨ 소독작업은 감염병예방법에 따라 시군구로부터 소독업의 허가를 받은 업체의 종사자가 소독을 실시하고, 소독실시 후에는 소독증명서를 교부해야 하며 소독실시 사항을 양식에 따라 자체적으로 기록 · 유지해야 한다.

6) 소독작업의 프로세스

소독을 실시하기 위한 소독작업 프로세스는 다음과 같다.

① 소독계획을 수립한다.
② 소독대상을 확정한다.
③ 소독약제를 선택하고 조제한다.
④ 소독장비에 약제를 주입한다.
⑤ 소독을 실시한다.
⑥ 소독결과를 조사한다.
⑦ 소독증명서(소독필증)을 교부한다.
⑧ 소독사실을 소독실시대장에 기재 및 보관한다.

7) 소독방법

바이러스, 박테리아 등 병원균을 효과적으로 살균, 살충, 구서하기 위하여 감염병예방법에서 정하고 있는 소독요령 및 절차를 말하는 소독의 방법은 소독대상에 따라서 청소, 소독, 방제, 구서(쥐의 방제) 등의 방법이 있다. 소독 대상에 따른 구체적인 소독방법은 다음과 같다.

(1) 청 소

오물 또는 오염되었거나 오염이 의심되는 물건을 수집하여 「폐기물관리법」에 따라위생적인 방법으로 안전하게 처리해야 한다.

(2) 소 독

① **소각** : 오염되었거나 오염이 의심되는 소독대상 물건 중 소각해야 할 물건을 불에 완전히 태워야 한다.
② **증기소독** : 유통증기(流通蒸氣)를 사용하여 소독기 안의 공기를 빼고 1시간 이상 섭씨 100도 이상의 증기소독을 해야 한다(다만, 증기소독을 할 경우 더럽혀지고 손상될 우려가 있는 물건은 다른 방법으로 소독을 해야 한다).
③ **끓는물 소독** : 소독할 물건을 30분 이상 섭씨 100도 이상의 물속에 넣어 살균해야 한다.
④ **약물소독** : 다음의 약품을 소독대상 물건에 뿌려서 소독한다.
- 석탄산수(석탄산 3% 수용액)
- 크레졸수(크레졸액 3% 수용액)
- 승홍수(승홍 0.1%, 식염수 0.1%, 물 99.8% 혼합액)
- 생석회(대한약전 규격품)

- 크롤칼키수(크롤칼키 5% 수용액)
- 포르마린(대한약전 규격품)

그 밖의 소독약을 사용하려는 경우에는 석탄산 3% 수용액에 해당하는 소독력이 있는 약제를 사용해야 한다.

⑤ **일광소독** : 의류, 침구, 용구, 도서, 서류나 그 밖의 물건으로서 가목부터 일광소독을 해야 한다.

8) 질병매개곤충 방제(防除)

(1) 물리적 · 환경적 방법

① 서식장소를 완전히 제거하여 질병매개곤충이 서식하지 못하게 한다.
② 질병매개곤충의 발생이나 유입을 막기 위한 시설을 설치해야 한다.
③ 질병매개곤충의 종류에 따른 적절한 덫을 사용하여 밀도를 낮추어야 한다.

(2) 화학적 방법

① 질병매개 곤충에 맞는 곤충 성장억제제 또는 살충제를 사용하여 유충과 성충을 제거해야 한다.
② 잔류성 살충제를 사용하여 추가적인 유입을 막아야 한다.
③ 살충제 처리가 된 창문스크린이나 모기장을 사용해야 하다.

(3) 생물학적 방법

① 모기방제를 위하여 유충을 잡아먹는 천적(미꾸라지, 송사리, 잠자리 유충 등)을 이용한다.
② 모기유충 서식처에 미생물 살충제를 사용한다.

9) 쥐의 방제

① 위생적 처리 : 음식 찌꺼기 통이나 쓰레기통의 용기는 밀폐하거나 뚜껑을 덮어 먹이 제공을 방지해야 한다. 쓰레기 더미, 퇴비장, 풀이 우거진 담장 등의 쥐가 숨어 있는 곳을 사전에 제거함으로써 서식처를 제거한다.
② 건물의 출입문, 환기통, 배관, 외벽, 외벽과 창문 및 전선 등을 통하여 쥐가 침입하지 못하도록 처리해야 한다.
③ 쥐약을 적당량 사용하여 쥐를 방제한다.

10) 소독약품의 사용

살균·살충·쥐잡기 등의 소독에 사용하는 상품화된 약품은「생활화학제품 및 살생물제의 안전관리에 관한 법률」제3조 제4호에 따른 안전확인 대상 생활화학제품(살균제품 및 구제제품으로 한정한다) 또는 같은 조 제8호에 따른 살생물제품(살균제류 및 구제제류로 한정한다)으로서 환경부장관의 승인을 받은 제품을 용법·용량에 따라 안전하게 사용해야 한다.

11) 소독작업 안전 및 유의사항

(1) 소독안전 일반 유의사항

① 소독약품과 소독장비 사용법과 안전관리 및 병원성 미생물에 대한 충분한 교육을 받아야 한다(교육내용은 부속서 E참조).

② 소독을 실시하기 전에 필요한 작업안전 요령 및 사고발생 시 응급조치 등에 관한 사항을 충분히 숙지해야 한다.

③ 소독작업자는 신체를 청결하게 유지하고 정해진 작업복, 모자, 안경, 마스크, 작업화 등 안전장구를 착용해야 한다.

④ 작업 목적을 이해하고 소독대상에 따라 사용약품 및 장비의 종류와 수량 등을 미리 점검해야 한다.

⑤ 야외 소독작업 시 바람의 방향이 작업자의 후면이나 측면이 되도록 하여 약품이 신체나 옷에 묻지 않도록 하고, 동시에 분무기나 차량에도 영향을 받지 않도록 해야 한다.

⑥ 살포작업은 하루 4시간이상 하지 않도록 해야 하며 소독작업 중에 음식섭취, 음주, 흡연, 피부접촉, 화장행위 등을 하지 않도록 해야 한다. 부득이하게 음식물이나 음료수를 섭취할 때에는 손과 얼굴을 비눗물로 깨끗하게 씻은 후에 섭취하도록 해야 한다. 살균소독시에는 필요한 경우 병원체에 대한 검사나 면역접종을 받아야 한다.

⑦ 소독약제와 장비는 통풍이 잘되는 곳에 보관하고 시건장치를 하여 아무나 출입하지 못하도록 하며 음식물이나 농산물과 함께 보관하지 않도록 해야 한다.

⑧ 사용한 장비는 물로 씻어 낸 다음 창고에 잘 보관해 두었다가 다시 사용해야 한다.

⑨ 약제 희석 또는 조제용도로 사용하였던 그릇이나 제약 용기 등은 중독사고가 발생할 수 있으므로 주의를 적색 글씨로 표시하여 잘 보이는 곳에 두고 빈 용기는 사

용 후 반드시 회수하여 처리해야 한다.

⑩ 아이들이나 애완동물이 접근이 쉬운 곳이나 식품 저장창고, 식당 같은 곳에서는 독먹이를 설치하지 말아야 한다.

⑪ 소독작업현장의 물품은 관계자의 허가 없이 반출하거나 이동 또는 반출 않도록 해야 하며, 미생물 오염지역에서 반출되는 모든 물건 및 장비는 반드시 오염을 제거해야 한다.

(2) 소독작업 전 주의사항

① 소독제 개봉 시 약물이 몸에 묻지 않도록 주의해야 한다.
② 희석비율 또는 희석배율을 반드시 지켜져야 한다.
③ 희석작업은 바람을 등지고 해야 한다.
④ 조제작업 시에도 방제복을 착용해야 한다.
⑤ 약제 살포 전 장비를 점검해야 한다.

(3) 소독약포 전 주의사항

① 흡연하지 말 것
② 맨손으로 살포하지 말 것
③ 목에 수건을 걸지 말 것
④ 스리퍼를 착용하지 말 것
⑤ 헐렁한 옷을 입지 말 것
⑥ 안면 보호구를 착용할 것
⑦ 보호장갑, 보호장화, 보호복을 착용할 것
⑧ 앞치마와 호흡 보호구를 착용할 것

(4) 소독약 살포시 일반적 주의사항

① 온도가 높은 시간대에 방제작업 금지할 것
② 바람을 등지고 살포할 것
③ 1시간 작업하고 10분 휴식할 것
④ 소독작업 중에 흡연 음식물 음료수 섭취 하지 말 것

(5) 소독약 살포 후 주의사항

① 남은 소독약은 안전하게 보관할 것
② 약제 빈병은 한 곳에 모아 둘 것

③ 소독약제, 방제 장비 사용 후 방치하지 말 것
④ 남은 소독약은 포장지를 교체하지 말 것

(6) 응급사고 발생시 일반조치

① 중독사고 발생시 소독작업을 즉시 중단할 것
② 중독자를 신선한 공기가 있는 곳으로 이동 시킬 것
③ 흡입에 의한 중독일 경우에는 상의 단추와 허리띠를 풀어 안정시킨 후 병원으로 긴급 후송할 것(119 신고 및 이송)
④ 의사에게 중독원인 약제 명, 중독 시 상황, 경과 시간, 환자상태 등을 설명할 것

12) 소독약품 사용법

약품성격	명 칭	용 도	사용법
살균제	바이렉스 256	벽, 바닥 등 단단한 표면	희석액을 손타올이나 세척 또는 살균 젖은 마포에 묻혀 사용(희석율 256:1)
	고게더	소변기, 양변기 내부	변기 안에 직접 붓거나 강력 살균제 전용 변기솔에 묻혀 녹, 얼룩, 때 재기, 살균, 세척 부분 골고루 젖어 준다(희석율 :원액 사용).

13) 소독장비 사용법

장비명	용 도	사용법
수동식 분무기	잔류 분무용 일반적인 소독 작업에 사용되는 기본 장비	약제 벨브 열고 분사
연막 소독기	공간살포용 휴대용/차량용	시동이 된 후 4~5초 후에 분사 레버를 열어 분사한다.
초미립자 살포기	살충제 살포용	노즐의 방향을 하향하지 않고 45도 각도로 분사
동력식 분무기		엔진, 모터를 작동시켜 살충제 분사

참고문헌

김일효(2006), 《건물자산위험관리론》, 남두도서

김일효(2009), 《건물자산행정관리론》, 남두도서

김일효(2010), 《건물자산환경관리론》, 남두도서

김일효(2014), 《건물자산관리학원론》, 상학당

김일효(2017), 《건축물종합유지관리》, 상학당

김일효(2019), 《건물자산법률관리론》, 남두도서

김일효 · 김소연(2019), 《청소교육강사의 자격》, 상학당

김일효 · 김소연 · 김승우(2020), 《공중화장실관리인 위생관리교육개론》, 상학당

한국산업인력공단(2007), 〈환경미화〉, 학습모듈 01-08 건축물크리닝 서비스 KS 인증 국가기술표준원 KS S 1004 - 1, 2

극동대학교산학협력단(2008), 〈청소서비스 매뉴얼〉, 극동대학교

김승우(2021), 〈공중화장실 관리서비스 만족도 개선방안에 관한 연구〉, 극동대학교 대학원 박사학위 논문.

정재현(2019), 〈청소교육이 청소종사자의 업무 만족도와 청소업무 효율성에 미치는 영향 연구〉, 극동개학교 대학원 석사학위 논문

이재훈(2018), 〈건물위생관리업의 현황과 발전요인에 관한 연구〉, 극동대학교 대학원 박사학위 논문

한구화장실협회(2020), 〈공중화장실관리 서비스 단체 인증표준 개발 연구보고서〉, 한국건물관리학회

찾아보기

저자 소개

김 일 효

〈학력 및 경력〉

- 건국대학교 행정대학원 부동산학과(부동산경영 전공) 수료(행정학 석사)
- 극동대학교 대학원 경영학과(빌딩경영 전공) 수료(경영학 박사)
- 공군 대위 전역
- 건국대학교기성회 회장 역임(1990~1992)
- 신승기업(주) 요르단 지점장, UAE 지점장, 비서실장, 이사 역임
- 풍림산업(주) 사우디아라비아 건축공사현장, 담수처리공장 신축공사 현장소장 역임
- 풍림산업(주) 본사 사옥관리부장(풍림빌딩 관리소장) 역임
- 한양대학교, 경원대학교, 경민대학교 민법강사 역임
- 전북과학대학교 건물관리과 겸임교수 역임
- 경희대학교 겸임교수 역임
- 동원대학교 부동산컨설팅과 교수 정년퇴임(2010)
- 현) 사단법인 한국건물관리학회 회장
- 현) 극동대학교 글로벌대학원 건물자산관리학과 겸임교수
- 현) (사)한국건물위생관리협회 자문교수
- 현) 산업통산자원부, 국가기술표준원 건축물 클리닝 서비스(청소서비스), 시설관리 서비스 KS인증 심사위원
- 현) 영등포구청 아파트청소용역 평가위원

〈저 서〉

《건물자산관리학원론》, 《건축물종합유지관리》, 《수주영업실무》(공저), 《건물자산임대관리론》, 《건물자산환경관리론》, 《건물잔산법률관리론》, 《건물자산행정관리론》, 《건물자산위험관리론》, 《건물자산법률관리론》, 《청소교육강사의 자격》(공저), 《공중화장실관리인 위생교육개론》(공저), 《NCS 환경미화》(대표집필) 외

〈논문 및 보고서〉

〈부동산거래사고 방지대책에 관한 연구〉 (건국대학교 행정대학원 석사학위 논문)
〈건물자산관리제도 개선방안에 관한 연구〉 (극동대학교 대학원 박사학위 논문)
〈건물자산관리의 학문적 이론체계화에 관한 연구〉
〈시설관리 직종별 적정인원 산출방안에 관한 연구〉
〈건축물 클리닝 서비스 품질 매뉴얼 개발연구 보고서〉
〈시설관리 서비스 품질 매뉴얼 개발연구 보고서〉
〈공중화장실관리 서비스 단체표준 개발연구〉 외

김 소 연

- 극동대학교 글로벌대학원 건물자산관리학 석사
- 극동대학교 일반대학원 건물자산관리학 전공 박사과정
- 현) (사)한국생활환경평생교육원 원장
- 현) 한국생활환경크린(주) 대표이사
- 현) (사)한국건물관리학회 학술이사

김 화 기

- 경기대학교 일반대학원 경호보안학과 석사
- 국가공무원 24년 봉직
- 현) 극동대학교 일반대학원 경영학과 건물자산관리학 전공 박사과정
- 현) (사)한국건물관리학회 학술이사
- 현) 금화클린앤원 대표이사

청소학개론

2022년 1월 20일　1판 1쇄 발행

저　자　김일효・김소연・김화기

발행인　남　승　우

발행처　도서출판　상尚　학學　당堂

서울특별시 동작구 사당로9가길 6

TEL : 02) 595-1692～4

FAX : 02) 595-1394

E-mail : namdoo6@unitel.co.kr

신고 : 2-155호 (1968. 11. 29)

정가 33,000원

ISBN 978-89-6587-220-7　93370